基于机器学习的轴承智能健康预警与故障预测

毛文涛　李　源　陈佳鲜　著

本书得到国家自然科学基金项目（U1704158、11702087）和河南师范大学学术专著出版基金资助

科　学　出　版　社

北　京

内 容 简 介

本书为数据驱动的轴承智能化故障检测、故障诊断和剩余寿命预测提供了较为完整的机器学习解决方案。第1章介绍了轴承健康预警与故障预测的意义、发展趋势、国内外研究现状和关键挑战；第2章介绍了常用的机器学习理论基础；第3～5章介绍了故障诊断方法，分别采用深度学习、不均衡分类、结构化学习、在线学习等机器学习算法形式；第6章和第7章介绍了早期故障的在线检测问题，分别采用半监督学习、深度学习和迁移学习等机器学习算法形式；第8章和第9章介绍了剩余寿命预测问题，着重介绍了时序深度学习和迁移学习的解决方案。

本书可作为计算机、自动控制、机械工程、工业工程等学科的研究生和本科生的教学用书及参考用书，同时对从事系统维护、可靠性管理、智能制造等领域的科研人员及工程技术人员具有一定的参考价值。

图书在版编目(CIP)数据

基于机器学习的轴承智能健康预警与故障预测/毛文涛，李源，陈佳鲜著. —北京：科学出版社，2021.1

ISBN 978-7-03-067205-6

Ⅰ. ①基… Ⅱ. ①毛… ②李… ③陈… Ⅲ. ①机器学习-应用-轴承-故障诊断 Ⅳ. ①TH133.3

中国版本图书馆 CIP 数据核字（2020）第 250332 号

责任编辑：赵丽欣 / 责任校对：王万红

责任印制：吕春珉 / 封面设计：东方人华设计部

科学出版社出版

北京东黄城根北街 16 号

邮政编码：100717

http://www.sciencep.com

三河市骏杰印刷有限公司印刷

科学出版社发行　各地新华书店经销

*

2021 年 1 月第 一 版　开本：787×1092 1/16

2021 年 1 月第一次印刷　印张：15

字数：355 000

定价：135.00 元

（如有印装质量问题，我社负责调换〈骏杰〉）

销售部电话 010-62136230　编辑部电话 010-62134021

前　言

国务院在 2015 年印发了《中国制造 2025》，智能制造被确定为下一个国家重点发展的领域。通过分析和利用机械设备的各种状态信号进行智能化运行状态监测及健康维护，已经成为实现智能制造的迫切需求之一。作为机械设备中重要但易发生损坏的支承元件，滚动轴承的健康状况直接影响整个设备的运转状态。开展针对滚动轴承的故障预测与健康管理（prognostics and health management，PHM）理论与方法研究，对消除机械设备安全隐患、预防重大事故发生具有重要价值。当前，在工程现场实时进行早期故障预警与状态预测的重要性日益突出，但针对滚动轴承等关键零部件的在线辨识、诊断和预测技术还不能完全满足装备制造业发展的需要。因此，研究和发展服役过程中高度智能化、不受工况限制的健康预警与寿命预测方法已成为当前轴承 PHM 研究的重点和难点。

在过去的十余年中，利用机器学习（machine learning）方法解决轴承健康预警和寿命预测问题已成为国内外研究的热点。但是，这一方向既存在大量需求和机遇，也有亟待解决的大量问题。虽然各类机器学习技术已在轴承故障诊断与剩余寿命预测等问题上取得了一定的效果，但随着对象结构趋于复杂，运行工况多变，新的应用问题类型也开始出现，如在线场景下的故障诊断和检测、跨工况的生命预测等。这种情况下，直接应用传统机器学习技术效果难以保证，需要根据应用问题的特点，有针对性地改进现有算法模型，引入不同类型的机器学习算法。尤其是近几年兴起的深度学习技术，为轴承 PHM 问题提供了新的解决方式，但在数据处理、建模方式、适用范围等方面仍处于起步和探索阶段。鉴于此，作者将近年的研究工作汇集，对相关机器学习技术在轴承 PHM 问题中的应用进行梳理和剖析，为实现轴承智能状态监控和健康管理提供一系列解决方案。

本书的研究内容集中于机器学习理论与轴承 PHM 问题的结合，以三类典型轴承 PHM 问题——故障诊断、早期故障检测和剩余寿命预测问题为引导，从数据驱动的角度提高工程应用效果，系统讲述轴承故障诊断和剩余寿命预测中的机器学习技术，给出具体的实现思路、建模过程和实验验证结果，重点围绕在线故障诊断、早期故障在线检测、多类型协同诊断、跨工况故障检测和剩余寿命预测等新型 PHM 应用问题展开论述。本书内容既包括特征选择、不均衡分类、半监督学习等传统机器学习算法的改进，也包括深度学习、迁移学习、结构化学习等最新理论工作；不仅有现有机器学习算法的应用研究，也有针对具体问题特点的理论改进；不仅涉及基础机器学习算法的应用，也有深度迁移学习、生成对抗网络（generative adversarial networks，GAN）等最新技术的应用；不仅提供了具体技术的使用说明，也包括了作者研究思路、方案和技术路线的叙述；不仅有详细的公式推导和文字描述，也给出了丰富的实验结果和对比效果图。

本书以“机器学习方法”+“典型 PHM 问题”为模式进行章节组织，每一章讲述一类典型 PHM 问题的机器学习方案。第 1 章综述了轴承智能故障诊断、早期故障检测和剩余寿命预测的发展现状及关键挑战，并给出了本书实验所用数据的详细介绍。第 2 章介绍了机器学习的基本理论、算法和模型。第 3～5 章为故障诊断问题，其中第 3 章介绍了在轴承故障诊断和剩余寿命预测问题中常用的异构统计特征，并以深度特征表示为主线，给出了两种深度学习算法在故障诊断应用中的实现过程；第 4 章介绍了结构化学习算法在多故障类型诊断问题中的应用；第 5 章介绍了在线场景下故障诊断问题的解决方案。第 6 章和第 7 章为早期故障检测问题，其中第 6 章介绍了早期故障在线检测问题的半监督检测框架和稳健检测方法；第 7 章介绍了深度迁移学习在早期故障在线检测中的应用。第 8 章和第 9 章为剩余寿命预测问题，其中第 8 章介绍了时序深度学习模型在剩余寿命预测中的应用，第 9 章介绍了跨工况情况下剩余寿命预测的迁移学习解决方案。

本书所涉及研究成果得到了众多科研机构的支持，其中特别感谢国家自然科学基金项目“基于多任务学习的机械结构小损伤检测方法研究”（编号：U1704158）和青年科学基金项目“半无限域多孔介质弹性波动问题的时域边界元法及其稳定性研究”（编号：11702087），中国博士后科学基金特别资助项目“面向结构小损伤检测的不对称多任务学习研究”（编号：2016T90944）。研究生何玲、何建樑、冯务实、田思雨、丁玲、刘亚敏等针对本书中的故障诊断、早期故障检测及剩余寿命预测方法分别做了一定的科研工作，在本书出版之际，谨向他们表示衷心的感谢。

由于作者理论水平有限，对应用问题的理解尚存在一定的局限，特别是深度学习理论和轴承健康管理方法本身均处于快速发展中，本书难免存在一些不足，恳请广大读者批评指正。

毛文涛

2020 年 10 月 15 日

目　录

第1章　绪　　论

随着制造业与信息化的逐渐融合，美国、德国等发达国家相继提出“工业 4.0”战略规划。我国在《中国制造 2025》中将智能制造领域列为重要目标，其中工业化与信息化的深度融合是智能制造的主要方向。《国家中长期科学和技术发展规划纲要（2006—2020 年）》中也指出，将“基础件和通用部件”“数字化和智能化设计制造”列为优先发展主题。通过分析和利用机械设备的各种状态信号进行智能化运行状态监测及健康维护，已经成为实现智能制造的迫切需求之一。

本章首先列举轴承智能化 PHM 的需求和作用，对机器学习在轴承 PHM 中的作用进行阐述；其次对现有的轴承故障诊断、故障检测及剩余寿命（remaining useful life，RUL）预测方法进行系统梳理，在此基础上归纳现有智能健康预警与故障预测领域所面临的挑战；最后，给出了本章所用到的 4 组滚动轴承公开数据集介绍，其中既包括人工加工的故障类型数据，也包括加速退化实验得到的全寿命退化数据。

1.1　引　　言

1.1.1　国家与社会的巨大需求

轴承 PHM 在国计民生各行业中均起到了基础性支撑作用。本小节以两类典型行业为例进行介绍，并简要概括国家对智能制造领域的政策支持。

1. 铁路运输

铁路运输作为现代社会一种新型的快速交通方式，对我国的交通、运输、环境及经济起着十分重要的作用。滚动轴承作为高速列车乃至常见机械设备中重要的旋转部件，也是设备故障的主要来源。据有关统计，在使用滚动轴承的机械设备中，几乎 30%的设备故障与滚动轴承有关。其中轴箱轴承作为高速列车走行部的关键部件，起到车体重量到轮对之间的传递和降低列车运行时阻力的作用，其运转状态直接关系到整个列车的行车安全。因此，高速列车对轴箱轴承的安全性和可靠性有着极高的要求。一旦轴承发生意外，不仅会造成列车与轨道的摩擦加剧、制动不平稳等故障，甚至会造成燃轴、脱轨，引发重大安全事故。例如，1991 年 11 月 30 日，兰州铁路局所辖 1479 次货物列车因轴承故障，轴承运转卡阻，造成热切导致脱轨事故；2005 年 3 月 31 日，广铁集团怀化机务段的 10731 次货运列车发生轴承热切事故，与其他车辆相撞；2007 年 9 月 5 日，昆明铁路局 832923 次货物列车发生轴承故障。这些事故均造成了重大的经济损失和恶劣的社会影响。据有关统计，轴承故障导致的列车脱轨事故占总脱轨事故的 15%～20%。

伴随高速铁路的建设与运行，轴箱轴承的测试技术也得到了长足的进步和发展，国内陆续有部分轴承生产商和科研所研发了轴承实验设备。洛阳轴承研究所有限公司设计的 TRa80-200F 高速铁路轴箱轴承试验机，是我国独立研发的轴箱轴承试验机，能够全面开展轴箱轴承的试验项目；青岛四方车辆研究所在轴承试验机研制方面一直走在国内行业前列，其高速铁路轴承综合性能试验台可以通过记录耐久、变速等不同试验项目中的轴承温度、振动信号等试验参数，定性及定量地分析轴承的耐磨损性、抗疲劳性和润滑特性等；长春机械科学研究院设计的 SKF-R3 铁路轴承测试台架，符合欧盟《铁路应用-轴箱-性能测试》（BS EN 12082—2007）的标准要求，用于测试轨道车辆轴承的疲劳寿命，对轴箱轴承的性能评价指标提供了可靠依据。虽然已有成熟的测试技术，但在数据量越来越大的情况下，如何进行有效、实时的故障检测和诊断仍然是轴承 PHM 研究的重中之重。根据统计，目前我国列车上的滚动轴承每年约有 40%要进行下车检查，其中 33%的轴承达到寿命期，须进行替换。因此，设计一套完善的高速列车轴承智能健康预警和故障预测系统，实时监测列车轴承在运转时的振动信号以供轴承工况分析，对保证列车行车安全乃至国家高铁发展都有重要意义。

2. 风电系统

电力系统的主要发电设施包括基于煤炭的火力发电、基于核能的核发电、基于水资源的水力发电及基于风能的风力发电等。由于石化能源的日益紧张，推动可再生能源的开发利用是全球的趋势。在多种可再生能源中，风能由于清洁、安全及成本较低等优点，成为目前较受欢迎的一种可再生能源。随着风能的迅速发展，世界各国对风力发电机研究的投资规模也逐渐增大，风机的可靠性问题是风电行业里较难以解决的问题之一。我国作为世界能源消费大国，历来高度重视风电等清洁能源的发展和使用，近 10 年来，风力发电更是取得了长足的发展。

针对于风力发电机的智能健康预警与故障预测技术，可以有效地促进风电领域的快速发展。以我国风电行业为例，截至 2019 年年底，我国风电行业投资规模突破千亿元，并网风电装机容量达 21005 万 kW，较 2018 年同期增长 14%，并网装机容量逐年增加。但自从 2010 年以来，我国风电装备的故障一直呈上升趋势，发电效率达不到世界发电效率的一半。较高的风机故障率是制约风电应用关键原因。统计数据显示，虽然风电行业公认的可靠性指标为机组关键零部件安全稳定运行 20 年以上，但大部分的风机寿命达不到 10 年，其中我国的风机通常运转 5～7 年就会出现关键零部件故障，如包括齿轮箱、发电机、叶片、变桨及偏航系统等在内的关键零部件的失效停机时间占装备总故障停机时间的比例为 70%以上。关键零部件当中，齿轮箱频繁出现失效，实际寿命远低于设计寿命。齿轮箱难以维修且费用较高，且替换齿轮箱时停机时间较长是增加风能发电成本的主要原因之一。因此，高可靠的齿轮箱是提高风电装备可靠性及降低运营费用的必不可少条件之一。

根据统计数据，在齿轮箱的零部件当中，行星轮传动部分故障率占 54%、中间轴占 4%、高速轴占 38%，其他原因占 4%。由此可知，行星轮是影响齿轮箱可靠性与性能的关键部件。轴承为行星轮的失效关键零件，该零件的主要失效模式为点蚀、胶合及断裂等。同时，行星轮的故障还会导致其他系统的故障，从而对风机整体的寿命与可靠性带来不利影响。因此，通过对风力发电机中行星轮的轴承进行故障诊断，并对其故障演化进行有效预测，能有效地保障风力发电机的正常运行。

3. 政府高度重视与支持

大型工程设备及关键功能零部件的智能健康预警与故障预测技术已受到政府的高度重视，并颁布了多个引领性政策文件。

1）2009年，国务院发布《装备制造业调整和振兴规划》指出："坚持装备自主化与重点建设工程相结合。加强政策支持和市场引导，充分利用实施重点建设工程和调整振兴重点产业形成的市场需求，加快推动装备自主化，保障工程需要，带动产业发展。"

2）2015年5月，国务院印发的部署全面推进实施制造强国的战略文件《中国制造2025》，是我国实施制造强国战略的第一个十年行动纲领。其中明确指出："加快推动新一代信息技术与制造技术融合发展，把智能制造作为两化深度融合的主攻方向；着力发展智能装备和智能产品，推进生产过程智能化，培育新型生产方式，全面提升企业研发、生产、管理和服务的智能化水平。"

3）国家自然科学基金委员会工程与材料科学学部发布的《机械工程学科发展战略报告（2011—2020）》对机械工程学科战略地位和总体发展趋势进行了分析。其中指出："先进的状态监测和故障诊断技术可以实现故障的早期识别，避免恶性事故的发生，实现设备的预知维修，为企业创造可观的经济效益。""要掌握复杂机电系统进行安全的科学保障体系，需要在系统故障动态演化机理、动态信号与特征提取、故障定量识别和剩余寿命预测、人工智能诊断与机械故障预示方法等方面开展基础性的研究。"

制造业领域中的大型技术装备，大部分需要高精度、可靠性强的轴承，其中存在大量的可靠性、安全性、可维护性等问题。因此，围绕轴承健康预警与故障预测开展研究，符合国家政策导向，也是推动我国智能制造领域快速发展的重要助力。

1.1.2 智能健康预警与故障预测的重要作用

由1.1.1节可知，随着设备复杂程度的增加，设备运行状态监测往往存在测点多、采样频率高、数据接收时间长等特点，使状态监控数据呈现爆炸级增长，TB（trillionbyte，兆字节）级别以上规模的大数据已经屡见不鲜。同时，随着应用环境日趋复杂，各类经典物理模型的适用程度逐渐受限，因此，从大量的状态监控数据入手，分析、挖掘和有效利用故障的演化规律，成为一个切实可行的思路。随着近年来机器学习技术，尤其是深度学习关键技术的突破，智能健康预警与故障预测应运而生。对这一问题进行研究，可以为解决大型复杂装备及关键功能部件存在的可靠性、安全性、可维护性等问题提供一条新的重要途径。

智能健康预警主要包括早期的故障检测和故障诊断。早期的故障检测主要作用于目标对象可能发生的故障初期，通过对目标对象进行状态监控，在故障发生伊始即实现准确、可靠的检测，有利于及时维修，避免严重事故的发生；故障诊断主要研究故障发生时期，对故障类型、故障部位及原因进行诊断分析。

故障预测作为故障诊断的扩展领域，能有效地提高大型复杂装备的可靠性，近年来逐渐受到越来越多研究人员和工程师的关注。轴承故障预测技术通过装备中轴承的工况数据进行分析，建立轴承的全寿命周期演化模型，对轴承剩余可用寿命进行准确预测，以便在故障发生之前更换受损零件，延长设备的使用寿命。

如何从大量的状态监控数据中挖掘出故障信息，实现运行故障的快速诊断和演化预测，对提高机械设备整体的安全性、实现稳定运行具有重要意义。智能化健康预警与故障检测的作用可概括为以下两点。

1. 提高设备的安全可靠性

随着我国制造业领域的飞速发展，大型装备系统的复杂性、综合性、智能性程度不断提高，安全性和可靠性已成为当前研究热点，基于制造大数据下的智能化故障检测和诊断技术逐渐受到关注。通过采集状态监控数据、提高目标对象故障诊断结果的准确性和稳定性是可靠性研究领域的热点之 ，具有很高的学术价值和应用需求。在机器学习等人工智能技术的驱动下，智能健康预警与故障预测技术与航天、船坞、盾构等复杂装备系统相结合，可以有效提高装备的安全性和可靠性，使维修成本大幅降低，带来巨大的经济效益。

2. 促进后市场服务

通过将智能健康预警与故障预测技术与价值链结合，可以有效促进应用智能制造大环境下的后市场服务。基于大数据存储与分析平台中的数据，通过设备使用数据、工况数据、主机及配件性能数据、配件更换数据等，进行设备的故障、服务、配件需求的预测，为主动服务提供技术支撑，延长装备的使用寿命，降低故障率，实现预警维修的目的。例如，美国工业互联网联盟的倡导者——通用电气（GE）公司在飞机发动机中嵌入传感器，利用软件系统将传感器采集的发动机运行状况进行智能分析，不仅可以预测故障的发生，及时通告航空公司，还可以向航空公司提交油耗改进方案，降低运营成本。因此，对设备关键功能部件进行健康预警与故障检测，能够在防范风险的同时，为后市场服务增添附加价值。

1.1.3　机器学习的重要作用

作为人工智能方向的重要分支，机器学习是一门多领域交叉学科，涉及计算机科学、概率统计、函数逼近论、最优化理论、控制论、决策论、算法复杂度理论、实验科学等多个学科。按照某个相关学科的视角切入，机器学习的具体定义也因此有许多不同的说法。但总体上讲，机器学习关注的核心问题是如何用计算的方法模拟人类的学习行为：从历史经验中获取规律（或模型），并将其应用到新的类似场景中。

机器学习由三部分组成，包括表示（模型）、评价（策略）和优化（算法）。在构建机器学习应用时，需要根据问题的特点，采取不同的方式。其中，机器学习模型对未知数据的预测能力称为泛化能力（generalization capability），这是机器学习性能的核心评价指标，而泛化误差是评价学习模型泛化能力的重要指标。在训练数据不充足的情况下，通常可采用交叉验证、Bootstrap 等方法对泛化误差进行估计。

在过去的几十年中，很多经典的机器学习算法被提出，包括感知机（perceptron）、人工神经网络、决策树、高斯过程、Logistic 回归、支持向量机（support vector machine，SVM）、朴素贝叶斯算法等。这类算法的共同特点是模型为浅层结构，无法从数据中直接提取特征，模型构建依赖于领域信息或专家知识。2006 年，加拿大多伦多大学的 Hinton 教授在 *Science* 期刊发表论文 *Reducing the Dimensionality of Data with Neural Networks*，标志着深度学习时代的开启。不同于传统的机器学习方法，深度学习是一类端到端的学习方法。深度学习建立在多层非线性神经网络之上，可以从原始数据直接学习、自动抽取特征并逐层抽象，最终实现回归、分类或排序等目的。近年来，深度学习在计算机视觉、语音处理、自然语言等方面的应用相继取得了突破，达到甚至超过了人类水平。学者陆续提出多种深度学习模型，包括卷积神经网络（convolutional neural network，CNN）、循环神经网络（recurrent neural network，RNN）、自编码网络（autoencoder network）、生成对抗网络（generative adversarial network，GAN）等。上述主要模型的实现原理将在第 2 章进行描述。

根据解决问题特点的不同，机器学习可细分为不同的学习模式。例如，根据问题需求不同，机器学习可分为分类、回归、排序、聚类等形式；根据训练数据中输出标签（label）信息的多少，机器学习可分为监督学习、半监督学习、无监督学习；根据训练数据量的多少，机器学习又可分为小样本学习、大数据学习，以及最近提出的零样本学习（zero-shot learning）。近年来，强化学习、迁移学习、自监督学习、元学习等一系列新的学习形式开始受到关注。尤其是迁移学习，其侧重于相关（但不相同）领域之间传递领域信息，用于解决目标域中数据量不足而导致的模型偏差问题，因此被认为是未来机器学习应用的研究热点之一。本书后续章节将陆续对上述主要学习形式进行介绍和应用。

无论是哪种机器学习算法和模型，机器学习的本质均为从数据中学习和解析领域知识，并对新的事件做出决策和预测。对于智能健康预警与寿命预测问题，通过机器学习的智能化分析和挖掘，从设备状态监控数据中提取故障信息，实现早期故障检测、故障诊断和故障预测，可有效避免复杂工况等因素的影响，提高健康管理效果。例如，对于轴承故障诊断，传统的基于数学模型的诊断方法虽然简单、直观、便于理解，但需要深入分析设备内在结构和运行原理，对于结构复杂、工况多变的对象则难以建立准确的数学模型；而基于信号分析的诊断方法虽然无须构建数学模型，但其只在对象出现明显的外部特征（如故障特征频率）时才有效，在实际应用中容易因工况恶劣多变而失效；而采用机器学习的诊断方法则直接从数据中提取相关特征信息并建立诊断模型，有助于提高故障检测及诊断的精度及效率。因此，根据轴承健康预警与寿命预测的诸多问题特点，研究相应的机器学习算法，将其应用于实际的轴承 PHM 问题，是目前学术界和工业界迫切需要开展的研究。

1.2　轴承早期故障检测方法研究现状

在大多数研究中，通常将早期故障检测归于故障诊断。由于在滚动轴承的早期故障阶段，振动信号一般具有故障特征不明显、故障信号微弱、信噪比低等特点[1]。虽然早期故障检测和故障诊断具有一定的重叠性，早期故障检测可以采用诊断方法提取早期故障特征并进行分类，但相对于一般意义上的故障诊断，早期故障检测更侧重于对早期微弱故障信号的检测和识别。此外，从机器学习方法的角度，故障诊断主要采用分类模型，而早期故障检测除了可以采用分类模型外，还可以采用异常检测方法实现。因此，本书对早期故障检测方法进行单独的分析。

轴承振动信号能够直观反映轴承整个运行状态，因此目前对滚动轴承早期故障检测的研究大多基于振动信号，具体而言，可分为基于信号分析的检测方法和基于数据驱动的检测方法。

1. 基于信号分析的检测方法

基于信号分析的检测方法主要是利用现代信号处理技术对采集的信号进行处理，然后通过与故障特征频率等先验知识进行比较从而实现轴承早期故障检测。例如，Xiao 和 Luo[2]采用小波包去噪技术，在保持故障特征信息的基础上，对轴承振动信号中的噪声进行消除，然后在此基础上计算出轴承的故障特征频率，并与理论计算出来的故障特征频率进行比较，从而实现轴承早期故障的检测；刘尚坤等[3]首先采用最大相关峭度解卷积算法对原信号进行降噪处理、检测信号中的周期性冲击成分，然后利用 Teager 能量算子增强降噪信号中的周期性冲击特征、抑制非冲击成分，最后通过分析 Teager 能量谱中明显的频率成分来诊断故障类型。这类检测方法的优点是不需要大量的轴承训练数据，不足之处是较依赖故障特征频率等先验知识。

2. 基于数据驱动的检测方法

基于数据驱动的检测方法主要是利用数据内在的特征进行故障检测研究，具体而言又可分为基于统计分析的故障检测方法和基于机器学习的故障检测方法[4]。

（1）基于统计分析的故障检测方法

基于统计分析的检测方法主要是提取数据在空间的概率分布，然后通过数据的统计分布或者估计分布给出故障检测指标的阈值，并在此基础上进行故障检测。例如，Rashid 和 Yu[5]首先利用测量数据建立隐马尔可夫模型（hidden Markov model，HMM）估计动态模态序列，并在此基础上建立局部独立分量分析模型，然后利用基于平方预测误差（squared prediction error，SPE）统计量的 HMM 进行故障检测；Nelwamondo 等[6]首先利用多尺度分形维数提取正常和故障轴承时域振动信号的梅尔频率倒谱系数（Mel-frequency cepstral coefficients，MFCCs）和峰度作为特征，然后使用高斯混合模型（Gaussian mixture model，GMM）和 HMM 对提取的特征进行分类，从而实现对轴承早期故障的检测。这类检测方法的优点是不需要故障特征频率等先验知识，但需要事先已知数据分布情况。

（2）基于机器学习的故障检测方法

基于机器学习的故障诊断方法重点在于提取具有强判别能力的早期故障特征，并在此基础上建立故障检测模型。对于早期故障的特征提取，传统方法多采用时域、频域和时频域信号分析提取轴承的统计特征。例如，贾峰等[7]通过研究嵌入维数和延迟时间对信号排列熵的影响，提出了一种基于多维排列熵算法的特征提取算法，并在此特征基础上训练 SVM 模型，从而实现轴承早期故障智能诊断；Dhamande 和 Chaudhari[8]利用连续小波变换和离散小波变换提取复合故障特征，然后采用 SVM 和朴素贝叶斯算法进行分类；Li 等[9]首先提取样本间的互信息熵组合成初始特征集，然后经过聚类和降维操作，得到代表性特征，最后利用 Fisher 判别分析进行故障判别；不同于上述统计特征的提取，Amar 等[10]提出了一种适用于低信噪比条件的振动频谱成像特征增强方法，有助于进一步提高特征表示效果，进而采用神经网络（neural network，NN）进行轴承的早期故障诊断。

近年来，随着深度学习的发展，深度神经网络（deep neural network，DNN）被广泛应用于早期故障的特征提取。例如，Shao 等[11]提出一种基于最大相关熵损失函数的深度自编码器（deep autoencoder，DAE），从原始振动信号中提取更具判别性的特征，进行早期故障诊断；雷亚国等[12]利用归一化稀疏自编码器构建局部连接网络提取数据的深度特征，并在此基础上实现早期故障诊断；为了提取序列数据的时序特征，Lu 等[13]利用 DNN 和长短时记忆网络（long-short term memory，LSTM）提取数据的深度时序特征，进而进行早期故障诊断。该类方法的优点在于能够自适应地提取轴承的早期故障特征，并且不需要故障特征频率等先验知识，但是深度学习模型的训练需要大量的辅助数据，代价较高。

随着传感技术的快速发展，不停机情况下的早期故障在线监测问题近年来受到关注。这种方式有助于实时评估轴承工作状态，避免因等待停机检查而产生延误、造成经济损失。由于在线应用场景的制约，与现有早期故障检测相比，在线检测具有如下需求：①检测结果应具有较好的实时性，能尽可能快速准确地识别出早期故障；②检测结果应具有较好的稳健性，能尽可能避免正常状态下轻微异常波动的影响，相比漏报警（现有方法对成熟故障检测已较成熟），更需要避免误报警；③检测模型应具有较高的可靠性，在线检测过程中无须反复进行阈值设定和模型优化。上述需求对检测方法提出了新的挑战。若直接应用传统故障检测方法建立的离线模型进行在线检测，会导致误报警率升高。从目前来看，已有少量研究开始关注早期故障的在线检测问题。例如，Lu 等[13]在 LSTM 深度特征的基础上，采用在线检测策略进行早期故障检测。虽然该方法成功降低了误报警率，但深度特征的提取需要大量的辅助轴承数据，且故障报警策略比较复杂，需要反复调整状态转换之间的报警阈值；Tao 等[14]利用相对熵（Kullback-Leibler divergence，KL 散度，又称相对熵）估计新采集的数据和在线初始阶段数据之间的偏差，实现异常评估，该方法虽然只依赖于目标轴承数据，但检测效果依赖于报警阈值的设定，需要对故障报警策略进一步优化。

总体来说，现有的早期故障检测方法已经取得了良好的成果，但在早期故障的在线检测领域中仍需要进行以下方面的研究：①为了解决辅助轴承和目标轴承数据分布不一致问题，需要构建能够提取辅助轴承与目标轴承的公共特征的模型；②在提取公共特征的基础上，扩大公共特征对轴承正常样本与早期故障样本的识别能力，提升检测结果；③优化在线故障报警策略，尽量避免复杂的阈值设定。

1.3 轴承故障诊断方法研究现状

与 1.2 节所述早期故障检测方法类似，目前滚动轴承故障诊断主要有两种方法：基于信号分析的故障诊断方法和基于数据驱动的故障诊断方法[15]。

1. 基于信号分析的故障诊断方法

基于信号分析的故障诊断方法侧重于提取具有领域专家经验的人工设计特征，但由于受到噪声等因素的影响，滚动机械的振动信号往往携带了很多冗余的信息。为解决此问题，Lei 等[16]提出了一种新的非线性分析方法——辛熵（symplectic entropy）分析测量信号，进而实现滚动轴承的故障监测；为了提取嵌入在强噪声中的周期性冲击分量，Huang 等[17]提出一种自适应字典自由正交匹配追踪的稀疏表示方法，提高了滚动轴承早期故障诊断的精确性。针对变速工况下的轴承故障诊断问题，Wang 等[18]提出了一种基于变分模态分解（variational mode decomposition，VMD）时频分析的混合方法。但以上特征提取算法依赖于先验的领域知识和人工参与，同时特征往往是针对特定问题而设计的，无法很好地表征其他故障类型，这就使精心设计的特征适应能力较为有限。一旦工况或对象模型发生变化，已有特征可能不再适用，需要重新分析并设计特征提取方法。

2. 基于数据驱动的故障诊断方法

基于数据驱动的故障诊断方法主要利用机器学习算法进行故障诊断。如 Samanta 和 Nataraj[19]利用 SVM 和人工神经网络建立了基于时域特征的轴承故障模型；Caesarendra 等[20]引入相关向量机和 Logistic 回归实现故障状态划分。近年来，深度学习开始应用于旋转机械故障诊断。相比人工提取的特征，深度学习技术具有表示能力强、不需要考虑数据背景信息等特点，可直接从原始数据中自适应地提取具有良好表征能力的深度特征，因此在轴承故障诊断应用领域取得了良好的效果。例如，针对旋转机械所收集的信号与环境噪声混合严重影响故障诊断效果的问题，Liu 等[21]将自动编码器与 RNN 相结合，RNN 进行轴承故障诊断，在故障诊断的稳健性和准确性方面都有提升；Shen 等[22]将收缩自动编码器应用于轴承故障诊断，在强环境噪声的情况下提取稳健的轴承信号故障特征。针对旋转机械运行条件复杂多变，难以从采集的振动信号中自动有效地捕获故障特征的问题，Lu 等[23]用堆叠去噪自动编码（stacked denoise autoencoder，SDAE）提取更稳健的高阶特征，提高了轴承健康状态识别的准确性。为了在轴承故障诊断特征提取过程中充分利用特征之间的位置关系，Zhu 等[24]基于 CNN 提出了一种具有初始块和回归分支的新型胶囊网络，提高了故障诊断模型的泛化能力。从结构化学习的角度入手，Mao 等[25]提出了一种新的深度输出核学习（output kernel learning，OKL）方法，有效地利用了轴承故障类型之间的结构化关系，最终在不增加模型复杂度的前提下，提高模型的精确度与稳定性。基于数据驱动的故障诊断方法相对于传统的依赖领域知识的人工设计特征具有明显的优势，但也存在一定的不足，主要包括：①训练好模型需要大量的样本；②需要占用大量的计算资源，训练耗时。当样本量不足时，深度学习技术可能无法有效提取具有代表性的特征，模型也因此容易出现过拟合现象。

由上述分析可知，轴承故障诊断的研究在过去十年时间已经取得了快速发展。然而，现有研究一般建立在可用数据充足的前提下，即需要有大量的、有标签的故障信息。但是在实际工程中，该前提往往很难满足，原因在于：①在实际工程中，滚动轴承大多数时间处于正常工作状态，对轴承发生故障的数据采集较少，因此采集到的正常数据多，故障数据少，即存在数据不均衡问题；②在实际工程中，可获取的有标记数据十分有限，仅利用少量实际工程数据难以训练出一个可靠的故障诊断模型。

对于上述两个实际难题，研究者相继提出了不同的解决方案。

1）针对不均衡故障诊断问题，不同的学者分别从数据与算法两个方面给出了不同的研究思路。从数据方面而言，Chawla 等[26]提出了合成少类过采样技术（synthetic minority over-sampling technique，SMOTE），该技术通过随机生成少类合成样本使数据样本达到均衡，但是通过这种方法得到的合成样本质量难以保证，不能为故障诊断提供有用信息。为了解决这个问题，Ramentol 等[27]提出了基于粗糙集和子集低近似性的 SMOTE 算法，使合成样本更近似于少类故障样本。Mao 等[28]在极限学习机（extreme learning machine，ELM）的基础上引入主曲线，分别减少多类样本和生成少类样本，使样本达到均衡。从算法方面而言，提高不平衡数据集分类效果的主要方法是根据数据特征对传统算法进行改进或设计新的分类算法。例如，Yin 等[29]提出了一种归纳偏差核 Fisher 判别分析算法，将一个规则加权矩阵与最小欧式距离合并的分类规则。Sun 等[30]在 AdaBoost 学习框架中引入了成本项，以增加被误分类的少类样本的权重。上述方法均为不均衡问题提供了重要的研究思路和方向，并且在一定程度上提高了不均衡问题的分类效果。然而，上述方法不具有一定的自适应性，不能自动地学习样本的数据分布。

2）针对有标记的数据量少的问题，近年来迁移学习的出现为其提供了解决思路。迁移学习涉及源域和目标域，目标域数据与源域数据的分布特性不同，但具有一定相关性。迁移学习的目标是减少分布差异，利用源域中的领域知识提高目标域预测模型的性能。Lu 等[31]提出了一种基于领域自适应（domain adaptation）的深度诊断模型。该模型利用源域的频谱数据和目标域的部分标记数据进行训练，通过最小化最大均值差异（maximum mean discrepancy，MMD）距离，减小源域和目标域的数据分布差异，从而获得领域公共特征表示，在此基础上建立诊断模型，用于诊断目标域中无标记数据对应的故障类型。Wen 等[32]提出一种基于稀疏自编码模型的深度诊断模型，该方法利用稀疏自编码方法提取不同工况下轴承的频谱数据特征，然后最小化源域和目标域之间的 MMD 距离，获得源域和目标域的公共特征表示。上述方法无法充分利用目标域中无标签数据信息来训练诊断模型，为了解决这一问题，Yang 等[33]提出了一种基于特征迁移的 CNN，并引入了伪标签学习，在减小域间差异的同时又缩小了类间距离，进而提取迁移特征，提高故障诊断效果。然而，文献[31]～[33]均为基于 MMD 距离的特征迁移方法，考虑到数据分布的多样性（如均值、中位数、标准差等），仅仅缩小数据分布之间的均值差异并不能够确保得到强适配能力和强表征能力的迁移特征。因而，如何更好地解决源域和目标域数据分布不一致问题，仍是当前面临的一大挑战。

总体而言，现有研究已经在故障特征提取和诊断模型构建方面取得了较好的效果，但仍需在以下方面进行深入研究：①如何在数据量有限的情况下，提高故障诊断模型的稳定性和鲁棒性；②如何采用更有效的迁移学习算法，提取更敏感、表征能力更强的迁移特征；③如何构建在线诊断模型，以便应用于不停机情况下的在线诊断场景。

1.4　轴承剩余寿命方法研究现状

现有滚动轴承 RUL 研究主要包括以下三种[34]：基于物理模型的方法、基于统计模型的方法及基于机器学习的方法。下面分别进行讨论。

基于物理模型的方法主要通过建立轴承的各种力学模型和状态方程，对故障的退化过程进行描述和分析[35]，但这类方法通常需要大量的试验估计模型参数，同时非常依赖于领域内的专家经验。基于统计模型的方法，通过建立基于经验知识的统计模型估算轴承的剩余可用寿命，主要包括伽马过程模型[36]、维纳过程模型[37]、马尔可夫模型[38]等。这类方法通常假设数据满足特定的分布条件，同时也依赖大量数据进行状态估计。

基于机器学习的 RUL 预测方法近年来受到广泛关注。这类方法直接从退化状态数据入手，通过提取敏感特征，引入 NN、SVM、高斯过程等机器学习回归算法建立 RUL 预测模型。尽管采用的具体建模方法各异，但本质上均为从信号变化趋势入手，构建故障特征到剩余寿命值的非线性映射关系模型。例如，Soualhi 等[39]使用希尔伯特-黄变换（Hilbert-Huang transform，HHT）提取故障特征，并利用获取的特征频率构建预测指标，最终采用 SVM 进行状态划分和 RUL 预测；Huang 等[40]利用自组织映射和前馈型神经网络，构建从健康指标（health indicator，HI）到剩余寿命之间的映射模型实现预测；Malhi 等[41]提出了一种基于竞争性学习方法，用于校正 RNN 的训练，旨在提高模型对长期预测效果的准确性；Liao[42]使用多种特征进行遗传规划，获取和剩余寿命走势近似的指标预测剩余寿命；Hong 等[43]利用小波-经验模态分解（wavelet packet-empirical mode decomposition，WP-EMD）提取特征，并利用高斯过程回归构建模型预测轴承的剩余寿命。但是，上述方法对特征的提取通常较多依赖于领域知识，如不同位置或类型的故障所表现的故障频率不一致，从而所用特征提取方法有所区别；同时，现有方法多基于信号的统计信息和物理意义，无法针对具体问题的特点自适应提取敏感特征。虽然也有相关研究[44]采用自适应模糊推断的方式实现自适应提取特征，但依旧会引入较多的人工干预，同时特征的表示能力有限。

近年来，凭借着 DNN 良好的特征表示能力，基于深度学习的轴承剩余寿命预测方法开始受到关注。例如，Guo 等[45]利用深度 RNN 网络提取滚动轴承的退化 HI，并利用粒子滤波的方法预测轴承的剩余寿命；Li 等[46]利用深度 CNN 构建预测模型，建立从特征到剩余寿命的预测模型；Deutsch 和 He[47]使用深度置信网络（deep belief networks，DBN）直接构建信号频谱和剩余寿命值之间的回归模型，并给出了可信度为 90%的置信区间。这些工作的重点仅在于直接使用原始数据或故障特征数据构建深度学习回归模型、实现故障特征与剩余寿命之间的映射关系，但是，在建模过程中，辅助轴承和目标轴承数据分布的差异会限制预测效果，对衰退趋势时序信息的有效提取和利用有待进一步提高。

在退化状态建模中，HI 曲线可用来描述当前设备退化状态。目前，主流的做法包括基于基本的物理特征[48]、利用多维统计特征降维之后的一维流形[49]和采用 DNN 提取的深度特征[50]构建 HI。虽然上述工作可以较好地反映退化趋势，但是这些特征在提取时并未有针对性地反映出 HI 所注重的单调性、趋势性和稳健性[51]等数学性质，因此有必要从 HI 构建的角度，进一步提取能够充分反映系统退化状态的敏感特征。

无论是 HI，还是提取得到的各种特征，均能反映一段时间内轴承健康状况的趋势变化，其本质上是一种时序序列的信息表示，存在前后时间上的关联关系。因此，若能充分利用特征序列中蕴含的时序信息，则可进一步提高退化过程建模和预测的准确度和稳定性。从普通的时间序列建模的角度，Pang 等[52]构建了自回归（auto regressive，AR）模型和粒子滤波结合的剩余寿命预测方法；Lasheras 等[53]提出滑动平均自回归（auto-regressive moving average，ARIMA）模型和 SVM 结合的剩余寿命预测方法。从深度时序建模的角度，LSTM 网络已被用来预测轴承剩余寿命[54]。文献[54]同时验证了时序深度学习在轴承寿命预测中的适用性。如何提取有价值的时序退化信息，以及如何在建模时充分利用这些信息是值得深入研究的问题。

综上所述，尽管现有研究已经取得了一定效果，但是从时序信息进行 RUL 预测的研究相对较少，可在以下方面进一步提高：①解决辅助轴承和目标轴承数据分布的差异，提取更具有公共性的退化趋势特征；②提取并充分利用退化过程的时序信息，进一步提高 RUL 预测模型的泛化能力和稳定性。

1.5 轴承智能健康预警与故障预测面临的挑战

可以看出，目前机器学习在轴承健康预警与故障预测中均已取得了较好的应用结果。但需要指出的是，上述工作只是机器学习的初步应用，仍有巨大的研究空间，需要进一步梳理典型的应用需求和特点，构建合适的机器学习方法。

具体而言，轴承智能健康预警与故障预测面临以下挑战。

1）数据量不足情况下如何提高故障检测和诊断的稳定性。

现有很多工作已经可以达到很高的诊断精度，但需要依赖于一定量的数据。一旦出现数据量不足的情况，如某种工况下的健康状态数据相对较少，不可避免会导致过学习现象的出现，模型稳定性和稳健性大幅下降。对于这一问题，本书计划从不均衡分类、结构化学习和迁移学习 3 种策略入手，对早期故障检测、故障诊断中存在的模型稳定性问题进行解决，分别见本书第 3 章、第 4 章和第 7 章相关内容。

2）如何构建面向在线应用场景的轴承 PHM 方法。

如前所述，随着传感技术的发展，不停机情况下的健康管理逐渐受到重视，在工程现场实时进行早期故障预警与状态预测的重要性日益突出，但针对滚动轴承等关键零部件的在线辨识、诊断和预测技术还不能完全满足装备制造业发展的需要。因此，有必要围绕在线场景下的状态监测和预测问题，开展早期故障的在线检测、在线故障诊断研究。本书分别从在线检测模型、策略和诊断方法入手，提供了多种解决方案，具体内容见本书第 5 章和第 6 章相关内容。

3）如何在轴承 PHM 方法中有效融合深度特征表示。

无论是早期故障检测、故障诊断还是剩余寿命预测问题，深度学习均已展示出了强大的特征提取和端到端建模效果。但是，如何将深度学习与上述问题进行深入融合，利用深度特征表示提高 PHM 效果，仍然需要进一步研究。尤其是剩余寿命预测，由于退化过程具有鲜明的时序特性，如何有效挖掘退化序列的时序深度特征是提升寿命预测效果的关键。本书将在第 3～9 章的正文内容中，对每一类问题均引入深度特征表示，并详细阐述对深度特征的融合和利用方式。

1.6　数据集介绍

本书工作重点在于讲述智能健康预警与故障预测中的机器学习方法，目的是为相关研究员和工程师提供参考。为了便于复现效果，本书采用 4 个公开数据集进行实验验证和效果对比，这 4 个数据集信息具体如下。

1. 凯斯西储大学轴承数据集

该数据集来自美国凯斯西储大学（Case Western Reserve University）的实验室轴承故障数据[55]（本书中简称为 CWRU 数据集）。轴承用电火花分别在内圈、外圈及滚动体位置加工单点损伤，损伤半径分别为 0.007in（1in=2.54cm）、0.014in、0.021in 和 0.028in 共 4 种尺寸，然后分别在 0、1hp（1hp=745.700W）、2hp 和 3hp 的电机负载的工作条件下记录并得到振动加速度信号数据。数据集除了正常状态数据以外，还包括在风扇端（fan end，FE）和驱动端（drive end，DE）以 12kHz 的采样频率采集到的故障数据，以及在驱动端得到的采样频率为 48kHz 的故障数据。该数据集包含滚动轴承的 4 种状态，即正常状态、外圈故障、内圈故障及滚动体故障状态。

2. IMS 轴承数据集

智能维护系统（intelligent maintenance systems，IMS）滚动轴承数据是美国辛辛那提大学智能维护系统中心提供的全寿命周期数据[56]。轴上安装了 4 个轴承。通过摩擦带将转速保持恒定在 2000r/min。Rexnord ZA-2115 双排轴承安装在轴上。PCB 353B33 高灵敏度石英加速度计安装在轴承箱上（对于数据集 1 有两个加速度计用于每个轴承的 x 轴和 y 轴，对于数据组 2 和 3 的每个轴承有一个加速度计）。包含 3 个数据集，每个数据集描述了一个测试到失败的实验。其中第一个实验装置的数据采集从 2003 年 10 月 22 日 12 时 6 分 24 秒开始到 2003 年 11 月 25 日 23 时 39 分 56 秒结束，总共持续了约 827h，每隔 10min 采集一次振动信号，采样频率为 20kHz，实验结束时，轴承 3 和轴承 4 分别出现了内圈故障和滚动体故障。第二个实验装置的数据采集从 2004 年 2 月 12 日 10 时

32分39秒开始到2004年2月19日6时22分39秒结束（约163.8h）每隔10分钟采集一次振动信号，采样频率为20kHz，实验结束时，轴承1出现了外圈故障。收集该轴承的所有数据，共984个样本，每个样本（snapshot）中有20 480个点，本书实验均匀选取1024个点。

3. IEEE PHM Challenge 2012 轴承数据集

IEEE PHM Challenge 2012轴承数据集来源于IEEE PHM 2012的数据挑战赛，使用PRONOSTIA数据采集平台[57]，如图1-1所示。PRONOSTIA数据采集平台能够提供滚动轴承从正常到故障的整个生命周期的实验数据。

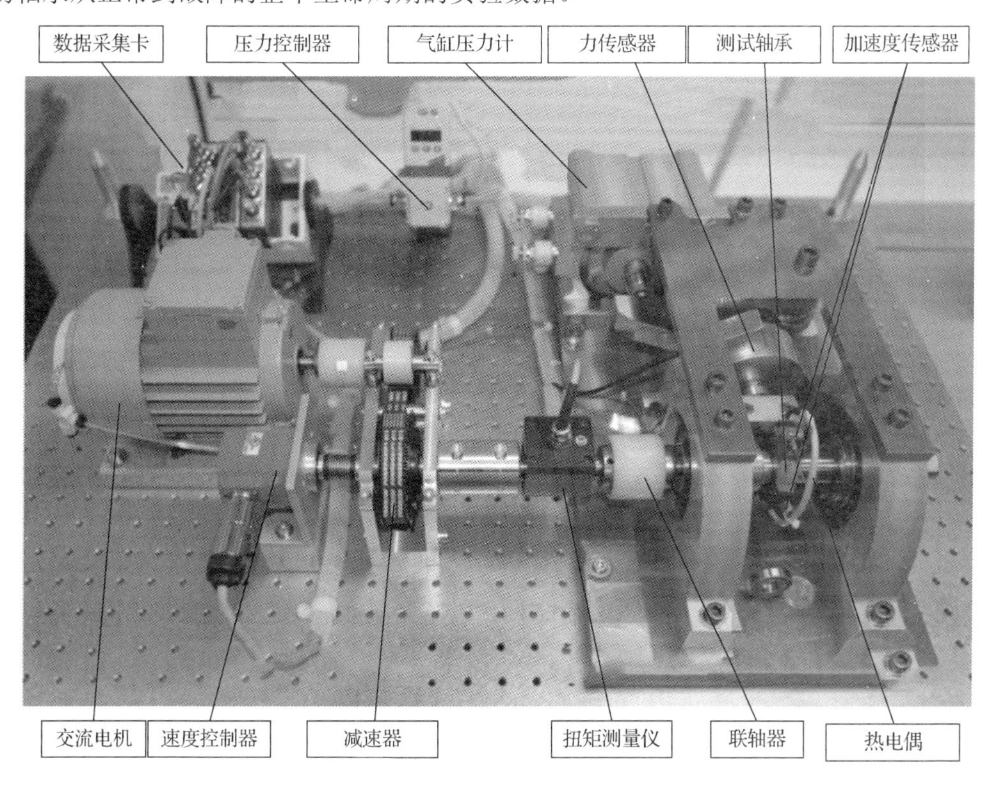

图1-1 PRONOSTIA数据采集平台[1]

在PRONOSTIA数据采集平台下，通过加速寿命衰退实验可以使轴承在几个小时之内迅速失效，从而能够采集到完整的轴承全寿命数据。PRONOSTIA包括旋转部分、负载部分和数据采集部分。旋转部分的电机功率为250W，通过转轴把动力传递给轴承进行旋转。负载部分能够给轴承增加载荷为4000N的力，使轴承能够快速退化。数据采集主要依靠安放在水平和垂直方向上的加速度传感器和温度传感器采集数据。其中，加速度传感器的采样频率为25.6kHz，温度传感器的采样频率为10Hz。每隔10s记录一次数据，每次数据有2560个采样点（0.1s）。数据集包含了3个不同工况下的轴承数据：第1个工况下发动机转速为1800r/min，负载为4000N；第2个工况下发动机转速1650r/min，负载为4200N；第3个工况下发动机转速为1500r/min，负载为5000N。

4. XJTU-SY 轴承数据集

XJTU-SY 轴承数据集由西安交通大学雷亚国教授课题组和浙江长兴昇阳科技有限公司提供[58]。本次实验所用的轴承加速退化测试平台由昇阳科技制造，如图 1-2 所示。该平台可以开展各类滚动轴承或滑动轴承的加速退化实验，获取轴承的全寿命周期监测数据。

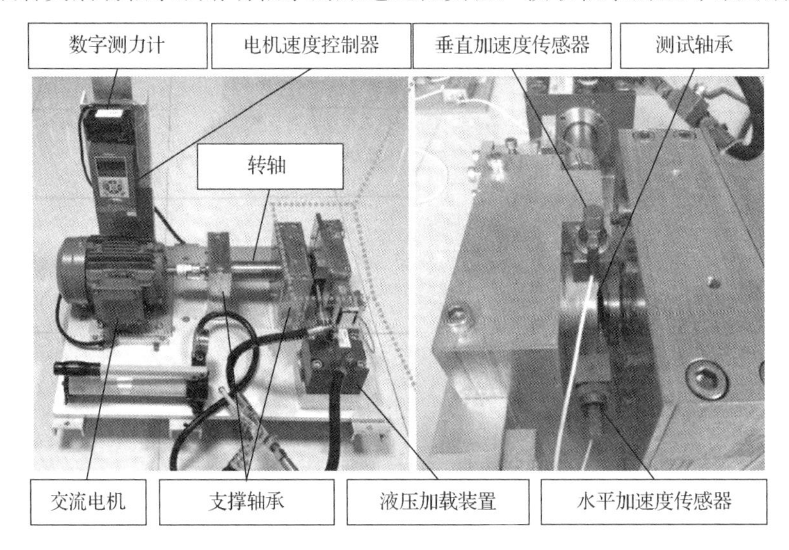

图 1-2　XJTU-SY 数据集加速退化试验台[58]

实验对象为 LDK UER204 滚动轴承，共设计了 3 类实验工况（35Hz、12kN；37.5Hz、11kN；40Hz、10kN），每类工况下各测试 5 个轴承。采样频率为 25.6kHz，32768 个样本（即 1.28s），每分钟收集一次。

参 考 文 献

[1] 李永波. 滚动轴承故障特征提取与早期诊断方法研究[D]. 哈尔滨：哈尔滨工业大学, 2017.

[2] XIAO Q, LUO Z. Early fault diagnosis of the rolling bearing based on the weak signal detection technology[C]//2016 14th International Conference on Control, Automation, Robotics and Vision (ICARCV). IEEE, 2016: 1-4.

[3] 刘尚坤, 唐贵基, 何玉灵. Teager 能量算子结合 MCKD 的滚动轴承早期故障识别[J]. 振动与冲击, 2016, 35(15): 98-102.

[4] 龚学兵. 基于数据驱动方法的飞轮系统早期故障检测[D]. 哈尔滨：哈尔滨工业大学, 2017.

[5] RASHID M, YU J. Hidden markov model based adaptive independent component analysis approach for complex chemical process monitoring and fault detection[J]. Industrial & Engineering Chemistry Research, 2012, 51(15):5506-5514.

[6] NELWAMONDO F, MARWALA T, MAHOLA U, et al. Early classifications of bearing faults using hidden Markov models, Gaussian mixture models, mel-frequency cepstral coefficients and fractals[J]. International Journal of Innovative Computing, Information and Control, 2006, 2(6): 1281-1299.

[7] 贾峰，武兵，熊晓燕，等. 基于多维度排列熵与支持向量机的轴承早期故障诊断方法[J]. 计算机集成制造系统，2014，20(9): 2275-2282.

[8] DHAMANDE L, CHAUDHARI M. Compound gear-bearing fault feature extraction using statistical features based on time-frequency method[J]. Measurement, 2018, 125: 63-77.

[9] LI F, WANG J, CHYU M, et al. Weak fault diagnosis of rotating machinery based on feature reduction with supervised orthogonal local fisher discriminant analysis[J]. Neurocomputing, 2015, 168: 505-519.

[10] AMAR M, GONDAL I, WILSON C. Vibration spectrum imaging: a novel bearing fault classification approach[J]. IEEE Transactions on Industrial Electronics, 2015, 62(1): 494-502.

[11] SHAO H, JIANG H, ZHAO H, et al. A novel deep autoencoder feature learning method for rotating machinery fault diagnosis[J]. Mechanical Systems and Signal Processing, 2017, 95: 187-204.
[12] JIA F, LEI Y, GUO L, et al. A neural network constructed by deep learning technique and its application to intelligent fault diagnosis of machines[J]. Neurocomputing, 2018, 272: 619-628.
[13] LU W, LI Y, CHENG Y, et al. Early fault detection approach with deep architectures[J]. IEEE Transactions on Instrumentation and Measurement, 2018, 67(7): 1679-1689.
[14] TAO S, CHAI Y, VI N. Incipient fault online estimation based on Kullback-Leibler divergence and fast moving window PCA[C]//43rd Annual Conference of the IEEE Industrial Electronics Society, 2017: 8065-8069.
[15] HOANG D, KAN H. A survey on deep Learning based bearing fault diagnosis[J]. Neurocomputing, 2019, 335: 327-335.
[16] LEI M, MENG G, DONG G. Fault detection for vibration signals on rolling bearings based on the symplectic entropy method[J]. Entropy, 2017, 19(11): 607.
[17] HUANG W, SUN H, LUO J, et al. Periodic feature oriented adapted dictionary free OMP for rolling element bearing incipient fault diagnosis[J]. Mechanical Systems and Signal Processing, 2019, 126: 137-160.
[18] WANG Y, YANG L, XIANG J, et al. A hybrid approach to fault diagnosis of roller bearings under variable speed conditions[J]. Measurement Science and Technology, 2017, 28(12): 22-27.
[19] SAMANTA B, NATARAJ C. Use of particle swarm optimization for machinery fault detection[J]. Engineering Applications of Artificial Intelligence, 2009, 22(2): 308-316.
[20] CAESARENDRA W, WIDODO A, YANG B S. Application of relevance vector machine and logistic regression for machine degradation assessment[J]. Mechanical Systems and Signal Processing, 2010, 24(4): 1161-1171.
[21] LIU H, ZHOU J, ZHENG Y, et al. Fault diagnosis of rolling bearings with recurrent neural network-based autoencoders[J]. ISA Transactions, 2018, 77: 167-178.
[22] SHEN C, QI Y, WANG J, et al. An automatic and robust features learning method for rotating machinery fault diagnosis based on contractive autoencoder[J]. Engineering Applications of Artificial Intelligence, 2018, 76: 170-184.
[23] LU C, WANG Z, QIN W, et al. Fault diagnosis of rotary machinery components using a stacked denoising autoencoder-based health state identification[J]. Signal Processing, 2017, 130: 377-388.
[24] ZHU Z, PENG G, CHEN Y, et al. A convolutional neural network based on a capsule network with strong generalization for bearing fault diagnosis[J]. Neurocomputing, 2019, 323: 62-75.
[25] MAO W, FENG W, LIANG X. A novel deep output kernel learning method for bearing fault structural diagnosis[J]. Mechanical Systems and Signal Processing, 2019, 117: 293-318.
[26] CHAWLA N, BOWYE R K, HALL L O, et al. SMOTE: Synthetic minority over-sampling technique[J]. Journal of Artificial Intelligence Research, 2002, 16: 321-357.
[27] RAMENTOL E, CABALLERO Y, BELLO R, et al. SMOTE-RSB*: A hybrid preprocessing approach based on oversampling and undersampling for high imbalanced data-sets using SMOTE and rough sets theory[J]. Knowledge and Information Systems, 2012, 33(2): 245-265.
[28] MAO W, HE L, YAN Y, et al. Online sequential prediction of bearings imbalanced fault diagnosis by extreme learning machine[J]. Mechanical Systems and Signal Processing, 2017, 83: 450-473.
[29] YIN J, YANG M, WAN J. A kernel fisher linear discriminant analysis approach aiming at imbalanced data set[J]. Pattern Recognit. Artif. Intell, 2010, 23(3): 414-420.
[30] SUN Y, KAMEL M, WONG A, et al. Cost-sensitive boosting for classification of imbalanced data[J]. Pattern Recognition, 2007, 40(12): 3358-3378.
[31] LU W, LIANG B, CHENG Y, et al. Deep model based domain adaptation for fault diagnosis[J]. IEEE Transactions on Industrial Electronics, 2017, 64(3): 2296-2305.
[32] WEN L, GAO L, LI X. A new deep transfer learning based on sparse auto-encoder for fault diagnosis[J]. IEEE Transactions on Systems, Man, and Cybernetics: Systems, 2017, 49(1): 136-144.
[33] YANG B, LEI Y, JIA F, et al. An intelligent fault diagnosis approach based on transfer learning from laboratory bearings to locomotive bearings[J]. Mechanical Systems and Signal Processing, 2019, 122: 692-706.
[34] LEI Y, LI N, GUO L, et al. Machinery health prognostics: A systematic review from data acquisition to RUL prediction[J]. Mechanical Systems and Signal Processing, 2018, 104: 799-834.
[35] OPPENHEIMER C, LOPARO K. Physically based diagnosis and prognosis of cracked rotor shafts[C]//Component and

Systems Diagnostics, Prognostics, and Health Management II. International Society for Optics and Photonics, 2002, 4733: 122-133.

[36] VAN NOORTWIJK J. A survey of the application of gamma processes in maintenance[J]. Reliability Engineering & System Safety, 2009, 94(1): 2-21.

[37] PAROISSIN C. Inference for the Wiener process with random initiation time[J]. IEEE Transactions on Reliability, 2016, 65(1): 147-157.

[38]KHAROUFEH J. Explicit results for wear processes in a Markovian environment[J]. Operations Research Letters, 2003, 31(3): 237-244.

[39] SOUALHI A, MEDJAHER K, ZERHOUNI N. Bearing health monitoring based on Hilbert-Huang transform, support vector machine, and regression[J]. IEEE Srement, 2015, 64(1): 52-62.

[40] HUANG R, XI L, LI X, et al. Residual life predictions for ball bearings based on self-organizing map and back propagation neural network methods[J]. Mechanical Systems and Signal Processing, 2007, 21(1): 193-207.

[41] MALHI A, YAN R, GAO R. Prognosis of defect propagation based on recurrent neural networks[J]. IEEE Transactions on Instrumentation and Measurement, 2011, 60(3): 703-711.

[42] LIAO L. Discovering prognostic features using genetic programming in remaining useful life prediction[J]. IEEE Transactions on Industrial Electronics, 2014, 61(5): 2464-2472.

[43] HONG S, ZHOU Z, ZIO E, et al. Condition assessment for the performance degradation of bearing based on a combinatorial feature extraction method[J]. Digital Signal Processing, 2014, 27: 159-166.

[44] SOUALHI A, RAZIK H, CLERC G, et al. Prognosis of bearing failures using hidden Markov models and the adaptive neuro-fuzzy inference system[J]. IEEE Transactions on Industrial Electronics, 2014, 61(6): 2864-2874.

[45] GUO L, LI N, JIA F, et al. A recurrent neural network based health indicator for remaining useful life prediction of bearings[J]. Neurocomputing, 2017, 240: 98-109.

[46] LI X, DING Q, SUN J. Remaining useful life estimation in prognostics using deep convolution neural networks[J]. Reliability Engineering & System Safety, 2018, 172: 1-11.

[47] DEUTSCH J, HE D. Using deep learning-based approach to predict remaining useful life of rotating components[J]. IEEE Transactions on Systems, Man, and Cybernetics: Systems, 2018, 48(1): 11-20.

[48] LI N, LEI Y, LIN J, et al. An improved exponential model for predicting remaining useful life of rolling element bearings[J]. IEEE Transactions on Industrial Electronics, 2015, 62(12): 7762-7773.

[49] WIDODO A, YANG B. Application of relevance vector machine and survival probability to machine degradation assessment[J]. Expert Systems With Applications, 2011, 38(3): 2592-2599.

[50] GUO L, LEI Y, LI N, et al. Deep convolution feature learning for health indicator construction of bearings[C]//2017 Prognostics and System Health Management Conference-Harbin, IEEE. Harbin, 2017: 1-6.

[51] GUO L, LEI Y, LI N, et al. Machinery health indicator construction based on convolutional neural networks considering trend burr[J]. Neurocomputing, 2018, 292(31):142-150.

[52] PANG C, ZHOU J, YAN H. PDF and breakdown time prediction for unobservable wear using enhanced particle filters in precognitive maintenance[J]. IEEE Transactions on Instrumentation and Measurement, 2015, 64(3): 649-659.

[53] ORDÓÑEZ C, LASHERAS F, ROCA-PARDIÑAS J, et al. A hybrid ARIMA-SVM model for the study of the remaining useful life of aircraft engines[J]. Journal of Computational and Applied Mathematics, 2019, 346: 184-191.

[54] MAO W, HE J, TANG J, et al. Predicting remaining useful life of rolling bearings based on deep feature representation and long short-term memory neural network[J]. Advances in Mechanical Engineering, 2018, 10(12): 1-18.

[55] These data comes from Case Western Reserve University Bearing Data Center Website [EB/OL]. http://www.eecs.cwru.edu/laboratory/bearings/.

[56] LEE J, QIU H, YU G, J. Lin, and Rexnord Technical Services. IMS, University of Cincinnati. "Bearing Data Set", NASA Ames Prognostics Data Repository (http://ti.arc.nasa.gov/project/prognostic-data-repository), NASA Ames Research Center, Moffett Field, CA, 2007.

[57] NECTOUX P, GOURIVEAU R, MEDJAHER K, RAMASSO E, MORELLO B, ZERHOUNI N, VARNIER C. PRONOSTIA: An Experimental Platform for Bearings Accelerated Life Test. IEEE International Conference on Prognostics and Health Management, Denver, CO, USA, 2012.

[58] These data can be downloaded from Google Drive: https://drive.google.com/open?id=1_ycmG46PARiykt82ShfnFfyQsaXv3_VK.

第 2 章　机器学习理论基础

机器学习（machine learning）是人工智能的一个分支，内容涉及计算机科学、概率统计、函数逼近论、最优化理论、控制论、决策论、算法复杂度理论、实验科学等多个学科。随着大数据时代的到来，机器学习也得到迅速的发展，在计算机视觉、数据挖掘以及机械结构 PHM 等领域均得到广泛应用。

本章主要讲述机器学习相关理论基础，从浅层学习（shallow learning）模型和深度学习（deep learning）模型介绍代表性算法。

2.1　浅层学习模型

20 世纪 80 年代，随着人工神经网络反向传播算法的发明，大量的浅层学习模型陆续被提出，如 SVM、反馈式（back-propagation，BP）神经网络，这些模型的结构基本上可以看成有一层隐层节点，或者没有隐层节点。这些模型无论是在理论分析还是应用中都获得了巨大的成功。

2.1.1　感知机

感知机由 Frank Rosenblatt 于 1957 年提出，是二分类的线性分类模型，用于划分线性可分数据集，为 NN 和 SVM 的问世打下了基础。可以说，感知机模型是机器学习的开端之作。感知机所解决的问题如下：求得一个超平面来划分线性可分数据集，如图 2-1 所示。超平面的维度是特征空间维度减一。在二维空间中的超平面是一条线，在三维空间中的超平面是一个平面。

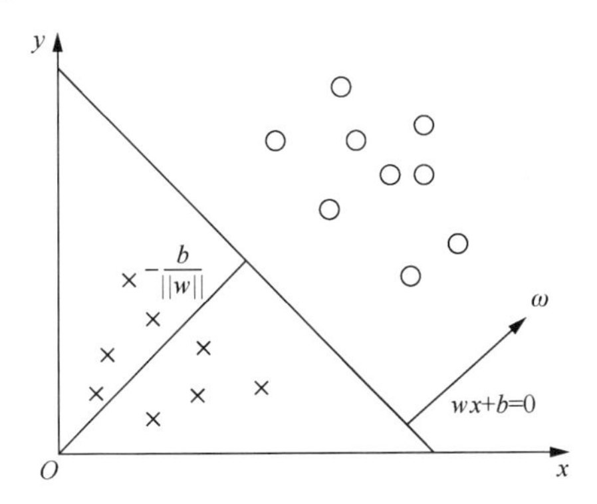

图 2-1　感知机模型

感知机的输入是 $x \in X$ ， $X \in R^n$ ，输出是 $y = \{+1, -1\}$ ，输入和输出的具体关系如下：

$$f(x) = \text{sign}(wx + b) \tag{2-1}$$

式中，w 和 b 分别为感知机模型参数，w 称为权值（weight），b 称为偏置（bias）；sign(·) 是符号函数，即

$$\operatorname{sign}(x)=\begin{cases}+1, & x\geqslant 0\\ -1, & x<0\end{cases} \tag{2-2}$$

感知机的损失函数为

$$L(w,b)=-\sum_{x_i\in M} y^{(i)}(wx^{(i)}+b) \tag{2-3}$$

式中，M 为所有误分类的点的集合。由式（2-3）可知，损失函数是非负的，当 $L(w,b)=0$ 时，即没有误分类的点达到了完全正确分类。通过梯度下降法可以求得最优 w 和 b。

2.1.2　决策树

决策树（decision tree）是 Hunt 等在 1966 年发表的论文 *Experiments in Induction* 中被提出，但真正让决策树成为机器学习主流算法的还是 Ross Quinlan 在 1979 年提出的 ID3 算法，该算法掀起了决策树研究的热潮。决策树是一种树形结构，其中每个分支表示一个属性上的判断，每个内部节点代表一个判别结果的输出，每个叶子节点代表一种分类结果。决策树的分类思想类似于“if-then”结构[1]，如图 2-2 所示。其中，圆形代表内部节点，表示一种属性；三角形代表叶子节点，表示决策结果。

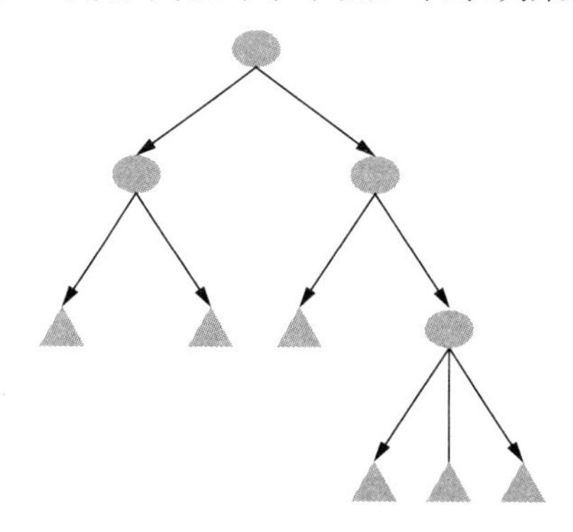

图 2-2　决策树模型

决策树学习的本质是使用先验知识建立决策树预测样本的标签。决策树可以作为分类树和回归树。决策树学习的关键是选择最优的划分属性，尽量使划分的样本属于同一类别，即不确定性越小的属性，以此进行准确的分类[2]。在 IDE3 算法中，通常用信息熵（information entropy）度量类别的不确定性。当前，样本集合 X 中第 i 类样本所占的比例为 p_i，则 X 的信息熵定义为

$$H(X)=-\sum_{i=1}^{n} p(\boldsymbol{x}_i)\log_2 p(\boldsymbol{x}_i) \tag{2-4}$$

式中，$H(X)$ 的值越小，则 X 的不确定性就越小。此外，可以使用划分前后集合的信息熵和条件熵的差值来衡量使用当前特征对于样本集合 X 划分效果的好坏，也就是信息增益，公式如下：

$$g(X,A)=H(X)-H(X\mid A) \tag{2-5}$$

式中，$g(X,A)$ 值越小，说明使用当前特征划分数据集 X 的子集不确定性越小。

2.1.3　Logistic 回归

Logistic 回归起源于对人口数量增长情况的研究，后来被应用到解决经济领域相关领域问题。虽然有回归二字，但该算法主要用于解决分类问题。

假设 X 是连续型随机变量，服从 Logistic 分布，那么 X 的分布函数及密度函数如下：

$$F(x) = P(X \leqslant x) = \frac{1}{1 + \mathrm{e}^{-(x-\mu)/\gamma}} \tag{2-6}$$

$$f(x) = \frac{\mathrm{e}^{-(x-\mu)/\gamma}}{\gamma(1 + \mathrm{e}^{-(x-\mu)/\gamma})^2} \tag{2-7}$$

式中，μ 为位置参数；γ 为形状参数。由于采用 Logistic 分布，任何输入的输出范围均保持在[0,1]之间，因此可采用极大似然估计和梯度下降法进行求解。

Logistic 回归因其计算量小、通俗易懂、容易实现等优点被广泛使用。因为它的决策面是线性的，所以 Logistic 回归是一种线性分类算法。

2.1.4　支持向量机

SVM 由 Vapnik 等于 1995 年[3]提出，是一种监督学习的分类器。SVM 的目的是找到一个超平面来划分不同的数据集，使不同数据集离超平面最远（即最大间隔），由此表示泛化能力最强，如图 2-3 所示。

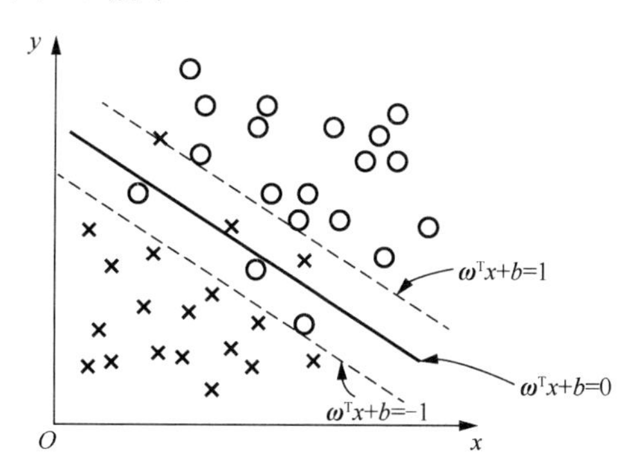

图 2-3　SVM 最大间隔示意图

SVM 的基本思路就是满足最大间隔的同时，让不满足约束条件 $y_i(\boldsymbol{\omega}^{\mathrm{T}} x_i + b) \geqslant 1$ 的样本尽可能少，所以优化目标为

$$\begin{cases} \min\limits_{\boldsymbol{\omega},b,\xi_i} \dfrac{1}{2}\|\boldsymbol{\omega}\|^2 + C\sum\limits_{i=1}^{m}\xi_i \\ \text{s.t.}\quad y_i(\boldsymbol{\omega}^{\mathrm{T}} x_i + b) \geqslant 1 - \xi_i\text{，}\ \xi_i \geqslant 0\text{，}\ i = 1,2,\cdots,m \end{cases} \tag{2-8}$$

式中，C 为正则化参数，$C > 0$。引入拉格朗日乘子，得到对偶问题，即

$$\begin{cases} \max\limits_{\alpha} \ \sum_{i=1}^{m}\alpha_i - \frac{1}{2}\sum_{i=1}^{m}\sum_{j=1}^{m}\alpha_i\alpha_j y_i y_j \boldsymbol{x}_i^{\mathrm{T}}\boldsymbol{x}_j \\ \text{s.t.} \ \ \sum_{i=1}^{m}\alpha_i y_i = 0,\ 0 \leqslant \alpha_i \leqslant C,\ i=1,2,\cdots,m \end{cases} \tag{2-9}$$

当解决非线性问题时，可以引入核函数把样本映射到高维特征空间。设样本 x 映射后的向量为 $\boldsymbol{\phi}(x)$，划分超平面为 $f(x)=\boldsymbol{\omega}^{\mathrm{T}}\boldsymbol{\phi}(x)+b$，那么对偶问题变为

$$\begin{cases} \max\limits_{\alpha} \ \sum_{i=1}^{m}\alpha_i - \frac{1}{2}\sum_{i=1}^{m}\sum_{j=1}^{m}\alpha_i\alpha_j y_i y_j \boldsymbol{\phi}(x_i)^{\mathrm{T}}\boldsymbol{\phi}(x_j) \\ \text{s.t.} \ \ \sum_{i=1}^{m}\alpha_i y_i = 0,\ \ \alpha_i \geqslant 0,\ i=1,2,\cdots,m \end{cases} \tag{2-10}$$

通过求解式（2-10），可得到模型参数向量，其中参数不为 0 的样本被称为支持向量。SVM 对于小样本数据的分类问题有着较好的泛化能力，其衍生算法支持向量回归机、支持向量数据域描述对小样本的回归、异常检测等问题也有着良好效果，因此被广泛应用于各类工程应用问题。

2.1.5　朴素贝叶斯算法

朴素贝叶斯算法是以贝叶斯原理为基础，利用概率统计知识，通过先验知识和类条件概率，得到目标样本的后验概率，从而进行分类[2]。不同于贝叶斯原理中难以从有限的训练样本估计出所有属性联合概率的问题，朴素贝叶斯算法采用了“属性条件独立性假设”，即所有样本属性对样本分类结果的影响相互独立。

设样本数据集 $D=\{d_1,d_2,\cdots,d_n\}$，对应样本数据集的特征属性 $X=\{x_1,x_2,\cdots,x_n\}$，分类集 $Y=\{y_1,y_2,\cdots,y_n\}$。其中 $x_1,x_2,\cdots,x_n$ 相互独立，则 Y 的先验概率 $P_{\text{prior}}=P(Y)$，后验概率为 $P_{\text{post}}=P(Y|X)$，由朴素贝叶斯算法可得，后验概率为

$$P(Y|X)=\frac{P(Y)P(X|Y)}{P(X)} \tag{2-11}$$

基于属性条件独立性假设，式（2-11）中类条件概率可表示为

$$P(X|Y=y)=\prod_{i=1}^{d}P(x_i|Y=y) \tag{2-12}$$

结合上式，可以计算后验概率为

$$P_{\text{post}}=P(Y|X)=\frac{P(Y)\prod_{i=1}^{d}P(x_i|Y)}{P(X)} \tag{2-13}$$

由于对于所有类别 $P(X)$ 相同，因此朴素贝叶斯判定准则为

$$h(x_i)=\arg\max P(Y)\prod_{i=1}^{d}P(x_i|Y) \tag{2-14}$$

2.1.6　支持向量数据描述

支持向量数据描述（support vector data description，SVDD）[4]是一种单值分类方法，

通过对数据样本进行超球体描述，寻找一个尽可能多地包含目标数据及尽可能少地包含非目标数据的最小超球体，用来检测非目标样本。

给定一个训练数据集 $\{x_i \mid x_i \in R^d, i=1,2,\cdots,n\}$（$d$ 为数据维数），通过求解以下的优化问题在特征空间上建立超球体，即

$$\begin{cases} \min\limits_{R,a,\xi} \quad R^2 + C\sum\limits_{i=1}^{n}\xi_i \\ \text{s.t.} \quad \|\boldsymbol{x}_i - a\|^2 \leqslant R^2 + \xi_i \end{cases} \tag{2-15}$$

式中，a 为超球体中心；R 为超球体半径；$\|\boldsymbol{x}_i - a\|$ 为点 $\boldsymbol{x}_i$ 到球体中心 a 的距离；ξ_i 为松弛因子（$\xi_i \geqslant 0$，允许部分噪声在超球体外）；C 为常数，代表超球体体积与错分样本之间的权重。

结合拉格朗日乘子法，原问题的对偶问题为

$$\begin{cases} \min\limits_{\alpha_i} \sum\limits_{i=1}^{n}\sum\limits_{j=1}^{n}\alpha_i\alpha_j K(x_i,x_j) - \sum\limits_{i=1}^{n}\alpha_i K(x_i,x_i) \\ \text{s.t.} \ 0 \leqslant \alpha_i \leqslant C, \quad \sum\limits_{i=1}^{n}\alpha_i = 1 \end{cases} \tag{2-16}$$

式中，α_i 为样本 x_i 对应的拉格朗日系数。求解该对偶问题后，可以获取所有样本对应的拉格朗日系数。在所有训练样本中，把拉格朗日系数满足 $0<\alpha_i<C$ 的样本称为支持向量。

求得超球体后，检测在线数据 x 的类别的决策函数为

$$f(x) = \text{sgn}(R^2 - \|x_i - a\|^2) \tag{2-17}$$

式中，若 $f(x)=1$，则 x 为目标对象；若 $f(x)=-1$，则 x 为非目标对象。

2.2　深度学习模型

深度学习是机器学习领域延伸出来的一个新领域。深度学习的本质是模拟人类大脑的思考过程，由计算机模拟神经元的信号传递进行知识理解和经验学习。深度学习模型是由多个隐藏层的多层 NN 结构，因其具有自适应特征提取和端到端建模能力，近几年来受到各个应用领域的广泛关注。

2.2.1　传统神经网络模型

NN 是由许多简单的神经元组成的，神经元是一个多输入单输出的信息处理单元，传统的 NN 模型如图 2-4 所示。

传统的 NN 模型简单地模拟了大脑的神经元模型，可通过反向传播方式得到最优隐藏层。但是，这一过程存在严重的梯度消失和梯度爆炸问题。深度学习正是在克服了这两个问题的基础上诞生的。

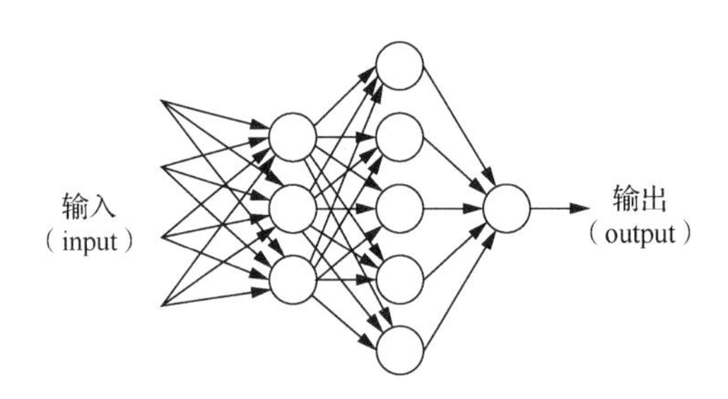

图 2-4　传统的 NN

2.2.2　卷积神经网络

CNN[5]是一种运用卷积计算、同时有深度结构的 NN，是深度学习的基本模型之一，在计算机视觉、自然语言处理等领域应用广泛。

CNN 由输入层、卷积层、激活函数、池化层、全连接层这五部分组成，如图 2-5 所示，输入是一个 32×32×3 像素值的数组，卷积核的大小是 5×5×3。

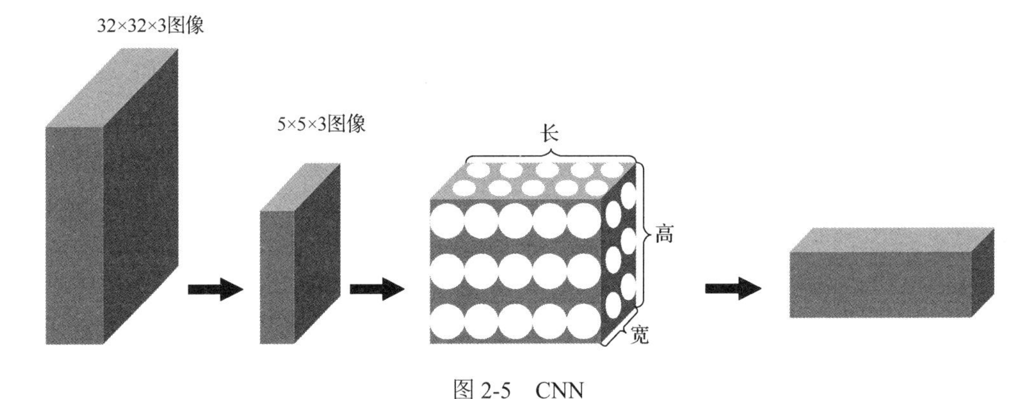

图 2-5　CNN

在 CNN 中，处理数据量最大的是卷积层，同时也是 CNN 的核心所在。卷积层的核心是滤波器，与全连接层不同，卷积层中每一个节点的输入只是上一层 NN 中的一小块，这个小块常用的大小有 3×3 或者 5×5。一般，通过卷积层处理过的节点矩阵会变得更深。

因为 CNN 共享卷积核，所以对处理高维数据有很好的效果，其特征的分类效果也很好。但是，CNN 需要进行手动调节参数确定最优网络结构，同时需要大量的训练样本优化模型。此外，CNN 本身是一个黑盒模型，即物理含义不明确，因此在可解释性方面尚存在不足。

2.2.3　自编码神经网络

自编码器（autoencoder，AE）是一种无监督学习方法，由 3 层神经元组成，能够通过隐藏层将无标签数据映射到自身，在这个过程中找到合适的隐藏层（即特征表示）。从输入层到隐藏层称为编码层（encoder），从隐藏层到输出层称为解码层（decoder）。在编码和解码的过程中会产生一定的损失，可使损失函数最小，进而实现 $\hat{x}$ 近似等于 x。3 层自编码神经网络的模型如图 2-6 所示。

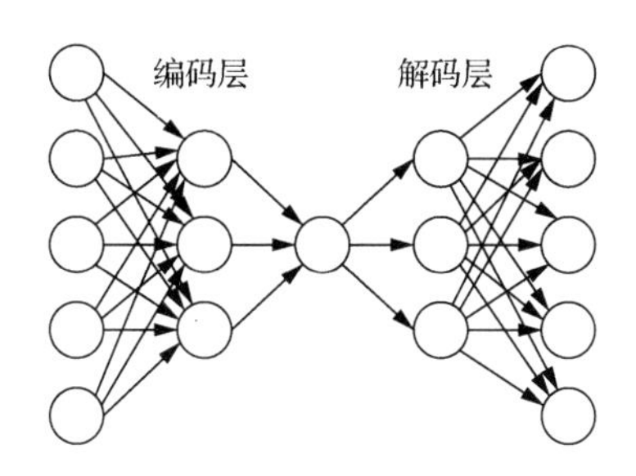

图 2-6　自编码神经网络模型

输入层（编码层）的编码公式如下：

$$g_1(x) = \sigma(W_1 x + b_1) \tag{2-18}$$

输出层（解码层）的解码公式如下：

$$g_2(x) = \sigma(W_2 x + b_2) \tag{2-19}$$

式中，W_1 和 W_2 为隐藏层权重；b_1 和 b_2 为偏置。

若自编码器的输入是实数，损失函数可采用下列形式：

$$J_E(W,b) = \frac{1}{m}\sum_{r=1}^{m}\frac{1}{2}\left\|\hat{x}^{(r)} - x^{(r)}\right\|^2 \tag{2-20}$$

若输入为离散数据，也可采用交叉熵的损失函数。最小化该损失函数可通过随机梯度下降法求解，隐藏层的输出就是学习到的输入数据的特征。通过将多个 AE 进行堆叠，即可构成自编码神经网络。

2.2.4　深度置信网络

2018 年图灵奖获得者 Geoffrey Hinton 在 2006 年提出了 DBN[6]，这是一种概率模型，是深度学习的基础算法之一。DBN 既可以当作生成模型使用，也可以当作判别模型使用。在作为生成模型使用时，模型会按照某种概率分布生成训练数据；在作为判别模型使用时，只需在网络的顶层添加一个特殊层达到分类或者是回归的目的。DBN 由多个受限玻尔兹曼机（restricted Boltzmann machines，RBM）叠加而成，RBM 的组成如图 2-7 所示。

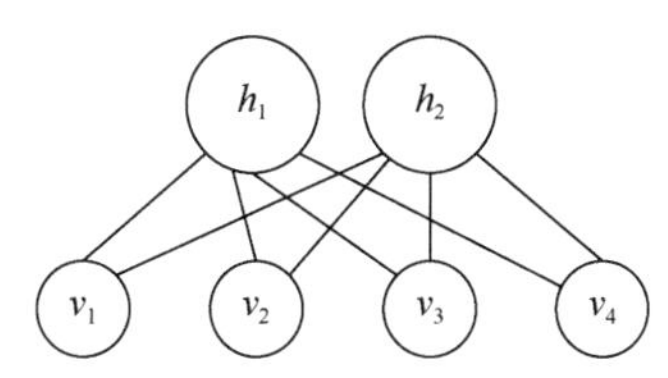

图 2-7　RBM 的组成结构

RBM 当中有 5 个参数，分别为 $\boldsymbol{h}$、$\boldsymbol{v}$、$\boldsymbol{b}$、$\boldsymbol{c}$、$\boldsymbol{W}$，其中 $\boldsymbol{b}$、$\boldsymbol{c}$、$\boldsymbol{W}$ 分别是相应的权重及偏置，可以通过学习得到，即

$$E(\boldsymbol{v},\boldsymbol{h}) = -\sum_{i=1}^{N_v} b_i v_i - \sum_{j=1}^{N_h} c_j h_j - \sum_{i,j=1}^{N_v,N_h} W_{ij} v_i h_j \tag{2-21}$$

式中，$\boldsymbol{v}$ 为输入向量；$\boldsymbol{h}$ 为输出向量。在一个 RBM 单元中，隐藏层神经元 h_j 被激活的概率为

$$P(v_j \mid \boldsymbol{h}) = \sigma\left(c_j + \sum_j W_{i,j} v_j\right) \tag{2-22}$$

因为隐层与显层相连接，所以显层的神经元可以被隐层神经元激活，即

$$P(h_j \mid \boldsymbol{v}) = \sigma(b_j + \sum_i W_{i,j} v_i) \tag{2-23}$$

式中，σ 为 Sigmoid 函数，也可以是其他激活函数。

RBM 每层的神经元之间是独立的，因为其概率密度满足独立性，所以有

$$\begin{cases} P(\boldsymbol{h} \mid \boldsymbol{v}) = \prod_{j-1}^{N_h} P(h_j \mid \boldsymbol{v}) \\ P(\boldsymbol{v} \mid \boldsymbol{h}) = \prod_{i-1}^{Nv} P(v_i \mid \boldsymbol{h}) \end{cases} \tag{2-24}$$

在 DBN 中两两相邻的两层神经元是为一个 RBM，每个 RBM 层的输出为下个 RBM 层的输入，如图 2-8 所示。

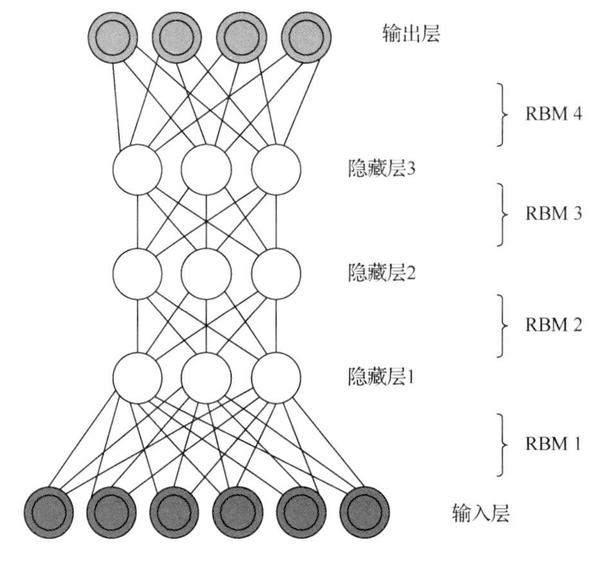

图 2-8　DBN 结构

在训练过程中，上一个 RBM 层训练完成之后才能训练当前的 RBM 层，以此类推。

2.2.5　循环神经网络

RNN 是一种特殊的 NN，它是根据“人具有从曾经的记忆中获取解决现在的问题的能力”这一理念被设计出来。因为 RNN 对序列型的数据有更好的记忆，所以被用于语音识别、自然语言处理等方面[7]。

RNN 结构如图 2-9 所示。其中，$\boldsymbol{x}$ 是输入向量，$\boldsymbol{s}$ 是隐层向量，$\boldsymbol{U}$ 是输入层到隐藏层的权重矩阵，$\boldsymbol{o}$ 是输出向量，$\boldsymbol{V}$ 是隐藏层到输入层的权重矩阵，$\boldsymbol{W}$ 是隐藏层从上一时刻到下一时刻的权重矩阵。由图 2-8 可知，RNN 的隐藏层的值 $\boldsymbol{s}$ 不仅仅取决于当前这次的输入 $\boldsymbol{x}$，还取决于上一次隐藏层的值 s_{t-1}，如图 2-9 所示。

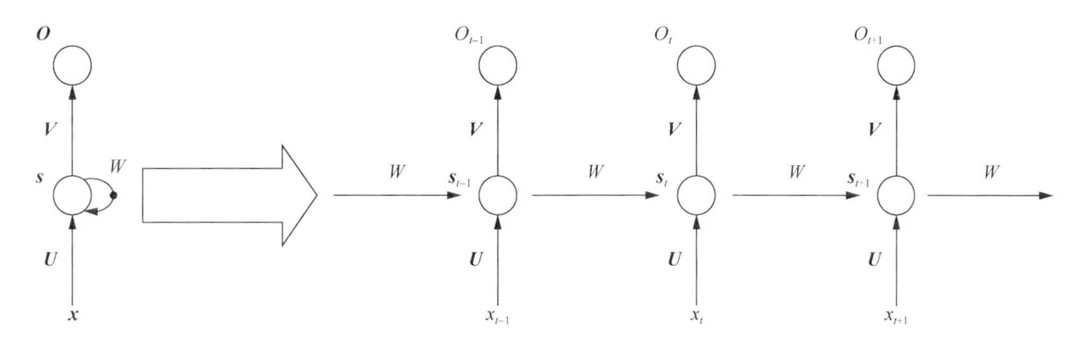

图 2-9　RNN 结构

式中，o_t 及 s_t 的计算公式如下：

$$o_t = g(\boldsymbol{V}s_t) \tag{2-25}$$

$$s_t = f(\boldsymbol{U}x_t + \boldsymbol{W}s_{t-1}) \tag{2-26}$$

RNN 的输出值 o_t 受前面历次输入值 x_t，x_{t-1}，x_{t-2} 影响，这也就是 RNN 能够记忆序列型数据的原因。

RNN 训练算法通常采用基于时间的反向传播（back propagation trough time，BPTT）算法，其基本原理和 BP 算法一致，包括前向计算每个神经元的输出、反向计算神经元的误差值、计算每个权重的梯度，最后用随机梯度下降方法更新权重。

2.2.6　长短时记忆网络

LSTM 于 1997 年由 Hochreiter 等[8]提出。因为传统的 RNN 在记忆长序列的数据时会出现梯度消失和梯度爆炸等情况，所以 LSTM 引入“门”（gate）结构解决上述问题，如图 2-10 所示。

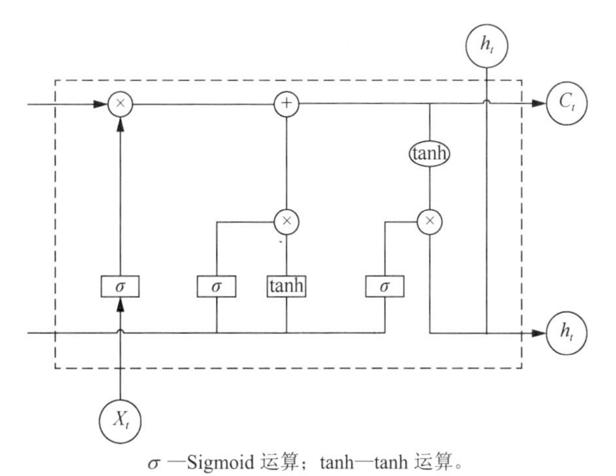

σ —Sigmoid 运算；tanh—tanh 运算。

图 2-10　LSTM 示意图

LSTM 特有的 3 种门结构分别为：遗忘门（forget gate）、输入门（input gate）、输出门（output gate）。遗忘门是决定上个输入时刻的神经元状态 C_{t-1} 中有多少被保存到当前时刻的状态 C_t 中，其运算公式为

$$f_t = \sigma(W_f \cdot [h_{t-1}, x_t] + b_f) \tag{2-27}$$

输入门决定了当前的输入 x_t 中有多少元素被保存到当前的状态 C_t，其运算公式为

$$i_t = \sigma(W_i \cdot [h_{t-1}, x_t] + b_i) \tag{2-28}$$

输出门是用来控制当前的神经元状态 C_t 有多少输出到 LSTM 网络的当前输出值 h_t 中，其运算公式为

$$h_t = o_t \cdot \tanh(C_t) \tag{2-29}$$

LSTM 作为 RNN 的优秀变种，更加真实地模拟了人类大脑的思考行为和神经组织的认知过程。它不但拥有 RNN 的优点，而且解决了 RNN 的梯度消失及梯度爆炸问题，所以 LSTM 在长时间序列的处理上有着优秀的性能，近年来一直是时序数据学习的研究热点。

2.2.7 生成对抗网络

GAN 由 Goodfellow 等[9]于 2014 年 10 月提出。GAN 采用零和博弈思想进行构建，包含生成器和判别器，分别用 G 和 D 表示。G 的目标是生成与真实样本数据分布尽可能相似的合成样本，D 的目标则是尽可能地判断出真假样本。二者达到各自目标的过程就是一个博弈过程。生成网络和判别网络均可以由上述 NN 构成，其结构如图 2-11 所示。

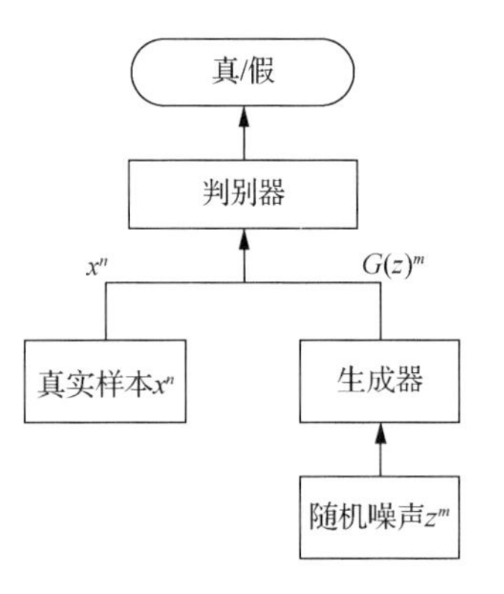

图 2-11 GAN 结构

在具体训练过程中，G 的目标是学习真实样本的数据分布，尽可能生成能够以假乱真的合成样本，其输入是一组随机噪声 $Z=(z^1, z^2, \cdots, z^m)$，输出是由噪声生成的合成样本 $G(Z)=(G(z)^1, G(z)^2, \cdots, G(z)^m)$，$G(Z)$ 的数据分布尽可能与真实样本接近；而 D 的目标则是识别样本的真假，其输入是真实样本和通过生成网络生成的合成样本，输出是真假逻辑值。在训练过程中，G 和 D 二者交替训练，直到达到纳什均衡（Nash equilibrium）。损失函数如下：

$$\min_G \max_D \ L(D,G) = E_{x\sim P_{\text{data}}(x)}[\lg D(x)] + E_{z\sim P_z(z)}[\lg(1-D(G(z)))] \tag{2-30}$$

在对判别模型 D 进行参数更新时，$D(x)$ 的输出要趋近于 1。而对于噪声 z 产生的数据 $G(z)$ 而言，$D(G(z))$ 应趋近于 0，所以需要使 $L(D,G)$ 最大化；而对于生成模型 G 进行参数更新时，$G(z)$ 应尽量和真实数据一样，两者数据分布趋于一致，所以 $D(G(z))$ 应该趋近于 1。

GAN 给予了一个处理问题的全新思路，即把博弈问题引入机器学习之中。与其他方法相比，GAN 是一种生成式模型，能够产生更加清晰及真实的样本。同时，由于 GAN 采用无监督的学习方式进行训练，可以被应用到无监督学习以及半监督学习等相关领域。但是 GAN 的训练需要达到纳什均衡，有的时候难以找到均衡点，因此，GAN 具有不够稳定的局限。围绕这一问题，研究人员进行了深入研究，提出了一系列改进的 GAN 模型。同时，GAN 所采用的对抗训练（adversarial training）策略也被用于迁移学习领域中的领域自适应问题，获得了较好的效果。

2.3 本章小结

本章介绍了浅层学习和深度学习具有代表性的算法。在一些小样本问题上，浅层学习模型的效果比较好，但依赖于基于专家知识的手工特征；数据量比较大的样本更适合采用深度学习进行建模，可自适应提取具有较强表示能力的深度特征，但深度学习模型的物理意义目前仍然是学术界研究的焦点问题。上述算法将在后续章节实验中陆续用到，额外使用的算法将在具体应用时单独进行介绍。

参考文献

[1] 李航. 统计学习方法[M]. 北京: 清华大学出版社, 2016.

[2] 谢佳. 基于多分类器的层次式 Blog 主题标注技术[D]. 哈尔滨: 哈尔滨工业大学, 2008.

[3] CORTES C, VAPNIK V. Support-vector networks[J]. Machine Learning, 1995, 20(3): 273-297.

[4] LECUN Y, BOSER B E, DENKER J S, et al. Backpropagation applied to handwritten zip code[J]. Neural Computation, 1989, 1(4): 541-551.

[5] HINTON G, OSINDERO S, TEH Y. A fast learning algorithm for deep belief nets[J]. Neural Computation, 2006, 18 (7) : 1527-1554.

[6] 杨丽, 吴雨茜, 王俊丽, 等. 循环神经网络研究综述[J]. 计算机应用, 2018, 38(S2): 1-6，26.

[7] HOCHREITER S, SCHMIDHUBER J. Long short-term memory[J]. Neural Computation, 1997, 9(8): 1735-1780.

[8] TAX D, DUIN R. Support vector data description[J]. Machine Learning, 2004, 54(1): 45-66.

[9] GOODFELLOW I, POUGET-ABADIE J, MIRZA M, et al. Generative adversarial nets[C]//The 27nd Neural Information Processing Systems (NIPS). 2014: 2672-2680.

第 3 章　故障特征表示与诊断模型构建

在进入具体的 PHM 问题之前，有必要对机器学习在典型 PHM 问题的应用方式进行说明。本章以故障诊断问题为例，选择故障特征对分类效果的影响这一主线，阐述典型的浅层学习算法和深层学习算法在故障诊断中的应用，并对比常用的监督式学习算法和深度算法的诊断效果。最后，对于类别严重不均衡的故障诊断问题，本章将详细描述生成对抗式网络在解决该问题时的实现过程。

3.1　基于浅层模型的故障诊断

在过去的 20 多年中，大量的浅层机器学习算法被应用于轴承故障诊断问题。本节将选择具有代表性的 4 种机器学习算法（SVM、BP 神经网络、Logistic 回归及决策树），采用传统的信号统计特征，展示诊断模型的构建过程和不同特征对诊断模型的影响。

3.1.1　异构故障特征表示

对于浅层模型而言，模型的输入特征对最终的决策结果起着十分关键的作用。因此，在实验过程中，应该提取尽可能多的特征信息，以确保它们的代表性。浅层机器学习模型通常需要手动提取故障特征，因此本章选取文献[1]中的 71 维异构故障特征，从轴承状态信号中提取特征向量，作为 SVM、BP 神经网络、Logistic 回归及决策树等浅层模型的输入。该 71 维异构故障特征包括 13 维频域特征、10 维双谱特征、4 维广义自回归条件异方差（generalized autoregressive conditional heteroskedasticity，GARCH）特征、10 维经验模态分解（empirical model decomposition，EMD）特征、16 维小波包特征和 18 维包络特征，具体定义如表 3-1 所示。

表 3-1　71 维故障特征的定义

方法名称	公式	维数
双谱分析	$B_x(w_1,w_2)=\sum_{\tau_1=-\infty}^{+\infty}\sum_{\tau_2=-\infty}^{+\infty}c_{3x}(\tau_1,\tau_2)\mathrm{e}^{-\mathrm{j}(w_1\tau_1+w_2\tau_2)}$	10
EMD	$x(t)=r_n+\sum_{i=1}^{n}\mathrm{IMF}_i$	10
WPD	$E_j(n)=\sum_{s=0}^{S/2^j-1}\left[c_{j,n}^s\right]^2$ $x_n=\dfrac{E_j(n)}{\sum_{m=0}^{2^j}E_j(m)}$	16

续表

方法名称	公式	维数
复包络分析	$h(t):H\{h(t)\}:=h(t)\frac{1}{\pi t}=\frac{1}{\pi}\int_{-\infty}^{+\infty}h(t)\frac{\mathrm{d}\tau}{t-\tau}$	18
GARCH 模型	$r_t=c_1+\sum_{i=1}^{R}\phi_i r_{t-i}+\sum_{j=1}^{M}\phi_j\varepsilon_{t-j}+\varepsilon_t$ $\varepsilon_t=\mu_t\sqrt{h_t}$ $h_t=k+\sum_{i=1}^{q}G_i h_{t-i}+\sum_{i=1}^{p}A_i\varepsilon_{t-i}^2$	4
脉冲因子	$X_{\mathrm{if}}=\frac{\max(\lvert x_i\rvert)}{\frac{1}{N}\sum_{i=1}^{N}\lvert x_i\rvert}$	1
裕度因子	$X_{\mathrm{mf}}=\frac{\max(\lvert x_i\rvert)}{\left(\frac{1}{N}\sum_{i=1}^{N}\sqrt{\lvert x_i\rvert}\right)^2}$	1
形状因子	$X_{\mathrm{sf}}=\frac{\max(\lvert x_i\rvert)}{\left(\frac{1}{N}\sum_{i=1}^{N}x_i^2\right)^{1/2}}$	1
峰值因子	$X_{\mathrm{kf}}=\frac{\frac{1}{N}\sum_{i=1}^{N}\left(\frac{x_i-\overline{x}}{\sigma}\right)^4}{\left(\frac{1}{N}\sum_{i=1}^{N}x_i^2\right)^2}$	1
峰值系数	$X_{\mathrm{cf}}=\frac{\max(\lvert x_i\rvert)}{\left(\frac{1}{N}\sum_{i=1}^{N}x_i^2\right)^{1/2}}$	1
峰峰值	$X_{\mathrm{ppv}}=\max(x_i)-\min(x_i)$	1
偏态值	$X_{\mathrm{sv}}=\frac{1}{N}\sum_{i=1}^{N}\left(\frac{x_i-\overline{x}}{\sigma}\right)^3$	1
峰度值	$X_{\mathrm{kv}}=\frac{1}{N}\sum_{i=1}^{N}\left(\frac{x_i-\overline{x}}{\sigma}\right)^4$	1
幅值平方根	$X_{\mathrm{sra}}=\left(\frac{1}{N}\sum_{i=1}^{N}\sqrt{\lvert x_i\rvert}\right)^2$	1
RMS	$X_{\mathrm{rms}}=\left(\frac{1}{N}\sum_{i=1}^{N}x_i^2\right)^{1/2}$	1
中心频率	$X_{\mathrm{fc}}=\frac{1}{N}\sum_{i=1}^{N}f_i$	1
RMS 频率	$X_{\mathrm{rmsf}}=\left(\frac{1}{N}\sum_{i=1}^{N}f_i^2\right)^{1/2}$	1
根方差频率	$X_{\mathrm{rvf}}=\left(\frac{1}{N}\sum_{i=1}^{N}(f_i-X_{\mathrm{fc}})^2\right)^{1/2}$	1

注：WPD 为小波包分解（wavelet packet decomposition），RMS 为均方根（root mean square）。

时域分析方法是最早应用于振动故障诊断的信号处理方法，也是建立时间函数与振动信号幅值关系并分析的过程，可直观地通过对时域波形的监测实现对轴承故障的诊断。当滚动轴承故障出现时，振动信号的特征参数随之发生改变，一些时域统计参数（峭度、峰值、均方根等）的变化尤为明显，因此这些参数的大小对轴承故障诊断有重要的作用，可用来判断轴承的损伤程度和故障的种类。表 3-1 中选择均方根、峰值系数、峰值因子、形状因子、脉冲因子及裕度因子等作为时域特征。此外，选择时频域特征的两个代表性特征提取方法 EMD 和 WPD，此处给出具体计算过程。

1. EMD 方法

EMD 方法[2]从 20 世纪 90 年代末被引入物理学领域之后便成为工程领域重要的信号处理技术，它能够自适应地对数据进行处理和挖掘，把复杂的原始信号分解为一系列本征模函数（intrinsic mode function，IMF），得到的多个 IMF 分量包含了原信号的不同时间尺度的局部特征信号。EMD 的分解过程如下。

首先分别找到信号 $x(t)$ 的局部极大值和局部极小值。一旦获得所有极值点，所有的局部极大值用 3 次样条插值函数插值形成数据的上包络，同样，所有的局部极小值通过插值形成数据的下包络，上包络和下包络的平均值记作 $m_1(t)$，原信号 $x(t)$ 减去 $m_1(t)$ 得到 $h_1(t)$，即

$$x(t)-m_1(t)=h_1(t) \tag{3-1}$$

理想状况下，$h_1(t)$ 就是第一阶 IMF 分量。若不是，则需要继续进行筛选。将 $h_1(t)$ 看作原信号，$m_{11}(t)$ 是 $h_1(t)$ 的包络平均，那么有

$$h_1(t)-m_{11}(t)=h_{11}(t) \tag{3-2}$$

重复进行 k 次直到 $h_{1k}(t)$ 满足 IMF 的必要条件。可表示为 $c_1(t)$=$h_{1k}(t)$，即 $c_1(t)$ 为 $x(t)$ 的第一个 IMF。通常，最前面的 IMF 包含原始信号最多的信息。

分解之后，利用下式求分解得到的 n 个 IMF 分量的能量：

$$E_{\text{EMD}}=\{E_1,E_2,\cdots,E_n\} \tag{3-3}$$

式中，$E_i=\int\left|c_i(t)\right|^2\mathrm{d}t=\sum_{k=1}^{m}\left|y_{ik}\right|^2$，$y_{ik}\,(i=0,1,2,\cdots,n;k=0,1,2,\cdots,m)$ 表示分量 $c_i(t)$ 中离散点的幅值。归一化后，得到 EMD 能量谱 E_{EMD}。

2. WPD 方法

WPD 方法[3]是在小波分解的基础上产生并发展过来的，它形成一个由互相正交的小波基函数构成的空间，信号投影到这个空间上之后，被分解成低频和高频两部分，在下一层分解中它同时可以对信号的低频部分和高频部分实施再分解。同时，WPD 可以根据信号特性和分析要求自动地确定不同频带上的分辨率，提高时频分辨率，具体计算过程如下。

小波包分解可表示为[3]

$$\begin{cases} W_{2n}(t) = 2^{1/2}\sum_{k\in Z} h(k)w_n(2t-k) \\ W_{2n+1}(t) = 2^{1/2}\sum_{k\in Z} g(k)w_n(2t-k) \end{cases} \tag{3-4}$$

式中，$h(k)$ 和 $g(k)$ 分别为高通滤波器和低通滤波器；n 是分解得到子频带的数量。当 $n=0$ 时，$W_0(t)$ 为基函数，则函数序列 $\{W_n(t)\}$ 称为原始信号 $x(t)$ 由基函数 $W_0(t)$ 确定的小波包，即分解系数。

对轴承信号进行 WPT 分解后，得到分解系数为 $\{W_1(t), W_2(t), \cdots, W_n(t)\}$。在本章实验中，对原始信号进行了三层分解，可得到 8 个子频带。

利用下式计算每个子频带信号的能量为

$$E_{\mathrm{WPT}} = \left\{E_d^0, E_d^1, \cdots, E_d^{J-1}\right\} \tag{3-5}$$

式中，$E_d^J = \int |W(t)|^2 \mathrm{d}t = \sum_{k=1}^{n} |w_k|^2$，$w_k(k=0,1,2,\cdots,n)$ 为 $W(t)$ 的每个离散点的幅值，d 为分辨系数。最终，归一化后得到 WPT 能量谱 E_{WPT}。

从表 3-1 可以看到，本章选取的 71 维异构特征不仅包括时域与频域的统计特征，还包括 EMD/WPD 等时频域特征。上述特征可以为故障诊断提供充分的领域信息。

3.1.2　故障诊断模型构建

从机器学习的角度理解，传统的故障诊断问题主要是监督学习问题，即样本空间需要包括输入和输出信息。本节将使用 4 种典型的监督学习算法（SVM、BP 神经网络、Logistic 回归及决策树）构建故障诊断模型。实验选择在 CWRU 数据集上进行。首先，固定损伤大小为 0.014in，选择电机负载分别为 1、2、3 hp（1hp=745.700W）下的 3 种故障类型（内圈/外圈/滚动体），共获得 9 个健康状况下的轴承样本。其中，采样率为 48kHz。对于每一种故障类型，收集 100 个样本，每个样本包含 1024 个原始时间信号点。最后共收集到 900 个样本。实验所涉及的轴承健康状况类别信息列于表 3-2 中。在本实验中，本节随机选取 70%的样本作为训练集，剩下的 30%作为测试集。

表 3-2　轴承健康状况类别信息

类别	名称	故障类型	载荷/hp
1	Inner_1_14	内圈	1
2	Ball_1_14	滚动体	1
3	Outer_1_14	外圈	1
4	Inner_2_14	内圈	2
5	Ball_2_14	滚动体	2
6	Outer_2_14	外圈	2
7	Inner_3_14	内圈	3
8	Ball_3_14	滚动体	3
9	Outer_3_14	外圈	3

故障诊断模型的建模过程如下。首先，对于每个信号样本，按照表 3-1 提取原始信号的故障特征，构建成 71 维特征向量；其次，将各个类别包含的样本数据作为输入，对应的类别信息作为输出，输入 SVM、BP 神经网络、Logistic 回归及决策树算法；再次，采用交叉验证等模型选择方法，找到最优超参数或模型参数，得到最优分类器；最后，将新采样的状态信号（或测试数据）按照表 3-1 提取特征，并代入该分类器，预测得到的所属健康状态，完成诊断。

为了直观地给出分类效果，本节以 SVM 为例进行可视化说明。由于绘图只能在二维和三维空间进行，我们随机选择不同的特征维度和健康状况类别，绘制分类效果图，如图 3-1～图 3-3 所示。以图 3-1 为例可以发现，当固定电机负载与损伤的大小，且只区分轴承内圈故障与滚动体故障时，采用表 3-1 中的第 67 维特征（幅值平方根）作为 SVM 的特征输入时，分类效果最为明显；另外，对比图 3-1（b）、图 3-2（b）与图 3-3（b）可以发现，当 SVM 的特征输入同时为表 3-1 中的第 42 维特征（即复包络分析特征），且当轴承的损伤尺度与故障类型固定不变时，负载的改变对于轴承健康状况分类效果的影响最小。这表明，故障特征对浅层网络的分类性能影响较大，而选择最具判别性的特征需要依赖于对问题的理解和专家经验。这无疑在一定程度上制约了机器学习应用的推广。

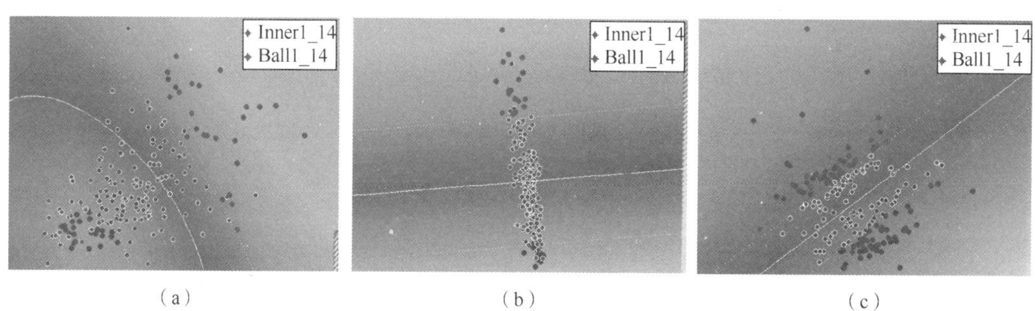

（a）（b）（c）

图 3-1　基于 SVM 的 CWRU 数据内圈故障与滚动体故障分类效果

（a）表 3-1 中的第 12、13 维特征；（b）表 3-1 中的第 42、43 维特征；（c）表 3-1 中的第 67、68 维特征

注：固定电机载荷为 1hp，损伤为 0.014in。

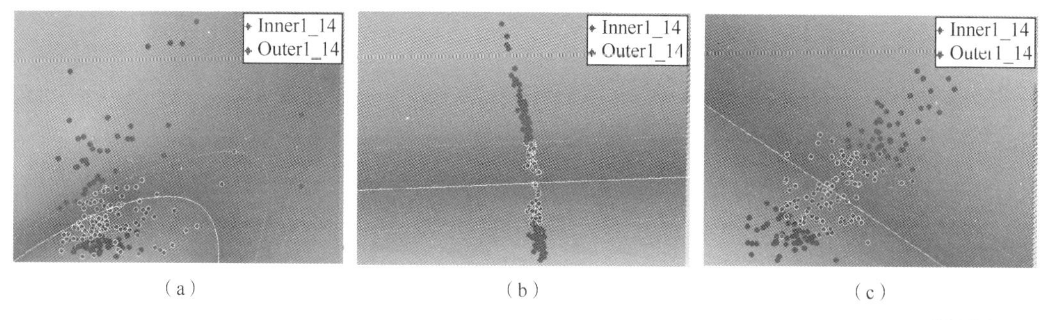

（a）（b）（c）

图 3-2　基于 SVM 的 CWRU 数据内圈故障与外圈故障分类效果

（a）采用表 1 中的第 12、13 维特征；（b）表 3-1 中的第 42、43 维特征；（c）表 3-1 中的第 67、68 维特征

注：固定电机载荷为 1hp，损伤为 0.014in。

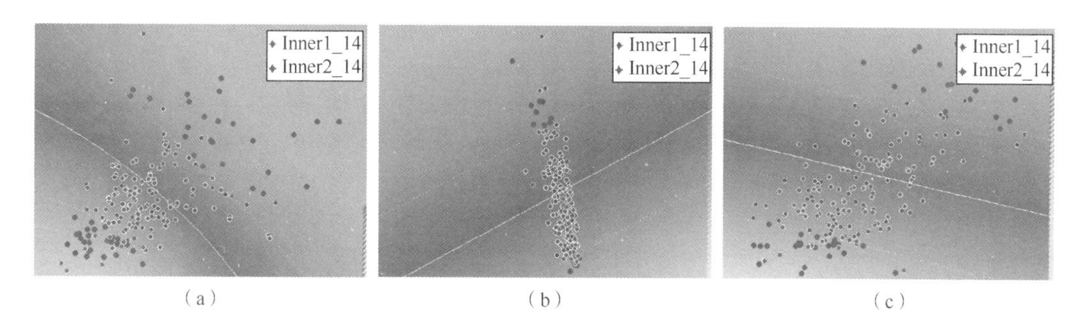

图 3-3　基于 SVM 的 CWRU 数据类别 1 和 4 的分类效果

（a）表 3-1 中的第 12、13 维特征；（b）表 3-1 中的第 42、43 维特征；（c）表 3-1 中的第 67、68 维特征

注：固定损伤为 0.014in，健康状态类别为载荷 1hp 与 2hp 的内圈故障。

最后，图 3-4 给出了 SVM、人工神经网络、Logistic 回归及决策树 4 种浅层模型的诊断效果。其中，SVM 使用 RBF 核函数，采用五折交叉验证寻找最优正则化参数和核参数，采用一对一多分类策略；人工神经网络结构为 [59, 128, 9]，迭代次数为 100；Logistic 回归学习率设为 0.005，回归参数 θ 为 0.1，迭代次数为 2000；决策树深度设为 7。每个算法重复运行 10 次，取平均测试精度和标准差作为最终结果。从图 3-4（a）中可以看到，在使用 SVM、BP 神经网络及 Logistic 回归进行滚动轴承故障诊断时，它们的测试精度相差不大，只有 75%左右，且决策树的测试精度相对较低，只有 62%。因为采用了九分类，所以最终诊断结果相比于二分类较低。特别是滚动轴承数据为典型的时序数据，而决策树算法处理时序数据时效果不佳，因此分类精度相对较低。从图 3-4（b）中可以看到，SVM、Logistic 回归和决策树的标准差均保持较低的数值，而 BP 神经网络的标准差较高，这是由于神经网络采用随机初始化的模型初值，稳定性比其他 3 种方法差。

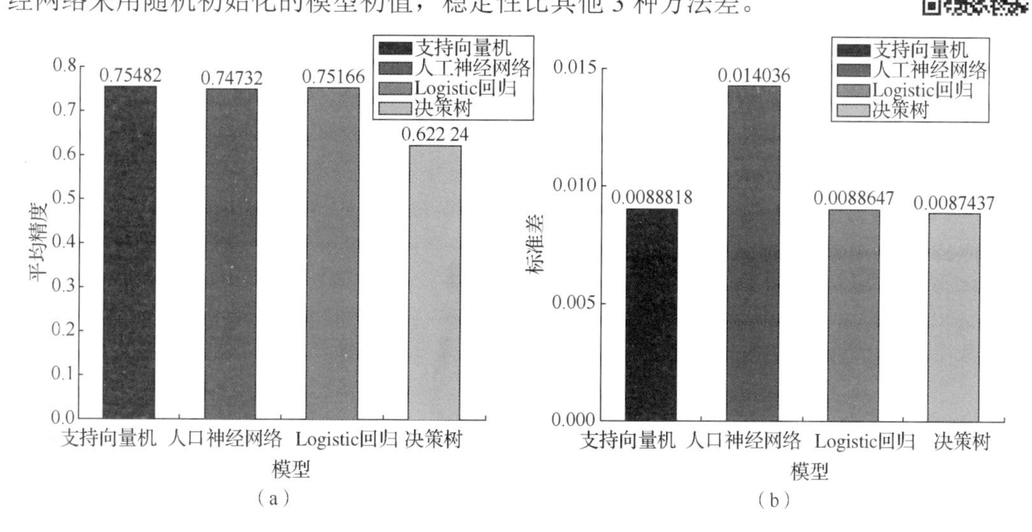

图 3-4　SVM、人口神经网络、Logistic 回归及决策树在 CWRU 数据集上的诊断效果直方图

（a）10 次重复实验的平均分类精度；（b）对应的标准差

3.2　基于深度神经网络的故障诊断方法

对于滚动轴承故障诊断问题，特征的有效表示和提取一直是核心问题。然而，传统特征提取方法的自适应性不足，特征表示能力不足制约了诊断效果的进一步提高。有效、完备、针对性强和自适应效果好的特征提取方法是提高故障诊断效果的关键。本节以一种典型的DNN——极限学习机自编码器（extreme learning machine-auto encoder，ELM-AE）为对象，列出深度学习方法在轴承故障诊断问题上的建模过程，分析并对比典型深度学习方法在振动信号数据上的特征提取效果和建模能力。

3.2.1　极限学习机自编码器

如第 2 章所述，自编码器是一种无监督的神经网络。ELM-AE[4]将自编码器建立在 ELM 上，是一种普遍使用的 NN 类型，它能够像普通的自编码一样重构出输入信号，同时还具有极限学习机求解速度快的优点。ELM-AE 的结构如图 3-5 所示。

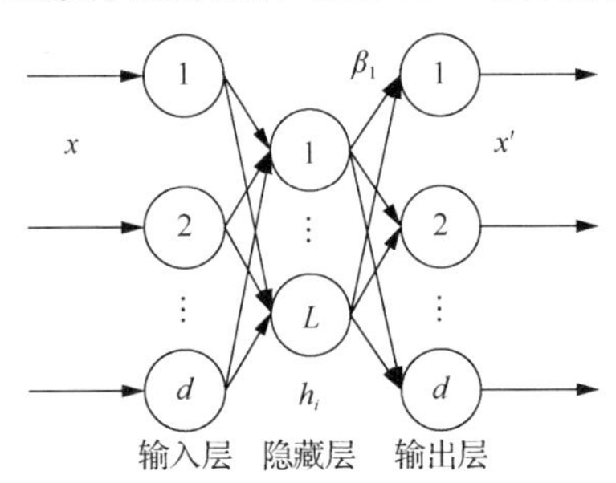

图 3-5　ELM-AE 的结构

ELM-AE 模型包含 d 个输入节点，L 个隐藏层节点，d 个输出节点及激活函数 $g(x)$。根据隐藏层的节点数目可以把该模型划分为以下 3 种表示形式：

1）$d > L$（压缩表示）：特征从一个高维输入空间向低维特征空间的映射。

2）$d = L$（同维表示）：特征从输入空间到同维度特征空间的等维映射。

3）$d < L$（稀疏表示）：特征从一个低维空间向高维特征空间的映射。

对于一个 $\boldsymbol{x}=[x_1,x_2,\cdots,x_N]$，ELM-AE 的隐藏层单元向量表示如下：

$$h(\boldsymbol{x}) = g(\boldsymbol{a}\cdot\boldsymbol{x}+\boldsymbol{b}) \tag{3-6}$$

式中，$\boldsymbol{a}$ 为映射权重，$\boldsymbol{a}=[\boldsymbol{a}_1,\boldsymbol{a}_2,\cdots,\boldsymbol{a}_L]$；$\boldsymbol{b}$ 为映射的偏置，$\boldsymbol{b}=[b_1,b_2,\cdots,b_L]$。$\boldsymbol{a}$ 和 $\boldsymbol{b}$ 分别为正交矩阵 $\boldsymbol{a}^{\mathrm{T}}\boldsymbol{a}=\boldsymbol{I}$ 和正交向量 $\boldsymbol{b}^{\mathrm{T}}\boldsymbol{b}=\boldsymbol{I}$，ELM-AE 的输出权重 $\boldsymbol{\beta}$ 可以表示从特征空间到输出空间的学习过程，如下式所示：

$$h(\boldsymbol{x})\boldsymbol{\beta} = \boldsymbol{x}' \tag{3-7}$$

使用 ELM-AE 获得输出权重同样可以分为 3 个不同的阶段，但是计算输出权重的方法有别于极限学习机。对于稀疏表示和压缩表示的 ELM-AE，输出权重可由式（3-8）和式（3-9）计算得到。

当训练输入节点比隐藏层节点多时，有

$$\boldsymbol{\beta}=\left(\frac{\boldsymbol{I}}{C}+\boldsymbol{H}^{\mathrm{T}}\boldsymbol{H}\right)^{-1}\boldsymbol{H}^{\mathrm{T}}\boldsymbol{X} \tag{3-8}$$

当训练输入节点比隐藏层节点少时，有

$$\boldsymbol{\beta}=\boldsymbol{H}^{\mathrm{T}}\left(\frac{\boldsymbol{I}}{C}+\boldsymbol{H}^{\mathrm{T}}\boldsymbol{H}\right)^{-1}\boldsymbol{H}^{\mathrm{T}}\boldsymbol{X} \tag{3-9}$$

当训练输入节点与隐藏层节点相等时，输出权重由下式计算：

$$\boldsymbol{\beta}=\boldsymbol{H}^{-1}\boldsymbol{X}\ ,\quad \boldsymbol{\beta}^{\mathrm{T}}\boldsymbol{\beta}=\boldsymbol{I} \tag{3-10}$$

Hinton 提出了一种可行的 DNN 的构建方法[5]，每一层参数通过无监督学习获得，整个网络通过有监督微调的方式进行训练。采用类似的构建方法，黄广斌等在极限学习机的基础上提出了多层极限学习机（multi-layer extreme learning machine，ML-ELM）[4]。

与大多数 DNN 不同，ML-ELM 由多个 ELM-AE 堆叠而成，但是不需要反向传播和微调。与极限学习机类似，ML-ELM 不需要反复迭代调整，而是直接求解一个最小二乘问题，从而具有训练参数少、速度快等特点。ML-ELM 的结构如图 3-6 所示。

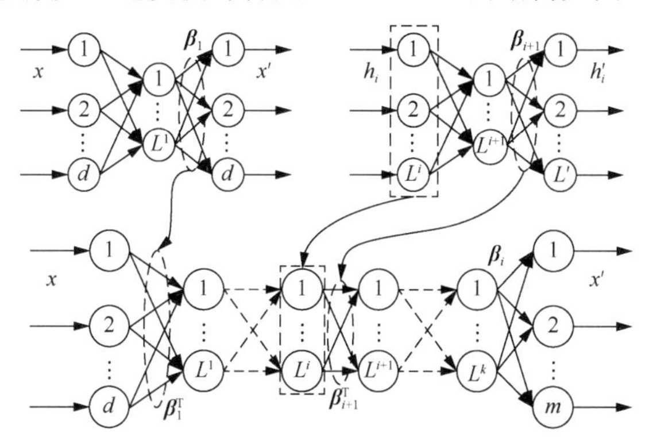

图 3-6　ML-ELM 的结构

在 ML-ELM 的模型构建和训练过程中，每层都包含一个 ELM-AE。在第一层 ELM-AE 中，通过计算获得的模型权重 β_1 和隐藏层单元 $\boldsymbol{H}_1$；第二层中，以上一层的隐藏层单元 $\boldsymbol{H}_1$ 作为当前层的输入，计算当前层的 β_2 和 $\boldsymbol{H}_2$。其他层的计算方法依次类推，映射方法可由下式表示：

$$\boldsymbol{H}_i=g(\boldsymbol{\beta}_i^{\mathrm{T}}\boldsymbol{H}_{i-1}) \tag{3-11}$$

式中，$\boldsymbol{H}_i$ 表示第 i 层 ELM-AE 的隐藏层的输出，当 $i=1$ 时，$\boldsymbol{H}_i$ 表示原始输入数据。

3.2.2　滚动轴承的深度特征提取方法

首先，在一定的采样频率下获得了不同健康状况的滚动轴承的时域加速度信号 $\{x_i,t_i\}_{i=1}^{N}$，其中 x_i 表示每一个样本的振动信号，t_i 表示对应的健康状况的标签。利用快速傅里叶变换（fast Fourier transform，FFT）对原始数据进行转换获取频谱 $\{f_i,t_i\}_{i=1}^{N}$，其中 f_i 是每一个样本对应的频谱。当数据准备充分后，利用 ML-ELM 模型 $F(\cdot)$ 对数据提取深度特征。通过每一层的映射和特征提取，能够获得各个不同状况下的轴承特征 $\text{Fea}_i = F(f_i)$。最后，利用获取的特征和模型最后的分类器进行分类实验，验证提取的深度特征的有效性。基于 ML-ELM 的故障诊断方法流程图如图 3-7 所示。

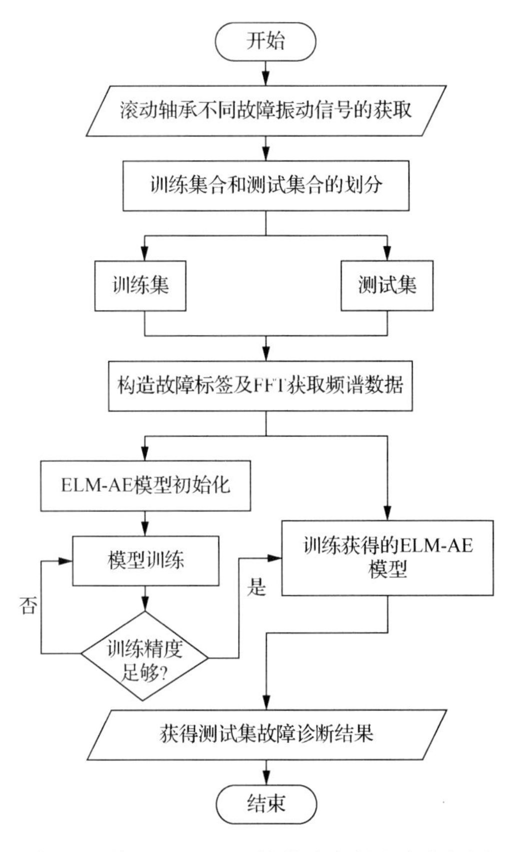

图 3-7　基于 ML-ELM 的故障诊断方法流程图

3.2.3　实验结果

本节采用 CWRU 数据集进行实验验证。首先，对不同位置的故障数据可视化，包括内圈故障、外圈故障、滚动体故障和正常信号，如图 3-8 所示。

为了表明 EMD 和 WPD 的特征提取效果，对这两种特征的分布情况进行绘制，如图 3-9 所示。通过不同的特征分布可以看出，特征的区分性相对有限。

为了表明深度特征的有效性，本节对 EMD 能量谱特征、WPD 能量谱特征及 ML-ELM 提取的深度特征进行可视化研究。通过 *t*-随机紧邻嵌入（*t*-distributed stochastic neighbor embedding，*t*-SNE）法对不同故障类型、不同故障程度、不同的故障位置的特征进行表示，如图 3-10 所示。通过对比可以发现，相比于传统时频域特征的区分性不足的问题，深度学习获取的特征表示在特征空间的区分性更高。

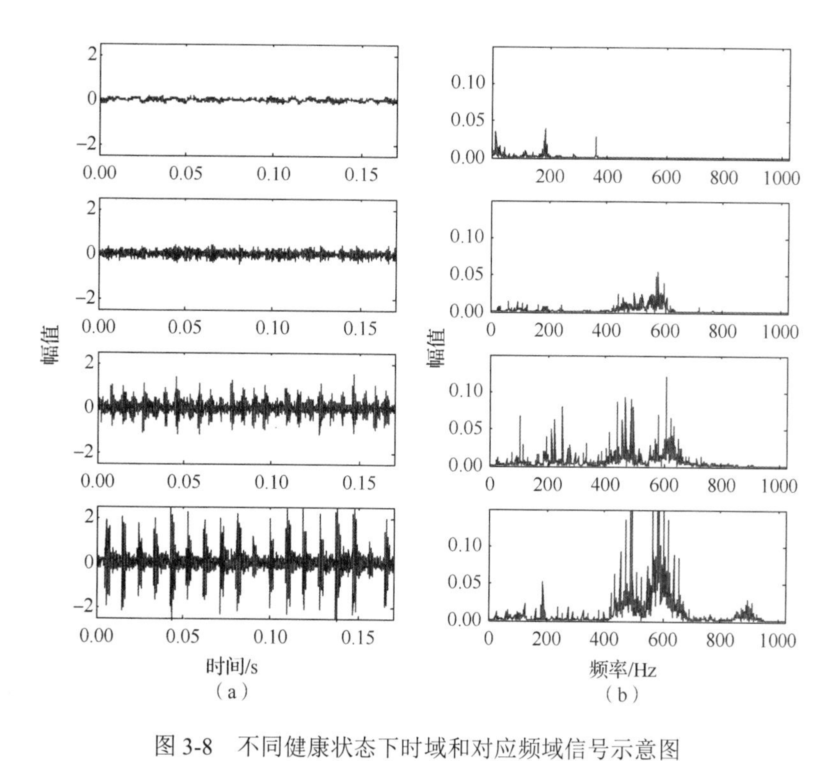

图 3-8　不同健康状态下时域和对应频域信号示意图

（a）时域信号；（b）对应的频域信号

注：从上到下依次是正常信号、内圈故障、外圈故障和滚动体故障。

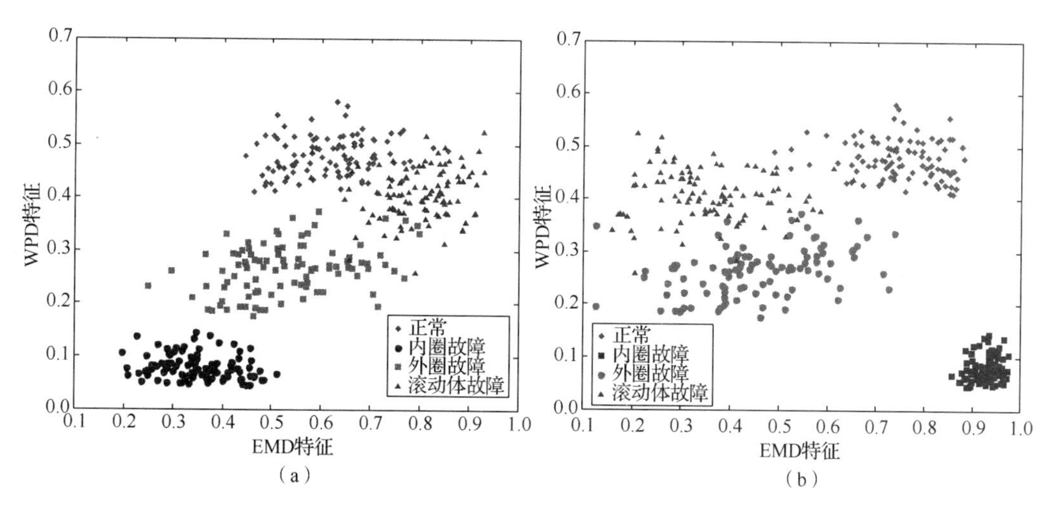

图 3-9　CWRU 数据集中 12kHz 采样频率下，负载 1 的 3 种故障和正常信号特征分布

（a）采用 EMD 第 2 维特征和 WPD 第 2 维特征；（b）采用 EMD 第 1 维特征和 WPD 第 2 维特征

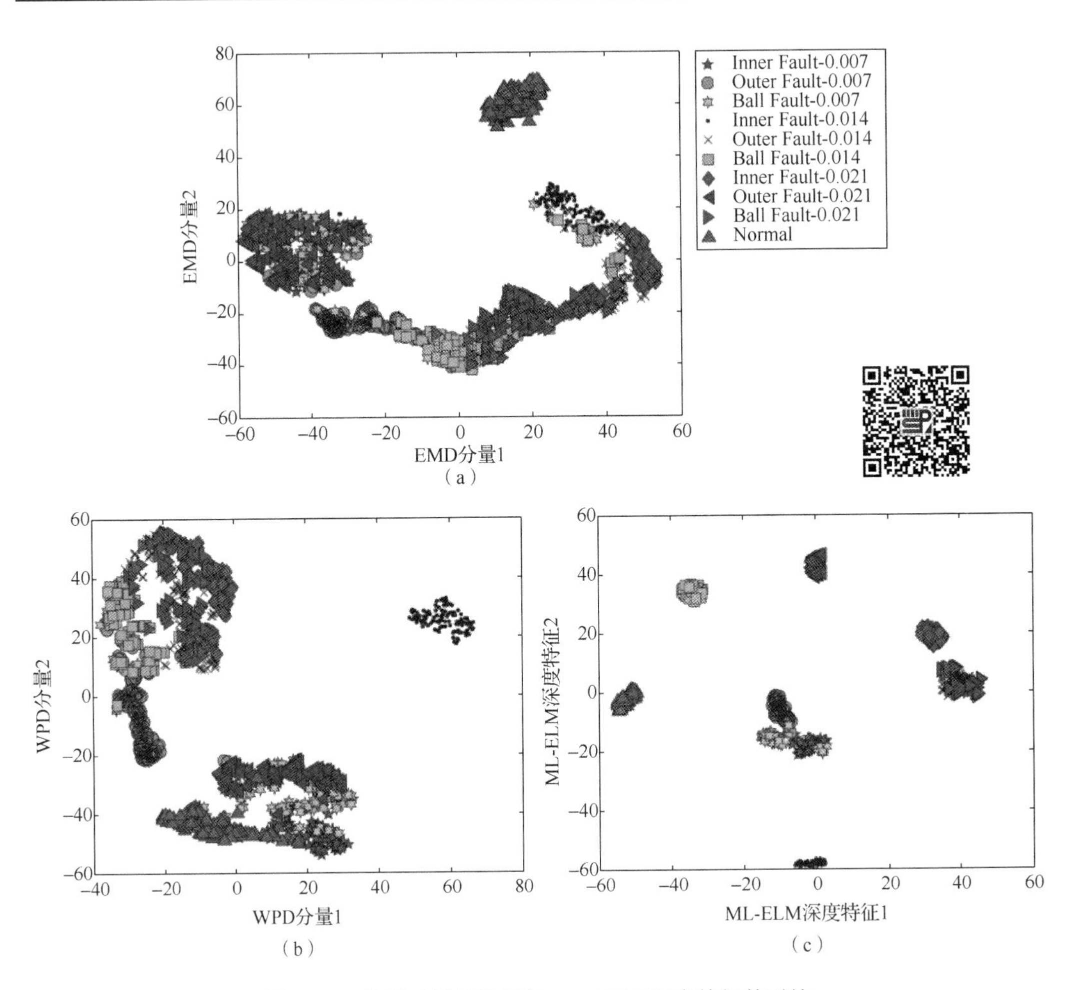

图 3-10　普通时频域特征和 ML-ELM 深度特征的对比

（a）EMD 特征；（b）WPD 特征；（c）ML-ELM 深度特征

注：图中 Inner Fault、Outer Fault、Ball Fault 分别表示内圈、外圈和滚动体故障，0.007、0.014、0.021 分别表示损伤的尺度（in），Normal 表示正常状态。

为充分验证诊断效果，共设置 4 个实验。实验 1 是检测有无故障，对比不同故障类型数据和正常数据的分类情况，如表 3-3 所示。

表 3-3　实验 1 的设置说明

实验 1	尺寸/in	外圈故障	内圈故障	滚动体故障	正常样本	分类数目
第一组	0.007、0.014、0.021	300	0	0	100	2
第二组	0.007、0.014、0.021	0	300	0	100	2
第三组	0.007、0.014、0.021	0	0	300	100	2

实验 2 是检测故障的种类，对比同种损伤尺度下的不同故障类型的分类情况，如表 3-4 所示。

表 3-4　实验 2 的设置说明

实验 2	尺寸/in	外圈故障	内圈故障	滚动体故障	正常样本	分类数目
第一组	0.007	100	100	100	0	3
第二组	0.014	100	100	100	0	3
第三组	0.024	100	100	100	0	3
第四组	0.007/0.014/0.021	300	300	300	0	3

实验 3 是检测同类故障的尺寸，对比同故障类型下不同故障尺寸的分类情况，如表 3-5 所示。

表 3-5　实验 3 的设置说明

实验 3	类别	0.007/in	0.014/in	0.021/in	正常样本	分类数目
第一组	外圈故障	100	100	100	0	3
第二组	内圈故障	100	100	100	0	3
第三组	滚动体故障	100	100	100	0	3

实验 4 是包含 3 种故障类型和 3 种负载条件下的多分类实验，如表 3-6 所示。

表 3-6　实验 4 的设置说明

实验 4	类别	0.007/in	0.014/in	0.021/in	正常样本	分类数目
第一组	外圈故障	100	100	100	100	4
第二组	内圈故障	100	100	100	100	4
第三组	滚动体故障	100	100	100	100	4
第四组	混合	300	300	300	100	10

在每个实验的样本选择中，选取连续的 1024 个信号采样点作为一个样本，每种故障或者正常数据选取 100 个样本进行实验。实验中使用 5 种算法进行对比，包括 SAE、神经网络（NN），ML-ELM，SVM 和 ELM。其中，SAE 是常用的深度学习算法，对采集到的样本进行傅里叶变换，使用频域的信号作为直接作为输入，自适应提取特征；NN、SVM 和 ELM 为代表性的浅层模型，分别采用 EMD 能量谱和 WPD 能量谱特征。本实验中选择全部数据随机乱序后的 50%训练模型，并利用剩下的 50%数据作为测试，计算分类精度。

在分类器的参数设置上，SVM 使用 RBF 核函数，并通过交叉验证的方式确定最优的正则化参数和核参数；极限学习机和神经网络通过循环迭代的方式确定最优隐藏层神经元数，并通过多次迭代取平均值减小随机误差；由于 SAE 的模型训练时间较长，因此设置有限的迭代次数，并比较这种方法和 ML-ELM 的时效性。SAE 和 ML-ELM 的隐藏层数分别设置为 3 层，隐藏层的节点数设置为[650, 150, 30]。计算环境采用 i5-3210M 处理器，8GB 内存，使用 MATLAB R2014a 平台。

实验 1 的部分实验结果如图 3-11 所示，各个实验在 3 个负载下的实验结果取平均值后如表 3-7 所示。

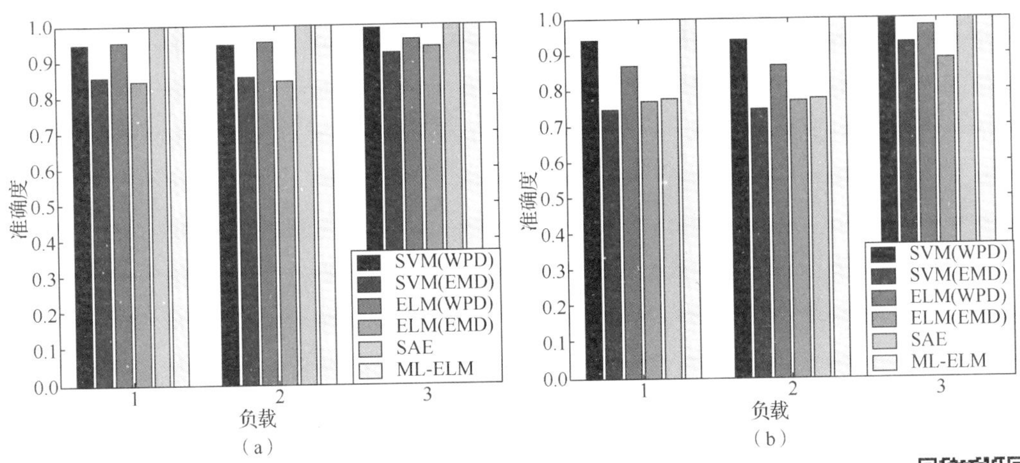

图 3-11　滚动体故障和正常信号的故障诊断结果

（a）驱动端 DE 数据；（b）风扇端 FE 数据

表 3-7　实验 1 的各个模型的预测时间和预测精度

数据	实验 1	类型	WPD-SVM	EMD-SVM	WPD-ELM	EMD-ELM	ANN	SAE	ML-ELM
驱动端（DE）数据	精度/%	内圈故障	99.33	96.83	99.83	94.41	100	100	100
	时间/s		3.32	3.68	2.73	2.63	2.30	15.79	0.62
	精度/%	外圈故障	99.33	97.83	91.11	96.56	100	100	99.83
	时间/s		4.01	3.85	2.78	2.87	2.40	15.98	0.60
	精度/%	滚动体故障	94.17	86.17	92.23	86.08	100	100	99.83
	时间/s		4.79	5.45	2.50	2.91	2.27	16.39	0.54
风扇端（FE）数据	精度/%	内圈故障	100	99.67	100	98.83	100	100	100
	时间/s		2.82	3.21	2.35	3.00	2.42	16.14	0.55
	精度/%	外圈故障	94.67	96.33	87.04	92.01	100	100	100
	时间/s		3.81	4.19	2.57	3.20	2.32	16.25	0.62
	精度/%	滚动体故障	94.33	82.83	86.75	81.55	99.92	92.50	100
	时间/s		5.17	4.87	2.37	3.01	2.35	16.22	0.61

从使用特征提取后的数据进行预测的实验（ELM, SVM）看，内圈故障的总体分类效果较好，各个方法的分类精度保持在 94%以上。从 3 个故障位置上的分类结果看，内圈故障的总体分类精度优于外圈故障，外圈故障分类精度为 87%～99%，而滚动体故障最不容易区分，分类精度为 81%～94%。反映出内圈故障与正常情况下信号区分性较大，信号的差异较大。同时从对比驱动端采集的信号和风扇端采集信号的分类结果看，驱动端数据的分类水平高于同等条件下风扇端数据的分类精度。上述结果一定程度上说明了从驱动端到风扇端，传递的有效特征是一个逐渐损失的过程。

从直接输入频谱这种较为原始的数据看，NN 方法和 ML-ELM 方法的分类精度处于一个较高的水平，大多数分类精度达到 100%。SAE 方法在外圈故障和内圈故障的分类效果较好，但是在滚动体故障的分类效果有限。这与 SAE 的迭代次数有一定关系。上述结果表明，深度学习方法对于不容易获取特征的问题往往需要多次大量的迭代才能实现较好的分类效果。同时，对比 SAE、ML-ELM 和 NN 方法的运行时间可知，SAE 作为深度学习方法，算法效率较低，而 ML-ELM 方法的算法用时是最短的。

实验 2 的部分实验结果图如图 3-12 所示，各个实验在 3 个负载下的实验结果取平均值后如表 3-8 所示。

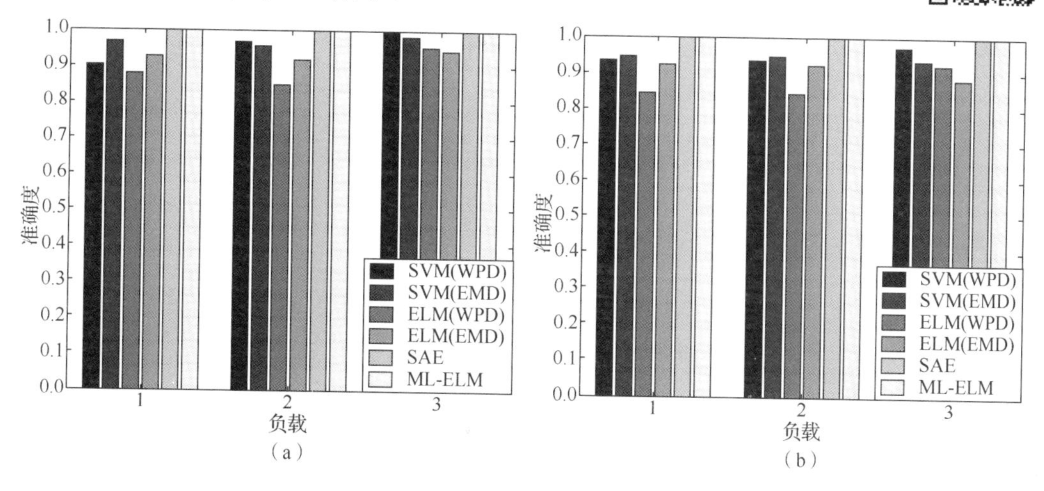

图 3-12 3 种故障类型的诊断结果

（a）损伤尺度 0.007in；（b）损伤尺度 0.021in

表 3-8 实验 2 的各个模型的预测时间和预测精度

数据	实验 2	尺度	WPD-SVM	EMD-SVM	WPD-ELM	EMD-ELM	ANNs	SAEs	AE-ELM
驱动端（DE）数据	精度/%	0.007	100	97.33	99.89	93.21	100	100	100
	时间/s		3.62	4.08	2.04	1.99	0.85	6.12	0.59
	精度/%	0.014	99.33	98.67	97.68	96.63	100	100	100
	时间/s		4.49	4.58	2.22	2.18	0.89	6.08	0.55
	精度/%	0.021	98.00	87.56	92.96	85.45	100	100	100
	时间/s		4.48	4.40	2.00	1.92	0.84	6.09	0.54
	精度/%	混合	100	100	100	100	99.93	100	98.37
	时间/s		0.28	0.23	6.04	5.74	2.36	18.17	0.72
风扇端（FE）数据	精度/%	0.007	95.56	96.67	89.19	92.69	100	100	100
	时间/s		3.79	4.26	1.77	2.10	0.87	5.91	0.56
	精度/%	0.014	93.33	78.67	84.72	75.00	100	63.11	100
	时间/s		3.88	4.48	1.73	2.15	0.85	5.83	0.53
	精度/%	0.021	95.78	94.89	88.76	91.22	100	100	100
	时间/s		4.22	4.58	1.87	2.21	0.94	6.07	0.55
	精度/%	混合	100	100	100	100	95.85	100	100
	时间/s		0.28	0.29	5.408	6.33	2.43	18.28	0.72

由实验结果可以看出，在不同损伤尺寸下的诊断实验上，ML-ELM、NN 和 SAE 整体上都具有比较好的效果。采用 EMD 和 WPD 的 SVM 和 ELM 方法精度相对较低且不

稳定。在所有尺寸混合之后的分类实验中，基于特征提取的方法反而精度很高，说明对于同一类样本充足情况下，分类效果较好。SAE 方法在风扇端信号损伤尺寸为 0.014in 的情况下精度偏低，不能有效地识别故障尺寸，是迭代次数过少影响其精度。迭代次数对精度的影响将在下面的实验给出。

实验 3 的部分实验结果如图 3-13 所示，各个实验在 3 个负载下的实验结果取平均值后如表 3-9 所示。

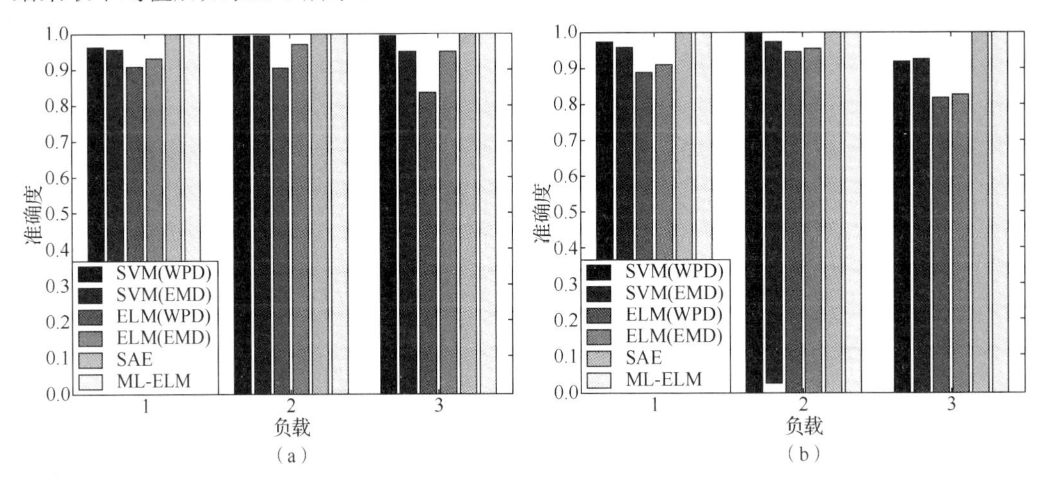

图 3-13　不同尺度外圈故障的诊断结果

（a）DE 数据；（b）FE 数据

表 3-9　实验 3 的各个模型的预测时间和预测精度

数据	实验 3	类型	WPD-SVM	EMD-SVM	WPD-ELM	EMD-ELM	ANNs	SAEs	AE-ELM
驱动端（DE）数据	精度/%	内圈故障	99.56	86.89	96.81	82.15	100	100	100
	时间/s		4.46	5.07	2.38	2.10	2.00	12.50	0.55
	精度/%	外圈故障	98.22	96.44	88.19	94.85	100	100	100
	时间/s		4.69	4.51	2.26	2.23	2.02	12.96	0.66
	精度/%	滚动体故障	94.00	81.33	91.09	77.04	100	99.11	99.33
	时间/s		5.04	5.23	2.16	2.17	2.15	13.14	0.65
风扇端（FE）数据	精度/%	内圈故障	99.11	98.89	96.11	96.53	100	100	100
	时间/s		3.44	4.00	1.71	2.04	1.80	12.16	0.54
	精度/%	外圈故障	96.44	95.33	88.61	90.06	100	100	100
	时间/s		3.92	4.32	1.79	2.22	1.72	11.77	0.54
	精度/%	滚动体故障	91.56	75.33	83.00	70.72	100	64.22	100
	时间/s		4.94	5.50	1.69	2.07	1.78	12.11	0.59

由实验结果可以看出在各个位置的故障的尺寸区分效果，基于特征提取的方法下的 ELM 和 SVM 的效果浮动较大，ML-ELM、NN 和 SAE 在某些信号下的区分效果明显，但是在其他信号条件下（如滚动体故障），SAE 的区分效果较低。ML-ELM 在各种信号下的故障诊断具有普适性，效果较好。

实验 4 的部分实验结果如图 3-14 所示，各个实验在 3 个负载下的实验结果取平均值后如表 3-10 所示。

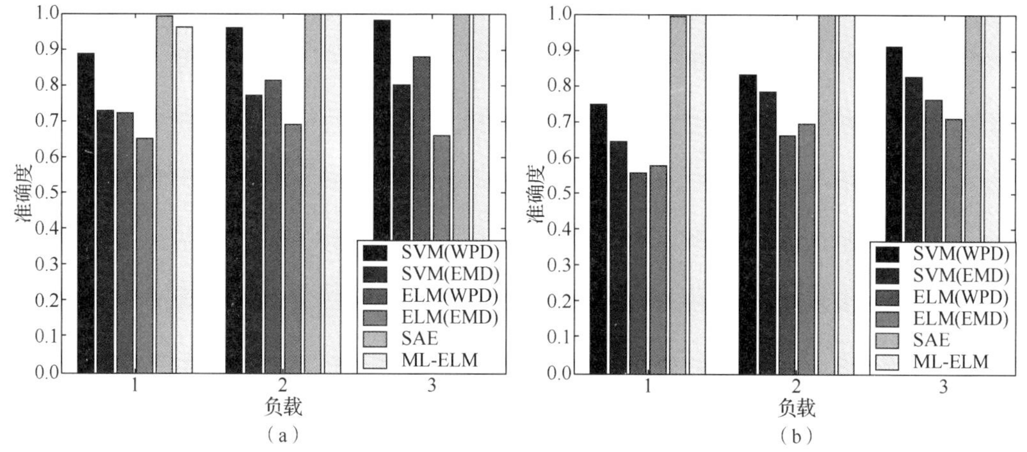

图 3-14　混合数据的多分类结果

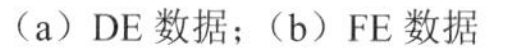
（a）DE 数据；（b）FE 数据

表 3-10　实验 4 的各个模型的预测时间和预测精度

数据	实验 4	类型	WPD-SVM	EMD-SVM	WPD-ELM	EMD-ELM	ANNs	SAEs	AE-ELM
驱动端（DE）数据	精度/%	内圈故障	99.50	90.50	97.33	85.34	100	100	100
	时间/s		7.16	7.79	2.88	2.87	3.22	21.02	0.66
	精度/%	外圈故障	98.17	97.67	90.75	93.96	95.67	100	99.67
	时间/s		6.82	7.13	2.56	2.76	2.82	19.95	0.59
	精度/%	滚动体故障	95.17	84.00	89.60	82.76	100	99.00	100
	时间/s		7.49	7.97	2.44	2.81	2.93	20.12	0.59
	精度/%	混合	94.33	76.87	80.62	66.95	93.27	99.80	98.53
	时间/s		44.65	48.46	7.57	6.87	6.61	49.19	0.75
风扇端（FE）数据	精度/%	内圈故障	96.00	98.67	92.20	95.10	100	100	100
	时间/s		6.40	6.86	2.34	2.92	2.83	19.19	0.58
	精度/%	外圈故障	92.00	96.17	84.87	88.13	100	100	100
	时间/s		6.87	7.32	2.39	2.95	2.82	19.57	0.56
	精度/%	滚动体故障	90.17	78.33	78.31	74.39	100	82.67	100
	时间/s		7.76	8.53	2.16	2.83	2.92	19.92	0.63
	精度/%	混合	82.80	74.87	65.82	65.92	100	99.73	100
	时间/s		46.43	50.13	6.33	7.43	6.67	49.33	0.76

在多分类的实验中，由实验结果可知，基于特征提取的方法在不同程度上有一定的效果，由 EMD 和 WPD 特征空间分布（图 3-9 和图 3-10）看，可分性不高，因此相比较 SAE、NN 等方法，所构建的诊断模型精度有限。同时，SAE 和 NN 也具有一定的不稳定性。但是在各个实验中，ML-ELM 的效果始终较好，具有普适性，而且效果稳定。

3.3 基于生成对抗网络的故障样本合成与诊断

受实际工况和数据采集设备的制约，实际的轴承工作数据数量通常较少；同时，由于轴承大多数时间处于正常工作状态，极易出现故障类别的不均衡现象，制约着故障诊断的精度与稳定性。为了解决上述问题，本节借助深度学习中的GAN进行故障样本合成与诊断。该方法主要利用GAN生成少类故障样本，使训练集中的样本达到均衡状态，进而提高不均衡类型的故障诊断效果。本节的工作是深度学习技术对于特定类型故障诊断问题的应用，对其中具体方法和过程的阐述，有助于增强对深度学习应用、尤其是在振动信号数据上应用关键问题的理解。

3.3.1 不均衡类别的故障诊断

在实际应用中，滚动轴承大多数时间处于正常工作状态，对轴承发生故障的数据采集较少，因此很容易产生数据不均衡问题[6]。所谓数据不均衡是指采集到的故障样本的数据量远少于正常样本的数据量，导致基于数据驱动的故障诊断方法存在模型偏差等问题。因此，提高少类数据的诊断精度是构建机器学习诊断模型的重要目标。目前，不同应用场景下的不均衡类别故障诊断问题开始受到研究人员的广泛关注，本书在5.1节给出了在线场景下的不均衡故障类别的诊断方法，本节重点讲述如何利用深度学习解决一般意义上的不均衡故障诊断问题。

从机器学习的角度来说，解决不均衡分类的关键在于对少类样本生成新的合成样本、改变样本的不均衡比例。这方面最具有代表性的方法是Chawla等[7]提出的合成少类过采样技术（SMOTE）。该技术通过对少类样本的随机插值构建合成样本，使多类和少类样本量达到均衡，但这种做法本身无法保证合成样本的数据分布与原始数据一致，因此性能存在较大的不稳定现象。而准确提取少类样本的数据分布特性是提高合成样本的生成质量的基础。为了解决这个问题，粗糙集[8]、粒子群优化[9]、主曲线[10]等方法分别被引入SMOTE方法，以提高少类样本的合成质量。此外，有学者从模型的角度优化不均衡数据的分类效果，主要思想是在模型构建中提升少类样本的重要度。例如，Jia等[11]提出了一种深度归一化CNN模型和神经元激活最大化算法，用于区分不同类别样本的贡献。而在Fisher线性判别分析[12]、AdaBoost学习框架[13-14]中引入加权项或成本项，也可以增加被误分类的少类样本的权重，从而提升对少类样本的分类效果。

尽管上述方法已经取得了不错的表现，但它们仍然存在一定缺点，即无法自适应地学习样本的数据分布特性。由于深度学习技术的快速发展，Goodfellow[15]于2014年提出的GAN已经在计算机视觉[16]和文本分析[17]领域中获得了广泛的关注。GAN能够从原始样本中学习样本的数据分布、并生成与之相似的合成样本。Radford等[18]将深度CNN模型与GAN结合，提出GCGAN模型，极大地提升了GAN训练的稳定性以及生成结果的质量。Arjovsky等[19]引入了Wasserstein距离，提出了著名的WGAN模型，一定程度上解决了GAN模型训练困难、不稳定的问题。

根据作者的文献调研，GAN 在故障诊断领域尚处于起步阶段。尽管 GAN 已经在各个不均衡分类问题取得了不错的效果，但在故障诊断问题的应用中，尚没有对数据源的选择、特征提取方法及过采样效果等方面的详细说明和性能分析。基于这一思想，本节对 GAN 在不平衡故障诊断中的应用做出对比研究和详细分析。具体而言，本节提出了一种利用 GAN 自适应扩展少数样本容量、进而采用 SDAE 提取深度特征并进行诊断的方法。必须指出的是，因为该方法仅仅是两种新的机器学习算法的直接组合，所以也可以引入 GAN 和 SDAE 模型的一些变体，本节不再赘述。本节在 CWRU 承载数据集上设计了两组实验，既验证了 GAN 合成样品的质量，又与现有的一些分类方法进行了性能比较。实验结果表明，该方法能有效地解决不平衡故障诊断问题。

3.3.2　基于 GAN 和 SDAE 模型的不均衡故障诊断

为了解决不均衡故障诊断问题，本节提出一种基于 GAN 和 SDAE 模型的不均衡故障诊断方法。在 GAN 的作用下，该方法能够自适应地学习少类故障样本的数据分布特性，并生成与之相似的样本，将数据补充到均衡状态，进而构建能够自适应地提取故障特征的深度 SDAE 分类模型，进行故障诊断。基于 GAN 和 SDAE 模型的不均衡故障诊断的流程图如图 3-15 所示。

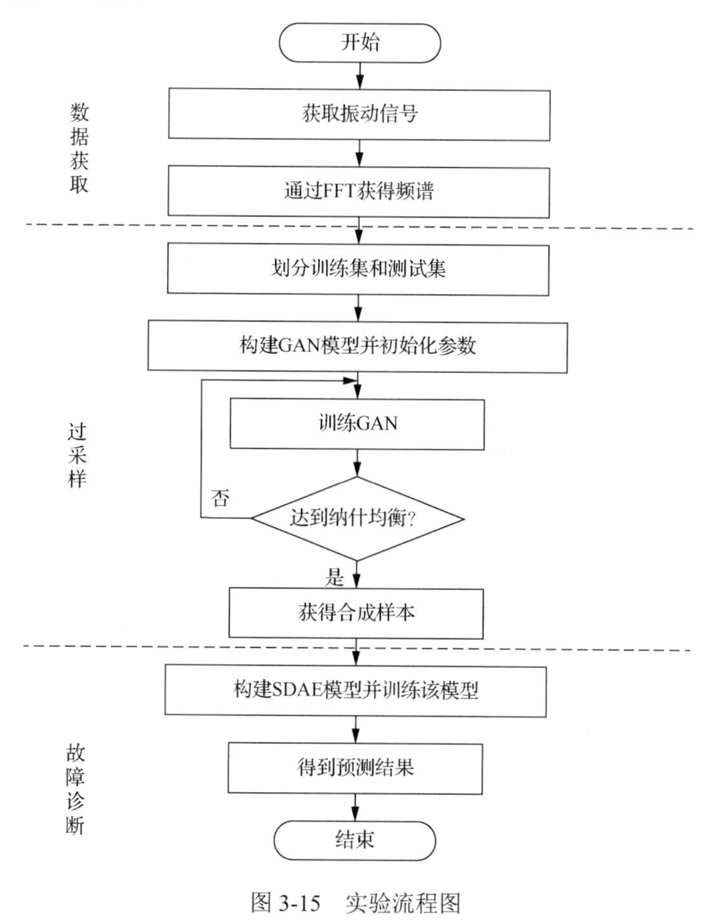

图 3-15　实验流程图

1. 数据采集和预处理

在轴承特征提取过程中，考虑到原始振动信号的复杂性，常用的方法是对振动信号进行 FFT，得到信号的频域表示，然后计算统计特征来构建异构特征向量。与所提取的特征相比，频谱数据包含了更多关于原始信号的有价值信息，如频谱能够定量地分析振动信号的构成。而在特征层面，特征提取过程中会丢失信息的先验信息。因而，本小节选择频谱样本作为 GAN 生成数据的对象。

对数据的采集和预处理如下：首先，从实验台上获取时域振动信号，通过 FFT 得到频谱样本 $\{x_i, y_i\}_{i=1}^{N}$，其中 N 为样本个数。然后，将样本划分为训练集和测试集。

2. 基于 GAN 的故障样本过采样

本节使用少类故障的频谱样本作为 GAN 中的真实样本，并生成与故障数据相似的频谱样本。GAN 结构如图 3-16 所示。其中，所使用的 G 和 D 均是简单的三层全连接神经网络，隐藏层的神经元节点分别为 128 和 256，激活函数为 Sigmoid 函数。

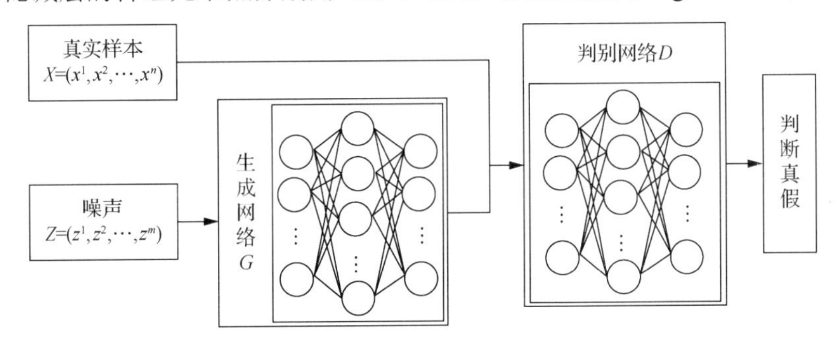

图 3-16　GAN 结构

生成器 G 的输入是一组高斯随机噪声 $Z=(z^1, z^2, \cdots, z^m)$，其分布服从 P_{g}，它的输出是合成样本 $G(z)$，该合成样本尽量服从真实样本的数据分布 P_{data}。判别网络 D 的输入是 $G(z)$ 或真实样本 X，输出是其输入为真实样本的概率，当概率值为 0.5 时，两个网络达到纳什均衡。在 GAN 的优化训练过程中，判别网络和生成网络交替进行，其训练过程如下[15]。

步骤 1　初始化并固定生成器 G，通过随机梯度下降法，最大化判别器的损失函数更新 D。D 的损失函数如下：

$$\max_{D} L(D) = \lg D(x^{(i)}) \tag{3-12}$$

步骤 2　固定步骤 1 中训练好的判别器，通过随机梯度来最小化生成器的损失函数：

$$\min_{G} L(G) = \lg(1 - D(G(z^{(i)}))) \tag{3-13}$$

步骤 3　判断两个网络是否达到纳什均衡。如果已经达到，则训练结束；否则，再交替重复步骤 1 和步骤 2 直到达到纳什均衡。

3. 构建 SDAE 故障诊断模型

GAN 完成训练之后，便可以获得与真实的故障样本数据分布相似的合成样本 $G(z)$，此时训练集中的原始样本 $\{x_i, y_i\}_{i=1}^N$ 能够达到均衡状态，记为 $\{\tilde{x}_i, \tilde{y}_i\}_{i=1}^N$，$\tilde{x}_i$ 和 $\tilde{y}_i$ 分别表示已经达到均衡后的样本和对应标签，即 $\tilde{X} = (x^1, x^2, \cdots, x^n;\ G(z)^1, G(z)^2, \cdots, G(z)^m)$。将其作为SDAE模型中第1个DAE单元的输入，得到第1个DAE单元的输出 $h_1 = \sigma(W_1\tilde{x} + b_1)$，将该输出作为第 2 个 DAE 单元的输入，得到第 2 个 DAE 单元的输出 $h_2 = \sigma(W_2 h_1 + b_2)$，如此循环，直至达到 Softmax 层。

本节使用 Softmax 函数进行故障分类。也可以从最后一层 DAE 提取特征，然后放入其他分类器，如 SVM、ELM、随机森林（random forest，RF）和其他分类算法进行故障诊断。由于篇幅限制，这里不再详细介绍这些算法，读者可查阅第 2 章相关内容。

3.3.3 实验结果

为了验证上述方法的有效性，本节共设置了两组实验。实验 1 是在数据均衡的情况下进行的验证性对比实验，目的是探究 GAN 生成频谱和特征两种不同形式的样本质量。方便起见，分别称它们为频谱合成样本和特征合成样本。在实验 1 中，本节设置实验 A 和实验 B，用于评估哪种合成样本更适合轴承故障诊断。在实验 1 的基础上，本节设置实验 2 验证所提方法在不均衡故障诊断上的性能。两组实验设置及其目的如表 3-11 所示（数据集采用 CWRU 数据集）。

表 3-11　实验设置及其目的

实验		目的
1	实验 A	评估由 GAN 生成的频谱样本质量
	实验 B	评估由 GAN 生成的特征样本质量
2		利用由 GAN 生成的合成样本进行不均衡故障诊断

1. 实验 1

为了探究 GAN 生成频谱与特征两种不同形式的合成样本的质量好坏，实验 1 采用 7 种分类模型进行对比：ELM[20]、稀疏贝叶斯极限学习机（sparse Bayesian ELM，SBELM）[21]、RF[22]、OKL[23]、SVM[24]、DBN[25]和 SDAE[26]。其中 ELM、SBELM、RF、OKL 和 SVM 为浅层模型，DBN 及 SDAE 为深度模型。对于频谱生成的合成样本，ELM、SBELM、RF、OKL 和 SVM 的输入是 71 维时频域特征（表 3-1），而 DBN 和 SDAE 则直接从原始频谱样本和频谱合成样本中提取深度特征。对于使用 GAN 生成的特征合成样本而言，本节只对比它们在浅层模型上的故障诊断效果。

实验 1 中，以轴承的滚动体故障和外圈故障为例，在采样频率为 48kHz、电机负载为 1hp 的工况条件下，选择损伤半径分别为 0.007in、0.014in 和 0.021in 共 3 种尺寸的各 200 个样本数据，滚动体和外圈各有 3 种故障类型。各种故障的类型及数量如表 3-12 所示。图 3-17 可视化了它们在时域上的振动信号，每个子图随机选择 2048 个采样点。

表 3-12　实验 1 各种故障类型及数量

故障类型		负载/hp	损伤尺度/in	数量
滚动体	Ball-1	1	0.007	200
	Ball-2	1	0.014	200
	Ball-3	1	0.021	200
外圈	Outer-1	1	0.007	200
	Outer-2	1	0.014	200
	Outer-3	1	0.021	200

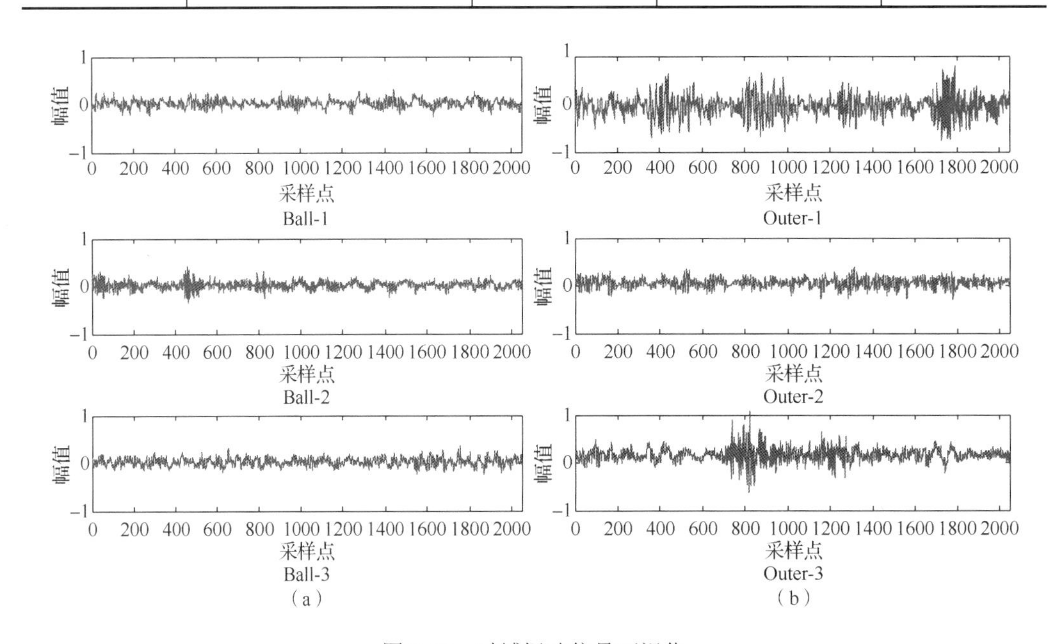

图 3-17　时域振动信号可视化

（a）3 种滚动体故障；（b）3 种外圈故障

图 3-18 展示了实验 A 中由 GAN 生成的频谱合成样本（为了更好地对比，图中给出了相应的真实频谱样本）。

从图 3-18 可以看出，使用 GAN 生成的频谱合成样本与真实的故障样本形态基本吻合，可以学习到真实样本的总体趋势，但在峰值上仍然存在差异。事实上，合成样本与真实样本完全相同未必就是最优的。如同 SDAE 的噪声，合成样本与真实样本之间的差异会提高故障诊断模型的稳健性和泛化性能，下面对比结果将会验证这一点。

为了进一步验证合成样本的影响，将加入不同数量合成样本之后的 71 维特征分布图可视化，如图 3-19 所示。其中，X 轴和 Y 轴分别表示利用 t-SNE[27]得到的主要的两维特征。

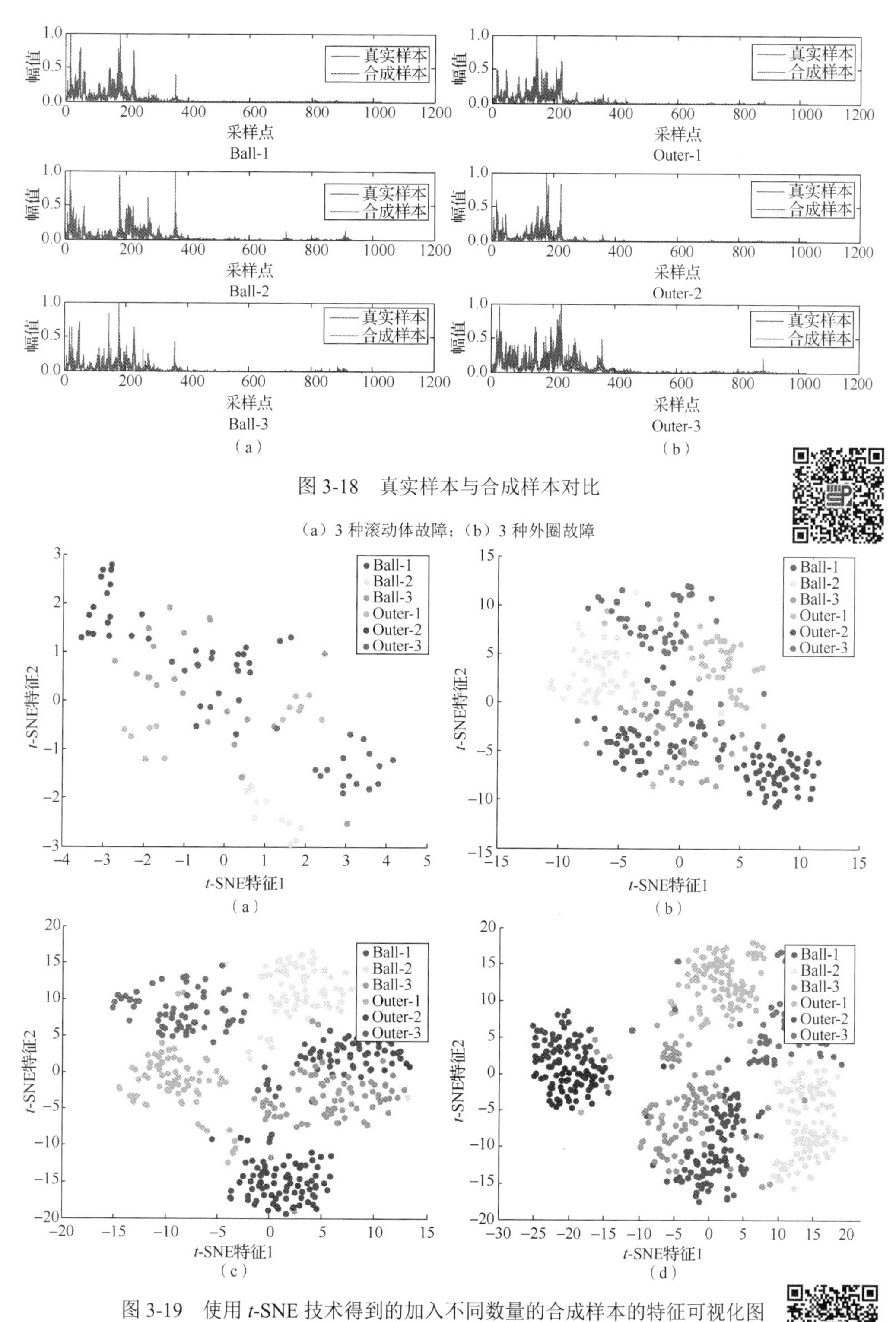

图 3-18　真实样本与合成样本对比

（a）3 种滚动体故障；（b）3 种外圈故障

图 3-19　使用 t-SNE 技术得到的加入不同数量的合成样本的特征可视化图

（a）不加合成样本；（b）每类故障加入 200 个合成样本；（c）每类故障加入 350 个合成样本；（d）每类故障加入 500 个合成样本

由图 3-19 可以看出，随着合成样本的增加，不同故障类型的样本分得更开，尤其是图 3-19（c）和（d），这表明引入更多的合成样本，聚类效果更好，也意味着合成样本能够为分类带来判别信息。

实验 B 直接利用 GAN 生成表 3-1 的 71 维异构特征。真实样本与合成样本的对比如图 3-20 所示。

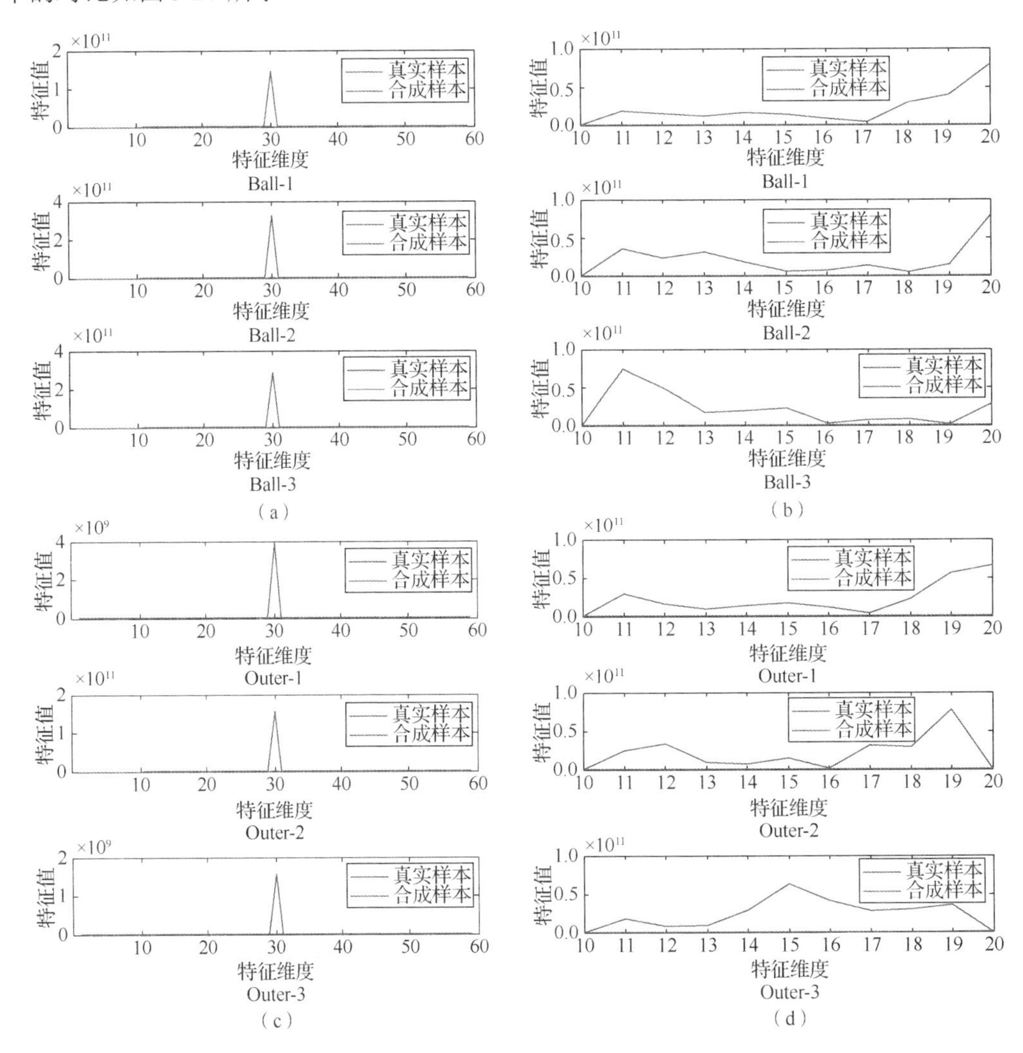

图 3-20　真实样本与合成样本对比

（a）滚动体故障；（b）（a）和（c）中 10～20 维局部放大图；（c）外圈故障；（d）（c）中 10～20 维局部放大图

从图 3-20（a）和（c）看，使用 GAN 生成的特征合成样本与真实样本形态除了在峰值处外也比较相似，但从图 3-20（b）和（d）的局部图看，GAN 合成的样本一直比较平稳，并不能很好地学习特征数据的分布特性。我们同时注意到，71 维特征不同于频谱数据，它们离散且很短，更重要的是，它们之间没有联系。根据 GAN 理论，很难学习该类样本的先验信息，因此生成的特征合成样本与真实样本偏差较大。综合来看，频谱合成样本在数据形态上比 71 维特征的样本更好。

实验 A 和实验 B 进一步探究两种合成样本的好坏。在对比实验中，首先将训练集与测试集按照 5∶5 的比例划分，之后在训练集中每类加入 300 个合成的故障样本。使用 7 种分类模型得到的测试精度如图 3-21 所示。其中 SVM、SBELM、OKL 算法使用了五折交叉验证寻找最优参数。SDAE 的两个隐藏层的神经元分别为 50 和 30。DBN 有 3 个隐藏层，神经元分别为 512、128、64。ELM 的隐藏层神经元为 500，激活函数是 Hardlim 函数。SVM 使用了 RBF 核函数，且通过交叉验证寻找最优参数。

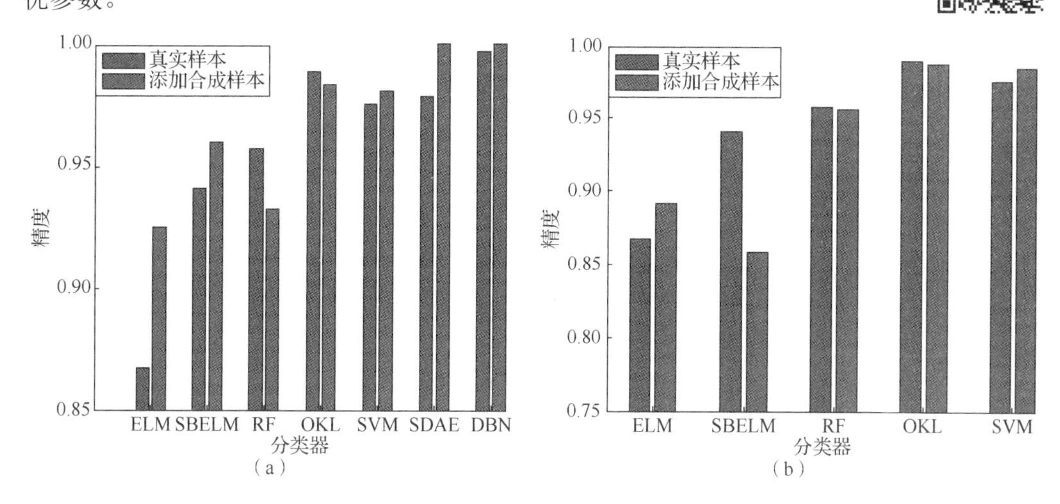

图 3-21　每类加入 300 个合成样本之后的测试精度

（a）实验 A；（b）实验 B

由图 3-21（a）可知，当训练集中每类故障均加入 300 个合成的频谱样本时，对比模型中 ELM、SBELM、SVM、SDAE 及 DBN 的测试精度是有所提升的，这说明增加的频谱合成样本在某种程度上均能够为模型的训练提供有用的辅助信息；对于 RF 和 OKL 而言，精度反倒有所下降，原因如下：其一，本次实验使用的特征对 RF 和 OKL 两种算法而言，存在冗余；其二，GAN 生成的频谱样本质量不足以为这两种模型提供辅助信息。

由图 3-21（b）可知，加入使用 GAN 生成的特征样本后，SBELM、RF 和 OKL 算法的精度有所下降，尤其是 SBELM 算法的精度下降幅度很大。这也印证了图 3-20 中 GAN 合成的特征样本与真实样本有明显差异的影响。该组对比实验结果进一步验证了使用 GAN 生成的 71 维特征合成样本不能为故障诊断提供足够有用的辅助信息。

同样从图 3-21（a）中可以看出，SDAE 和 DBN 两种深度模型在加入合成样本之后精度均有提升，其原因是深度学习算法可以从原始数据中自适应地提取表征能力强的深度特征，从而避免人工特征的不充分或者冗余的不足。

图 3-22 提供了在训练集中加入不同数量的合成样本之后 7 种算法的故障诊断对比结果。为保证结果的可信性，样本的扩充只发生在训练集中，测试集中始终都是真实的故障数据样本。为了得到稳定的实验结果，5 种浅层模型的实验结果取每个算法重复运行 30 次的平均值。

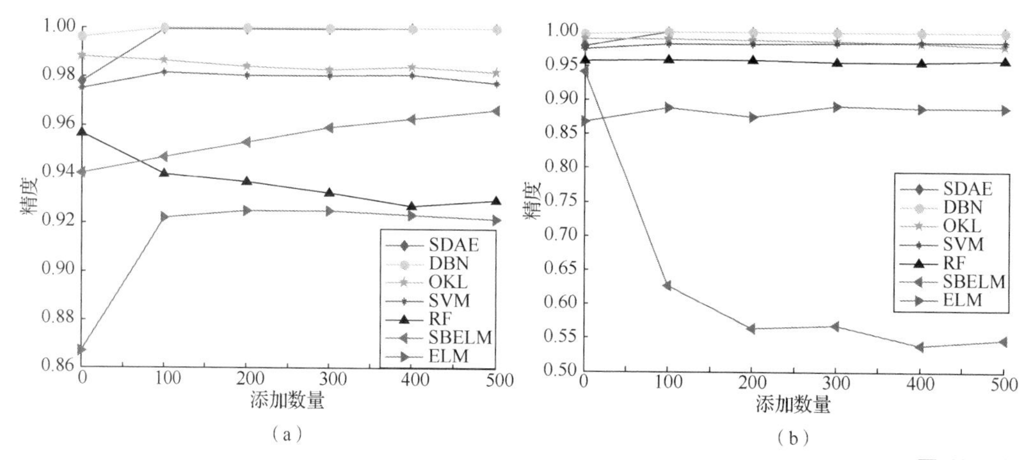

图 3-22　加入不同数量合成样本之后的测试精度

（a）实验 A；（b）实验 B

注：图中横坐标表示加入合成样本的数据量。

从图 3-22 可以看出，对于生成的频谱合成样本（实验 A），当样本量增加时，ELM、SBELM、DBN 和 SDAE 的测试精度均有明显提升，说明由 GAN 生成的频谱合成样本能够为原始的真实样本补充有用的辅助信息，有助于模型训练。相比 ELM 等 4 种模型，SVM 的精度相对而言比较平稳。而 RF 和 OKL 的精度随着样本数量的增加有略微下降的趋势。对于生成的特征合成样本（实验 B），SVM 和 ELM 的测试精度随样本的增加而上升，而 SBELM 的精度有大幅下降的趋势。这些对比结果进一步说明，相较 71 维特征样本而言，频谱样本更适合作为 GAN 的源数据生成合成样本，提高故障诊断性能。

本节还验证了实验 A 和实验 B 的数值稳定性，表 3-13 和表 3-14 分别为 5 种浅层模型加入不同数量的合成样本之后重复运行 30 次的标准差。

表 3-13　实验 A 的标准差

算法	标准差					
	0	100	200	300	400	500
OKL	0.0040	0.0048	0.0046	0.0044	0.0039	0.0047
SVM	0.0059	0.0021	0.0035	0.0056	0.0023	0.0066
RF	0.0091	0.0085	0.0106	0.0105	0.0106	0.0117
SBELM	0.0094	0.0088	0.0066	0.0053	0.0043	0.0039
ELM	0.0190	0.0106	0.0092	0.0115	0.0093	0.0094

表 3-14　实验 B 的标准差

算法	标准差					
	0	100	200	300	400	500
OKL	0.0040	0.0038	0.0050	0.0052	0.0041	0.0047
SVM	0.0059	0.0065	0.0043	0.0045	0.0054	0.0056
RF	0.0091	0.0091	0.0115	0.0065	0.0083	0.0080
SBELM	0.9393	1.4887	1.1963	1.2707	0.7786	0.7999
ELM	0.0190	0.0126	0.0142	0.0153	0.0212	0.0261

可以明显看出，两个对比实验结果的不同。除 RF 之外，表 3-13 中加入合成样本之后的标准差均有所下降，其中 OKL 的标准差与加入合成样本之前基本保持持平。除 SBELM 波动剧烈之外，表 3-14 中其他算法的标准差均在第一列上下小幅波动。本节进一步引入秩和检验验证加入合成样本之后的可信度。秩和检验的 p 值如表 3-15 和表 3-16 所示。

表 3-15　实验 A 的秩和检验的 p 值

算法	p 值				
	100	200	300	400	500
OKL	0.2480	5.43×10^{4}	2.66×10^{5}	2.64×10^{4}	3.11×10^{6}
SVM	2.22×10^{7}	1.20×10^{4}	2.49×10^{4}	3.62×10^{4}	0.0169
RF	3.05×10^{8}	1.19×10^{8}	2.23×10^{10}	1.04×10^{10}	1.87×10^{10}
SBELM	0.0094	1.08×10^{6}	7.80×10^{10}	7.84×10^{11}	3.51×10^{11}
ELM	9.23×10^{11}	5.35×10^{11}	5.84×10^{11}	6.25×10^{11}	6.41×10^{11}

表 3-16　实验 B 的秩和检验的 p 值

算法	p 值				
	100	200	300	400	500
OKL	0.2378	0.5860	0.0598	1.0224×10^{4}	7.0886×10^{9}
SVM	3.2552×10^{5}	1.9819×10^{5}	2.1334×10^{5}	1.8400×10^{7}	2.6621×10^{7}
RF	0.6092	0.9232	0.8180	0.5776	0.5383
SBELM	2.9174×10^{11}	2.9137×10^{11}	2.9265×10^{11}	2.9265×10^{11}	2.9247×10^{11}
ELM	3.2245×10^{6}	0.0554	8.5769×10^{6}	4.9788×10^{4}	9.2582×10^{4}

显然，表 3-15 中得到的 p 值基本上都小于 0.05，这说明加入频谱合成样本前后存在显著性差异。而表 3-16 中 OKL 和 RF 的 p 值均有大于 0.05 的，这说明加入特征合成样本前后并没有显著性差异。

综合上述结果看，使用 GAN 生成的合成样本，不论是频谱合成样本还是特征合成样本，都能在一定程度上为部分模型的训练提供辅助信息。但是从稳定性角度来看，生成的频谱样本要优于特征样本。

这里需要补充说明的是，在利用 GAN 生成合成样本时，除频谱样本与特征样本之外，我们还考虑了以原始振动信号作为 GAN 中的真实样本。以其中一种滚动体故障为例，利用原始振动信号作为 GAN 的输入生成原始振动信号的效果如图 3-23 所示。由图 3-23 可知，生成的合成样本噪声较多，表明 GAN 不能很好地学习到原始振动信号的分布，原因有两个方面：其一，原始的振动信号本身包含较多噪声，导致其数据分布丧失了明显的规律，使 GAN 的学习性能下降，而经过 FFT 之后的频谱规律性较强，且能够对振动信号做出定量解释；其二，由于原始振动信号是一个时序序列，前后耦合性较大，而 GAN 不能很好地学习到其中的耦合关系。

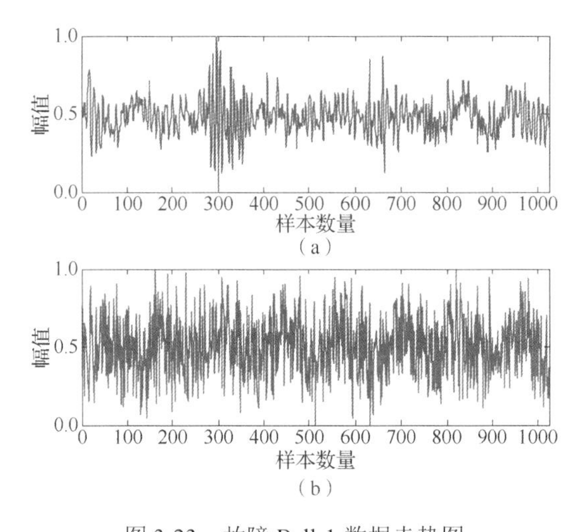

图 3-23　故障 Ball-1 数据走势图

(a) 真实样本的原始振动信号；(b) 合成样本的合成振动信号

2. 实验 2

在实际工程中，轴承状态数据往往是不均衡的，即正常样本很多，而故障样本却很少，在这种情况下，传统的故障诊断方法的测试精度普遍很低。如图 3-24～图 3-26 所示，当正常样本和故障样本数量均为 500 个时，此时的 SVM 能够很好地对其进行分类；当故障样本的数量随机下采样到原来的 20%时，SVM 的超平面有向少类倾斜的趋势，这会导致将故障样本（少类）误分为正常样本的现象，即模型偏差。

本次实验除与 SVM、RF、ELM、SBELM 及 OKL 等浅层模型诊断效果进行对比之外，还与传统的随机过采样（random oversampling，RO）技术[28]、合成少类过采样技术（SMOTE）[29]及主曲线（principal curve，PC）[10]等合成样本的方法进行了对比。对于这 5 种分类模型，首先使用 GAN 生成频谱合成样本，并使训练集中的样本达到均衡；然后提取表 3-1 所示的 71 维异构特征来训练模型。后面的内容将直接使用方法组合进行命名，本节所提的方法记为 GAN_SDAE。

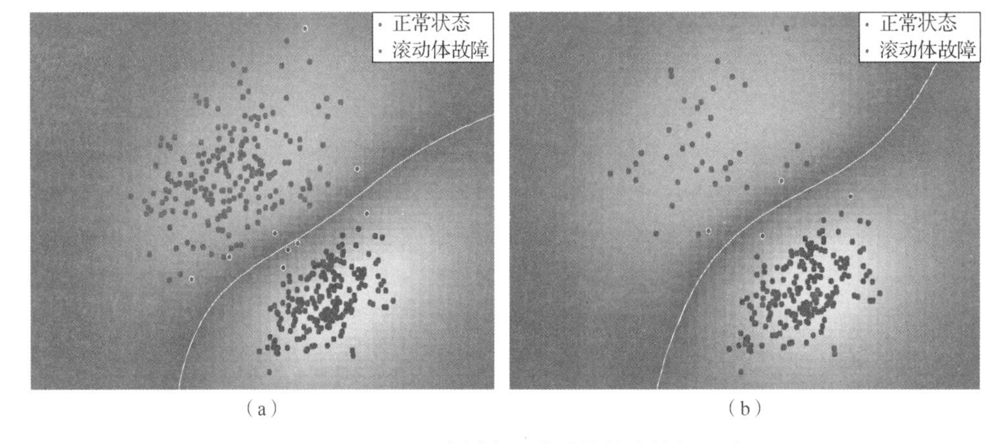

图 3-24　SVM 正常样本和滚动体故障的超平面

(a) 均衡的数据集；(b) 不均衡数据集

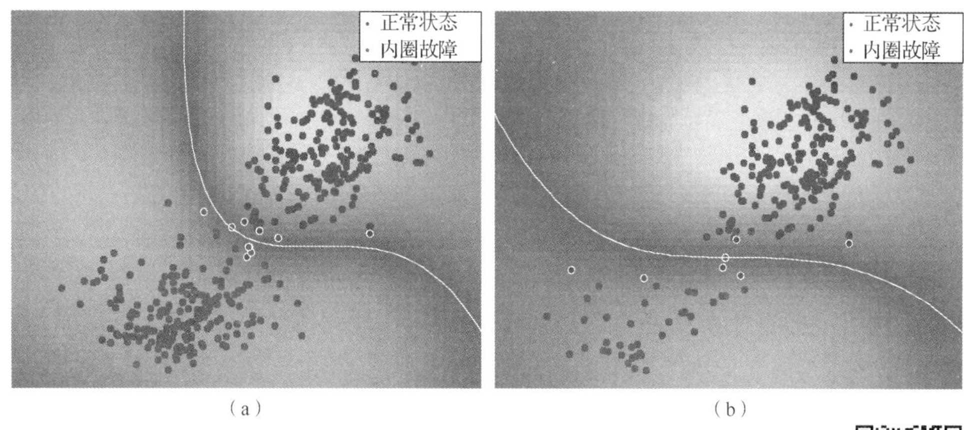

图 3-25　SVM 正常样本和内圈故障的超平面

(a) 均衡的数据集，(b) 不均衡数据集

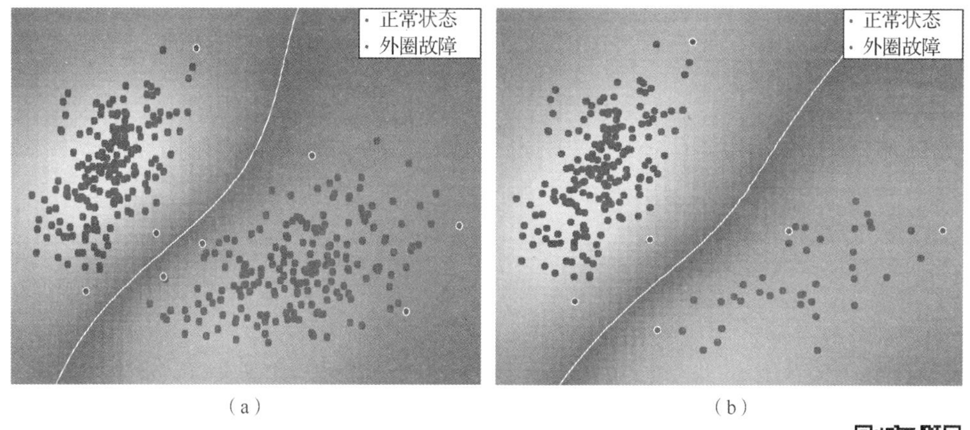

图 3-26　SVM 正常状态和外圈故障的超平面

(a) 均衡的数据集；(b) 不均衡数据集

本次实验共设置了 3 组在 CWRU 数据集上的不均衡二分类实验：正常和滚动体故障分类、正常和内圈故障分类及正常和外圈故障分类。实验 2 所选用的样本信息如表 3-17 所示。每类随机选择 500 个样本做训练集，剩余的做测试集。为了验证所提方法的有效性，本节设置了不同的不均衡比例实验，具体如表 3-18 所示。

表 3-17　实验 2 所选用的样本

类型	载荷	损失尺度/in		
		0.007	0.014	0.021
正常状态	1	200	200	200
滚动体故障	1	200	200	200
内圈故障	2	200	200	200
外圈故障	1	200	200	200

表 3-18　训练集正常和故障样本的不均衡比例设置

正常		500	500	500	500	500	500	500
故障	滚动体	5	10	25	50	100	250	500
	内圈							
	外圈							
不均衡比例		100∶1	50∶1	20∶1	10∶1	5∶1	2∶1	1∶1

为了进行综合对比，本次实验采用 6 个评价指标：少类测试精度、多类测试精度、整体测试精度、F1 指标、G_mean 值和 AUC 值（area under curve，即 ROC 曲线下的面积）。其中，在不均衡故障诊断中更重视少类测试精度与 F1 指标。这两个值越大，对应的诊断效果越好。

限于篇幅，本次实验仅以多类样本与少类样本不均衡比例为 50∶1 为例，对比均衡前后的诊断效果。图 3-27 所示为 SDAE 迭代次数为 30 次时，正常（多类）和滚动体故障（少类）的对比结果。SDAE 的参数设置与实验 1 中相同。

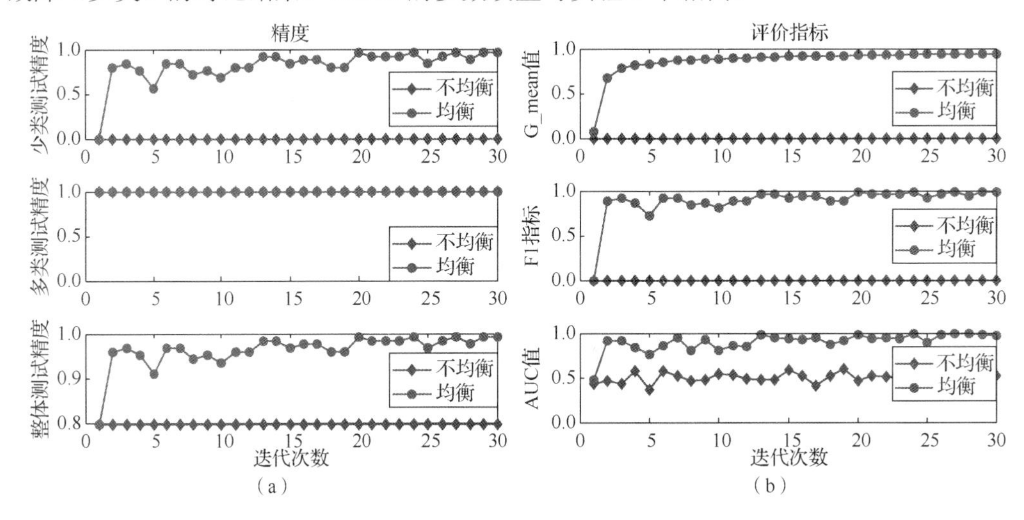

图 3-27　正常和滚动体故障的对比结果

（a）采用少类测试精度、多类测试精度和整体测试精度的 3 种评价；
（b）采用 G_mean 值、F1 指标和 AUC 值 3 种评价指标

可以看出，本节所提的方法在精度及评价指标方面都有明显的提升，说明利用 GAN 生成少类合成样本解决不均衡故障诊断问题是行之有效的。其他故障类型也有类似效果，鉴于篇幅此处不再给出效果图。

除了以上指标，本次实验还使用了 ROC 曲线衡量算法有效性。ROC 曲线下的面积即为 AUC 值，面积越大，分类效果越好。限于篇幅，这里只给出所提方法对正常和滚动体故障的诊断结果。图 3-28 所示为正常和滚动体故障在不同不均衡比例下的 ROC 曲线。

可以看出，在不均衡比例为 2∶1 时，均衡前后的 ROC 曲线都上升得很快。然而，在不均衡比例为 100∶1 时，即使加入使用 GAN 模型生成的合成样本后，ROC 曲线仍然上升得很慢。这表明，在严重不均衡的情况下，少类样本并不能够为 GAN 模型提供足够的先验信息。

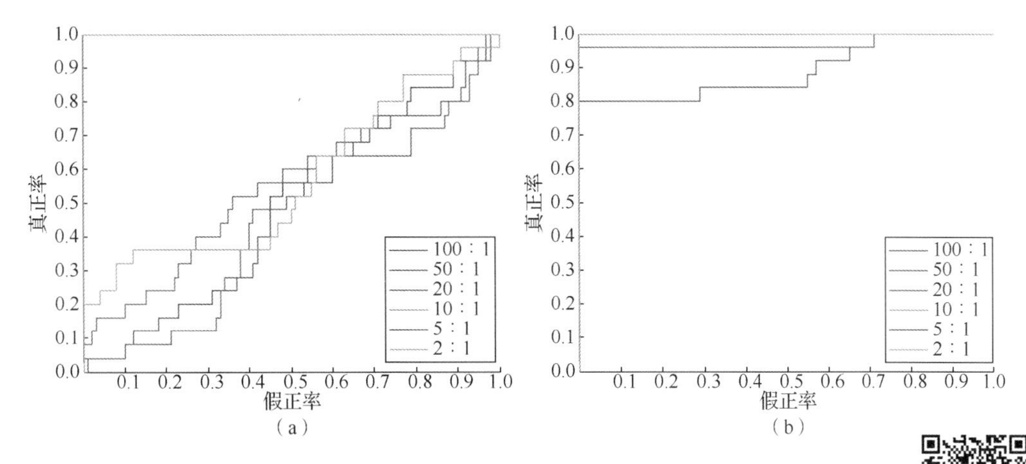

图 3-28　正常和滚动体故障在不同不均衡比例下的 ROC 曲线

（a）均衡前的结果；（b）均衡后的结果

为了更清晰地对比不同不均衡比例下的算法效果，图 3-29 所示为不同不均衡比例下均衡前后的 ROC 曲线。可以看出，所提方法能够有效提升不均衡故障诊断的诊断效果。

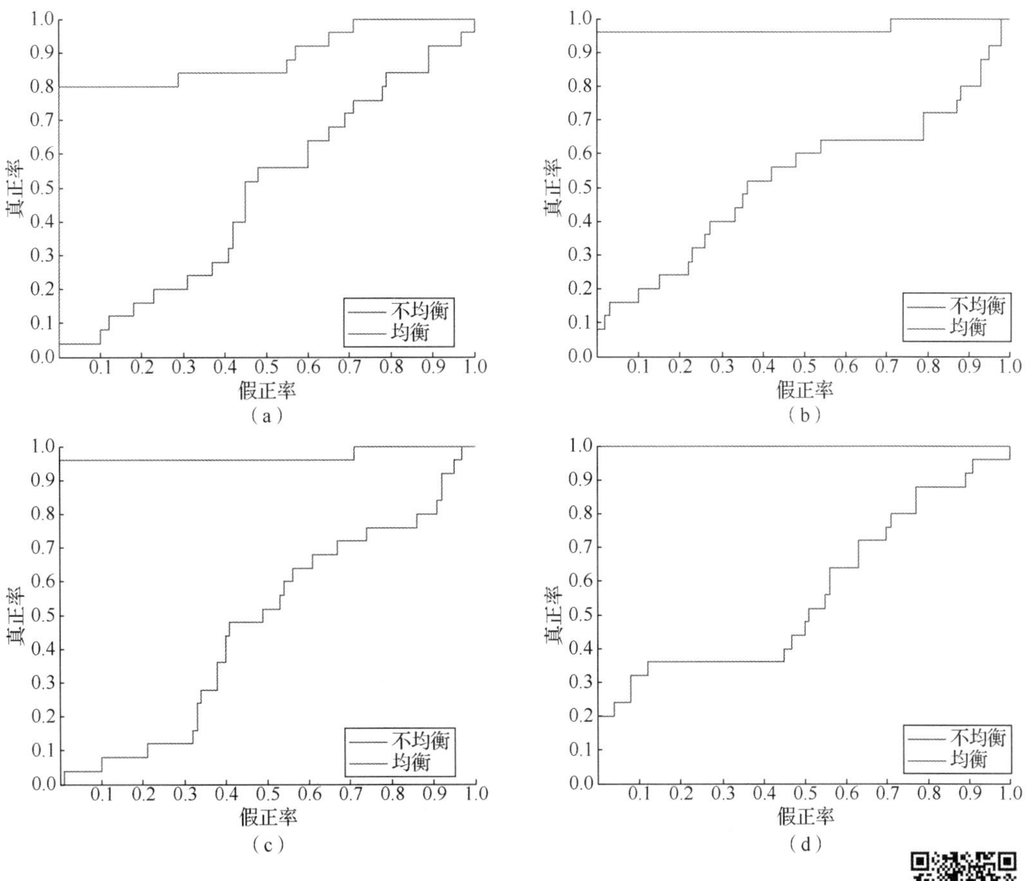

图 3-29　不同不均衡比例下均衡前后的 ROC 曲线

（a）100∶1；（b）50∶1；（c）20∶1；（d）10∶1

实验 2 中，我们将所提方法与 SVM、ELM、OKL 等浅层模型进行对比，浅层模型的实验结果均取循环运行 30 次的平均值。图 3-30 所示为不均衡比例为 50∶1 时 SDAE、SVM、ELM 等多个模型在均衡前后的少类测试精度和 F1 指标。限于篇幅，这里仅给出正常和滚动体故障在不同的模型下的诊断结果，正常和内圈故障及正常和外圈故障的结果与之类似。

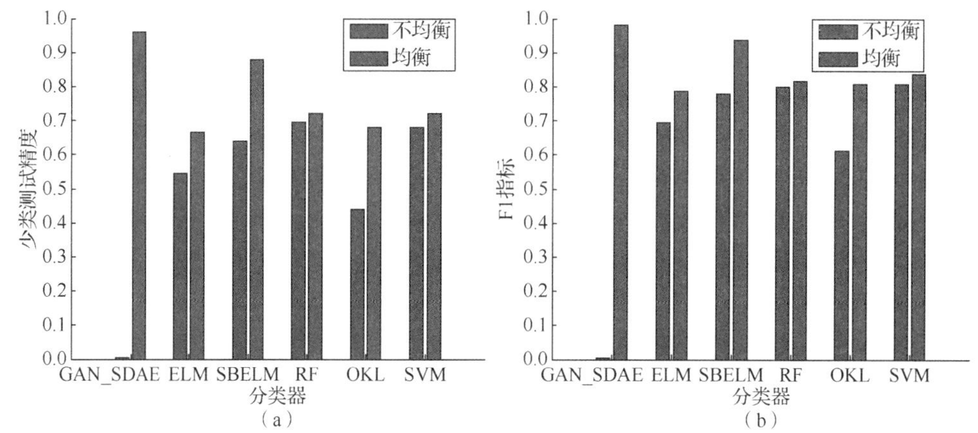

图 3-30　不同模型在不同不均衡比例下的对比结果

(a) 少类测试精度；(b) F1 指标

从图 3-30 可以看出，在不均衡分类问题最看重的两个指标上，所提方法的性能优于其他 5 种模型。同时，经过 GAN 过采样后，其他 5 种模型的预测性能也都有所提升，实验结果表明，GAN 过采样能有效提高不均衡故障诊断性能。

图 3-30 还反映出，在不均衡状态下，SDAE 的诊断效果在精度和评价指标上都特别差。由于 SDAE 直接从频谱中自适应地提取深度特征，而在严重不均衡的情况下，少类样本不能为 SDAE 提供有用信息。但是，一旦数据均衡后，即使从合成样本中，SDAE 也能从中提取表征能力好的深度特征。

本节进一步验证了在不同不均衡比例下不同方法的诊断效果，如图 3-31 所示。随着不均衡比例下降，所有方法的故障诊断效果都有上升的趋势。显然，本节所提方法在少类测试精度和 F1 指标上都要优于其他方法。

图 3-32 为各个模型在不均衡比例为 50∶1 时均衡前后的 ROC 曲线图。与图 3-31 相同，在不均衡时，SDAE 效果最差，而当数据均衡之后，SDAE 效果提升最大，且效果最好。这再一次印证了所提方法的优越性。

此外，本节还在不均衡比例为 50∶1 时与传统的过采样技术（RO、SMOTE 和 PC）进行对比。本次实验将这些过采样技术与不同的分类模型结合，记为 RO_SDAE、SMOTE_SDAE 和 PC_SDAE 等。不均衡比例设置为 50∶1。图 3-33 所示为以上 4 种过采样技术和 SDAE 结合对正常和滚动体故障进行分类的效果。实验结果表明，本节所提方法，即 GAN_SDAE 诊断效果最好，且稳定性优于其他方法。

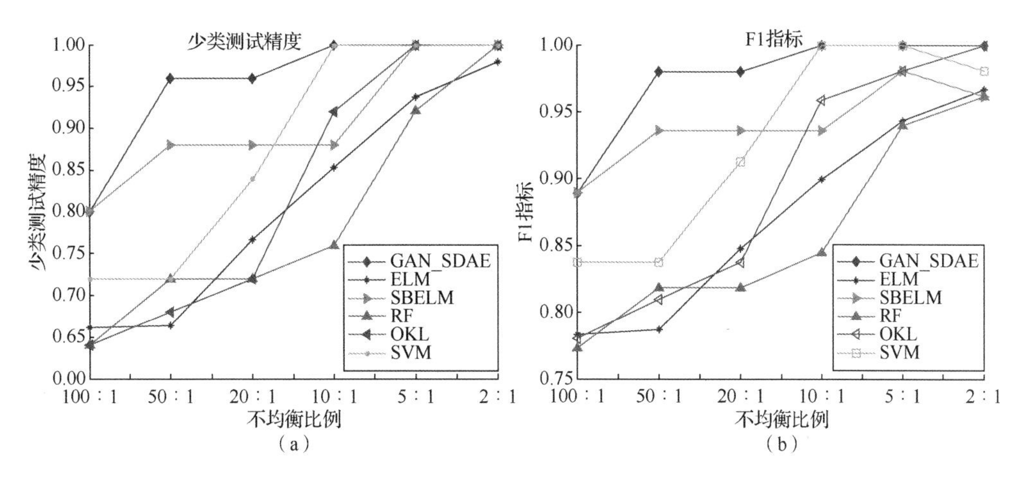

图 3-31　不同不均衡比例均衡后的实验结果

（a）少类测试精度；（b）F1 指标

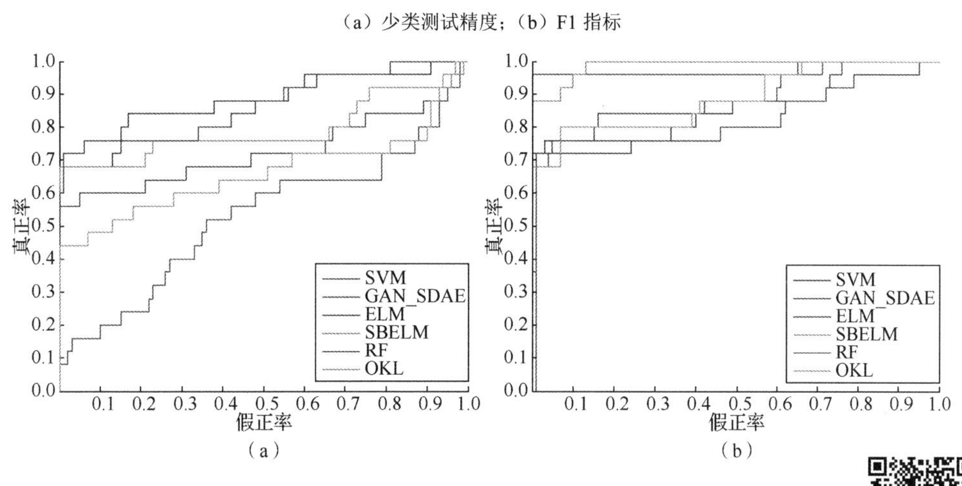

图 3-32　不均衡比例为 50：1 时不同模型的 ROC 曲线

（a）均衡前；（b）均衡后

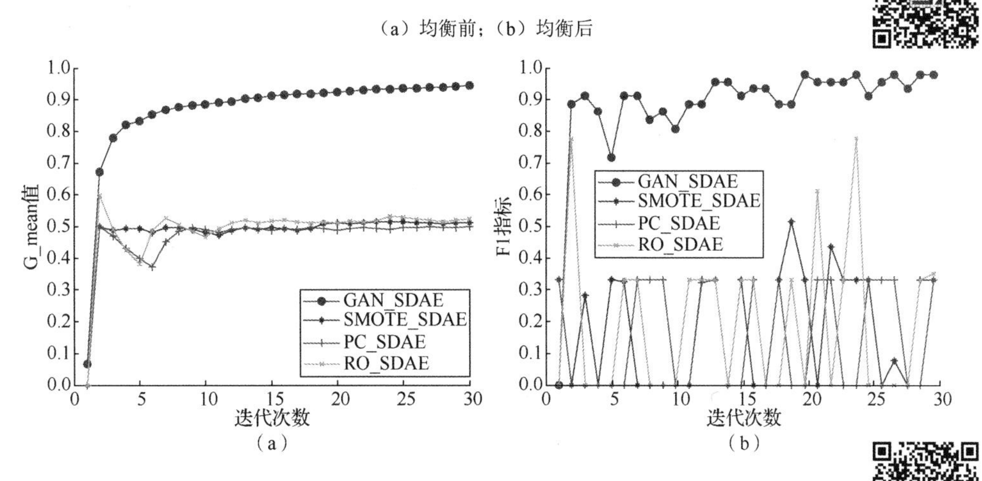

图 3-33　本节所提方法与其他过采样技术的对比效果

（a）G_mean 值；（b）F1 指标

此外，本次实验还将综合对比上述 3 种传统过采样技术和不同的分类模型结合的故障诊断效果。限于篇幅，这里仅以 RF 和 SBELM 模型为例并给出实验结果，如表 3-19 所示，表中结果均取重复运行 30 次的均值。

表 3-19　不同的过采样技术在不同模型下的分类精度及指标

方法	少类测试精度	少类训练精度	整体测试精度	G_mean 值	F1 指标	AUC 值
RO_RF	0.6747	0.9900	1.0000	0.9086	0.7869	0.8282
SMOTE_RF	0.7200	0.9703	1.0000	0.9179	0.7832	0.8417
PC_RF	0.6880	0.9900	1.0000	0.9126	0.7962	0.8468
GAN_RF	0.7200	0.9900	1.0000	0.9221	0.8182	0.9880
RO_ SBELM	0.7600	1.0000	0.9520	0.9359	0.8636	0.8724
SMOTE_SBELM	0.8400	0.9840	0.9440	0.9458	0.8571	0.9224
PC_ SBELM	0.8800	0.9960	0.9760	0.9675	0.9362	0.9324
GAN_ SBELM	0.8800	0.9980	0.9760	0.9685	0.9362	0.9880
GAN_SDAE	0.9600	1.0000	0.9920	0.9437	0.9796	0.9716

可以看出，由表 3-19 结果可知，GAN 在 RF、SBELM 和 SDAE 模型下的少类测试精度、整体测试精度、G_mean 值、F1 指标和 AUC 值均高于其他 3 类过采样算法，而在所有的方法中，本节所提方法 GAN_SDAE 在最重要的少类测试精度和 F1 指标上优于其他方法。因此，本节所提方法能够有效提升不均衡故障诊断的性能。

3.4　本章小结

从数据驱动的角度看，虽然故障诊断问题的本质是分类问题，可以直接应用现有的各种机器学习算法和模型。但要强调的是，机器学习与具体应用问题的结合，应该依托应用对象的领域知识。由于振动信号有其自身特点和特征表示，在应用机器学习算法进行 PHM 建模时，有必要深入分析相关特征提取方法，了解不同类型的机器学习算法的应用过程。尤其是对于特殊形式的故障诊断问题，更有必要在数据选择、特征提取、模型构建等方面进行细致分析。基于这一思路，本章以故障特征提取为主线，对典型的浅层模型和深度模型在故障诊断问题中的应用效果进行了分析和验证，对其中特征作用、模型选择等关键问题进行了有针对性的强调。尤其是应用深度学习技术解决不均衡类别的故障诊断问题，对具体的应用结合过程进行了细致说明和性能评估。这些工作将为应用其他机器学习算法解决轴承智能 PHM 问题提供有价值的借鉴和参考。

参考文献

[1] RAUBE T, DE A, VAREJAO F. Heterogeneous feature models and feature selection applied to bearing fault diagnosis[J]. IEEE Transactions on Industrial Electronics, 2015, 62(1):637-646.

[2] ZHAO X, PATEL T, ZUO M. Multivariate EMD and full spectrum based condition monitoring for rotating machinery[J].

Mechanical Systems and Signal Processing, 2012, 27: 712-728.

[3] WANG Y, XU G, LIANG L, et al. Detection of weak transient signals based on wavelet packet transform and manifold learning for rolling element bearing fault diagnosis[J]. Mechanical Systems and Signal Processing, 2015, 54: 259-276.

[4] TANG J, DENG C, HUANG G. Extreme learning machine for multilayer perceptron[J]. IEEE Transactions on Neural Networks and Learning Systems, 2016, 27(4): 809-821.

[5] HINTON G E, SALAKHUTDINOV R R. Reducing the dimensionality of data with neural networks[J]. Science, 2006, 313(5786): 504-507.

[6] LIU T, LI G. The imbalanced data problem in the fault diagnosis of rolling bearing[J]. Computer Engineering & Science, 2010, 32 (5) :150-153.

[7] CHAWLA N, BOWYER K, HALL L. SMOTE: Synthetic minority over-sampling technique[J]. Journal of Artificial Intelligence Research, 2002, 16(1): 321-357.

[8] RAMENTOL E, CABALLERO Y, BELLO R. SMOTE-RSBN: A hybrid preprocessing approach based on oversampling and undersampling for high imbalanced data-sets using SMOTE and rough sets theory[J]. Knowledge & Information Systems, 2012, 33(2): 245-265.

[9] GAO M, HONG X, CHEN S. A combined SMOTE and PSO based RBF classifier for two-class imbalanced problems[J]. Neurocomputing, 2011, 74(17): 3456-3466.

[10] MAO W, HE L, YAN Y, et al. Online sequential prediction of bearings imbalanced fault diagnosis by extreme learning machine[J]. Mechanical Systems and Signal Processing, 2017, 83(1): 450-473.

[11] JIA F, LEI Y, LU N, et al. Deep normalized convolutional neural network for imbalanced fault classification of machinery and its understanding via visualization[J]. Mechanical Systems and Signal Processing, 2018, 110: 349-367.

[12] YIN J, YANG M, WAN J. A kernel fisher linear discriminant analysis approach aiming at imbalanced data set[J]. Pattern Recognition and Artificial Intelligence, 2010, 23(3): 414-420.

[13] SUN Y, KAMEL M, WONG A. Cost-sensitive boosting for classification of imbalanced data[J]. Pattern Recognition, 2007, 40(12): 3358-3378.

[14] XIONG H, YANG Y, ZHAO S. Local clustering ensemble learning method based on improved AdaBoost for rare class analysis[J]. Journal of Computational Information Systems, 2012, 8(4): 1783-1790.

[15] GOODFELLOW I, POUGETABADIE J, MIRZA M, et al. Generative adversarial networks[J]. Neural Information Processing Systems, 2014, 3: 2672-2680.

[16] LIANG X, HU Z, ZHANG H, et al. Recurrent topic-transition GAN for visual paragraph generation[C]//International Conference on Computer Vision, 2017: 3382-3391.

[17] FEDUS W, GOODFELLOW I, DAI A, et al. MaskGAN: Better text generation via filling in the ______[J]. arXiV: Machine Learning, 2018.

[18] RADFORD A, METZ L, CHINTALA S. Unsupervised representation learning with deep convolutional generative adversarial networks[J]. arXiV: Learning, 2015.

[19] ARJOVSKY M, CHINTALA S, BOTTOU L. Wasserstein GAN[J]. arXiv. 2017: 1701.07875.

[20] HEESWIJK M, MICHE Y. Binary/ternary extreme learning machines[J]. Neurocomputing, 2015: 187-197.

[21] LUO J, VONG C, WONG P. Sparse Bayesian extreme learning machine for multi-classification[J]. IEEE Transactions on Neural Networks, 2014, 25(4): 836-843.

[22] HONG J. Microstrip filters for RF/microwave applications[J]. IEEE Microwave Magazine, 2002, 3(3): 62-65.

[23] DINUZZO F. Learning output kernels with block coordinate descent[C]//International Conference on Machine Learning, 2011: 49-56.

[24] MAO W, TIAN M, YAN G. Research of load identification based on multiple-input multiple-output SVM model selection[C]//Proceedings of the Institution of Mechanical Engineers Part C Journal of Mechanical Engineering Science, 2012, 226(5):1395-1409.

[25] SHAO H, JIANG H, ZHANG H, Rolling bearing fault feature learning using improved convolutional deep belief network with compressed sensing[J]. Mechanical Systems and Signal Processing, 2018, 100: 743-765.

[26] LU C, WANG Z, QIN W, et al, Fault diagnosis of rotary machinery components using a stacked denoising autoencoder-based

health state identification[J]. Signal Processing, 2017, 130(130): 377-388.

[27] PEZZOTTI N, LELIEVELDT B, MAATEN L V D, et al. Approximated and user steerable tSNE for progressive visual analytics[J]. IEEE Transactions on Visua Lization and Computer Graphics, 2017, 23(7): 1739-1752.

[28] ZHANG H, LI M. RWO-Sampling: A random walk over-sampling approach to imbalanced data classification[J]. Information Fusion, 2014, 20(1): 99-116.

[29] 曾志强, 吴群, 廖备水, 等. 一种基于核 SMOTE 的非平衡数据集分类方法[J]. 电子学报, 2009, 37(11): 2489-2495.

第 4 章　结构化学习与多故障状态诊断

从机器学习的角度看，智能轴承故障诊断本质上是分类问题。但是，当故障状态类型较多时，相对于二分类问题，多分类准确率和稳定性通常会有一定程度的下降。而对于实际工程而言，诊断模型的稳定性是需要重点考虑的问题之一。鉴于此，本章将结构化学习引入故障诊断领域，分别从特征结构化关系和输出端结构化关系入手，建立适用于故障诊断的结构化学习模型，从数据的角度找到不同故障特征之间、故障类型之间的内在相关性。这些模型既有依托于传统的浅层学习模型，也包括深度学习模型，不仅可为多故障状态诊断提供有效的解决方案，也是对机器学习理论的完善和优化。

4.1　基于结构化特征选择的故障诊断方法

4.1.1　引言

在故障诊断问题中，从时域、频域、时频域可以提取到一系列异构特征，如表 3-1 所示。这些特征分别是从不同角度对故障进行表征，重要性各不相同。特征选择的目的是从特征集中找到最重要的子集，这有利于排除掉冗余和负面特征，提高模型泛化能力。目前，主流的特征选择算法主要分为 Filter 类和 Wrapper 两大类[1]，其中 Filter 类的方法跟具体使用的学习算法没有关系，而是直接对原始数据进行评估，得到不同特征的重要程度。而 Wrapper 类的方法则相反，通过在一定的特征集上通过增加或者摒弃某一特征后，采用数据在具体算法上的分类结果评估各个特征的重要性，其效果直接受所选择算法的影响。因此，Wrapper 方式选择出来的特征效果比较好，但是计算量比较大、效率低，特征越多，进行特征选择所需时间越多，而用 Filter 方式进行特征选择，有明显的速度优势，但是选择出来的特征有可能并不适用于接下来要用到的算法，会导致算法的性能降低。由于故障诊断数据通常数据量并不太大，更适合采用 Wrapper 方法，即结合诊断模型所用分类器选择最适合的特征子集。

需要强调的是，在高维特征集中，特征之间通常会存在一定的相关性[2]。结构化特征选择即指能够发现高度相关的特征组的特征选择算法，这类算法的出发点是认为特征之间存在一定的结构，即某些特征的相关度要显著高于其他特征。若利用特征间的结构化关系进行特征选择，不仅有助于提高特征选择的准确度，还可以提高故障识别的精度，缩短识别的时间，具有重要的实际应用价值；同时，利用找到的特征结构化关系，也有助于分析特征的物理作用，提高数据采集和状态监控的效率。

为了解决上述问题，本节提出基于特征相关性的结构化特征选择算法。该算法假定异构故障特征中存在分组结构，然后按照一定的规则把特征分到若干个组中，不在同一组中的特征权重系数相差较大，而同一个组的特征权重系数相等或者相近，即特征高度相关，最后从每个组中挑选出与类别最相关的特征，从而消除特征间存在的冗余。在

CWRU 数据集上的结果表明，该算法在不影响故障诊断精确度的情况下可以极大地减少数据特征集合。

4.1.2 基于特征相关性的结构化特征选择算法

基于特征相关性的结构化特征选择算法采用如下假设：在同一个组中的特征权重系数相等或者相近、不在同一组中的特征权重系数距离差较大，基本思路如下：利用线性支持向量机（linear SVM LSVM）得到数据特征的权重系数向量 $\boldsymbol{\beta}=[\beta_1,\beta_2,\cdots,\beta_d]^{\mathrm{T}}$，进而构造特征之间的权重系数距离矩阵，然后引入组标识矩阵，用来表示特征分配到特定的组中，把该问题转换成多目标 0-1 规划问题。通过多目标离散型粒子群算法求解得到最优分组结构，最后在组的层面上选取与类别集合信息增益值最大的特征作为该组的代表特征，构建分类模型。

首先，把一个数据的 d 个属性特征分到 G 个分组中，使属于同一个组中的特征权重系数距离尽可能小，不在同一个组中的特征权重系数距离尽可能大。在这里给出组内特征距离 f 和组间特征距离 h 的公式，具体如下：

$$f=\sum_{g=1}^{G}\sum_{i<j}^{m}\left|\beta_i-\beta_j\right| \tag{4-1}$$

式中，m 为第 g 个分组中的特征数目；f 表示所有组中两两特征间距离和，最小化 f 将促使特征权重系数相近的特征分成同一个组中。

由于需要将特征分到不同的组中，故引入分组标识矩阵 $\boldsymbol{Q}_g$。该矩阵对角线上面的元素 $q_{gi}\in\{0,1\}$ 用来标识第个 i 特征是否属于第 g 组，不在对角线上的元素全为 0。为了描述方便，用 $\boldsymbol{Q}$ 表示一组标识矩阵 $\boldsymbol{Q}_g$。

相应地，利用 $\boldsymbol{Q}_g$ 计算组内距离和组间距离，首先需要根据特征权重系数向量 β 构建特征权重系数矩阵 $\boldsymbol{A}$，即

$$\boldsymbol{A}=\boldsymbol{B}-\boldsymbol{B}^{\mathrm{T}} \tag{4-2}$$

式中，$\boldsymbol{B}$ 为由特征权重系数向量 β 构造的 d 阶方阵，即 $\boldsymbol{B}=[\beta,\beta,\cdots,\beta]$。对于矩阵 $\boldsymbol{A}$ 中的元素 $a_{ij}\in\boldsymbol{A}$，表示第 i 个特征和第 j 个特征间的距离，a_{ij} 的绝对值越小就表明这两个特征越相关。根据矩阵理论，组内特征距离 f 等价为如下形式：

$$\begin{cases} f=\sum_{g=1}^{G}\sum_{i<j}^{m}|a_{ij}| \\ \text{s.t.}\ \ a_{ij}\in\boldsymbol{A} \end{cases} \tag{4-3}$$

又因为 $\boldsymbol{A}=\sum_{g=1}^{G}\boldsymbol{Q}_g\boldsymbol{A}\boldsymbol{Q}_g$，所以 f 可以进一步转化成下面的形式，并给出定义 4-1，用式（4-4）表示组内特征权重距离值。

定义 4-1 组内特征权重距离和为

$$\begin{cases} f = \sum_{g=1}^{G}\sum_{i<j}^{m}\left|a_{ij}\right| \\ \text{s.t.}\quad a_{ij} \in \boldsymbol{Q}_g \boldsymbol{A} \boldsymbol{Q}_g \\ \qquad \sum_{g=1}^{G}\boldsymbol{Q}_g = \boldsymbol{E} \end{cases} \tag{4-4}$$

式中，$\boldsymbol{E}$ 为单位对角阵，可保证每个特征只能分配到一个组中。从式（4-4）中可以看出，f 是每一个组中任意两个特征的距离和，它的值越小，则分组效果就越好。

同理，为衡量特征组间距离长度，需要给出特征组间距离，即

$$h = \sum_{g=1}^{k}\sum_{i=1}^{m}\sum_{j=1}^{n}\left|\beta_i - \beta_j\right| \tag{4-5}$$

式中，h 表示每一个分组中的特征和不在该组中的特征两两间距离和，最大化 h 将驱使具有很大差异特征权重系数值的特征分到不同的组中；$k=\left\lceil \frac{G}{2} \right\rceil$；$m$ 为第 g 个分组中的特征数目；n 为不在第 g 个分组中的特征数目。

为了配合分组标识矩阵 $\boldsymbol{Q}_g$ 的运算，需要得到组间特征区分性矩阵表 $\boldsymbol{B}_g$，可表示为特征权重系数矩阵 $\boldsymbol{A}$ 减去组内特征相关性权重系数矩阵 $\boldsymbol{M}_g$ 和不在该组中其他特征权重系数矩阵 $\boldsymbol{N}_g$。式（4-5）组间特征距离等价如下形式：

$$\begin{cases} h = \sum_{g=1}^{G}\sum_{i<j}^{m}\left|b_{ij}\right| \\ \text{s.t.}\ b_{ij} \in \boldsymbol{B}_g \end{cases} \tag{4-6}$$

式中，$\boldsymbol{B}_g = \boldsymbol{A} - \boldsymbol{M}_g - \boldsymbol{N}_g$。根据矩阵理论，$\boldsymbol{M}_g = \boldsymbol{Q}_g \boldsymbol{A} \boldsymbol{Q}_g$，$\boldsymbol{N}_g = (\boldsymbol{E}-\boldsymbol{Q}_g)\boldsymbol{A}(\boldsymbol{E}-\boldsymbol{Q}_g)$，$\boldsymbol{B}_g$ 可转化成如下形式：

$$\begin{aligned} \boldsymbol{B}_g &= \boldsymbol{A} - \boldsymbol{M}_g - \boldsymbol{N}_g \\ &= \boldsymbol{A} - \boldsymbol{Q}_g\boldsymbol{A}\boldsymbol{Q}_g - (\boldsymbol{E}-\boldsymbol{Q}_g)\boldsymbol{A}(\boldsymbol{E}-\boldsymbol{Q}_g) \\ &= \boldsymbol{A} - \boldsymbol{Q}_g\boldsymbol{A}\boldsymbol{Q}_g - \boldsymbol{A} + \boldsymbol{A}\boldsymbol{Q}_g + \boldsymbol{Q}_g\boldsymbol{A} - \boldsymbol{Q}_g\boldsymbol{A}\boldsymbol{Q}_g \\ &= \boldsymbol{A}\boldsymbol{Q}_g + \boldsymbol{Q}_g\boldsymbol{A} - 2\boldsymbol{Q}_g\boldsymbol{A}\boldsymbol{Q}_g \end{aligned} \tag{4-7}$$

根据上述推导公式，给出组间特征区分度的定义。

定义 4-2　组间特征区分性距离和

$$\begin{cases} h = \sum_{g=1}^{G}\sum_{i<j}^{m}\left|b_{ij}\right| \\ \text{s.t.}\ b_{ij} \in (\boldsymbol{A}\boldsymbol{Q}_g + \boldsymbol{Q}_g\boldsymbol{A} - 2\boldsymbol{Q}_g\boldsymbol{A}\boldsymbol{Q}_g) \\ \qquad \sum_{g=1}^{G}\boldsymbol{Q}_g = \boldsymbol{E} \end{cases} \tag{4-8}$$

式（4-8）表示同一个组中的特征与不在该组中的所有特征两两间距离和，即该组的组间距离；对于 h 而言，它的取值越大，则分组效果越明显。

很显然，最小化式（4-4）和最大化式（4-8）为多目标 0-1 规划问题。寻找这一类问题的全局最优解是一个非确定性多项式（nondeterministic polynominal，NP）难问题。

为了解决这个问题，我们用多目标离散型粒子群算法进行求解。

4.1.3　模型求解

模型求解中，需要对 f 和 h 两个目标进行目标优化，f 表示组内特征相关性重要程度，而 g 则决定组间特征区分性的大小。模型的最终目标就是找一组 $\boldsymbol{Q}_g$（用 $\boldsymbol{Q}^*$ 表示），使 f 的值尽可能小、h 的值尽可能大，即

$$\boldsymbol{Q}^* = \arg\max(-f(\boldsymbol{Q}), g(\boldsymbol{Q})) \tag{4-9}$$

很明显，式（4-9）是一个典型的多目标优化问题，与单目标优化问题相比较，多目标优化问题的显著特点是优化各个目标同时达到最优值。为了便于理解，这里给出多目标优化的一般概念。对于个体 x_1 和 x_2 满足 $f_i(x_1) \leqslant f_i(x_2)$，$i=1,2,\cdots,m$，$m$ 是目标函数的个数，只要存在至少一个目标函数 $f_i(x_1) < f_i(x_2)$，那么就称 x_1 支配 x_2，记作为 $x_1 \prec x_2$。如果个体 x_1 不被任何个体支配，称 x_1 为 Pareto 最优解或非劣解，所有的 Pareto 最优解组成 Pareto 解集。

由于智能优化算法对 Pareto 最优前沿的形状和连续性不敏感，能很好地逼近非凸或不连续的最优前端，智能优化算法更适合求解多目标优化问题。粒子群算法作为人工智能优化算法的代表，具有参数少、结构简单及很好的收敛速度等优点，本节选择多目标粒子群算法作为优化策略解决式（4-9）问题，它的算法描述如下。

步骤 1　初始化种群并根据式（4-4）和式（4-8）计算初始化粒子的适应度值。

步骤 2　根据全局最优粒子和个体最优粒子更新当前粒子的速度和位置。

步骤 3　依据当前最优粒子和新粒子的支配关系，更新个体最优粒子。

步骤 4　合并新非劣解集和旧非劣解集，然后根据非劣解集中的支配关系，对合并后的解集进行筛选。

为便于后续的计算，令粒子的维数等于该数据特征的个数。在一个种群中，第 i 个粒子维数有 d 维 $\boldsymbol{X}_i = [x_{i1}, x_{i2}, \cdots, x_{id}]$，那么第 i 个粒子在第 j 维上的取值 x_{ij} 为 m（$1 \leqslant m \leqslant G$），且 m 取整数，从而表明，把第 j 个特征分到第 m 组，每个粒子 x_i 就通过这种一一对应关系转换成 $\boldsymbol{Q}$。

每个粒子中的任意一维在第 k 次迭代时的速度更新公式为式（4-10），粒子的位置变化则是由式（4-11）和式（4-12）决定的，如果数值 t 不为 0，对 t 直接上取整即可满足定义域的要求；如果 t 等于 0，那么需要产生一个随机数乘以分组的数目 G 然后向上取整。即

$$V_{ij}^{k+1} = wV_{ij}^{k} + c_1 r_1 (P_{ij}^k - X_{ij}^k) + c_2 r_2 (P_{gd}^k - X_{ij}^k) \tag{4-10}$$

$$t = \left| X_{ij}^k + V_{ij}^{k+1} \right| \% G \tag{4-11}$$

$$X_{ij}^{k+1} = \begin{cases} \lceil t \rceil, & t \neq 0 \\ \lceil r_3 G \rceil, & t = 0 \end{cases} \tag{4-12}$$

式中，V_{ij}^{k+1} 为第 i 个粒子的第 j 维特征的速度；c_1、c_2 分别为加速度系数；w 为惯性权重；P_{ij}^k、P_{gd}^k 分别为自身最优位置和群体最优位置；r_1、r_2、r_3 分别为产生分布于（0,1）区

间的随机数；X_{ij}^{k+1} 为第 i 个粒子在 d 维空间上搜索的位置，表示第 j 个特征分到了第 X_{ij}^{k+1} 个组；$\lceil t \rceil$ 中符号“$\lceil\ \rceil$”表示向上取整。为了更好地权衡粒子群算法的全局搜索能力，此处 w 按照线性递减的惯性权重进行更新。

把特征分到不同的组中后，从每个组中选出代表特征。本节采用信息增益的办法从组中选择代表特征。信息增益用来衡量两个集合的相关程度，信息增益值越大，说明两个集合的相关性程度越强。对于分类问题而言，特征对类别的信息增益可通过统计某一个特征在类别中出现的数量完成。

LSVM 学习速度快，便于推广到大规模数据，所以本算法利用 LSVM 得到特征权重向量 $\boldsymbol{\beta}=[\beta_1,\beta_2,\cdots,\beta_d]^{\mathrm{T}}$，$\beta_i$ 的绝对值越大，其对应的第 i 个特征越重要。算法描述如下：①提取样本的多种异构特征，将异构特征的首尾相接组成联合特征集；②用 LSVM 求特征集中每个特征的特征系数，构建权重系数距离矩阵；③用多目标粒子群优化方法求得最优分组结构；④在组的层次上，根据信息增益从每组内选择出代表特征；⑤将每组中选择出来的代表特征组合成特征子集，利用 SVM 构建诊断模型。算法流程如图 4-1 所示。

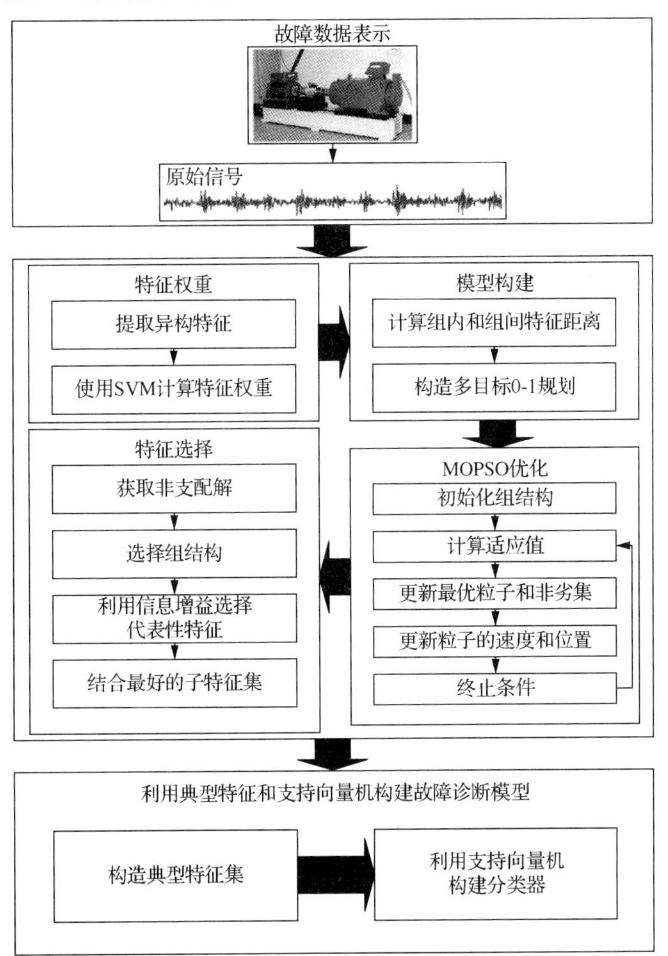

图 4-1　结构化特征选择算法流程图

4.1.4　实验结果

本次实验分别在 CWRU 轴承数据集和 IMS 轴承数据集上进行。首先参照表 3-1 的方法提取高维特征集合，然后分别对比了本节方法和特征选择验证法（feature selective validation，FSV）、Relief、SVM-RFE 算法选出的特征子集及原始特征用于轴承故障诊断时的精确度。FSV 和 Relief 均为著名的特征选择算法，其中 FSV 通过计算特征之间的相关性实现特征排序，而 Relief 是一种 Filter 类算法，需要对每个特征计算重要度。SVM-RFE 是一种典型的 Wrapper 类算法，主要依托 SVM 分类结果进行特征重要度排序。此外，本次实验引入两个深度学习算法进行对比：其一是 DLSVM，该方法将 LSVM 加入 DNN 的 Softmax 层，并采用基于间隔的损失函数进行模型构建；其二是 SDAE，该方法与第 2 章所介绍的堆叠自编码器原理相似，只是为防止过拟合问题而对输入层加入白噪声，使学习得到的编码器更具有鲁棒性。此处 SDAE 的输入是原始信号的频谱数据（structural feature selection-SVM，SFS-SVM）。同时，为了验证结构化特征选择的作用，我们将 DLSVM 所提取的特征进行二次结构化选择，并进行对比验证，称为 SFS-DLSVM。实验前，所有样本集的数据被归一化为[-1,1]。

1. CWRU 数据集结果

CWRU 数据集中总共包含 4 种状态的数据，分别是正常数据、内圈故障、外圈故障和滚动体故障数据。本次实验中，在采样频率为 12kHz、电机负载分别为 1hp、2hp 和 3hp 的工况条件下，选择损伤半径分别为 0.007in、0.014in 和 0.021in 3 种尺寸的滚动体故障样本数据各 50 个，正常状态样本数据各 50 个，即 450 个滚动体故障样本，以及 150 个正常数据共同组成本次实验的样本集。每个样本包含 1024 个信号。为体现特征冗余度，根据表 3-1，对每个样本分别在 FE 端和 DE 端提取特征，共 142 维。

在用多目标粒子群算法对原始高维特征集合进行优化分组时，3 种类型故障的非支配解的空间分布如图 4-2 所示。

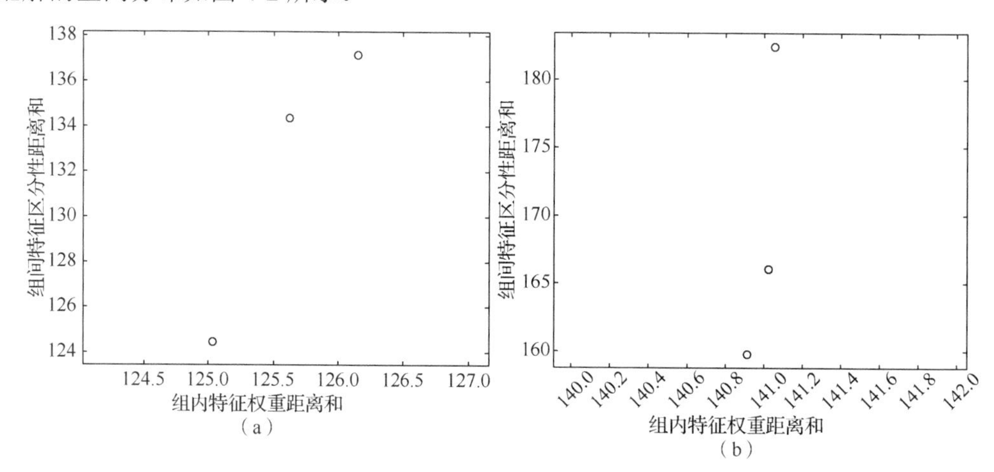

图 4-2　CWRU 数据集 3 种故障检测的数据在用原始高维特征优化分组时的非劣解空间分布

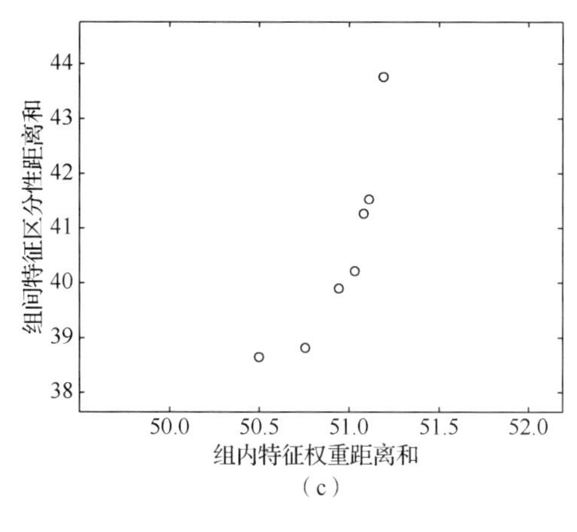

图 4-2（续）

（a）内圈故障；（b）外圈故障；（c）滚动体故障

在图 4-2 的解空间上分别随机选择其中的一个最优解，得到一组最优分组结构，并与其他 5 种算法进行对比，内圈、外圈和滚动体故障诊断的对比结果分别如表 4-1～表 4-3 所示。

表 4-1　内圈故障检测实验的对比结果

参数	SVM	SVM-RFE	Relief	FSV	SFS-SVM	DLSVM	SFS-DLSVM	SDAE
正常状态测试精度/%	99.21	98.98	31.3	99.46	100	100	100	100
内圈故障测试精度/%	99.47	99.65	99.91	99.29	99.65	99.53	99.96	99.61
整体测试精度/%	99.40	99.47	82.33	99.33	99.73	99.78	99.98	99.80
G_mean 值	0.9934	0.9931	0.4960	0.9937	0.9982	0.9976	0.9998	0.9980

表 4-2　外圈故障检测实验的对比结果

参数	SVM	SVM-RFE	Relief	FSV	SFS-SVM	DLSVM	SFS-DLSVM	SDAE
正常状态测试精度/%	98.73	87.34	36.71	96.20	100	100	100	100
外圈故障测试精度/%	99.55	98.19	99.10	100	100	99.92	100	99.56
整体测试精度/%	99.33	95.33	82.67	99.0	100	99.96	100	99.78
G_mean 值	0.9914	0.9261	0.6031	0.9808	1	0.9996	1	0.9978

表 4-3　滚动体故障检测实验的对比结果

参数	SVM	SVM-RFE	Relief	FSV	SFS-SVM	DLSVM	SFS-DLSVM	SDAE
正常状态测试精度/%	100	95.92	42.60	100	100	100	100	100
滚动体故障测试精度/%	100	98.58	93.26	100	100	100	100	100
整体测试精度/%	100	97.87	80.07	100	100	100	100	100
G_mean 值	1	0.9722	0.6054	1	1	1	1	1

本节的 3 组实验中，正常样本与故障样本均存在一定程度的不均衡，因此，除了正常样本、故障样本及整体样本的测试精度外，还增加 G_mean 作为评估指标。从上述结果可以看出，对于所有 3 种故障类型，SFS-GLSVM 的性能都优于其他 7 种方法，而提

出的 SFS-SVM 的性能次之。我们观察到适当使用特征选择的方法（如表 4-1 中的 Relief 和表 4-2 中的 FSV），会进一步提高诊断准确率，这是因为特征中存在一些冗余信息，但是，通过在特征之间引入分组信息，SFS-DLSVM 算法与本节所提 SFS-SVM 算法，都获得了最具代表性的特征，从而获得了最优性能，不论是在传统的浅层模型上，还是深度模型上，都证明了结构特征选择方法的有效性。我们还发现，SDAE 无法获得最佳结果，这意味着在小规模数据上，深度学习方法不能保证泛化性能。

ROC 曲线是反映敏感性及特异性的综合指标，以敏感性为纵坐标，特异性为横坐标，ROC 曲线下面面积用 AUC 表示，AUC 越大，表示算法性能越好。因此，利用 ROC 曲线图更进一步说明本节方法的优势性能。图 4-3 所示为 5 种算法在外圈故障上的 ROC 曲线图。从图 4-3 中可以看出，本节方法的 ROC 曲线下面的面积大于其他 4 种算法，由此表明该方法分类效果最好。

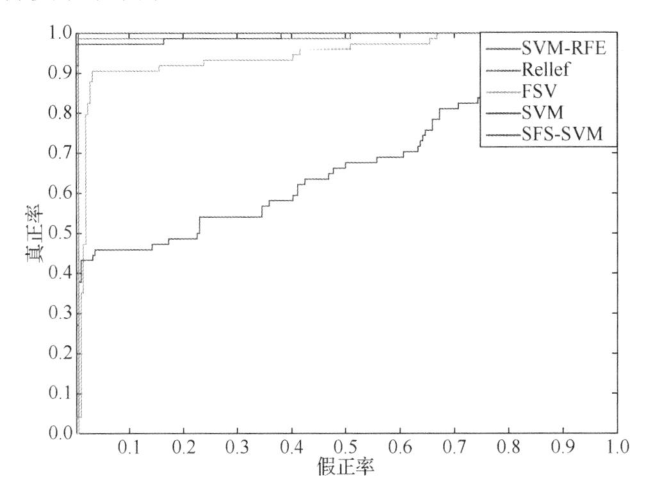

图 4-3　不同算法在外圈故障上的 ROC 曲线

2. IMS 数据集结果

IMS 是全寿命周期数据，每种故障在整个实验过程中都经历了从原始正常状态到后期故障成熟状态的过程。因此，本次实验把轴承 3 和轴承 4 的第 1 小时数据作为正常状态下的振动数据，最后 1 小时数据分别为外圈故障和滚动体故障状态下的振动数据。本次实验分别选择 300 个正常状态样本，与 300 个外圈故障状态样本和 300 个滚动体故障样本，组成两个数据集，其中每个样本包含 1024 个信号。同样采用表 3-1 构建的异构特征集，并根据经验将特征分为 7 组。

采用多目标粒子群算法对原始特征集合进行优化分组，非劣解空间分布如图 4-4 所示。

分别在两个数据集上随机选择其中的一组最优解，得到最优分组结构，并与其他算法进行对比，结果如表 4-4 和表 4-5 所示。

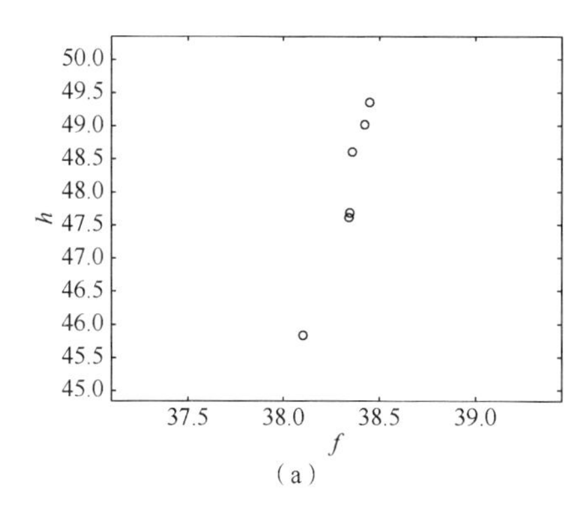

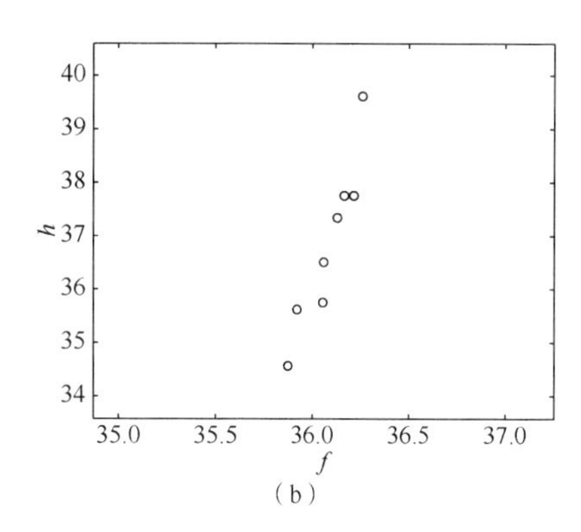

图 4-4　IMS 数据集原始特征优化分组的非劣解空间分布

(a) 外圈故障；(b) 滚动体故障

表 4-4　外圈故障检测实验的对比结果

参数	SVM	SVM-RFE	Relief	FSV	SFS-SVM	DLSVM	SFS-DLSVM	SDAE
正常状态测试精度/%	95.53	96.22	96.88	96.92	97.42	96.59	98.95	98.11
外圈故障测试精度/%	89.66	98.07	91.55	94.95	98.60	97.85	99.33	98.87
整体测试精度/%	92.57	97.13	94.27	95.90	98.0	97.72	99.20	98.48
G_mean 值	0.9252	0.9713	0.9411	0.9591	0.98	0.9722	0.9914	0.9849

表 4-5　滚动体故障检测实验的对比结果

参数	SVM	SVM-RFE	Relief	FSV	SFS-SVM	DLSVM	SFS-DLSVM	SDAE
正常状态测试精度/%	95.96	96.67	96.78	98.03	97.46	97.56	98.87	98.13
滚动体故障测试精度/%	87.57	97.36	88.97	96.17	98.28	98.16	99.13	97.45
整体测试精度/%	91.83	96.97	92.93	97.13	97.83	97.86	98.99	97.76
G_mean 值	0.9166	0.9701	0.9269	0.9708	0.9786	0.9786	0.9901	0.9779

在本节实验中，IMS 数据记录装置总共历时 827h，而我们选取的是最后 1 小时的故障数据，此时故障已经完全成熟，轴承的状态容易被正确检测，因此，各算法在该数据上的精确度均相对比较高。但是，在这些方法中，SFS-DLSVM 仍然获得最佳结果，而 SFS-SVM 与其他两种深度学习方法获得的结果几乎相等。与表 4-1～表 4-3 略有不同的是，此处在所有方法中，SVM 的测试精度最低，这是由于 SVM 没有采用特征选择，建模时采用的是全部原始特征，由此也说明了特征选择的重要性。在外圈故障诊断中，与 FSV 方法相比，SVM-RFE 方法具有更高的诊断精度，而在滚动体故障诊断中，两种方法的比较结果正好相反，这就意味着不同的故障类型需要选择合适的诊断方法。通过异构特征之间的结构信息，SFS-SVM 方法始终在所有浅层模型中的整体测试精度和 G_mean 值方面都具有最佳性能。深度学习方法中也存在同样的比较，其中 SFS-DLSVM 方法的效果最好。因此，我们可以得出结论，结构特征选择方法在异构特征和深层特征方面均适用。

图 4-5 所示为 5 种算法分别在外圈和滚动体故障数据集上的 ROC 曲线图。从图 4-5 中可以看出，虽然其他 4 种算法的 AUC 面积已经相对比较大，但是本节方法的 AUC 面积仍然是最大的，这证明了该算法具有较好的综合分类性能。

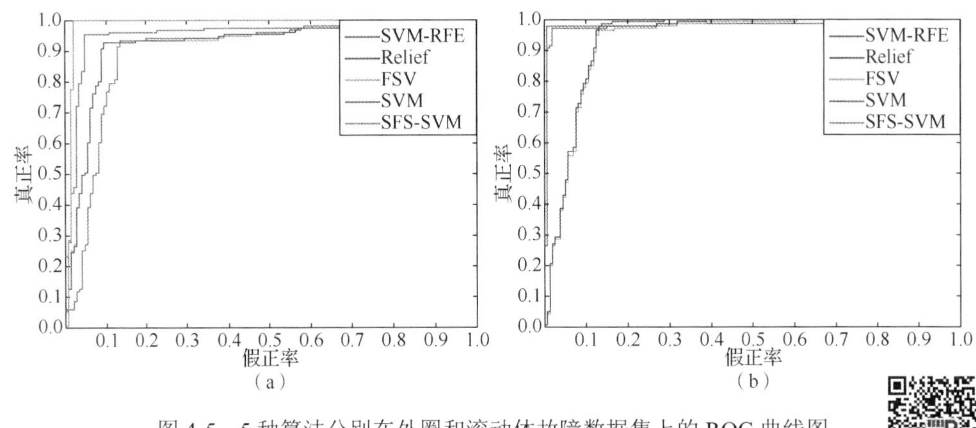

图 4-5　5 种算法分别在外圈和滚动体故障数据集上的 ROC 曲线图

（a）外圈故障；（b）滚动体故障

上述 CWRU 和 IMS 数据集的实验结果可以表明，结构化特征选择算法通过最小化组内距离和最大化组间距离，得到最优分组结构，可以降低高维特征之间的冗余度，提高轴承故障诊断的精确度。同时，特征选择并不总是适合于故障诊断。选择的特征太少可能比没有进行特征选择更差。为了保证诊断性能，应使用结构信息来选择更具代表性的特征。本节所提出的结构特征选择方法不仅适用于传统的异构特征，而且适用于深层特征。即使使用 DNN 进行提取，深度特征仍然具有一定的内部结构，对结构信息的利用有助于进一步提升故障诊断的效果。

4.2　基于深度输出核学习的多故障状态诊断

近年来，基于深度学习的轴承故障诊断技术取得了快速发展，并获得了良好的诊断结果。但现有方法也存在先天的缺陷：①由样本量不充分导致基于深度学习算法的诊断结果存在随机性；②需要长时间的训练才能达到让人满意的效果。针对上面两个问题，本节从轴承多故障状态间的结构化信息入手，试图将输出端的结构化信息引入无监督的特征提取过程中，以克服在样本不充分情况下深度学习技术产生的随机性和不稳定性，实现对轴承的多种故障类型进行快速稳定的诊断。

4.2.1　引言

基于第 1 章对智能故障诊断研究现状的分析，可以发现基于机器学习方法的轴承故障诊断技术分为两种类型：浅层模型（传统机器学习）和深度模型。浅层模型依赖专家的领域知识进行特征提取，对于特定问题需要有针对性地选择、设计决策模型；深度模型能够自适应地提取特征、构建端到端的模型，但又依赖于较多数量的数据，并且需要较长的训练时间。3.1 节中介绍了 ML-ELM 在故障诊断问题中的应用，其虽然能够快速进行模型训练，并取得良好的诊断精度，但是 ML-ELM 是以 ELM 为基础的，不可避免地带有一定随机性，这就使在利用 ML-ELM 进行轴承故障诊断时，诊断的结果可能存在较大的不确定性。因此，为了设计一种快速、稳定的深度学习算法，有必要在 ML-ELM

的基础上，优化网络模型，提高深度诊断模型的稳定性。

OKL 算法[3]由 F. Dinuzzo 提出，能够从数据中自动提取任务之间的相关性，即自动获取先验知识，因此已经被应用到了多分类和多任务学习中。但是，OKL 作为一种传统的算法，依赖于特征的表示能力。基于以上分析不难发现，单独的依赖深度学习或者传统算法都无法达到令人满意的效果，因此有必要将两者结合起来研究一种新的算法。OKL 是一种自动建模类别之间相似性关系，并能够利用这种关系提高模型的精度算法，缺点是其性能依赖于特征的表示能力。文献[3]同时指出 OKL 得到的类别之间的相似性包含输入数据和标签之间的相似性。而自动编码器是一种受欢迎的无监督特征提取算法，但无法有效利用类别信息，同时无法提取数据之间的结构化关系。如果将 OKL 的特性引入自动编码器中，将会为上述问题的解决找到一种良好的解决方案。

4.2.2　深度输出核网络模型

本节提出一种快速、稳定的深度学习算法——深度 OKL 算法，该方法的关键在于利用 OKL 模型挖掘数据及类别间的结构化关系，以此减少 ML-ELM 的随机性，最终达到在不增加模型复杂度的前提下，提高模型的稳定性的目的。

该方法分为两个步骤。首先，通过 ML-ELM 从轴承振动信号中提取故障特征；其次，通过 OKL 算法学习多轴承故障类型的结构信息；最后，通过获得的输出核融合多个模型输出（即故障类型），建立最终诊断模型。深度 OKL 算法示意图如图 4-6 所示。

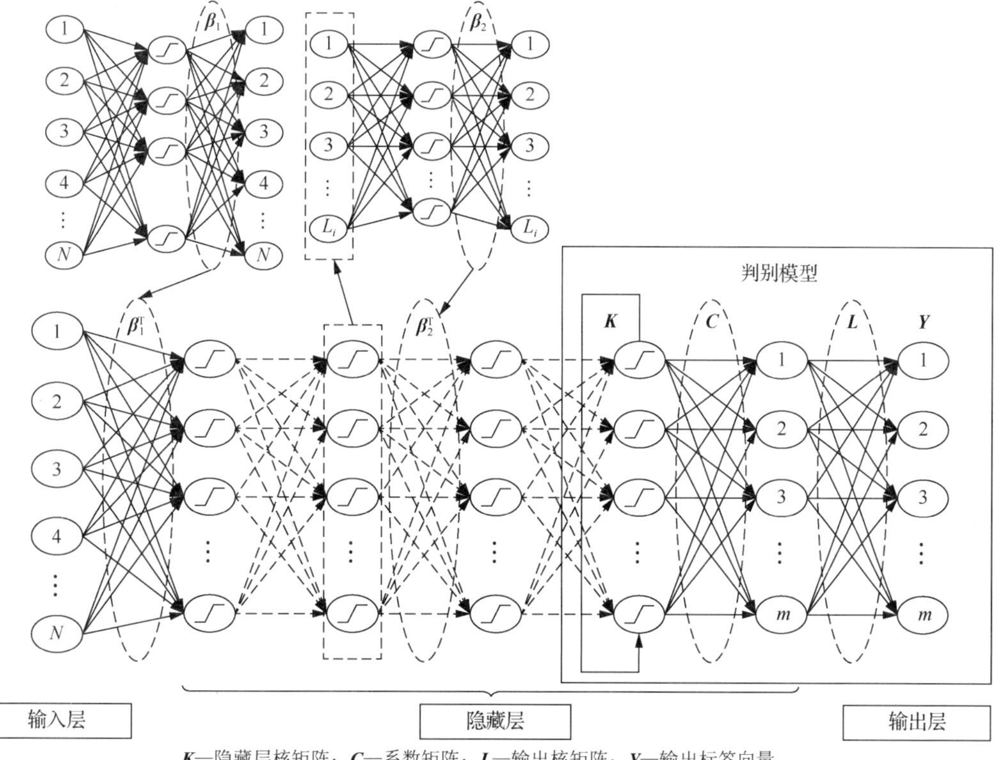

K—隐藏层核矩阵；*C*—系数矩阵；*L*—输出核矩阵；*Y*—输出标签向量。

图 4-6　深度 OKL 算法示意图

深度输出核网络模型的具体做法如下。

给定故障类型数据的训练样本集，通过傅里叶变换将样本变换到频域构成样本集 $(x_i, y_i)_{i=1}^N \in R^n \times R^m$，其中 $\boldsymbol{x}_i = (x_{i1}, x_{i2}, \cdots, x_{in})^{\mathrm{T}}$，$\boldsymbol{y}_i = (y_{i1}, y_{i2}, \cdots, y_{im})^{\mathrm{T}}$，$N$ 为样本个数。设定 ML-ELM 的隐层数 D，每个隐藏层的神经元个数为 L_{d}，$0 \leqslant d \leqslant D$，激活函数为 $g(x)$。

1）故障类型数据的训练样本集 $\{x_i\}_{i=1}^N$，记作 X。w 和 b 是随机初始化的权重和偏置。利用极限学习机自动编码器对输入样本进行重构生成第 1 层隐藏特征矩阵 $\boldsymbol{H}_1$，过程如下。

步骤 1　利用随机初始化权重和偏置求 ELM-AE 的隐藏层输出，即

$$\boldsymbol{H}_1 = \sum_{j=1}^{N} \sum_{i=1}^{L_1} g(w_i \cdot \boldsymbol{x}_j + b_i) \tag{4-13}$$

ELM-AE 为 ML-ELM 的组成单元，定义见 3.1 节。

步骤 2　利用隐藏层输出 $\boldsymbol{H}_1$ 重构样本，即 $\boldsymbol{H}\boldsymbol{\beta} = \boldsymbol{X}$，由于 $\boldsymbol{H}_1$ 和 $\boldsymbol{X}$ 已知，利用 $\boldsymbol{H}_1$ 的彭罗斯伪逆 $\boldsymbol{H}_1^{\dagger}$ 求出隐藏层到输出层权重 $\boldsymbol{\beta}$，即

$$\boldsymbol{\beta} = \boldsymbol{H}_1^{\dagger} \boldsymbol{X} \tag{4-14}$$

步骤 3　将所得的隐藏层到输出层权重 $\boldsymbol{\beta}$ 的转置 $\boldsymbol{\beta}^{\mathrm{T}}$ 替代随机初始化的权重 w，重新求得隐藏层，如下式所示。此为需要求得的第 1 隐藏层，即原始样本的第 1 层表征。

$$\boldsymbol{H}_1 = g(\boldsymbol{\beta}^{\mathrm{T}} \cdot \boldsymbol{X} + b) \tag{4-15}$$

2）由第 i 层原始数据的表征作为第 i+1 层的输入层样本，获取第 i+1 层特征数据的表征。

3）当 i=D 时，得到第 D 隐藏层 $\boldsymbol{H}_D$，即原始样本的第 D 层特征。

4）利用 $\boldsymbol{H}_D$ 构建核函数：

$$K = \sum_{i=1}^{N} K(x, \boldsymbol{x}_i) = \boldsymbol{H}_D^{\mathrm{T}} \boldsymbol{H}_D \tag{4-16}$$

5）利用核函数构建分类模型：

$$g(x) = \boldsymbol{L} \sum_{i=1}^{N} c_i K(x, \boldsymbol{x}_i) = \boldsymbol{L}\boldsymbol{C}\boldsymbol{H}_D^{\mathrm{T}} \boldsymbol{H}_D \tag{4-17}$$

其展开式为

$$g(x) = L \cdot (c_1 K(x, x_1) + c_2 K(x, x_2) +, \cdots, + c_N K(x, x_N)) \tag{4-18}$$

式中，$\boldsymbol{C} = (c_1, c_2, \cdots, c_N)$ 对核函数元素进行加权；$\boldsymbol{L}$ 初始化为单位矩阵。

6）最小化模型输出 $g(x)$ 和实际输出 Y 的差为

$$\min F(\boldsymbol{L}, \boldsymbol{C}) = \frac{\| Y - g(x) \|_F^2}{\lambda} + \| g(x) \|_H^2 + \| \boldsymbol{L} \|_F^2 \tag{4-19}$$

式中，后面两项是为了防止过拟合加入的正则化约束；λ 为正则化参数。将式（4-19）写成矩阵形式如下：

$$F(\boldsymbol{L}, \boldsymbol{C}) = \frac{\| Y - \boldsymbol{H}_D^{\mathrm{T}} \boldsymbol{H}_D \boldsymbol{C}\boldsymbol{L} \|_F^2}{2\lambda} + \frac{\langle \boldsymbol{C}^{\mathrm{T}} \boldsymbol{H}_D^{\mathrm{T}} \boldsymbol{H}_D \boldsymbol{C}, \boldsymbol{L} \rangle_F}{2} + \frac{\| \boldsymbol{L} \|_F^2}{2} \tag{4-20}$$

7）采用块坐标下降法对式（4-20）进行求解。

计算 $\dfrac{\partial F(\boldsymbol{L}, \boldsymbol{C})}{\partial \boldsymbol{C}} = \dfrac{\boldsymbol{H}_D^{\mathrm{T}} \boldsymbol{H}_D (Y - \lambda \boldsymbol{C} - \boldsymbol{H}_D^{\mathrm{T}} \boldsymbol{H}_D \boldsymbol{C}\boldsymbol{L}) \boldsymbol{L}}{\lambda} = 0$，求得 $\boldsymbol{C}$；将求得的 $\boldsymbol{C}$ 代入

$\dfrac{\partial F(\boldsymbol{L},\boldsymbol{C})}{\partial L}=\dfrac{\boldsymbol{C}^{\mathrm{T}}\boldsymbol{H}_D^{\mathrm{T}}\boldsymbol{H}_D(Y-\lambda \boldsymbol{C}/2-\boldsymbol{H}_D^{\mathrm{T}}\boldsymbol{H}_D\boldsymbol{C}\boldsymbol{L})\boldsymbol{L}}{\lambda}+\boldsymbol{L}=0$，求得 $\boldsymbol{L}$ 。

8）判断 $\left\|Y-\lambda\boldsymbol{C}-\boldsymbol{H}_D^{\mathrm{T}}\boldsymbol{H}_D\boldsymbol{C}\boldsymbol{L}\right\|_F\leqslant\delta$，如果满足条件则输出最优系数矩阵 $\boldsymbol{C}^*$ 和输出核 $\boldsymbol{L}^*$；否则返回 7)。训练结束。利用学习到的 $\boldsymbol{C}^*$ 和 $\boldsymbol{L}^*$ 构建判别模型：$g(x)=L^*\boldsymbol{C}^*\boldsymbol{H}_D^{\mathrm{T}}\boldsymbol{H}_D$ 。该步中的 δ 及正则化参数 λ 可以通过网格搜索寻找最优值。

值得注意的是，对于式（4-13），需要根据相邻隐藏层结点个数调整。当 L_{i-1}=L_i 时，则采用无激活函数形式，即隐藏特征矩阵为 $\boldsymbol{H}=\sum_{j=1}^{N}\sum_{i=1}^{L_i}(w_i\cdot x_j+b_i)$ 。而对于式（4-14），同样需要根据相邻隐藏层节点个数调整。当 L_{i-1}=L_i 时，则采用 $\boldsymbol{\beta}=\boldsymbol{H}^{\dagger}\boldsymbol{X}$ ；当 $L_{i-1}\neq L_i$ 时，则采用 $\boldsymbol{\beta}=\left(\dfrac{1}{\boldsymbol{C}}+\boldsymbol{H}^{\mathrm{T}}\boldsymbol{H}\right)^{-1}\boldsymbol{H}^{\mathrm{T}}\boldsymbol{X}$ ，其中 $\boldsymbol{C}$ 为正则化参数。

在深度 OKL 算法中，首次考虑到将输出端的结构化信息加入深度学习的模型中，用来提高模型的泛化能力。该模型通过从特征数据中学习到输出端的结构化信息，利用这个结构化信息，在模型测试的时候，能够对输出进行二次加权融合，从而得到更精确的解。深度 OKL 模型构建流程图如图 4-7 所示。

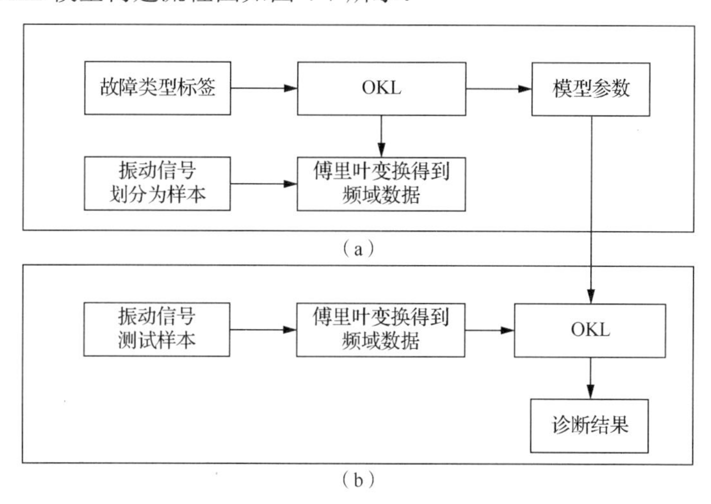

图 4-7　深度 OKL 模型构建流程图

（a）训练；（b）测试

4.2.3　实验设置

本节在 CWRU 数据集上进行对比实验。为验证算法的有效性，本节所提算法和当前最新的信号处理方法——修正的多尺度符号动态熵（modified multi-scale symbolic dynamic entropy，MMSDE）[4]，以及 8 种典型的基于机器学习的诊断方法（4 种浅层和 4 种深度学习算法）进行对比。在 4 个浅层模型中，除了 SVM 和 OKL[3]之外，我们还比较了两种典型的多分类算法 RF[5]和 SBELM[6]。在 4 个深度模型中，除了经典的 ML-ELM 之外，我们还与 CNN[7]、DBN[8]和 SAE[9]进行了比较。对于 ML-ELM、SAE、DBN、CNN 和 DOKL，我们运行 FFT 以获得频域数据作为其输入，自适应提取特征。

对于 OKL、RF、SBELM 和 SVM，我们参考表 3-1 提取 71 维异构故障特征作为其输入。与其他方法不同，MMSDE 使用 71 个标度来分析原始时间信号，最后通过 mRMR 算法选择最佳 30 维特征。上述方法所采用的特征如表 4-6 所示。考虑到所提算法和 ML-ELM 的随机性，我们将运行 100 次实验结果的平均值作为最终结果。除了诊断准确性，我们还使用克鲁斯卡尔-沃利斯检验（Kruskal-Wallis test）和 100 个实验结果的标准偏差来评估数值稳定性。此外，我们还记录每种方法的训练时间并进行比较。所有实验均在运行 Matlab 2014a 的 Core i3 7100 3.9GHz 处理器和 8 GB RAM 的计算机上进行。

表 4-6　不同方法的输入描述

<table>
<tr><th>类型</th><th>方法</th><th>输入数据</th></tr>
<tr><td rowspan="5">浅层模型</td><td>SVM</td><td rowspan="4">71 维异构特征</td></tr>
<tr><td>OKL</td></tr>
<tr><td>RF</td></tr>
<tr><td>SBELM</td></tr>
<tr><td>MMSDE-SVM</td><td>30 维时域 MMSDE 特征</td></tr>
<tr><td rowspan="5">深度模型</td><td>CNN</td><td rowspan="5">FFT 谱</td></tr>
<tr><td>SAE</td></tr>
<tr><td>DBN</td></tr>
<tr><td>ML-ELM</td></tr>
<tr><td>DOKL</td></tr>
</table>

首先，为了利用多种健康状况之间的结构信息，我们在 CWRU 数据集上，通过调整故障类型（内圈、外圈、滚动体故障），工作载荷（0hp、1hp、2hp）和损伤尺寸（0.007in、0.014in、0.021in）设计 3 个实验，具体如下。

实验 1：固定故障类型，调整载荷和损伤尺度。选择滚动体故障的原因在于它比其他两种类型更难诊断，这在第 3 章实验结果中已经证明。在 3 个载荷（0hp、1hp、2hp）和 3 个损伤尺寸（0.007in、0.014in、0.021in）下，我们构造了 9 类故障，每类选择 100 个样本。每个样本包含 1024 个原始时间信号点。表 4-7 中显示了对数据集构成的详细描述，即不同损伤尺度和载荷下实验 1 的类别信息（需要注意的是，本节中的实验都使用在电机驱动端收集的振动信号）。通过两个采样率（12kHz 和 48kHz）生成两个样本集，每个样本集有 900 个故障样本。为方便起见，这两个样本集命名为 48kHballDE 和 12kHballDE。

表 4-7　不同损伤尺度和载荷下实验 1 的类别信息

类别	名称	损伤尺度/in	载荷/hp
1	Ball2-7	0.007	2
2	Ball2-14	0.014	2
3	Ball2-21	0.021	2
4	Ball1-7	0.007	1
5	Ball1-14	0.014	1
6	Ball1-21	0.021	1

续表

类别	名称	损伤尺度/in	载荷/hp
7	Ball3-7	0.007	3
8	Ball3-14	0.014	3
9	Ball3-21	0.021	3

实验 2：在第 2 个实验中，本次实验固定损伤大小为 0.014in，并在电机负载 1hp、2hp、3hp 下修改 3 种故障类型（内圈、外圈、滚动体故障）以获得 9 个健康状况。采样率为 48kHz。对于每一种故障类型，收集 100 个样本，每个样本包含 1024 个原始时间信号点。最后共有 900 个样本。实验 2 的类别信息如表 4-8 所示。

表 4-8　实验 2 的类别信息

类别	名称	故障类型	载荷/hp
1	Inner_1_14	内圈	1
2	Ball_1_14	滚动体	1
3	Outer_1_14	外圈	1
4	Inner_2_14	内圈	2
5	Ball_2_14	滚动体	2
6	Outer_2_14	外圈	2
7	Inner_3_14	内圈	3
8	Ball_3_14	滚动体	3
9	Outer_3_14	外圈	3

实验 3：在第 3 个实验中，将电机负载固定为 1hp，并修改 3 种故障类型（内圈、外圈、滚动体故障），损伤尺寸为 0.007in、0.014in 和 0.021in。采样率为 48kHz。与前面的实验相同，收集每个条件的 100 个样本，每个样本包含 1024 个原始时间信号点。同样该实验也有 900 个样本。实验 3 的类别信息如表 4-9 所示。

表 4-9　实验 3 的类别信息

类别	名称	故障类型	损伤尺度/in
1	Inner_1_7	内圈	0.007
2	Ball_1_7	滚动体	0.007
3	Outer_1_7	外圈	0.007
4	Inner_1_14	内圈	0.014
5	Ball_1_14	滚动体	0.014
6	Outer_1_14	外圈	0.014
7	Inner_1_21	内圈	0.021
8	Ball_1_21	滚动体	0.021
9	Outer_1_21	外圈	0.021

在所有实验中，随机抽取这 900 个样本中的 70%用于训练，剩下的用于测试。图 4-8 提供了 CWRU 数据集所有 9 个故障条件下的原始时间信号及其 FFT 频谱的示例。信号

在电机驱动器端收集。为了获得更好的可视化效果，本次实验选择 2048 个时间点显示不同健康状况之间的差异（这里的采样率是 48kHz）。需要说明的是，图 4-8 右栏中显示的子图索引（右侧图中右侧数字）与表 4-7 中列出的 9 种故障类型相对应。

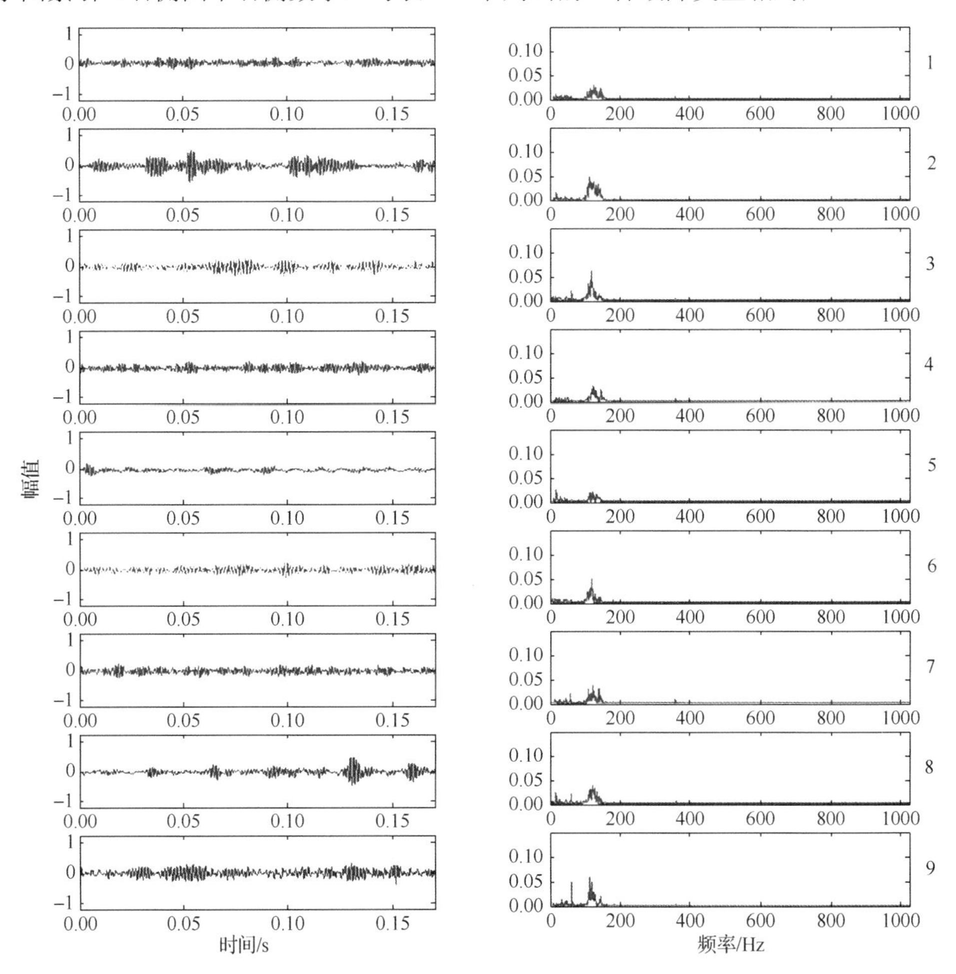

图 4-8　CWRU 数据集所有 9 个故障条件下的原始时间信号及其 FFT 频谱的示例

很明显，不同的健康状况在时域和频域存在不同的模式，这表明基于机器学习技术的故障诊断的合理性。然而，我们还注意到一些故障条件的信号形状比其他故障条件更相似。例如，故障类别 1、4、7 与其他类别相比，从物理学的角度来看，在 3 种不同载荷下具有相同损伤尺寸（0.007in）的健康状况具有更为相似的振动响应；从机器学习的角度来看，这意味着轴承的故障存在内在的结构性。虽然这些“相似”的类别完全不相同，但它们也可以提供更多关于故障模式的领域知识，以提高诊断性能。这一发现也是本节工作的最初动机。

本次实验进一步从特征分布的角度探索轴承不同健康状况下的内在结构，利用主成分分析（principal component analysis，PCA）对表 3-2 中列出的 71 个特征进行降维，并可视化了前 3 个主要成分的特征分布（PCA1、PCA2、PCA3，后面相关内容也同此），如图 4-9 所示。

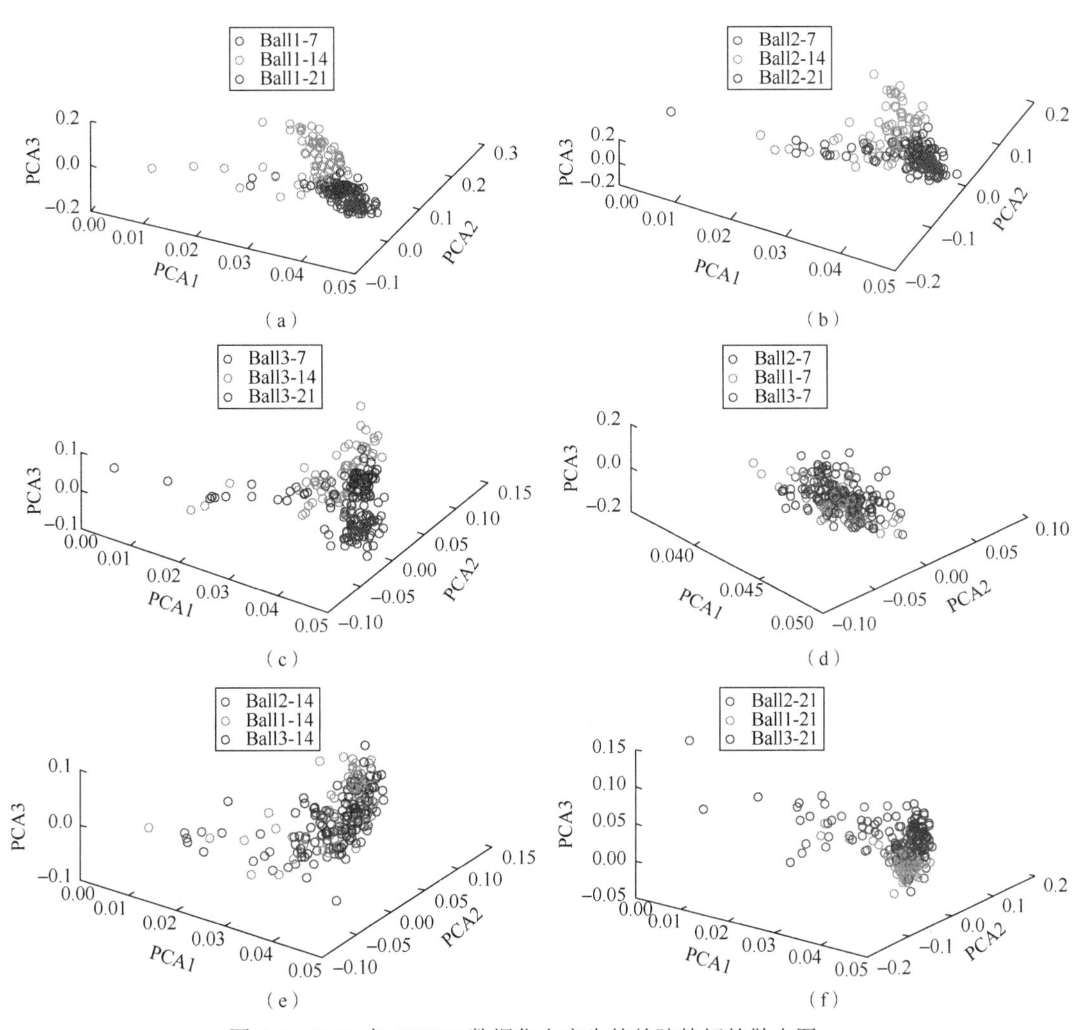

图 4-9　PCA 在 CWRU 数据集上产生的故障特征的散点图

(a) 电机载荷为 1hp 下的 3 种损伤尺度；(b) 电机载荷在 2hp 下的 3 个损伤尺度；(c) 电机载荷在 3hp 下的 3 个损伤尺度；(d) 3 种电机载荷下损伤尺度为 0.007in；(e) 3 种电机载荷下损伤尺度为 0.014in；(f) 3 种电机载荷下损伤尺度为 0.021in

从图 4-9 中，我们发现散点图中不同损伤尺度的 3 种故障类型分布较开，而载荷对特征的分布影响较小。这意味着损伤尺度更多地决定着故障类型的区分，这可以理解为故障类型中的内在结构。

本次实验利用 SVM 的绘图工具，对不同故障类型的分类性能进行可视化，如图 4-10 所示。为简单起见，我们仅选择 3 种故障类型作为示例。与图 4-9 类似，本次实验应用 PCA 对 71 维特征进行降维，并利用前两个特征分量来测试 SVM 对不同故障类型的分类性能。为了比较深度特征的性能，本次实验也用 ML-ELM 对 3 种故障类型提取了深度特征，并与传统的 71 维特征做相同的处理。

可以看出，不论是传统的 71 维故障特征还是深度特征，对于相同的损伤尺寸，它们都是线性不可分的。因此，SVM 无法做出良好的分类。相反，从图 4-10（b）和（d）

可以看出，对于 71 维特征和深度特征，SVM 在相同载荷下能很好地区分两种不同的损伤尺寸，这表明损伤尺寸更能主导故障类型的区分。因此，一些故障类型的内在结构，即使没有明确的表示，也会带有特殊的领域信息。通过引入结构化预测方法，这些信息有助于提高这些故障类型的分类准确性和稳定性。

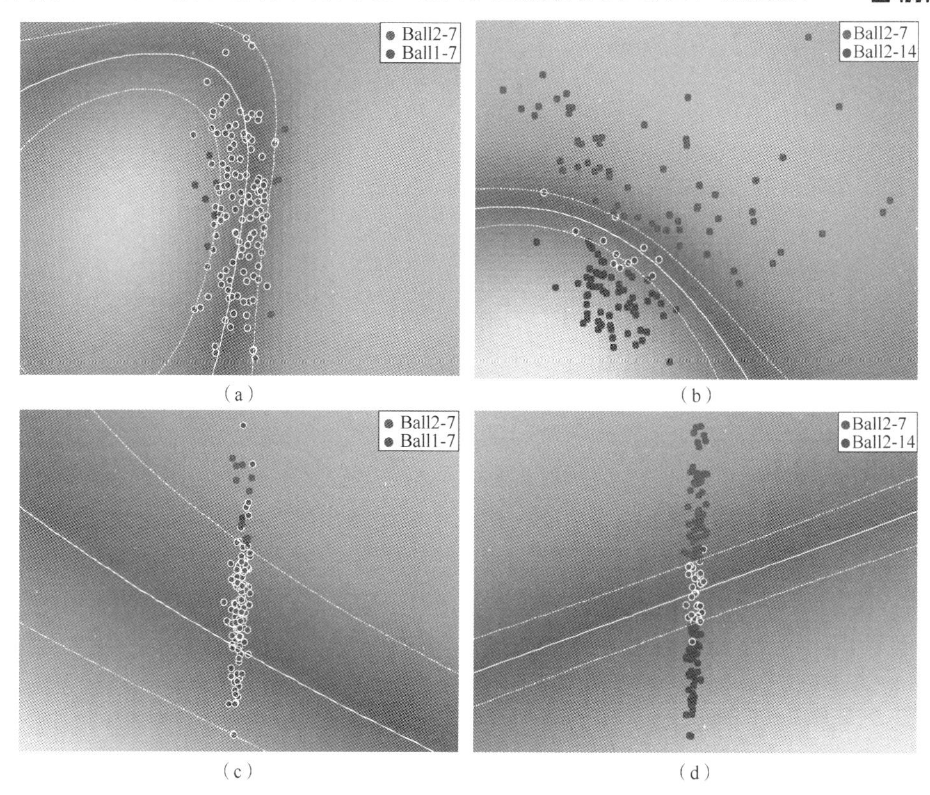

图 4-10　SVM 在 CWRU 数据集上的分类性能

（a）电机载荷为 1hp 和 2hp，滚珠损伤尺寸为 0.007in 条件下提取的 71 维特征；（b）电机载荷为 2hp，滚珠损伤尺寸分别为 0.007in 和 0.014in 条件下提取的 71 维特征；（c）电机载荷为 1hp 和 2hp，滚珠损伤尺寸为 0.007in 条件下提取的深度特征；（d）电机载荷为 2hp，滚珠损伤尺寸分别为 0.007in 和 0.014in 条件下提取的深度特征

4.2.4　实验结果

1. 实验 1

在本节中，本次实验比较了所提出的方法 DOKL、ML-ELM、OKL、SAE、CNN、SVM、RF、MMSDE 和 SBELM 在 CWRU 数据集上的诊断结果。为了进行公平比较，需要对每种算法进行模型选择。对于 SVM，选择高斯核函数 $K(\boldsymbol{x},\boldsymbol{x}')=\exp(-\|\boldsymbol{x}-\boldsymbol{x}'\|^2/\sigma)$，其中 σ 是核参数。本次实验分别使用 5 折交叉验证和网格搜索的方式去寻找 SVM、SBELM 和 OKL 的正则化参数和高斯核参数。SBELM 的隐藏层神经元个数设置为 120。对于 RF，本次实验设置 1000 棵树来构建诊断模型。对于 MMSDE-SVM，本次实验也用 MMSDE 提取包含时序特性的特征，用 5 折交叉验证来选择 SVM 模型的最佳参数。SAE 采用 4 层，前三层为隐层，最后一层为输出层。这 4 层的大小为[512, 200, 100, 9]。

此外，无监督预训练的迭代次数设置为 100，反向传播次数设置为 300。CNN 采用两个卷积层（卷积核大小为5×5），以及两个池化层和两个全连接层，设置训练次数为 1000，两个完全连接层的尺寸分别为 16 和 9。在 DBN 中，我们构建 5 层网络，网络大小为[512, 512, 128, 64, 9]，其中最后一层用于分类，最终特征维度为 64。批量大小设置为 100，学习率设置为 0.085，反向传播数量设置为 500。ML-ELM 和 DOKL 都采用两个隐藏层和一个尺寸为[512, 5000, 9]的输出层。需要说明的是，对于 SAE、CNN、DBN、ML-ELM 和 DOKL 的自动模型选择，上面列出的参数都是事先手动调整的，以保证其是测试精度的最佳值。图 4-11 所示为实验 1 的 10 种对比方法预测精度及训练时间的直方图。

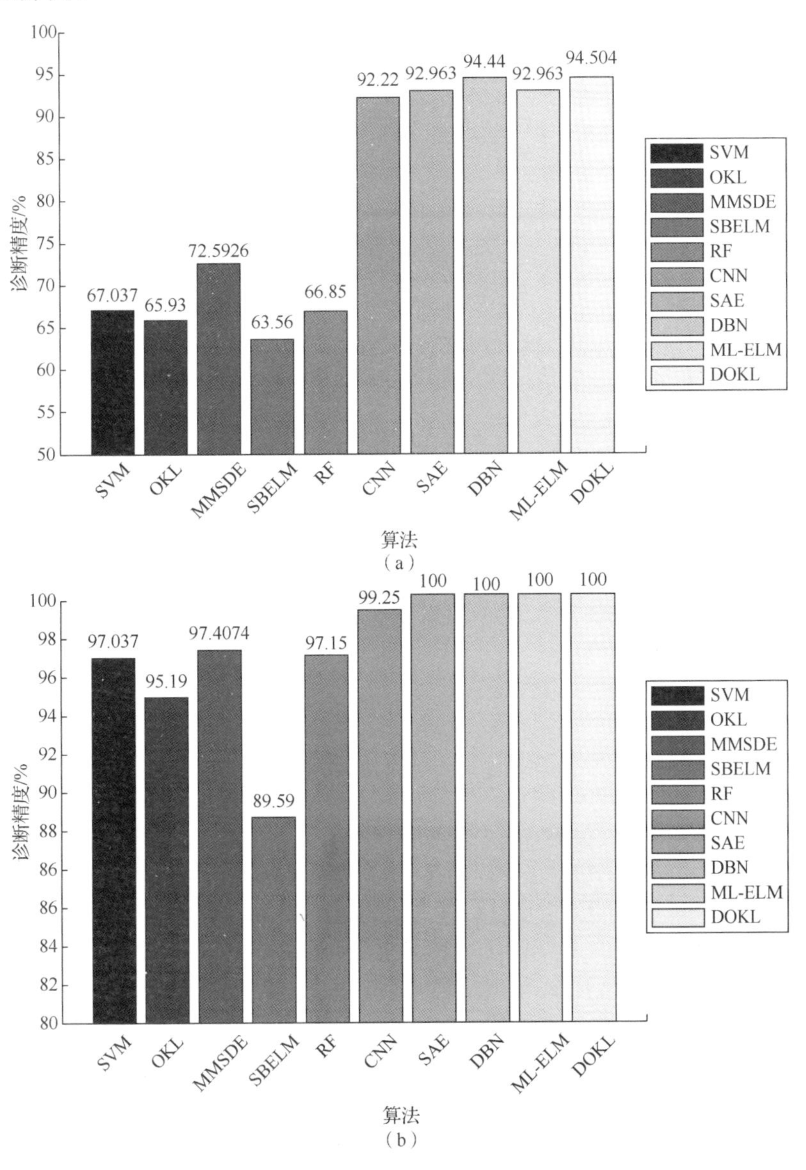

图 4-11　10 种对比方法的直方图

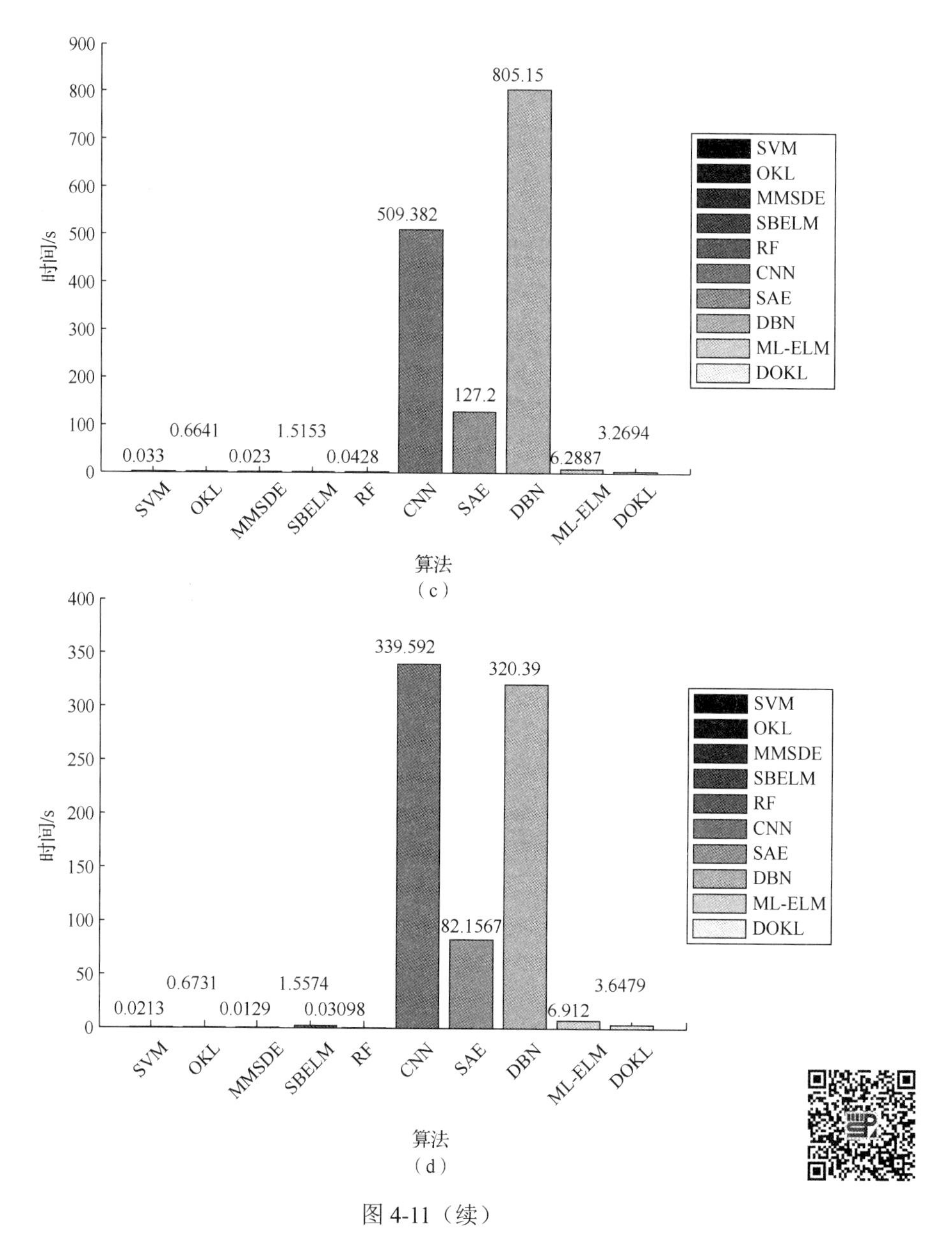

（c）

（d）

图 4-11（续）

（a）48kHballDE 的预测精度；（b）12kHballDE 的预测精度；
（c）48kHballDE 的训练时间；（d）12kHballDE 的训练时间

在图 4-11 中，数据源 48kHballDE 和 12kHballDE 表示在驱动端采集的振动信号，采样率分别为 48kHz 和 12kHz。可以看出，48kHballDE 上的所有 10 种方法都倾向于获得比 12kHballDE 更低的准确度，这表明采样率 48kHz 的数据比 12kHz 更复杂。很明显，本节所提出的方法（DOKL）相比其他 9 种方法获得最高精度。特别是在 48kHballDE 上，4 种浅层方法（SVM、OKL、SBELM、RF）和 MMSDE 获得比 5 种深度学习方法低得多的精度（大约 65%），这与图 4-10（a）和（c）保持一致。相比之下，所有 5 种深度学习方法在 48kHz 和 12kHz 都具有令人满意的性能，准确率超过 92%，证明了深度特征的有效性。在这 5 种深度学习方法中，除了 DBN 之外，所提出的方法 DOKL 在精度提升方面表现最佳，至少比其他 3 种方法提高 1.2%。这种比较证明了结构预测的合理性。本次实验中，SAE、DBN 和 ML-ELM 比 CNN 获得更高的准确度。原因可能是 CNN 更多地依赖样本量。之前的一些工作[9-10]也证明了自动编码器在故障诊断问题上较于 CNN 的优势。在 12kHballDE 上也存在类似的对比。由于采样率为 12kHz 的数据更易于诊断，SVM、MMSDE、RF 和 OKL 均具有 95%以上的准确率，CNN 超过 99%。DOKL、SAE、DBN 和 ML-ELM 都达到了 100%。上述结果表明，多种健康状况的结构预测可以在深度学习的基础上进一步提高诊断性能。

图 4-11 还提供了 10 种方法的训练时间的比较。5 种传统算法，即 SVM、RF、SBELM、MMSDE 和 OKL 都比其他深度学习方法的训练时间短得多，这是由使用的浅层模型引起的。其中，MMSDE 直接分析原始信号，最耗时的算法是 SVM。相对于浅层模型，深度网络的 DBN、SAE 和 CNN 训练速度更慢。两种基于 ELM 的方法（ML-ELM 和 DOKL），时间花费不超过 7s，而 DOKL 比 ML-ELM 节省大约 50%的时间。根据 4.2.2 节的分析，可以认为原因在于 ML-ELM 最后隐藏层和输出层之间的矩阵求逆在计算上更加耗时，而 DOKL 无须进行求逆计算，而是采用 OKL 代替这种求逆的过程。此外，尽管 DBN 与 DOKL 具有相似的准确性，但它比 DOKL 具有更长的训练时间。因此，考虑到 DOKL 总是获得最高精度，我们认为 DOKL 在诊断准确性和计算成本之间可以达到良好的折中。

为了证明 DOKL 可以学习轴承不同健康状况之间的结构信息，本次实验在样本集 48kHballDE 上重复运行 DOKL，并将表 4-7 中 9 种故障类型的学习输出核矩阵（由式 4-20 优化）可视化，如图 4-12 所示。需要说明的是，DOKL 中提取的深度特征具有随机性，因此每次实验中得到的输出核矩阵均不相同。

具体绘图方法如下所述。首先，对输出核矩阵（9×9）按列线性归一化；其次，对于每种健康状况（由数字 1～9 表示），我们选择该列中最大的两个元素，其由健康状况数索引；最后，绘制相应的两个健康状况之间的线以及其上的数字，以表示相关性水平。需要说明的是，由于每列意味着从相应的健康状况到其他健康状况的相关性，本次实验可以在两个健康状况之间获得两个相关性值，即存在双向关系。本次实验只选择最大值来表示此相关性级别，如图 4-12 所示。

根据 4.2.2 节的理论分析，图 4-12 中的数字越大，两种健康状况的相对性越大。很明显，健康状况 1、4、7（由损伤大小 0.007in 产生）彼此更相对，而健康状况 2、5、8（损伤大小 0.014in）和类型 3、6、9 分别是相对的。这一发现与图 4-9 中的特征分布一致，即损伤大小严重影响健康状况的关系。

除了诊断准确性外，本次实验还证明结构信息可以提高 ML-ELM 的数值稳定性。本次实验在 48kHballDE 样本集上重复运行 ML-ELM 和 DOKL 100 次，然后利用 Kruskal-Wallis 检验评价所得到的精度值。此处，本节列出了 100 个实验的 Kruskal-Wallis 检验的预测精度的平均值和 p 值，分别如表 4-10 和表 4-11 所示。需要说明的是，为了进行公平的比较，本次实验从 4 种故障类型（健康状况 1～4）到 9 种类型分别进行了验证。

显然，DOKL 比 ML-ELM 具有更低的标准偏差和更高的准确度。此外，Kruskal-Wallis 检验的 p 值均小于 0.05，这意味着两种方法的预测结果存在显著差异。此外，DOKL 的准确性也随着结构化信息的引入而得到提高，这再次证明了结构化信息对于故障诊断问题的价值。

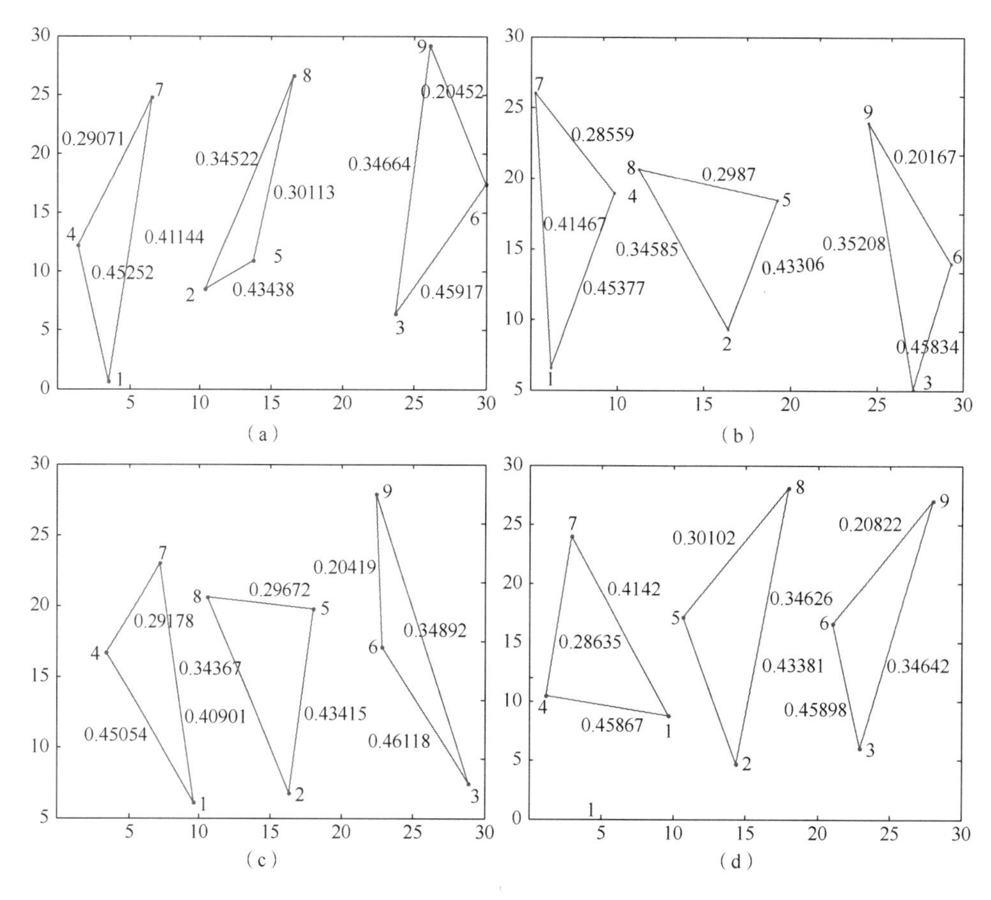

图 4-12　实验 1 中 9 种故障类型之间的输出核可视化图

（a）～（d）分别表示 4 次重复实验中的结构化关系

表 4-10　不同故障类型下 DOKL 和 MLELM 算法分别运行 100 次的诊断结果的平均值和标准差

方法	类型 4/%	类型 5/%	类型 6/%	类型 7/%	类型 8/%	类型 9/%
ML-ELM	97.85（0.0043）	91.893（0.00417）	93.006（0.00626）	91.28（0.00723）	91.042（0.00657）	93.081（0.00693）
DOKL	98.058（0.00291）	95.33（0.00172）	93.283（0.00275）	93.867（0.00342）	93.4（0.003）	94.504（0.00329）

表 4-11　不同故障类型下，DOKL 和 MLELM 算法分别运行 100 次的诊断结果的 Kruskal-Wallis 检验的 p 值

指标	类型 4/%	类型 5/%	类型 6/%	类型 7/%	类型 8/%	类型 9/%
p 值	4.0×10^{-2}	8.83×10^{-3}	4.139×10^{-2}	9.946×10^{-19}	4.745×10^{-18}	4.97×10^{-15}

式（4-20）中，DOKL 有两个超参数，分别为高斯核参数 σ 和正则化参数 λ。图 4-13 所示为核参数和正则化参数对预测结果的影响。

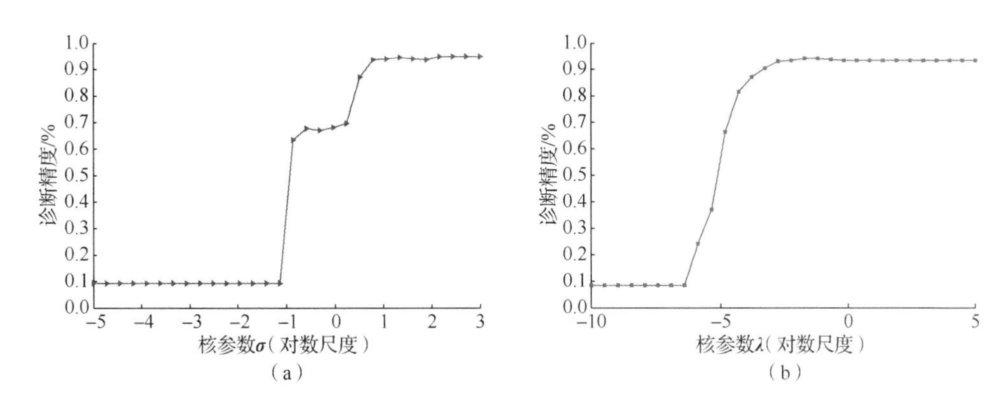

图 4-13　核参数和正则化参数对预测结果的影响

(a) 核参数；(b) 正则化参数

可以看出，核参数值设置为 10 以上，预测精度的变化趋势趋于稳定。而对于正则化参数，当值较大时，预测精度基本保持不变。这意味着实际应用中可以简化参数设置。

最后，本次实验也测试了 DOKL 的收敛和计算成本。图 4-14 所示为 DOKL 和 ML-ELM 的诊断精度随神经元数量变化的效果图。可以看出，ML-ELM 的准确度最初下降明显，在 2500 个神经元左右上升到稳定水平，而 DOKL 在 1000 个隐神经元之前已收敛到稳定状态，这表明 DOKL 可以通过结构信息改善 ML-ELM 的收敛性和稳定性。

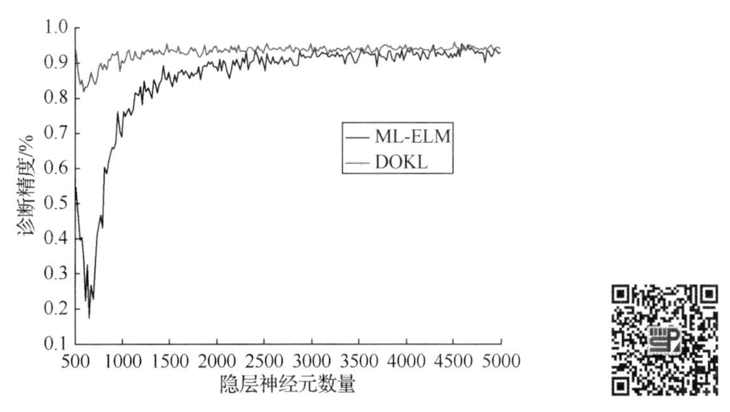

图 4-14　DOKL 和 ML-ELM 的诊断精度随隐神经元数量变化的效果图

图 4-15 所示为 DOKL 和 ML-ELM 的训练时间随隐神经元数量变化的效果图。可以看到，在隐神经元相对较少时，DOKL 比 ML-ELM 需要更多的训练时间。原因是 ML-ELM 具有的神经元较少，能够快速实现矩阵求逆，而 DOKL 需要额外计算输出核的优化问题。但随着隐神经元数量的增加，矩阵求逆的计算代价急剧上升，导致 ML-ELM 的训练时间加长，相反 DOKL 的计算时间却增幅较慢，这也验证了所提算法在训练时间上的优势。

2. 实验 2

在实验 2 中，轴承的健康状况列于表 4-8 中。除了少数迭代次数和深度学习方法学习率的设置，所有 10 种方法的参数设置和网络结构与实验 1 相同。图 4-16 所示为 10 种对比方法诊断效果的直方图，即对比预测准确性和训练时间方面。

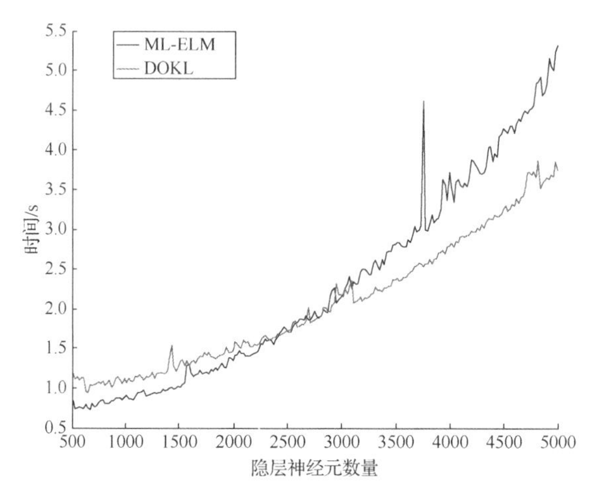

图 4-15　DOKL 和 ML-ELM 的训练时间随隐神经元数量变化的效果图

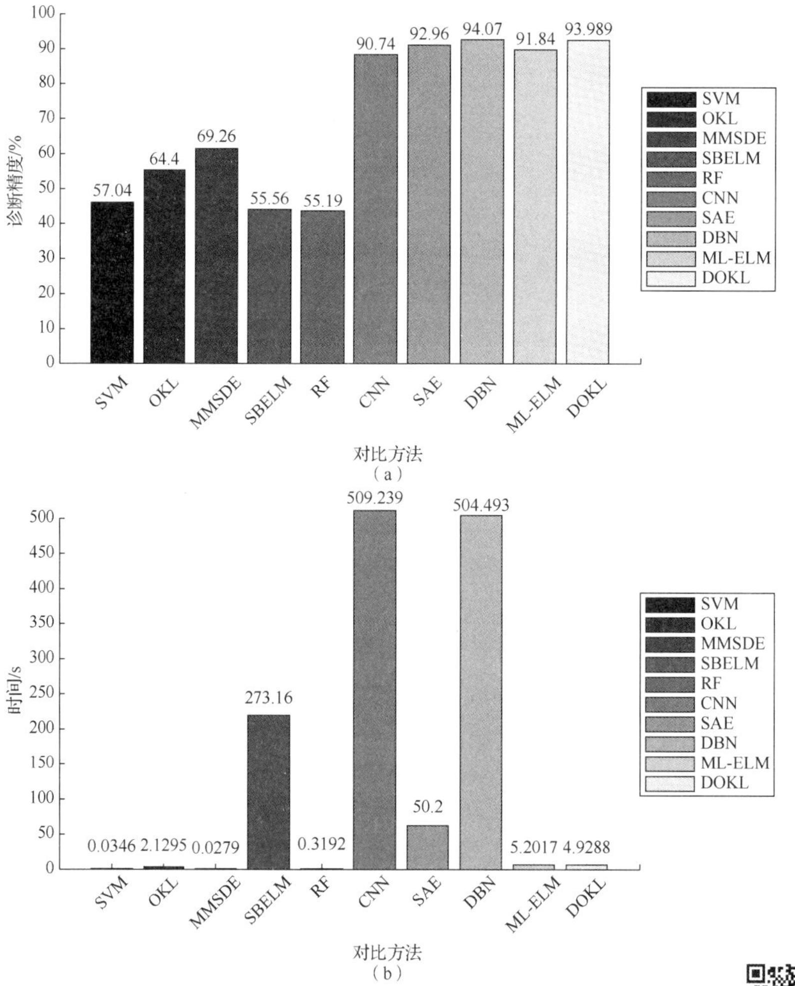

图 4-16　10 种对比方法诊断效果的直方图

（a）诊断精度；（b）训练时间

从图 4-16 中，我们得到了与实验 1 类似的对比效果。此外，可以看到，OKL 比其他 3 种浅层方法（SVM、SBELM 和 RF）具有更高的诊断精度，这证明了结构化预测的优势。MMSDE 的准确度也相对较高，这表明如果传统特征不具有足够的判别效果，对原始信号的多尺度分析会有助于提取更有效的故障特征。然而，即使深度学习方法中表现最差的 CNN，诊断精度仍然比 MMSDE 高出至少 20%。DOKL 比 CNN，SAE 和 ML-ELM 均有明显的效果改进，这与实验 1 效果一致，再次证明了结构化预测的有效性。我们还注意到 DBN 比 DOKL 效果略有改进，但它的训练时间远高于 DOKL（308s 对 4.9s）。因此，我们认为 DOKL 更适合于诊断多种健康状况。

与实验 1 相同，图 4-17 所示为实验 2 中 9 种故障类型之间的输出核可视化图，即展示了健康状态之间的结构化关系。可以看到，无论是球体故障（2、5、8），内圈故障（1、4、7）还是外圈故障（3、6、9），故障类型均保持不变，而受载荷影响不大。这种现象与我们直观理解保持一致。从这个结果来看，DOKL 能够从各种故障类型中探索结构信息。

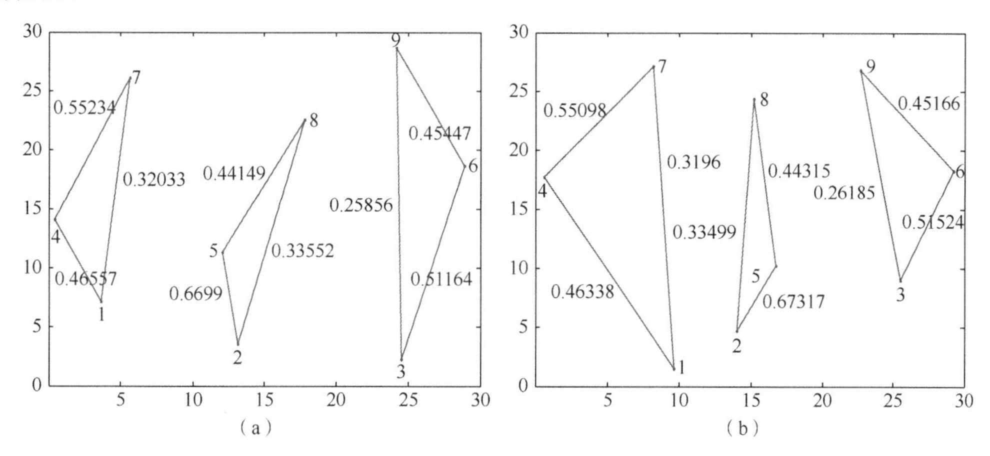

图 4-17　实验 2 中 9 种故障类型之间的输出核可视化图

（a）和（b）分别表示两次重复实验中的结构化关系

表 4-12 给出了重复运行 100 次 DOKL 和 ML-ELM 的标准差和 Kruskal-Wallis 检验结果。显然，DOKL 的标准偏差远低于 ML-ELM。由于 Kruskal-Wallis 检验的 p 值远小于 0.05，因此两个算法的结果存在显著性差异。该结果再一次验证了 DOKL 可以利用轴承不同健康状态间存在的结构化关系改善模型的数值稳定性。

表 4-12　不同故障类型下 DOKL 和 ML-ELM 算法分别运行 100 次的诊断结果标准差及 Kruskal-Wallis 检验结果

方法	标准差	p 值
ML-ELM	0.00872	—
DOKL	0.00424	9.935e-34

3. 实验 3

在实验 3 中，9 种健康状况如表 4-9 所示，即固定了电机负载，寻找故障类型和损伤大小之间的结构信息。对于所有 10 种方法，除了深度学习方法的一些设置外，其余参数设置和网络结构与实验 1 和 2 均相同。首先，图 4-18 所示为 10 种在时间和精度上的直方图，即对比预测精度和训练时间方面。

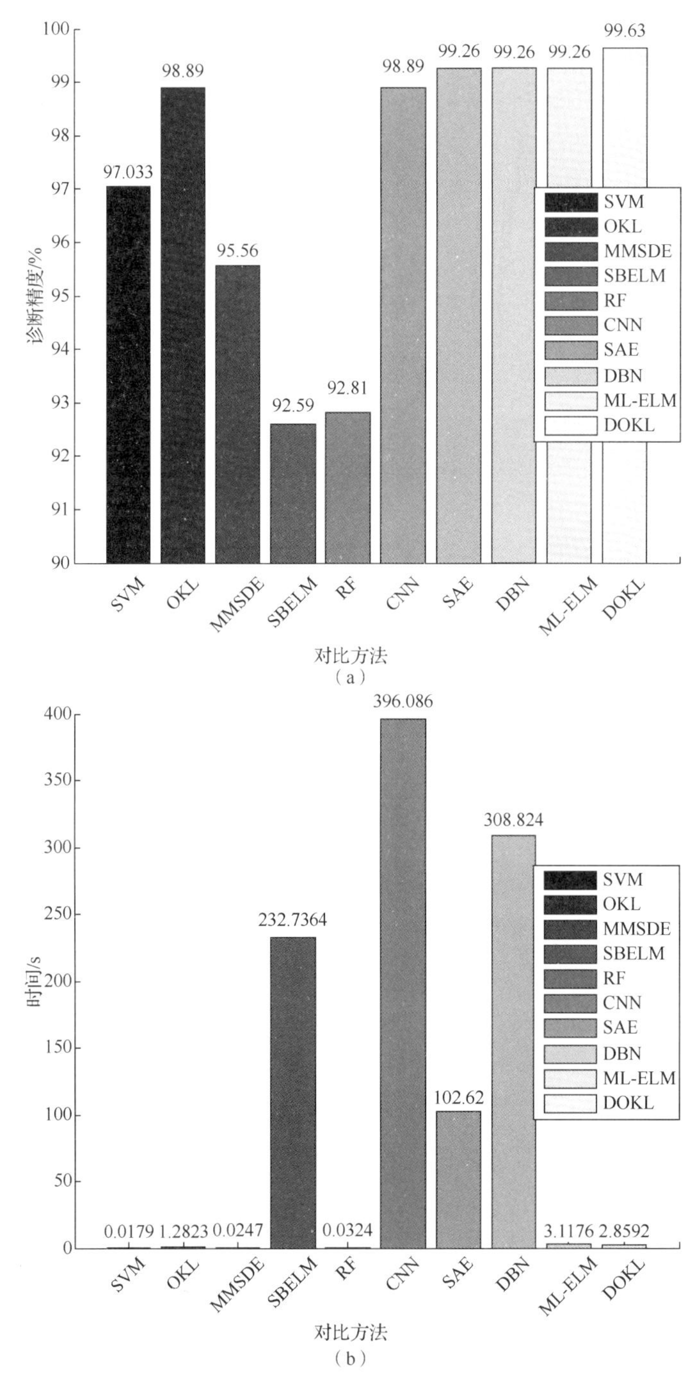

图 4-18　10 种对比方法在时间和精度上的直方图

（a）诊断精度；（b）训练时间

图 4-18 的对比效果与实验 1 基本一致。很明显，DOKL 在诊断精度方面优于 CNN、SAE、DBN、ML-ELM 和其他浅层学习方法，这再次证明了结构化预测的有效性。我们还观察到 DBN 的准确度与 DOKL 基本相等，但它的训练时间远高于 DOKL（308 秒对 2.8s）。因此，DOKL 可以从多种健康状况中获得额外的结构化信息，为多故障状态诊断提供有效的解决方案。

与前两个实验相同，图 4-19 给出了 DOKL 输出核矩阵的可视化图。由于绘图时对输出核的各列进行线性归一化，因此相关性是双向的，两种健康状况之间存在两个相关性值。在实验 1 和实验 2 中，健康状态之间的双向相关性具有高重合性，因此实验 1 和实验 2 中的结构关系更简单。因此，本次实验只需选择较高的相关性值进行展示即可。然而，在实验 3 中，图 4-19 显示不同健康状况之间的关联性并不重合。例如，类型 1 与类型 4、类型 7 高度相关，也就是说具有 0.007in 损伤尺寸的内圈故障与 0.014in 和 0.021in 的相同故障类型更相关，这与图 4-12 的结果一致。但是从类型 7 的角度来看，它与类型 2（损伤尺寸为 0.007in 的球体故障）和类型 4（损伤尺寸为 0.014in 的内圈故障）更为相关。对于类型 5 和类型 8 也发现了类似的现象。例如，类型 5（损伤尺寸为 0.014in 的滚动体故障）不仅与类型 2（损伤尺寸为 0.007in 的滚动体故障）有关，而且与类型 6（损伤尺寸为 0.014in 的外圈故障）更相关。这表明故障类型更主要地决定着相关性，损伤大小（如 0.014in）也会影响这种关系。我们还发现内圈故障与外圈故障的相关性水平小于它们各自与滚动体故障的相关性。根据推断，这种关系可能更依赖于物理连接。由于提高诊断效果的关键是诊断模型中故障信息的含量，本次实验结果将有助于引入健康状况的结构化信息，提高数据量有限情况下的多故障状态诊断效果。

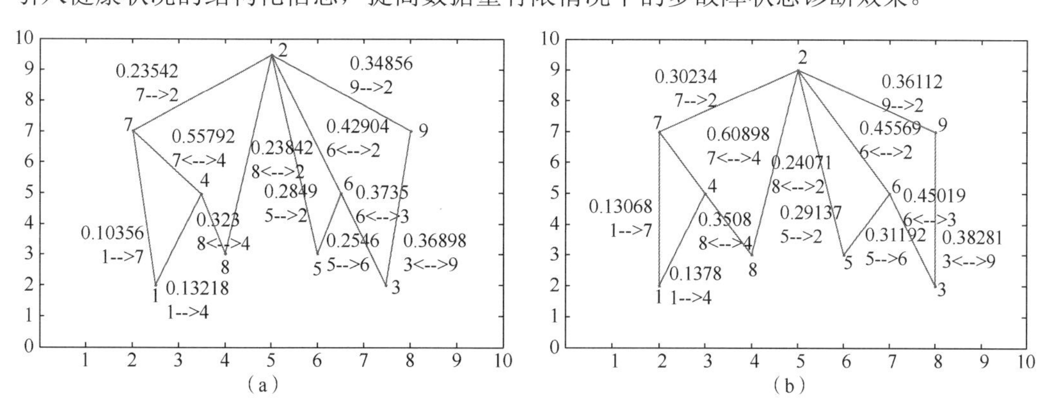

图 4-19　实验 3 中 9 种故障类型之间的输出核可视化图

（a）和（b）分别表示两次重复实验中的结构化关系

注：图中箭头表示从一种故障类型到另一种故障类型。

4.3 基于结构化深度自编码器的多故障状态诊断

在 4.2 节中，验证了故障状态之间的结构化信息可以有效提高深度学习模型的稳定性。但是，4.2 节的做法需要借助 OKL 的形式，并无法直接提取具有强判别能力的特征。深度自编码器是一种应用广泛的无监督深度学习算法，但无法利用输出端的判别信息和结构化关系。因此，有必要将判别信息及类别之间的结构化信息融合在无监督的特征提取过程中，改善故障诊断的精度和数值稳定性。鉴于此，本节提出了一种结构化深度自编码器模型，通过修改自编码器的目标函数，引入最大相关熵损失函数来约束判别信息[9]和输出端的对称约束来提高模型的稳定性，在训练得到强判别能力的特征的同时，自动学习到类别之间的结构化关系，最终构建得到端到端的故障诊断模型。

4.3.1 结构化自编码器模型构建

给定样本集 $\{\boldsymbol{x}_i,\boldsymbol{y}_i\}_{i=1}^n$，这里 $\boldsymbol{x}_i=[x_1,x_2,\cdots,x_l]\in\mathbb{R}^l$， $\boldsymbol{y}_i=[y_1,y_2,\cdots,y_r]\in\mathbb{R}^r$ 是 m 维独热（one-hot）列向量，即第 i 维度为 1，其他维度为 0。将样本集表示为矩阵形式 $\boldsymbol{X}=[x_1;x_2;\cdots;x_n]\in\mathbb{R}^{n\times l}$， $\boldsymbol{Y}=[y_1;y_2;\cdots;y_n]\in\mathbb{R}^{n\times r}$ 。

与 2.2 节所描述的自编码器模型相似，结构化自编码器首先进行编码操作，将 $\boldsymbol{x}_i$ 映射到隐藏层：

$$\boldsymbol{h}_i=g(x\boldsymbol{W}_X) \tag{4-21}$$

式中， $\boldsymbol{h}_i=[h_1,h_2,\cdots,h_m]$ 表示隐神经元的输出，此处 m 为神经元的个数； $\boldsymbol{W}_X\in R^{l\times m}$ 为编码过程中的权重项； $g(\cdot)$ 为激活函数，一般采用 Sigmoid 函数。

解码过程分为两个部分，第一部分用隐藏层输出 $\boldsymbol{h}_i$ 重构输入数据 $\boldsymbol{x}_i$ ，即

$$\hat{\boldsymbol{x}}_i=g(\boldsymbol{h}_i\boldsymbol{W}_X^{\mathrm{T}}) \tag{4-22}$$

第二部分则将隐藏层输出 $\boldsymbol{h}_i$ 通过 Sigmoid 映射到输出端，即

$$\hat{\boldsymbol{y}}_i=g(\boldsymbol{h}_iW_T) \tag{4-23}$$

其中， $\hat{x}_i$ 表示对 $\boldsymbol{x}_i$ 的重构； $\boldsymbol{W}_X^{\mathrm{T}}$ 表示 $\boldsymbol{W}_X$ 的转置，此处采用编码过程中的权重项转置是为了简化训练过程； $W_T\in R^{m\times r}$ 表示从第 1 个隐藏层映射到 y_i 的权重。为了引入轴承不同健康状态之间的结构化信息，此处引入矩阵 $\boldsymbol{L}\in R^{r\times r}$ ，其元素表示不同健康状态之间的关系，此时输出端可表示为

$$\hat{y}_i=g(\boldsymbol{h}_iW_T)\boldsymbol{L} \tag{4-24}$$

结构化自编码器通过最小化重构误差和判别误差来构建损失项，其目标函数为

$$J=\min_{W_X,W_T,\boldsymbol{L}}\frac{\alpha}{2n}\sum_{i=1}^{n}(\boldsymbol{x}_i-\hat{x}_i)^2+\frac{1}{n}\sum_{i=1}^{n}(-\kappa_\sigma(\boldsymbol{y}_i,\hat{y}_i\boldsymbol{L}))+\frac{\beta}{2}\left\|\boldsymbol{L}-\boldsymbol{L}^{\mathrm{T}}\right\|_F^2+\frac{\lambda}{2}(\left\|\boldsymbol{W}_X\right\|_F^2+\left\|W_T\right\|_F^2) \tag{4-25}$$

其中，α、β、λ 分别为正则化参数；$\left\|\boldsymbol{L}-\boldsymbol{L}^{\mathrm{T}}\right\|_F^2$ 是对轴承不同健康状态之间关系的约束，该约束的思路与 4.2 节中深度 OKL 算法类似，轴承不同健康状态之间的关系是对称的，

因此最小化该约束项可迫使矩阵 $\boldsymbol{L}$ 为对称矩阵。式（4-5）中第二项中 $\kappa_\sigma(\boldsymbol{y}_i,\hat{y}_i\boldsymbol{L})$ 为高斯核，如下：

$$\kappa_\sigma(\boldsymbol{y}_i,\hat{y}_i\boldsymbol{L})=\frac{1}{\sqrt{2\pi}\sigma\exp\left(\frac{-(y_i-\hat{y}_iL)^2}{2\sigma^2}\right)} \tag{4-26}$$

文献[11]指出，$\frac{1}{n}\sum_{i=1}^{n}\kappa_\sigma(a,b)$ 可以看作变量 a 和 b 的相关熵的近似计算，由于相关熵可用于表示非线性和局部相似性度量，并且最大相关熵对复杂和非平稳背景噪声不敏感[12]。因此本算法采用最大化 $\frac{1}{n}\sum_{i=1}^{n}\kappa_\sigma(a,b)$ 作为损失函数，用来提高模型的稳健性。此处需要说明的是，相关熵通常被定义为

$$V_\sigma(A,B)=E[\kappa_\sigma(A,B)]=\int\kappa_\sigma(A,B)\mathrm{d}F_{AB}(a,b) \tag{4-27}$$

但在工程问题中，随机变量的概率密度函数通常未知，并且样本数量有限，因此，常采用相关熵的近似计算来实现相关熵的良好性质。

基于上述分析，采用最大相关熵损失函数对判别信息进行约束，同时考虑输出端的对称约束，式（4-5）可转换为如下形式：

$$J=\min_{\boldsymbol{W}_X,W_T,L}-\operatorname{tr}(K_\sigma(\hat{Y}L,Y))+\frac{\alpha}{2}\left\|\hat{X}-\boldsymbol{X}\right\|_F^2+\frac{\boldsymbol{\beta}}{2}\left\|L-L^{\mathrm{T}}\right\|_F^2+\frac{\lambda}{2}(\|\boldsymbol{W}_X\|_F^2+\|W_T\|_F^2) \tag{4-28}$$

该目标函数可以通过随机梯度下降法求解，最后得到隐层的输出即为所求特征。由于同时考虑了输出端的判别信息和故障状态之间的结构化信息，该特征可具有更充分的特征表示能力。

4.3.2　目标函数求解

本节给出式（4-8）的求解方法，方便起见，此处将目标函数简化记为

$$J=\min_{\boldsymbol{W}_X,W_T,L}J_1+J_2+J_3+J_4 \tag{4-29}$$

此处采用梯度下降法进行求解，优化的目的在于找到使目标函数最小时对应的 $\boldsymbol{W}_X$、W_T、L 和隐藏层输出 $\boldsymbol{H}=[h_1;h_2;\cdots;h_n]$。$\boldsymbol{W}_X$、$W_T$、$L$ 的梯度更新公式如下：

$$\boldsymbol{W}_X=\boldsymbol{W}_X+\alpha\frac{\partial J}{\partial\boldsymbol{W}_X} \tag{4-30}$$

$$W_T=W_T+\alpha\frac{\partial J}{\partial W_T} \tag{4-31}$$

$$L=L+\alpha\frac{\partial J}{\partial L} \tag{4-32}$$

式中，α 是学习率。基于误差 J，计算关于 $\boldsymbol{W}_X$、W_T、L 的偏微分 $\frac{\partial J}{\partial\boldsymbol{W}_X}$、$\frac{\partial J}{\partial W_T}$、$\frac{\partial J}{\partial L}$，具体如下：

$$\begin{aligned}\frac{\partial J}{\partial \boldsymbol{W}_X} &= \frac{\partial J_1}{\partial \boldsymbol{W}_X} + \frac{\partial J_2}{\partial \boldsymbol{W}_X} + \frac{\partial J_4}{\partial \boldsymbol{W}_X} \\ &= \frac{C}{\sigma^2} \boldsymbol{X}^{\mathrm{T}}((G\boldsymbol{W}_T^{\mathrm{T}}) \odot \mathrm{dg}(\boldsymbol{X}\boldsymbol{W}_X)) \\ &\quad + \alpha_c(\boldsymbol{X}^{\mathrm{T}}((E\boldsymbol{W}_X) \odot \mathrm{dg}(\boldsymbol{X}\boldsymbol{W}_X)) + \boldsymbol{E}^{\mathrm{T}}\boldsymbol{H}) + \lambda \boldsymbol{W}_X \end{aligned} \tag{4-33}$$

$$\begin{aligned}\frac{\partial J}{\partial \boldsymbol{W}_T} &= \frac{\partial J_1}{\partial \boldsymbol{W}_T} + \frac{\partial J_4}{\partial \boldsymbol{W}_T} \\ &= \frac{C}{\sigma^2} \boldsymbol{H}^{\mathrm{T}}((\boldsymbol{D}(\hat{\boldsymbol{Y}}\boldsymbol{L} - \boldsymbol{Y})\boldsymbol{L}^{\mathrm{T}}) \odot \mathrm{dg}(\boldsymbol{H}\boldsymbol{W}_T)) + \lambda \boldsymbol{W}_T \end{aligned} \tag{4-34}$$

$$\begin{aligned}\frac{\partial J}{\partial \boldsymbol{L}} &= \frac{\partial J_1}{\partial \boldsymbol{L}} + \frac{\partial J_4}{\partial \boldsymbol{L}} \\ &= \frac{C}{\sigma^2} \hat{\boldsymbol{Y}}^{\mathrm{T}} \boldsymbol{D}(\hat{\boldsymbol{Y}}\boldsymbol{L} - \boldsymbol{Y}) + \boldsymbol{\beta}(\boldsymbol{L} - \boldsymbol{L}^{\mathrm{T}}) \end{aligned} \tag{4-35}$$

式中，$\odot$ 表示阿达马（Hadamard）积。为了方便表示微分结果，此处将求解过程中经常出现的公式简化如下：

$$B = -\frac{\left(\hat{\boldsymbol{Y}}\boldsymbol{L} - \boldsymbol{Y}\right)\left(\hat{\boldsymbol{Y}}\boldsymbol{L} - \boldsymbol{Y}\right)^{\mathrm{T}}}{2\sigma^2} \tag{4-36}$$

$$C = -1\big/\sqrt{2\pi}\sigma \tag{4-37}$$

$$\boldsymbol{D} = I \odot \exp(B) \tag{4-38}$$

$$\boldsymbol{G} = \left(\boldsymbol{D}\left(\hat{\boldsymbol{Y}}\boldsymbol{L} - \boldsymbol{Y}\right)\boldsymbol{L}^{\mathrm{T}}\right) \odot \mathrm{dg}(\boldsymbol{H}\boldsymbol{W}_T) \tag{4-39}$$

$$\boldsymbol{E} = \left(\hat{\boldsymbol{X}} - \boldsymbol{X}\right) \odot \mathrm{dg}(\boldsymbol{H}\boldsymbol{W}_X^{\mathrm{T}}) \tag{4-40}$$

限于篇幅，此处略去具体求解 $\boldsymbol{W}_X$、$\boldsymbol{W}_T$、$\boldsymbol{L}$ 偏微分的过程。

为了方便描述，本节所提算法称为基于判别信息的自动编码器（discriminant information-based auto encoder，DIAE）。与堆栈式自编码器相似，DIAE 也可通过堆叠的方式构建多层深度网络模型，此处称为 Stacked DIAE（SDIAE）。对 SDIAE 的求解也采用逐层贪婪训练的方法，如图 4-20 所示。其中，SDIAE 第 d+1 隐藏层 h^{d+1} 和第 d 隐藏层 h^d 之间的权重 $\boldsymbol{W}_X^d$，可以由 h^d 作为输入层、h^{d+1} 作为隐藏层的 DIAE 通过梯度下降的方式获得。当 d=0 时，h^0 相当于输入层；当 d=D，即 h^D 是最后一层隐藏层时，h^D 即为用 SDAE 得到的特征。当构建端到端分类器时，可在第 D 层后面加一个 Softmax 分类器，给出样本 $\boldsymbol{x}_i$ 对应的标签 $\hat{\boldsymbol{y}}_i$。与 Stacked AE 不同的地方在于，SDIAE 是一种前馈神经网络算法，不存在微调的过程，这是因为判别信息的引入，所提取的特征在一开始就具有了明确的判别能力，从而不需要有监督微调的过程。SDIAE 的详细过程如算法 4-1 所示。

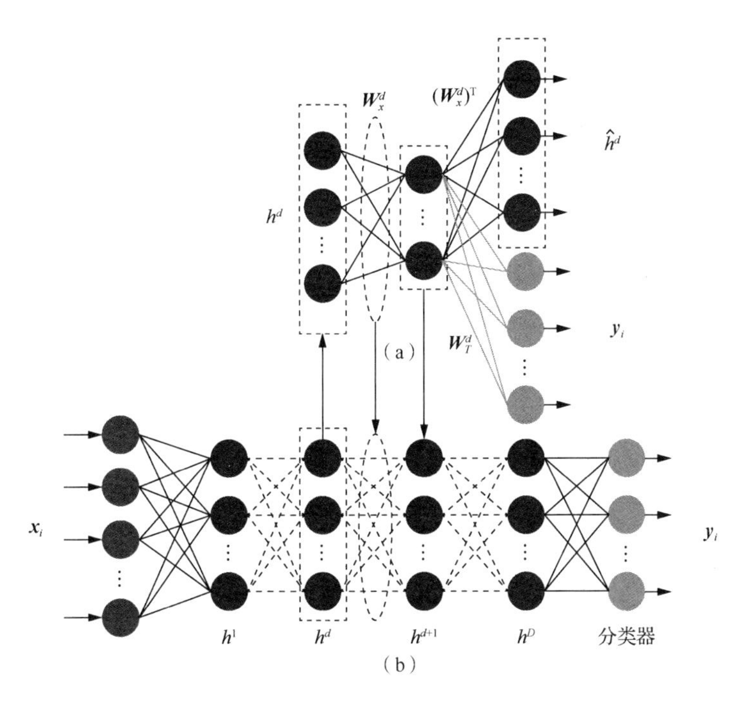

图 4-20　SDIAE 的结构图

（a）DIAE 网络结构；（b）多个 DIAE 堆叠形成的 Stacked DIAE 结构

算法 4-1　SDIAE 学习算法

Input：训练数据 $\{X,Y\}=\{x_i,y_i\}_{i=1}^{n}$，隐藏层层数 D，每一隐层神经元的个数 $\{m^j\}_{j=1}^{D}$

Output：隐层的权重向量 $W_X=\{W_X^i\}_{i=1}^{D}$，每一个隐层的输出 $\{H^i\}_{i=1}^{D}$

Begin：

计算 $H^0=X$；

for $i\leftarrow 1,D$ do

　　构建带有 m^i 个隐藏层神经元的 DIAE 网络；

　　随机初始化 W_X^i,W_T^i，初始化 L 为单位矩阵；

　　while $iter<\max\_iter$ do

　　　　用式（4-10）、式（4-11）、式（4-12），分别更新 W_X^i,W_T^i,L^i；

　　end while

　　利用 W_X^i 构建 DIAE 的第 i 层隐藏层；

　　利用公式 $H^i=g(H^{i-1}W_X^i)$ 计算 H^i；

　　$X^{i+1}\leftarrow H^i$；

end for

return W_X^i

4.3.3　实验结果分析

本节采用 CWRU 数据集对 SDIAE 算法进行效果验证。本节实验设置与 4.2.4 节一致，这里不再赘述。此处选取实验 1 进行结果分析，9 类健康状况如表 4-9 所示。

本次实验中，我们给出所提算法 SDIAE 和其他 10 种算法的对比结果。这 10 种算法分别是 SVM、OKL、MMSDE、SBELM、RF、CNN、SAE、DBN、SDAE 和收缩自编码器（contractive AE，CAE）[13]。前 9 种算法已在 4.2.4 节介绍，CAE 是另一种代表性的深度学习模型。SVM、OKL、SBELM 均采用 5 折交叉验证寻找最优参数，其中 SVM、OKL 的核函数均采用高斯核函数 $\kappa(x,x')=\exp\left(-\|x-x'\|^2/\sigma\right)$，这里 σ 表示核参数。对于 MMSDE，本节选取 MMSDE 计算得到 30 维特征，并采用 SVM 进行分类。SBELM 的隐层神经元个数设置为 120。RF 中，树的数量设置为 1000。SAE 的架构设计为[512, 200, 100, 9]，无监督预训练的迭代次数设置为 50，有监督微调的迭代次数设置为 300。CNN 的架构设置为 2 层卷积层、2 层池化层和 2 层全连接层，卷积层的卷积核设置为 5×5，滑动步长设置为[1,1]，池化层的池化核为 2×2，池化方式采用最大池化和 0 填充，两个全连接层的神经元分别为 16 和 9。算法迭代次数设置为 900。CAE 的网络架构设置为[512, 256, 128, 9]，无监督预训练的次数是 150 次，有监督微调的迭代次数设置为 2000。DBN 的网络架构设置为 5 层，每层的隐层神经元个数为[512, 512, 128, 64, 9]，批量设置为 50，反向传播次数设置为 400。SDAE 设置为 4 层网络结构，每层的隐神经元个数为[512, 200, 100, 9]，噪声水平设置为 0.02，无监督预训练次数设置为 50，有监督微调次数设置为 300。SDIAE 的网络框架设置为[512, 530, 9]，DIAE 的训练次数设置为 2000，Softmax 层训练次数设置为 800。图 4-21 所示为 11 种算法对轴承 9 种健康状态的诊断结果（训练精度及它们所花费的时间）。

从图 4-21（a）中可以明显看出，在实验 1 中，5 种传统算法的诊断结果（大约 60%）均比深度学习方法的诊断结果低 30%左右，这表明深度学习算法在轴承多种健康状态诊断中更具优势。其中，OKL 的准确性比其他 3 种浅层方法（SVM、SBELM 和 RF）更高，由此进一步证明了结构化预测的有效性。同时，我们也注意到 SDIAE 的诊断结果达到了 96.3%，比其他 10 种方法中最好的 SDAE 算法（95.01%）高出大约 1%，由此也验证了结构化预测对深度学习的推动效果。

另外，从图 4-21（b）中可以看出，传统的算法在训练时花费的时间更少，这是传统算法的优势，但是传统算法过分依赖特征的设计；深度算法中 CAE 花费的时间最短（15.12s），其次是 SDAE（32.22s），SDIAE 位于第三位（49.02s），原因在于，SDIAE 在特征提取阶段需要优化多个损失函数，导致其需要花费更多的时间进行训练，但从诊断结果上比较，SDAIE 比 CAE 的诊断结果（92.96%）高出了 3.34%，比 SDAE 高出了 1%，综合时间和诊断结果两方面来看，本节所提算法在花费时间不是很多的情况下达到了最高的诊断精度，因此更具有较好的实用价值。

为了验证所提算法的数值稳定性，此处选择 SDAE 和 SDIAE 做对比。运行两种算法各 50 次，并用 Kruskal-Wallis 检验进行检验，检验结果的 p 值，以及诊断结果均值和标准差如表 4-13 所示。可以看出，Kruskal-Wallis 检验的 p 值远小于 0.5，并且 SDIAE 的标准差 0.0031 小于 SDAE 的标准差 0.0075，这表明 SDIAE 的稳定性更为突出。这也进一步验证了结构化预测的优点：在深度学习模型中引入输出端的结构化信息能够有效地提高输出结果的稳定性。

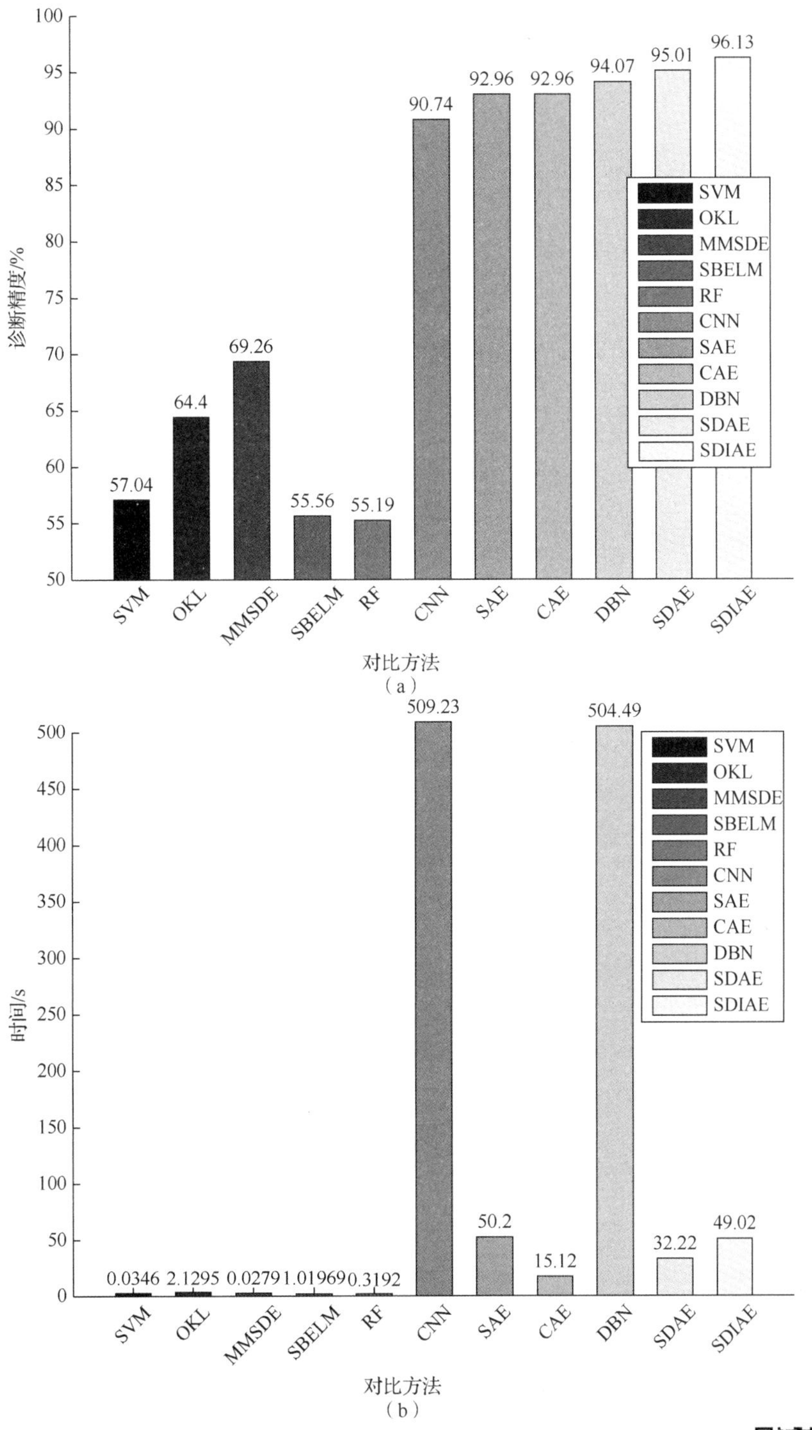

图 4-21　11 种算法对轴承 9 种健康状态的诊断结果

（a）诊断精度；（b）训练时间

表 4-13　SDIAE 和 SDAE50 次实验的诊断结果及对应 Kruskal-Wallis 检验的 p 值

方法	精度/%	标准差	p 值
SDAE	95.01	0.0075	—
SDIAE	96.13	0.0031	1.5233×10^{-9}

图 4-22 给出了 SDIAE 的迭代次数和精度盒图。具体实现上，设置 Softmax 层的训练次数为 50～1950，步长为 50，每次迭代重复执行 40 次，绘制出盒图。从图 4-22 中可以看出，SDIAE 在迭代次数达到 200 时达到最优，但精度离群点较多，随着迭代次数的增加，离群点逐渐减少，算法趋于稳定。

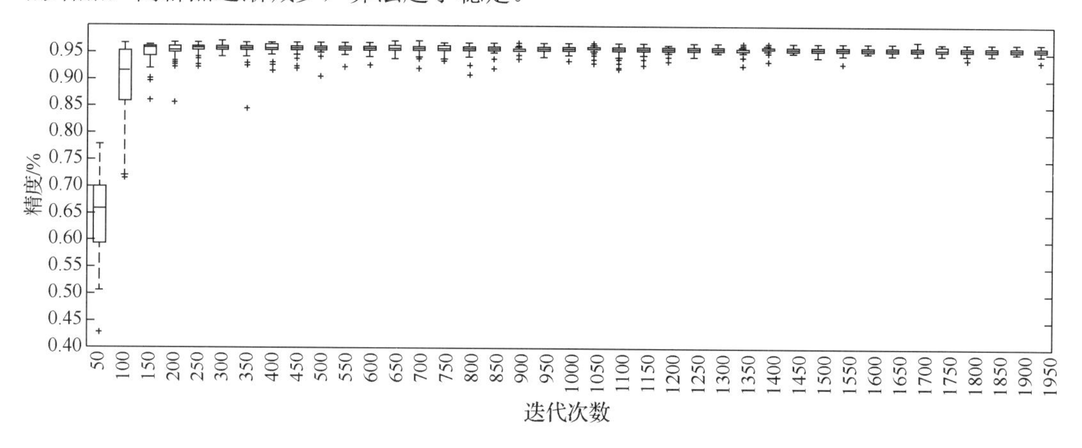

图 4-22　SDIAE 算法迭代次数和精度盒图

与图 4-12 类似，图 4-23 所示为实验 1 中 SDIAE 学习得到的对称矩阵 $\boldsymbol{L}$ 的可视化图。可视化方法采用 Matlab 中的 imagesc 函数，其中较小的数值映射为蓝色，蓝色越深表示 $\boldsymbol{L}$ 对应位置上的数值越小，反之，将较大的值映射为红色，红色越深表示对应位置上的数值越大。$\boldsymbol{L}$ 为对称矩阵，因此只需分析图中的下半部分。图 4-23 中对角线上的红色表示自相关信息，蓝色块表示轴承健康状态间的结构化信息。图中下半部分有两道蓝色块较重的区域，表示的是 1、4、7，2、5、8 和 3、6、9 这 3 组健康状态更为相关，这一点和图 4-24（a）的特征分布图较为一致（图 4-24 中坐标分别为 t-SNE 降维得到的前 3 维特征）。这也验证了 SDIAE 能够通过矩阵 $\boldsymbol{L}$ 挖掘并利用不同故障状态间的结构化关系。需要强调的是，矩阵 $\boldsymbol{L}$ 的作用在于改变 SDIAE 中的判别信息表示，如轴承原本相近的两种健康状态，通过矩阵 $\boldsymbol{L}$ 改变特征表示，使其分得更开（例如，对和状态 1 相近的状态 4、7，通过 $\boldsymbol{L}$ 对其赋予更低的权值），从而能够得到更具有判别性的深度特征。

为了理解 SDIAE 的性能优势，我们对不同方法得到的特征分布进行 t-SNE 绘图，如图 4-24 所示。整体上看，SDIAE 所得到的特征中，故障 H1、H4、H7 特征分布比较接近，而 H2、H5、H8 和 H3、H6、H9 更为接近，CAE 和 SDAE 也取得了类似的效果。同时可以看出，SDAE 所提特征已经具有较明显的可分性，而 SDIAE 特征的可区分性有明显增强，同时在特征空间分布上仍保持了数据原有的结构性。同时，从图 4-24（a）

可以看出，传统时频域 71 维特征存在明显的重叠，但仍然可以观察到，在故障类型不变的情况下，相同损伤尺度下不同载荷的轴承具有更强的相似性，在图 4-24（a）中表现为相对聚集在一起，如 H1、H4、H7 更倾向于聚集在一起，而具有相同载荷不同损伤尺度的轴承也具有很强的区分性，如 H1、H2、H3 区分明显。因此我们发现，相对于载荷，损伤尺度对轴承健康状态的区分性更加明显。从机器学习角度看，这些不同健康状态下的相似性是一种先验知识，可以作为模型优化的有益补充。图 4-23 从特征层面验证了 SDIAE 引入结构化信息的有效性。

此外，我们选取实验 1 中最难区分的健康状态 H1 和 H4，对不同方法提取的特征，利用 t-SNE 进行特征降维，并利用 LSVM 进行二分类，如图 4-25 所示。可以看出，SDIAE 提取特征可分性非常突出，即使采用线性分类器也可以获得良好的分类性能，这与图 4-24（d）保持一致。由此也验证了 SDIAE 在提高模型判别能力方面的优势。

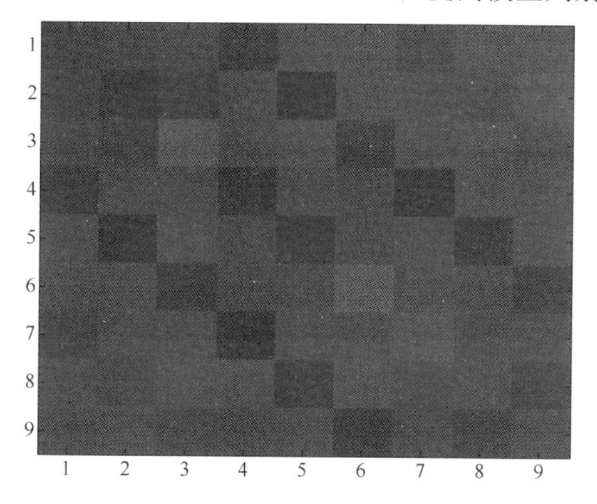

图 4-23　实验 1 中 SDIAE 学习得到的矩阵 $\boldsymbol{L}$ 的可视化图

注：图中坐标 1～9 表示表 4-8 中轴承的 9 类健康状态。

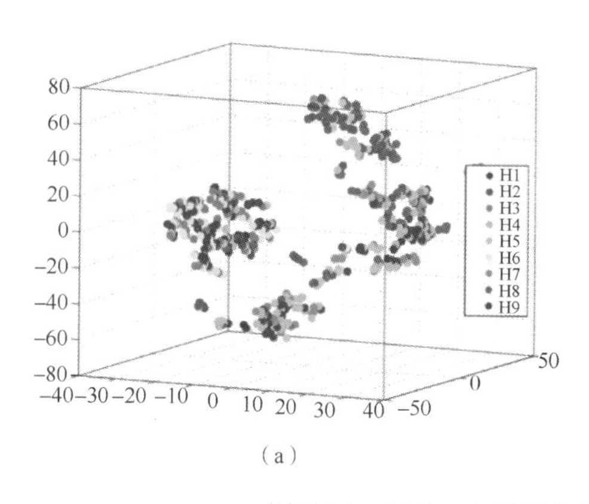

（a）

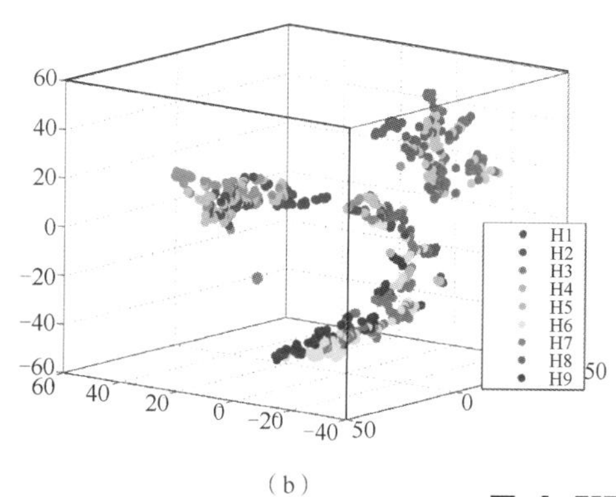

（b）

图 4-24　实验 1 中不同方法提取特征的 t-SNE 可视化图

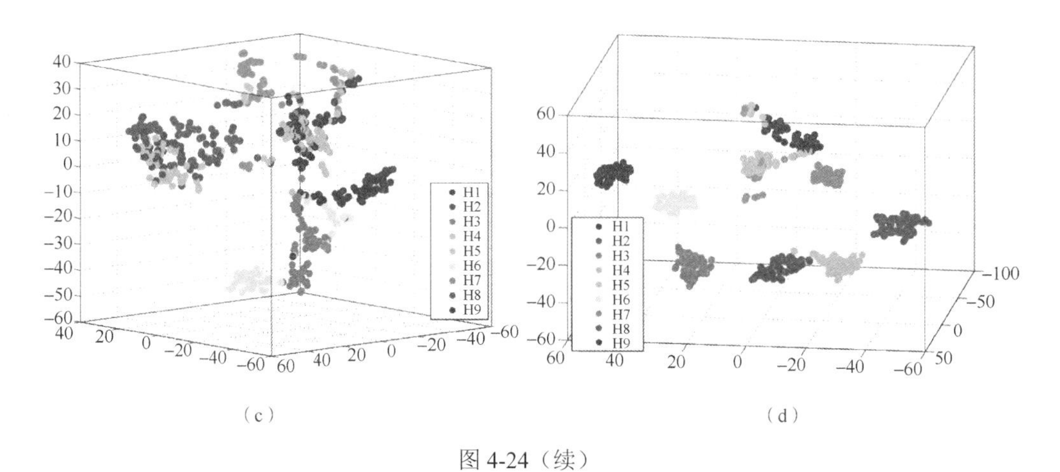

图 4-24（续）

（a）71 维时频域特征；（b）CAE 特征；（c）SDAE 特征；（d）SDIAE 特征

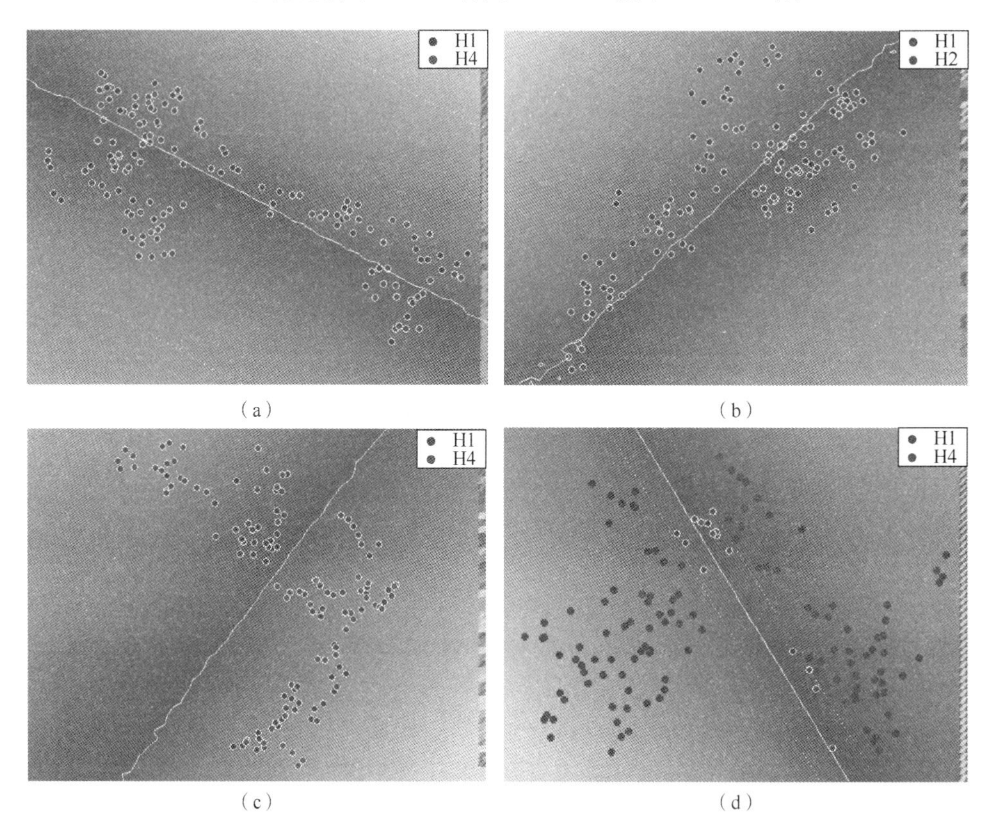

图 4-25　实验 1 中健康状态 H1 和 H4 的 LSVM 分类效果图

（a）基于 71 维时频域特征；（b）基于 CAE 特征；

（c）基于 SDAE 特征；（d）基于 SDIAE 特征

4.4 本 章 小 结

本章从结构化学习的角度，分别以特征结构化关系和输出结构化关系为出发点，构建了 3 类结构化故障诊断方法。其中，结构化特征选择可以作为一种通用的特征选择算法，既可以从传统统计特征中选择代表性特征，也适用于深度学习模型，有助于寻找特征之间的依赖关系，简化模型构建；而利用多个健康状态之间的结构化关系对现有深度学习模型进行优化，可以在确保诊断精度不降低的情况下，有效提升诊断模型的数值稳定性，尤其是故障类型较多的诊断问题，提升性能尤为明显，这对于实际工程应用会更有价值。需要强调的是，本章所给出的结构化学习的解决方案，是在机器学习理论上的深入研究，具有较好的普适性，可以通过一定的调整，应用于不同的基础算法模型。

参 考 文 献

[1] HAN L, ZHANG Y. Discriminative feature grouping[C]//Proceedings of the Twenty-Ninth AAAI Conference on Artificial Intelligence, Austin, 2015: 2631-2637.

[2] MAO W, XU W, LI Y. Sparse Feature Grouping based on L1/2 Norm Regularization[C]// IEEE 2018 Annual American Control Conference (ACC), Milwaukee, USA, 2018:1045-1051.

[3] DINUZZO F, ONG C, PILLONETTO G, et al. Learning output kernels with block coordinate descent[C]// Proceedings of the 28th International Conference on Machine Learning (ICML-11). 2011: 49-56.

[4] LI Y, YANG Y, LI G, et al. A fault diagnosis scheme for planetary gearboxes using modified multi-scale symbolic dynamic entropy and mRMR feature selection[J]. Mechanical Systems and Signal Processing, 2017, 91: 295-312.

[5] CERRADA M, ZURITA G, CABRERA D, et al. Fault diagnosis in spur gears based on genetic algorithm and random forest[J]. Mechanical Systems and Signal Processing, 2016, 70: 87-103.

[6] LUO J, VONG C, WONG P. Sparse Bayesian extreme learning machine for multi-classification[J]. IEEE Transactions on Neural Networks and Learning Systems, 2014, 25(4): 836-843.

[7] JIA F, LEI Y, LU N, et al. Deep normalized convolutional neural network for imbalanced fault classification of machinery and its understanding via visualization[J]. Mechanical Systems and Signal Processing, 2018, 110: 349-367.

[8] SHAO H, JIANG H, WANG F, et al. Rolling bearing fault diagnosis using adaptive deep belief network with dual-tree complex wavelet packet.[J]. Isa Transactions, 2017, 69: 187-201.

[9] SHAO H, JIANG H, ZHAO H, et al. A novel deep autoencoder feature learning method for rotating machinery fault diagnosis[J]. Mechanical Systems and Signal Processing, 2017, 95: 187-204.

[10] JIA F, LEI Y, GUO L, et al. A neural network constructed by deep learning technique and its application to intelligent fault diagnosis of machines[J]. Neurocomputing, 2017, 272: 619-628.

[11] 刘震坤. 基于支持向量数据描述的滚动轴承故障诊断方法研究[D]. 长沙：湖南大学，2012.

[12] MA W, QU H, GUI G, et al. Maximum correntropy criterion based sparse adaptive filtering algorithms for robust channel estimation under non-Gaussian environments[J]. Journal of the Franklin Institute, 2015, 352(7): 2708-2727.

[13] RIFAI S, VINCENT P, MÜLLER X, et al. Contractive auto-encoders: Explicit invariance during feature extraction[C]//28th International Conference on Machine Learning, Bellevue, 2011: 833-840.

第 5 章　在线学习与在线故障诊断

近年来，随着工业 4.0 技术的快速发展，在线场景下的故障诊断开始受到工业界的重视。2019 年，国际权威期刊 *Mechanical Systems and Signal Processing* 发布了以实时状态监控（real-time machine condition monitoring）为主题的专刊征稿[1]（该专题已于 2020 年 10 月正式出版），其中明确地指出了智能化在线故障诊断的重要性。这种诊断模式有助于实时评估轴承工作状态，避免因停机检查而产生延误，造成经济损失。需要说明的是，与过程控制等领域中“在线”特点有所不同，在线诊断并不强调绝对意义上的实时性。状态监测数据采集时通常有一定的间隔，因此，只需要在较短的时间内完成故障状态识别即可。由于数据贯序到达，传统故障诊断技术通常无法有效适应数据分布的变化，误诊和漏诊现象比较频繁。相对而言，在线诊断更应看重在线过程中模型的快速、自适应更新，重点在于解决在线贯序数据引发的各类模型偏差等问题，提高不停机场景下的故障诊断准确度和稳定性[2]。

鉴于此，本章以在线诊断中的不均衡分类、深度特征表示两个问题为代表，给出对应的在线诊断解决方案，研究主体在于依据在线数据的特点进行有效的特征提取和模型更新。而在第 6 章中，将重点解决在线场景下的早期故障检测问题。虽然早期故障检测被很多研究者归为故障诊断问题，但是本章考虑的早期故障在线检测问题更侧重于采用异常检测方法识别早期故障的发生与否，在第一时间检测退化状态的变化，因此，对这两类问题所采用的机器学习方法有着较大的不同，有必要分开进行阐述。

5.1　基于极限学习机的在线不均衡故障诊断

本节重点解决在线场景下的故障类型不均衡问题。现有研究对该问题关注较少，因此本节将该问题命名为在线贯序不均衡问题。具体而言，本节提出了一种基于极限学习机的在线不均衡分类方法。该方法从解决不均衡分类问题，包括离线和在线阶段。离线阶段主要对数据进行过采样和欠采样，用于建立初始分类模型；在线阶段，依据在线贯序到达的数据，更新主曲线和粒划分，采用动态均衡后的数据更新在线分类模型。该算法的核心在于采用粒划分保持原始数据的全局分布特性，采用主曲线提取在线贯序数据的流式分布特征，从而保证了虚拟样本的合成质量。本节从可靠性理论给出分析，证明本节算法虽然存在一定信息损失，但模型的可靠度具有下界，并给出了模型可靠度的定量分析，因此具有较好的实用价值。

5.1.1　引言

在实际应用中，受制造指标、测量限制等因素影响，状态监测数据中故障类型常以不均衡的状态存在，如正常状态数据远多于故障数据，或某种故障类型数据远多于其他类型故障数据。这种情况下，采用传统分类算法进行故障诊断时，易产生虚假结果[3]。例如，假设多类样本与少类样本的比例为 9∶1，即使所有少类样本均分类错误，只要所有多类样本分类正确，总体分类精度仍可以达到 90%。很明显，这个分类结果虽然高，但是并不可靠。由于在实际应用中，少类样本往往代表着重要的异常情况，对它们的准确识别反而更为重要，如将癌症病人误诊为健康状态造成的结果，比将正常人误诊癌症更为严重；将有故障的轴承识别为正常状态的危害要高于将正常状态轴承检测为故障。因此，提高不均衡故障诊断中少类样本的识别精度具有明确的学术价值和工程应用意义。

目前，不均衡分类方法主要分为基于数据的方法和基于算法的方法[4]。基于数据的方法主要包括对少类样本过采样和对多类样本的欠采样。合成少数类过采样技术 SMOTE[5]是一个广泛应用于不均衡分类问题的过采样方法，主要采用随机插值的方法合成虚拟样本，从而达到少类样本和多类样本的数量均衡。然而，对于少类样本而言，SMOTE 的随机插值法并不能有效确保样本的合成质量。为解决此问题，Ramento 等[6]提出一种基于粗糙集理论的 SMOTE 算法，利用子集的下近似操作，排除合成样本中不属于少类下近似的虚拟样本，以提高样本合成质量。Zeng 等[7]提出一种扩展 SMOTE 算法，通过在特征空间中合成新样本，克服不同空间处理训练样本潜在的样本不一致性，提高样本合成质量。为了提高少类样本的重要性，Gao 等[8]针对径向基函数，采用粒子群算法优化 SMOTE 的样本合成过程。基于该算法的方法主要关注传统算法的改进或设计新的分类算法。例如，尹军梅等[9]提出一种加权核费舍尔（Fisher）线性判别分析方法，通过调整样本的核协方差矩阵，优化类内离散度矩阵，调整权值来实现样本对分类器的影响，以减弱不平衡数据对分类器泛化能力的影响；Sun 等[10]在 AdaBoost 集成学习算法中引入惩罚项，对误分的少类样本进行惩罚，以提高分类器的判别能力。Xiong 等[11]将局部聚类策略与 AdaBoost 结合，用来调整样本集的均衡比例，继而采用改进的权值更新机制学习组合模型。上述方法分别从数据和分类器的角度提高了不均衡数据的分类性能。

然而，正如本章开始所提到的，实际应用中轴承的状态监控数据以在线贯序的方式采集。对于在线贯序不均衡问题，目前相关研究较少。根据文献调研，我们认为，解决该问题的关键点在于：①需要为在线分类问题选择一个合适的基准算法；②在构建均衡样本集时，应保持原始数据分布特性不变。对于第一个关键点，虽然 SVM 可以用于解决在线和增量式学习问题，但它主要用来解决小样本学习问题，当面向贯序到达的流数据时，SVM 需要反复、多次学习，计算代价较高。在线贯序极限学习机（online sequential extreme learning machine，OS-ELM）[12]建立在 ELM[13]基础上，在处理贯序到达的数据时表现出了良好的泛化性和快速的学习速度[14-15]。然而，当应用在不均衡程度较大的分类问题时，OS-ELM 的分类效果较差，尤其是少类样本的分类精度下降严重[16]。对于第二个关键点，Vong 等[17]采用直接复制样本的方式提高均衡程度，但其泛化能力的提升有限。因此，仍需要进一步优化算法形式，并对欠采样和过采样过程中的信息损失进行有效度量，以准确评估算法性能。

5.1.2 基于粒划分的在线不均衡分类

为提高算法的可读性，在描述算法细节之前，需要对所用到的主曲线、SMOTE 算法及粒计算做简要描述。

1. 主曲线

主曲线是高维欧式空间的一维流形表述，也是线性 PCA 的非线性推广[18]。主曲线具有如下优点：①可较好保存原有数据信息；②可有效表示数据的分布特性。由于上述优点，主曲线已经被成功应用于图像处理和字符识别等问题。本节选择主曲线的一种实现——K-曲线[18]提取在线贯序数据的流式分布特性。该算法步骤包括：

1）初始化 X 的第一主成分为初始曲线 $f^0(\lambda)$，设 $f=0$。

2）（投影步）对所有样本 $x\in R^d$（其中 d 表示 d 维空间），计算投影指标，即

$$\lambda_{f^{(j)}}(x)=\max\{t:\|x-f(\lambda)\|=\min_{\tau}\|x-f(\tau)\|\} \tag{5-1}$$

3）（期望步）定义 x 在 f 上的投影点为

$$f^{(j+1)}(\lambda)=E[X\mid\lambda_{f^{(j)}}(X=\lambda)] \tag{5-2}$$

4）如果 $1-\Delta(f^{(j+1)})/\Delta(f^{(j)})$ 小于预设阈值，则停止；否则，令 $j=j+1$，转到步骤 2）。其中 $\Delta(f^{(j)})$ 表示点 x 到曲线 f 的欧式平均距离。

2. SMOTE 算法

SMOTE[5]并非直接复制现有少类样本，而是在特征空间内，随机生成新的虚拟合成样本，实现过采样。主要流程如下[5]：

1）随机选择样本 $x_i=\{x_{i1},x_{i2},\cdots,x_{in}\}$ 的相邻样本 $x_j=\{x_{j1},x_{j2},\cdots,x_{jn}\}$，其中 n 为样本的属性个数。

2）计算第 m 个属性在样本 x_i 和 x_j 上的差分值 $\text{diff}_{ijm}=x_{im}-x_{jm}$。

3）计算合成样本的第 m 个属性值 $\text{newsample}_{ijm}=\text{rand}[0,1]\times\text{diff}_{ijm}$。

4）得到新的合成样本 newsample。

3. 粒计算

粒计算是一种对复杂信息进行细化的理论。粒是指通过相似关系、邻近关系或功能关系等所形成的信息块。通过粒计算可降低处理复杂问题的复杂性[19]。本质上讲，粒计算和聚类均为无监督学习，聚类过程的实质就是粒度的划分。因此，任何聚类算法均可用来划分粒度。对于样本集 $X=\{x_1,x_2,\cdots,x_N\}$，其中 x_i 为样本，N 为样本数，k 为粒度数量，则粒度划分的主要步骤如下[19]：

步骤 1　随机选择 k 个样本作为初始粒心。

步骤 2　计算各个样本到粒心的距离，并归到离该样本最近的粒心。

步骤 3　更新粒度的粒心，若粒心发生改变，则返回步骤 2，否则算法结束。

4. 本书算法的算法流程

（1）定义

算法首先给出若干定义。给定多类样本集 $D=\{(\boldsymbol{x}_i,t_i),i=1,2,\cdots,N\}$ 和 $D'=\{(\boldsymbol{y}_i,t_i),i=1,2,\cdots,N\}$，其中 $\boldsymbol{x}_i$ 和 $\boldsymbol{y}_i$ 均表示 m 维输入向量，t_i 为对应标签，若 $t_i=1$，则表示该样本为少类；若 $t_i=0$，则表示为多类样本。

定义 5-1（粒半径）　设样本集 D 经过粒划分，得到 m 个粒 $A=\{A_i\}_{i=1}^m$，A_i 中含有 n_i 个样本 $\{\boldsymbol{x}_j\}_{j=1}^{n_i}$，则粒 A_i 的半径为

$$R_i=\max_{x_j\in A_i}\left\{\left\|\boldsymbol{x}_j-o_i\right\|_2\right\} \tag{5-3}$$

式中，$\boldsymbol{x}_j$ 为 A_i 的第 j 个样本，o_i 为 A_i 的粒心坐标。

定义 5-2（TG-距离）　通过投影距离来计算样本的重要程度，即

$$\mathrm{TG-dis}(\boldsymbol{x}_i)=d_i*\left\|\boldsymbol{x}_i-o_i\right\|_2 \tag{5-4}$$

式中，d_i 为样本 $\boldsymbol{x}_i$ 到主曲线的投影距离。

定义 5-3（粒密度）[20]　用来表示粒内样本的聚集程度，该密度与粒内包含的样本个数成正比，与粒内所有样本到粒心的平均距离成反比，定义如下：

$$\mathrm{density}(k)=\frac{n_k^{\ 2}}{\sum_{j=1}^{n_k}\left\|\boldsymbol{x}_j-o_k\right\|_2} \tag{5-5}$$

式中，o_k 为第 k 个粒的粒心；n_k 为该粒含有的样本数量。

定义 5-4（剩余样本）　剩余样本是指任意一个粒中，经过欠采样后保留的样本，其数量与粒密度和粒心到主曲线的投影距离有关：

$$h_k=\left\lceil\frac{\mathrm{density}(k)\times D_k\times h_{\mathrm{all}}}{\sum_{i=1}^{m}\left(\mathrm{density}(i)\times D_i\right)}\right\rceil \tag{5-6}$$

式中，h_{all} 为多类保留样本或少类生成样本的总量；D_k 为第 k 个粒到主曲线的投影距离。

在所有样本中，粒心是最具有价值的样本，样本越靠近粒心，价值越高。此外，由于主曲线可有效提取数据的流式分布，因此，越靠近主曲线的样本包含的有效信息越多。由此可知，样本的重要程度与样本到粒心的距离及样本到主曲线的投影距离相关。

定义 5-5（样本权重）　样本权重用来表征样本的重要性，由上述分析可知，样本权重与样本到粒心的距离成反比，与样本到主曲线的投影距离成反比：

$$w_i=1-\frac{d_i}{\sum_{j=1}^{N}d_j}\times\frac{\left\|\boldsymbol{x}_j-o_k\right\|_2}{R_i} \tag{5-7}$$

式中，$\sum_{j=1}^{N}d_j$ 为所有样本到主曲线的和；R_i 为样本 x_i 所属粒的半径。

（2）初始离线阶段

首先，利用主曲线对原始的不均衡数据进行重构，得到新的均衡样本集，用来构建初始分类模型，具体做法如下：基于主曲线，分别构建多类样本和少类样本的置信区域和非置信区域；在此基础上，进行粒度划分，从多类样本的粒内随机挑选包括粒心在内的部分多类样本，实现多类样本的欠采样；在少类样本的粒内，应用 SMOTE 算法随机生成虚拟合成样本，实现少类样本的过采样。可信区域内的数据价值更高，所以可信区域内的多类样本削减幅度将低于非可信区域，而可信区域内的少类样本扩充幅度需大于非可信区域。故此，在最终获得的均衡样本集中，可信区域内的样本数量将多于非可信区域内的样本。主曲线代表数据的流式分布特性，距离主曲线近的数据价值相对较大，因而采用主曲线构建可信区域，可以较好地保留价值大的样本，同时又可保证虚拟数据的数据分布与原始分布保持近似一致。

上述思路分为 4 步：①构建主曲线，划分数据的分布区域；②进行粒划分，根据粒划分结果，计算各个粒包含的样本数量；③对多类样本和少类样本分别进行欠采样和过采样，构建均衡数据集；④训练分类器，建立离线模型。具体步骤如下：

1）根据主曲线，划分多类和少类的置信区间和非置信区间。对给定的初始训练样本集 $\aleph=\{(\boldsymbol{x}_i,t_i),i=1,2,\cdots,N\}$，利用式（5-1）和式（5-2）构建主曲线 C_1 和 C_0，其中 C_0 为多类样本的主曲线，C_1 为少类样本的主曲线。同时设置上下阈值 λ_1 和 λ_2，根据阈值分别得到以主曲线为中心的多类和少类样本带状置信区域，其余区域为非置信区间。

2）对多类样本和少类样本进行粒划分，计算每个粒欠采样和过采样之后应包含的样本数量。应用 K-means 算法[21]分别把训练样本中的多类和少类样本划分为一定数量的粒。根据式（5-6）计算置信区域和非置信区域内每个粒需要保留的样本个数。

3）对多类样本进行过采样，对少类样本进行欠采样。对多类样本，过采样时保留每个粒心的样本和其他部分样本点，得到样本集 D_1；对于少类样本，采用 SMOTE 算法合成新的虚拟样本，并把虚拟样本和原始少类样本合并成新的少类样本集 S_1。合并 D_1 和 S_1，得到新的均衡样本集 $Z=\{(\boldsymbol{x}_i,t_i),i=1,2,\cdots,n\}$。

4）建立初始分类模型。

给定隐层激活函数 $g(x)$ 和神经元个数 L，随机初始化权值 w_i 和偏置 b_i，$i=1,2,\cdots,N_0$，计算隐层输出矩阵[12]：

$$\boldsymbol{H}_0=\begin{bmatrix} h(\boldsymbol{x}_1) \\ h(\boldsymbol{x}_2) \\ \vdots \\ h(\boldsymbol{x}_{N_0}) \end{bmatrix}=\begin{bmatrix} g(w_1\cdot\boldsymbol{x}_1+b_1) & \dots & g(w_L\cdot\boldsymbol{x}_1+b_L) \\ g(w_1\cdot\boldsymbol{x}_2+b_1) & \dots & g(w_L\cdot\boldsymbol{x}_2+b_L) \\ \vdots & & \vdots \\ g(w_1\cdot\boldsymbol{x}_{N_0}+b_1) & \dots & g(w_L\cdot\boldsymbol{x}_{N_0}+b_L) \end{bmatrix} \tag{5-8}$$

式中，$\boldsymbol{T}_0=[t_1\ t_2\cdots t_{N_0}]^{\mathrm{T}}$ 为输出向量，最终得到输出权值为

$$\boldsymbol{\beta}_0=\boldsymbol{H}_0^{\dagger}\boldsymbol{T}_0 \tag{5-9}$$

$$\boldsymbol{H}_0^{\dagger}=(\boldsymbol{H}_0^{\mathrm{T}}\boldsymbol{H}_0)^{-1}\boldsymbol{H}_0^{\mathrm{T}} \tag{5-10}$$

令 $P_0=(\boldsymbol{H}_0^{\mathrm{T}}\boldsymbol{H}_0)^{-1}$，式（5-10）可写为 $\boldsymbol{H}_0^{\dagger}=P_0\boldsymbol{H}_0^{\mathrm{T}}$。同时，设 $k=0$。

具体步骤如图 5-1 所示，其中 A～D 分别代表多类样本置信区域和非置信区域内高密度和低密度的粒，E～H 代表少类样本相应的粒。从图 5-1 中可以清晰看到上述样本均衡前后粒的变化效果。

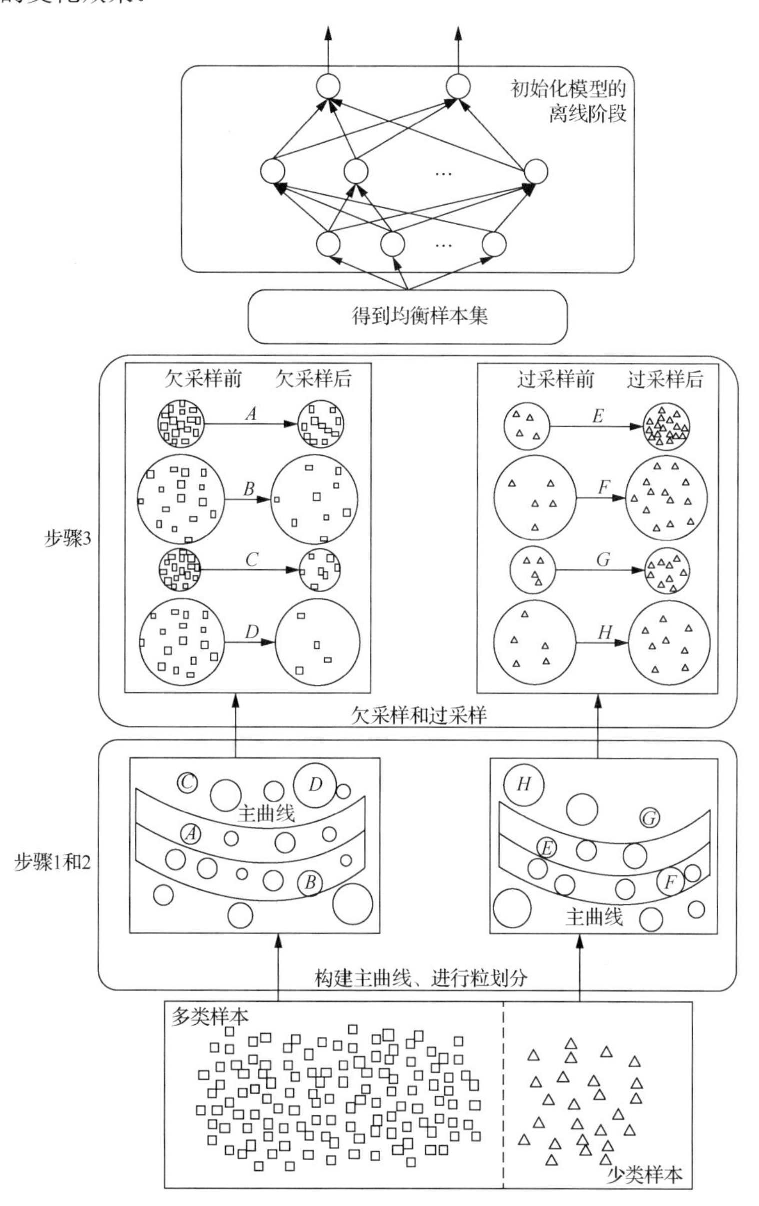

图 5-1　离线阶段流程图

（3）在线贯序阶段

设第 $k+1$ 个样本块 $\Delta_{k+1}=\{(x_i,t_i)\,|\,i=N_k+1,N_k+2,\cdots,N_k+\mathrm{Block}\}$ 贯序到达，其中 Block 表示样本块 Δ_{k+1} 的样本数量，N_k 表示已到达的样本数量。新到达的样本块根据标

签t_i分为两部分：少类样本集Δ_s和多类样本集Δ_d。

与离线阶段相似，在线阶段也分为4个步骤：

1）依次将各样本放入对应的粒中，并计算欠采样或者过采样后应包含的样本数量。

对多类样本集Δ_d中的每个样本，计算到各个粒心的距离，并选择距离最近的粒放入样本，然后根据此时每个粒的密度和粒内样本的个数，利用式（5-6）计算欠采样和过采样后粒内应包含的样本个数h_{di}。少类样本采用同样的方法处理。

2）对多类样本进行过采样，对少类样本进行欠采样。

采用和离线阶段同样的操作，在相应的粒内，分别减少多类样本的个数和补充合成样本后的少类样本的个数，构建新的多类样本集Δ'_d和少类样本Δ'_s。两个集合的样本数量应基本一致。

3）重构主曲线，更新粒划分。

对所获得的多类和少类样本集合，首先删除多类样本集中最早到达的样本，然后重构主曲线，并重新进行粒划分。把新得到的两个样本集Δ'_s和Δ'_d与此前的样本集合并，获得新的均衡样本集$\Delta'=\{(\boldsymbol{x}_i,t_i)\,|\,i=1,2,\cdots,h_{dall}\}$。

4）更新模型。

此时Δ'对应的神经元矩阵为$\boldsymbol{H}_{\Delta'}=[\boldsymbol{h}_{k+N_0+1}\ \boldsymbol{h}_{k+N_0+2}\cdots\boldsymbol{h}_{h_{dall}}]$，隐层输出矩阵为$\boldsymbol{H}_{k+1}=[\boldsymbol{H}_k^{T}\ \boldsymbol{H}_{\Delta'}^{T}]^{T}$，动态更新网络权值得到[12]

$$\boldsymbol{\beta}_{k+1}=\boldsymbol{H}_{k+1}^{\dagger}\boldsymbol{T}_{k+1} \tag{5-11}$$

其中，输出向量为$\boldsymbol{T}_{k+1}=[\boldsymbol{T}_k^{T}\ \boldsymbol{T}_{\Omega}^{T}]^{T}$，且有

$$\boldsymbol{H}_{k+1}^{\dagger}=(\boldsymbol{H}_{k+1}^{T}\boldsymbol{H}_{k+1})^{-1}\boldsymbol{H}_{k+1}^{T} \tag{5-12}$$

令$\varGamma_{k+1}=(\boldsymbol{H}_{k+1}^{T}\boldsymbol{H}_{k+1})^{-1}$，则有

$$\boldsymbol{H}_{k+1}^{\dagger}=\varGamma_{k+1}\boldsymbol{H}_{k+1}^{T} \tag{5-13}$$

由于存在：

$$\boldsymbol{H}_{k+1}^{T}\boldsymbol{H}_{k+1}=[\boldsymbol{H}_k^{T}\ \boldsymbol{H}_{\Delta'}^{T}][\boldsymbol{H}_k^{T}\ \boldsymbol{H}_{\Delta'}^{T}]^{T}=\boldsymbol{H}_k^{T}\boldsymbol{H}_k+\boldsymbol{H}_{\Delta'}^{T}\boldsymbol{H}_{\Delta'} \tag{5-14}$$

可得

$$\varGamma_{k+1}^{-1}=\varGamma_k^{-1}+\boldsymbol{H}_{\Delta'}^{T}\boldsymbol{H}_{\Delta'} \tag{5-15}$$

最后根据谢尔曼-莫里森（Sherman-Morrison）矩阵求逆定理对式（5-15）两端求逆，得到$\varGamma_{k+1}$的递推表达式为

$$\varGamma_{k+1}=(\varGamma_k^{-1}+\boldsymbol{H}_{\Delta'}^{T}\boldsymbol{H}_{\Delta'})^{-1}=\varGamma_k-\frac{\varGamma_k\boldsymbol{H}_{\Delta'}^{T}\boldsymbol{H}_{\Delta'}\varGamma_k}{\boldsymbol{I}+\boldsymbol{H}_{\Delta'}\varGamma_k\boldsymbol{H}_{\Delta'}^{T}} \tag{5-16}$$

因此，$\varGamma_{k+1}$可在$\varGamma_k$的基础上快速计算得到，从而减少计算代价，简化计算过程。将式（5-16）代入式（5-13），可得$\boldsymbol{H}_{k+1}^{\dagger}$，并更新权值$\boldsymbol{\beta}_{k+1}$。

在线不均衡故障诊断整体流程图如图5-2所示。

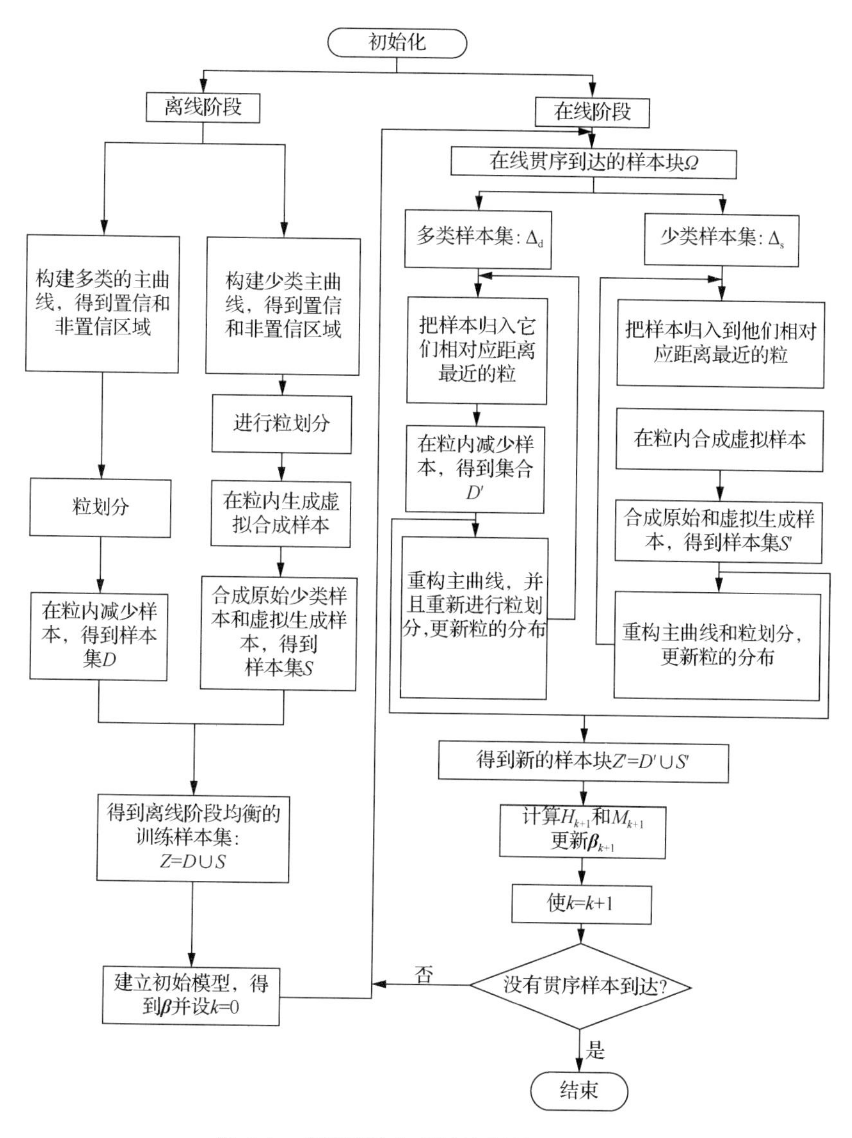

图 5-2　在线不均衡故障诊断整体流程图

5.1.3　可靠性理论分析

假设贯序到达的不平衡数据块中多类样本数为N，每个粒需要随机选取包括粒心在内的多类样本数为n，即多类数据块从原本集合$D=\{(\boldsymbol{x}_i,t_i),i=1,2,\cdots,N\}$中欠采样为$D_1=\{(\boldsymbol{x}_i,t_i),j=1,2,\cdots,n\}$。根据上述算法过程可知，虽然利用主曲线和粒划分进行均衡后的数据符合样本固有分布特性，但是由于采样过程中删减了部分多类样本，将会产生一定的信息损失。

假设对每次贯序到达的多类样本删减的样本集合为

$$\Phi=\{(\boldsymbol{x}_i,t_i),j=1,2,\cdots,N-n\}$$

其中，样本$\boldsymbol{x}_i$的权重为w_i，则损失样本集合的总的权重和为

$$w=\sum_{i=1}^{N-n}w_i=\sum_{i=1}^{N-n}\left(1-\frac{d_i}{\sum_{j=1}^{N}d_j}\times\frac{\left\|\boldsymbol{x}_i-o_i\right\|_2}{R_i}\right)=(N-n)-\sum_{i=1}^{N-n}\left(\frac{d_i}{\sum_{j=1}^{N}d_j}\times\frac{\left\|\boldsymbol{x}_i-o_i\right\|_2}{R_i}\right)$$

而贯序到达的多类样本数为 N 的数据块的误分率为

$$p=\sum_{i=1}^{N-n}w_i=(N-n)-\sum_{i=1}^{N-n}\left(\frac{d_i}{\sum_{j=1}^{N}d_j}\times\frac{\left\|\boldsymbol{x}_i-o_i\right\|_2}{R_i}\right)$$

假设与在线损失样本集对应的是离线多类样本点 D' 的子集为

$$\phi=\{(\boldsymbol{y}_i,t_i),j=1,2,\cdots,N-n\}$$

其中，样本 $\boldsymbol{y}_i$ 的权重为 w_i'，所属粒的粒心为 o_i'，半径为 R_i'，则损失样本的总的权重和为

$$w'=\sum_{i=1}^{N-n}w_i'=\sum_{i=1}^{N-n}\left(1-\frac{d_i'}{\sum_{j=1}^{N}d_j'}\times\frac{\left\|\boldsymbol{y}_i-o_i'\right\|_2}{R_i'}\right)=(N-n)-\sum_{i=1}^{N-n}\left(\frac{d_i'}{\sum_{j=1}^{N}d_j'}\times\frac{\left\|\boldsymbol{y}_i-o_i'\right\|}{R_i'}\right)$$

相应的误分率为

$$p'=(N-n)-\sum_{i=1}^{N-n}\left(\frac{d_i'}{\sum_{j=1}^{N}d_j'}\times\frac{\left\|\boldsymbol{y}_i-o_i'\right\|}{R_i'}\right)$$

首先，给出本节所提在线不均衡分类模型的可靠性具有下界的理论证明。

定理 5-1 上述欠采样过程中，贯序到达的数据块中多类样本数为 N，误分类的多类样本数为 L，模型的二分类结果服从二项式分布，且模型的误分率 $p=\sum_{i=1}^{N-n}w_i=(N-n)-\sum_{i=1}^{N-n}\left(\frac{d_i}{\sum_{j=1}^{N}d_j}\times\frac{\left\|\boldsymbol{x}_i-o_i\right\|_2}{R_i}\right)$，在给定的置信度为 α 的条件下，当模型的可靠度下限的求解公式为 $\sum_{r=0}^{L}\binom{N}{r}R_L^{N-r}(1-R_L)^r=1-\alpha$ 时，则模型可靠度 R_L 存在下界，且该下界仅与 TG-距离有关。

证明：由于贯序到达的样本块大小固定，粒划分后样本所属粒的半径也是确定的，N 个样本到主曲线的投影距离的和即为定值，所属粒的半径的和也为定值。令 $\sum_{j=1}^{N}d_j=S_1$，$\sum_{j=1}^{N}R_j=S_2$，且 $\sum_{j=1}^{N-n}R_j\leqslant\sum_{j=1}^{N}R_j$，则有

$$\sum_{i=1}^{N-n}\left(R_i\sum_{j=1}^{N}d_j\right)=\sum_{j=1}^{N}d_j\left(\sum_{i=1}^{N-n}R_i\right)\leqslant\sum_{j=1}^{N}d_j\left(\sum_{i=1}^{N}R_i\right)=S_1\times S_2 \tag{5-17}$$

由此可得

$$
\begin{aligned}
p &= (N-n) - \sum_{i=1}^{N-n}\left(\frac{d_i}{\sum_{j=1}^{N} d_j} \times \frac{\left\|\boldsymbol{x}_i - o_i\right\|_2}{R_i}\right) \\
&\leqslant (N-n) - \frac{\sum_{i=1}^{N-n}\left(d_i\left\|\boldsymbol{x}_i - o_i\right\|_2\right)}{\sum_{i=1}^{N-n}\left(R_i \times \sum_{j=1}^{N} d_j\right)} \\
&\leqslant (N-n) - \frac{1}{S_1 \times S_2}\sum_{i=1}^{N-n}\left(d_i\left\|\boldsymbol{x}_i - o_i\right\|_2\right)
\end{aligned} \tag{5-18}
$$

因此，可进一步求得

$$
\begin{aligned}
L &= N \times p \\
&\leqslant N \times \left[(N-n) - \frac{1}{S_1 \times S_2}\sum_{i=1}^{N-n}\left(d_i\left\|\boldsymbol{x}_i - o_i\right\|_2\right)\right]
\end{aligned} \tag{5-19}
$$

根据可靠度的定义，给定置信度 α，模型可靠度的下界为

$$
\sum_{r=0}^{L}\binom{N}{r} R_L^{N-r}(1-R_L)^r = 1-\alpha \tag{5-20}
$$

当 α 确定时，L 与 R_L 呈负相关，L 存在上限的同时可靠度 R_L 存在下界，且由式（5-19）可知，R_L 仅与TG-距离和 $\sum_{i=1}^{N-n}\left(d_i\left\|\boldsymbol{x}_i - o_i\right\|_2\right)$ 有关，该值越大，L 越小，可靠度 R_L 的下界越大。

定理 5-2　设与在线阶段相对应的离线阶段的模型误分率为 $p' = (N-n) - \sum_{i=1}^{N-n}\left(\frac{d_i'}{\sum_{j=1}^{N} d_j'} \times \frac{\left\|\boldsymbol{y}_i - o_i'\right\|_2}{R_i'}\right)$，给定置信度 α，当模型的可靠度下限的计算公式为 $\sum_{r=0}^{L'}\binom{N}{r} R_{L'}^{N-r}(1-R_{L'})^r = 1-\alpha$ 时，则模型可靠度 $R_{L'}$ 存在下界，且仅与TG-距离有关。

证明：同定理 5-1，设有 N 个样本投影到主曲线上，则投影距离的总和是定值，对应粒的半径总和也为定值，令 $\sum_{j=1}^{N} d_j' = S_1'$，$\sum_{j=1}^{N} R_j' = S_2'$，且 $\sum_{i=1}^{N-n}\left(R_i'\sum_{j=1}^{N} d_j'\right) = S_1' \times S_2'$。

同定理 5-1，可得

$$
p' \leqslant (N-n) - \frac{1}{S_1' \times S_2'}\sum_{i=1}^{N-n}\left(d_i'\left\|\boldsymbol{y}_i - o_i'\right\|_2\right) \tag{5-21}
$$

$$
\begin{aligned}
L' &= N \times p' \\
&\leqslant N \times \left[(N-n) - \frac{1}{S_1' \times S_2'}\sum_{i=1}^{N-n}\left(d_i'\left\|\boldsymbol{y}_i - o_i'\right\|_2\right)\right]
\end{aligned} \tag{5-22}
$$

则根据可靠度的定义，当 α 确定时，L' 与 $R_{L'}$ 呈负相关，L' 存在上界的同时，可靠

度 $R_{L'}$ 存在下界，且由式（5-22）可知，可靠度 $R_{L'}$ 仅与 TG-距离和 $\sum_{i=1}^{N-n}\left(d_i'\left\|\boldsymbol{y}_i-o_i'\right\|_2\right)$ 有关，该值越大，L' 越小，可靠度 $R_{L'}$ 的下界越大。

根据上述定理可知，在欠采样过程中，删减样本的 TG-距离之和趋近于无穷大的极端情况下，误分类的个数为 0，则该模型的可靠度为 1，意味着所删减的样本对分类不存在任何影响。TG-距离无穷大，意味着样本到主曲线的投影距离趋近于无穷大、或者到粒心的距离趋近于无穷大，此时删减该样本所引发的信息损失则趋近于无穷小，样本的有用信息则得以全部保留，误分类的个数为 0，这与上述两个定理的结论一致。

定理 5-1 和定理 5-2 说明了本节所提算法通过重构样本集，可以有效避免欠采样过程中损失过多的有用信息，从理论上证明了本节所提算法的合理性。根据作者文献调研，定理 5-1 和定理 5-2 也是机器学习立论中关于不均衡分类模型可靠性的首个量化评价指标。

5.1.4　实验结果分析

本节采用 IMS 轴承数据集和 CWRU 轴承数据集进行对比实验，数据集的相关介绍见第一章。对于 IMS 数据集，选择第 1 小时的振动信号作为正常状态数据，选择两个记录最后时刻信号作为内圈故障和滚动体故障数据，最终得到正常状态、外圈故障和滚动体故障等 3 种健康状态数据。对于 CWRU 数据集，选择正常状态、内圈故障、外圈故障和滚动体故障等 4 种健康状态数据，采样频率选择 12kHz，负载为 0hp，内圈和外圈故障半径为 0.007in，外圈故障为 0.014in。

本节选择 SVM、ELM[13]、OSELM[12]和 MC-OSELM[17]进行比对，其中 MC-OSELM 是一种专门针对不均衡问题的极限学习机算法，其处理不均衡数据的策略是对少类样本进行一定程度的重复复制。本节所提算法称为粒划分（OS-ELM with granulation division，GD-OSELM）。由于 ELM 类算法需要随机初始化权重，因此，本节实验结果取每个算法重复运行 50 次的平均值。

1. IMS 数据集实验结果

为了验证不均衡数据对分类效果的影响，本节首先采用 EMD 和小波包分解（WPT）提取原始信号的特征。EMD 和 WPT 的详细描述见第 3 章。我们选择 IMS 数据中的正常状态信号和外圈故障信号进行 EMD 分解，得到 8 个 IMF 分量。对信号进行 3 层小波包分解，得到 8 个子频带。利用所提取到的特征，绘制 IMS 和 CWRU 数据不同健康状态特征的分布，如图 5-3 所示。由于空间限制，图 5-3（a）中 x 轴和 y 轴分别是 IMS 数据的 EMD 第 1 个 IMF 分量和 WPT 的第 4 个子频带系数，图 5-3（b）是 CWRU 数据的 EMD 第 2 个 IMF 分量和 WPT 的第 1 个子频带系数。可以看出，相同类型的特征大多聚集在一起，不同状态数据的特征存在较明显的可分性。

从图 5-3 中选择 IMS 正常和滚动体故障两类，采用 SVM 构建分类面，如图 5-4（a）所示。由于该问题是线性可分的，分类面正好穿过两类的中间。我们随机抽取 20%正常状态样本，再次构建 SVM 分类面，如图 5-4（b）所示，可以看到，分类面会向故障方向偏移，这就会导致新的少类样本（故障数据）容易被误识别为多类样本（正常状态）。

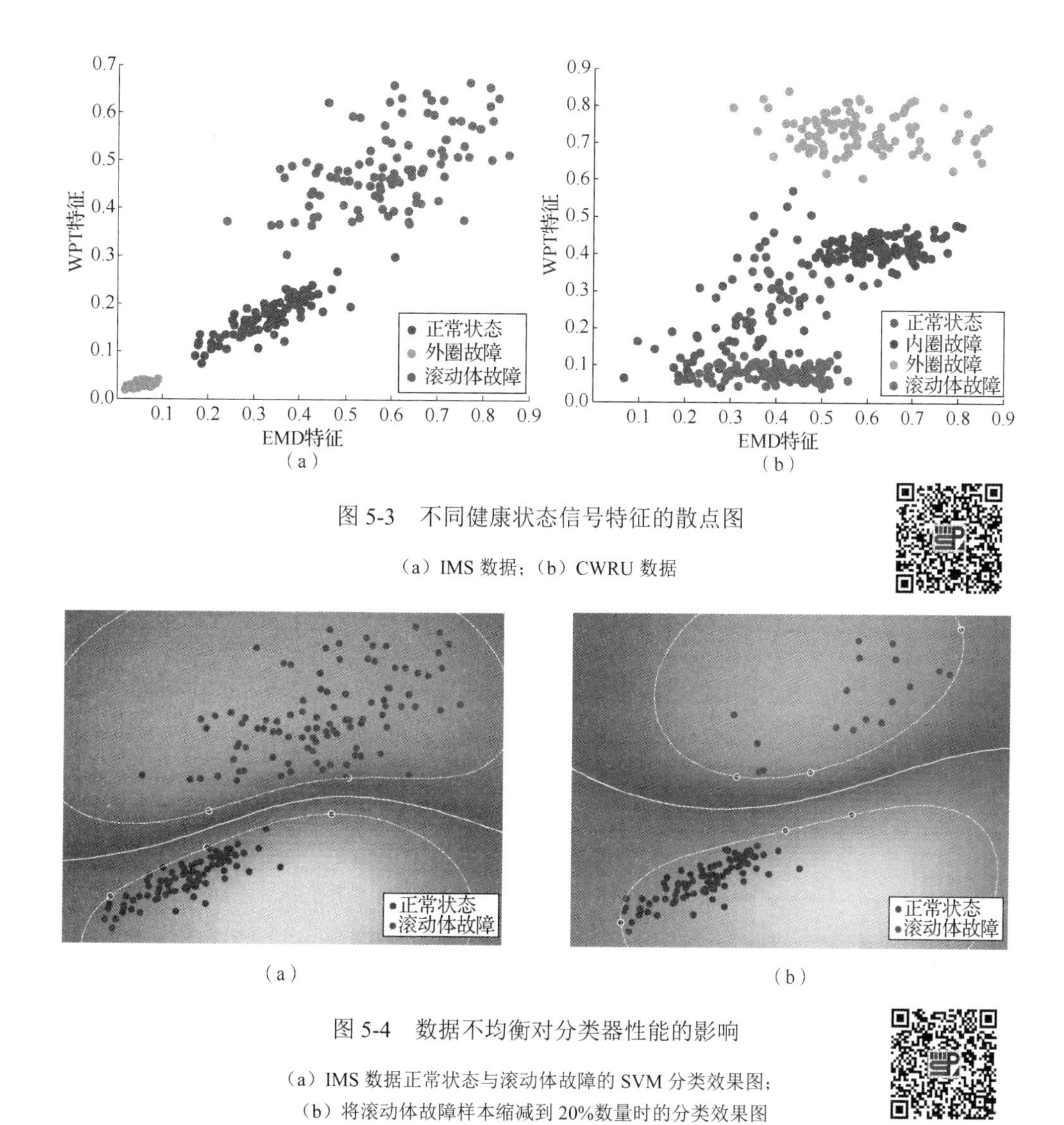

图 5-3　不同健康状态信号特征的散点图

（a）IMS 数据；（b）CWRU 数据

图 5-4　数据不均衡对分类器性能的影响

（a）IMS 数据正常状态与滚动体故障的 SVM 分类效果图；
（b）将滚动体故障样本缩减到 20%数量时的分类效果图

接下来测试不同数据比例情况下的实验效果。首先选择 IMS 数据集外圈故障的训练和测试样本，训练集由 3000 个正常样本和 600 个外圈故障样本组成，不均衡比例为 5∶1，测试集包括正常和外圈故障样本各 2000 个。对滚动体故障检测采用同样的方法得到训练和测试数据。

在离线阶段，对两种故障的训练样本分别构建主曲线，如图 5-5 所示。根据所得到的主曲线，在多类和少类样本区域设置不同的置信区域和非置信区域，分别进行欠采样和过采样，得到两个重构的均衡样本集，样本信息见表 5-1。

设定隐层激活函数为 RBF 函数，隐层节点数设为 45。实验结果取重复运行 50 次的平均值，最终 5 种模型的性能比较情况如表 5-2 和表 5-3 所示。

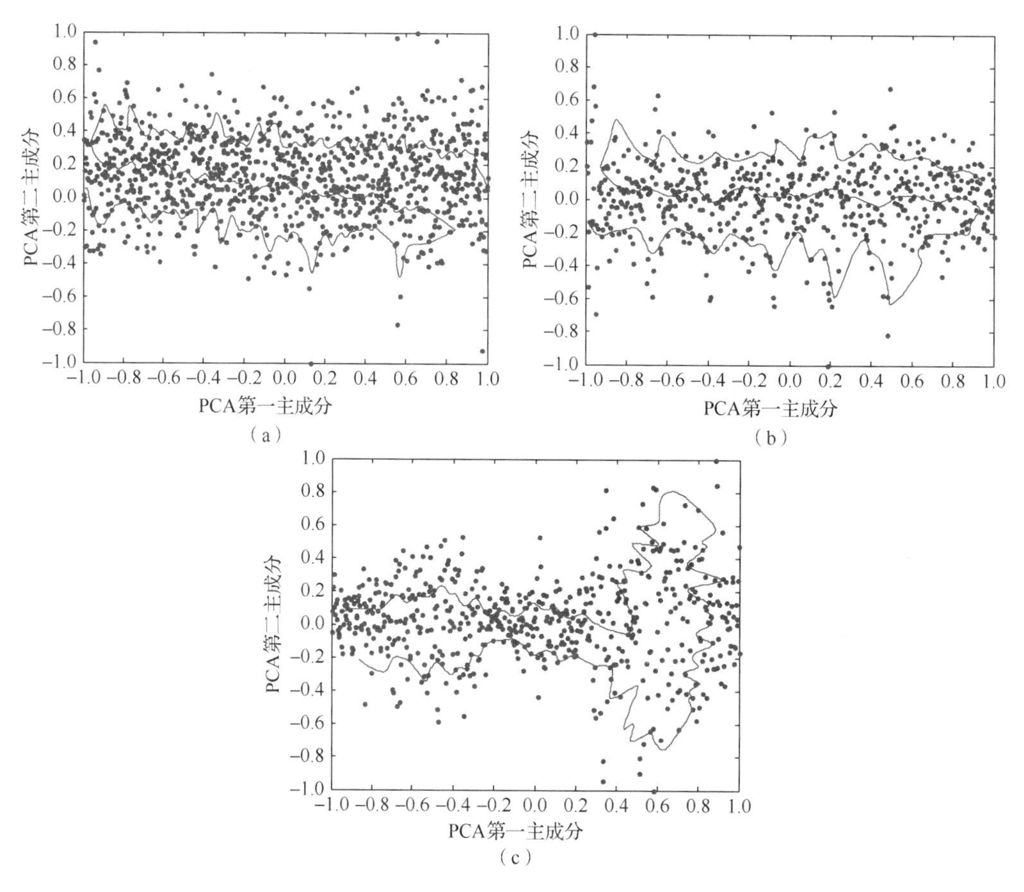

图 5-5　不同数据的主曲线

(a) 正常状态样本；(b) 外圈故障样本；(c) 滚动体故障样本

表 5-1　利用主曲线处理前后的训练数据和测试数据的样本数量

数据集	不均衡比例	训练数据				测试数据	
		平衡之前		平衡之后			
		多类	少类	多类	少类	多类	少类
IMS 外圈故障	5.00∶1	3000	600	1831	1822	2000	2000
IMS 滚动体故障	5.00∶1	3000	600	1845	1813	2000	2000

表 5-2　IMS 数据外圈故障诊断实验的对比结果

方法	SVM	ELM	OSELM	MC-OSELM	GD-OSELM
少类训练精度/%	0.7833	0.8125	0.8425	0.9071	0.5566
多类训练精度/%	1.0000	1.0000	1.0000	1.0000	1.0000
少类测试精度/%	0.8210	0.8131	0.8366	0.8728	0.9127
多类测试精度/%	1.0000	1.0000	1.0000	1.0000	1.0000
整个训练精度/%	0.9803	0.9830	0.9857	0.9915	0.8452
整个测试精度/%	0.9105	0.9065	0.9183	0.9364	0.9564
G_mean 值	0.9061	0.9016	0.9146	0.9339	0.9554

表 5-3　IMS 数据滚动体故障诊断实验的对比结果

方法	SVM	ELM	OSELM	MC-OSELM	GD-OSELM
少类训练精度/%	0.9383	0.9399	0.9381	0.9712	0.6254
多类训练精度/%	0.9990	1.0000	1.0000	1.0000	0.9998
少类测试精度/%	0.9205	0.9332	0.9388	0.9576	0.9492
多类测试精度/%	1.0000	1.0000	1.0000	1.0000	1.0000
整个训练精度/%	0.9889	0.9900	0.9897	0.9952	0.8131
整个测试精度/%	0.9603	0.9666	0.9694	0.9788	0.9736
G_mean 值	0.9594	0.9660	0.9689	0.9786	0.9732

如前所述，对严重不均衡的轴承故障数据来说，少类样本的分类精确度比多类更重要。如表 5-2 所示，GD-OSELM 在多类测试精度没有降低的情况下，分别比 MC-OSELM 和 OSELM 的少类测试精度提高了 4.6%和 9.1%。G_mean 值为少类精度与多类精度乘积的平方根，因此可用来评估不均衡分类效果，从表 5-2 可以看出，GD-OSELM 的 G_mean 值均优于其他 4 种算法。由于 MC-OSELM 和 GD-OSELM 均对训练集进行了均衡处理，它们的分类性能均优于 SVM、ELM 和 OSELM。但是离线阶段之后，MC-OSELM 仅仅是简单复制少类样本、而没有提取样本的原始分布特性，因此分类性能反而不如 GD-OSELM。

在滚动体故障数据中，因为选择的是成熟阶段的故障信号，故障信息更为充分，所以滚动体故障诊断相对更加容易。同时，GD-OSELM 对多类样本的欠采样造成了多类样本信息的损失，因此，MC-OSELM 在训练和更新模型样本信息更为充分，其少类测试精度和 G_mean 值均为最高。虽然 GD-OSELM 比 MC-OSELM 的性能稍差，但仍然优于另外 3 种算法。

图 5-6 所示为 4 种模型在不同隐藏层节点个数下的少类测试精度曲线变化图。可以看出，随着隐藏层节点个数的改变，GD-OSELM 在外圈故障上的少类测试精度变化平稳，且优于另外 3 种算法；而在滚动体故障数据上，虽然 MC-OSELM 的值最高，但 GD-OSELM 仍然优于另外 2 种算法，并随着隐藏层节点数的增加，GD-OSELM 的少类测试精度稳步提高并最终达到一个稳定值。尤其是当隐藏层节点数为 47 时，GD-OSELM 取得和 MC-OSELM 一样好的结果。

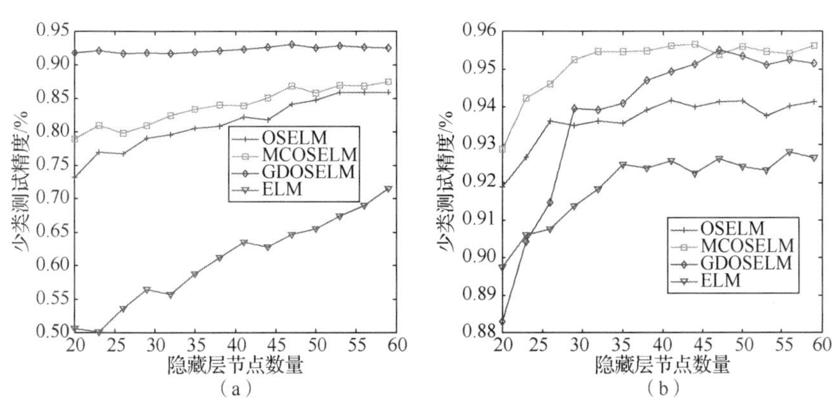

图 5-6　4 种模型在不同隐藏层节点个数下的少类测试精度曲线变化图

（a）外圈故障数据；（b）滚动体故障数据

ROC 曲线是反映敏感性及特异性的综合指标，ROC 曲线下的 AUC 面积越大，表示算法综合性能越好。图 5-7 为 5 种算法在内圈和滚动体故障数据上诊断效果的 ROC 曲线图。从图 5-7 中不难看出，GD-OSELM 的 AUC 面积大于其他 3 种算法，证明该算法的比较优势。

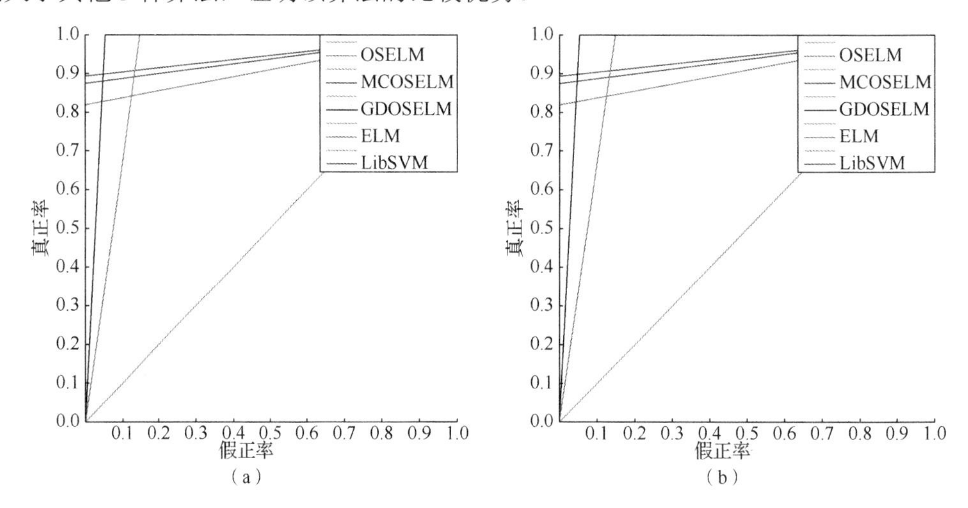

图 5-7　5 种算法在内圈和滚动体故障数据上诊断效果的 ROC 曲线图

（a）外圈故障数据；（b）滚动体故障数据

为了进一步验证 GD-OSELM 在解决不均衡轴承故障诊断时的优势，我们采用 3000 个正常样本，分别以 100∶1、50∶1、20∶1、10∶1、5∶1 和 2∶1 的不均衡比例来选取外圈和滚动体故障数据，作为训练数据，并选取正常状态和两种故障类型各 2000 个样本进行测试。采用 G_mean 值作为评价指标，结果如图 5-8 所示。

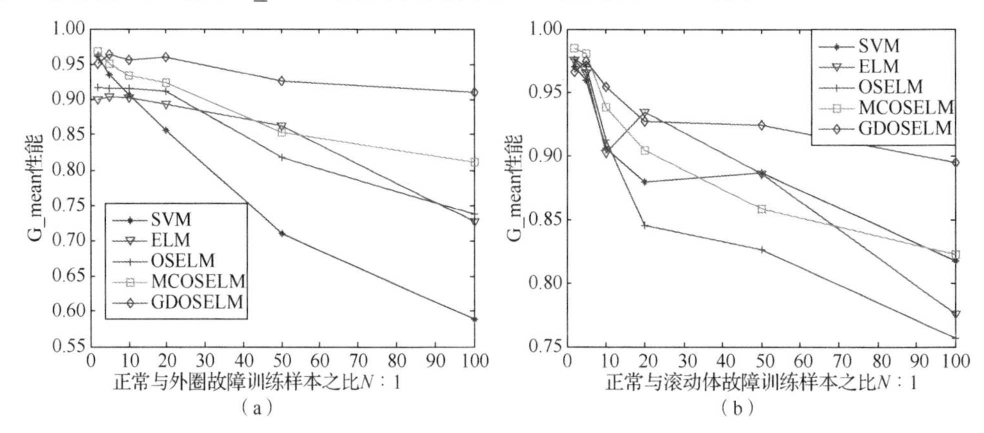

图 5-8　不同均衡比例下 5 种算法在外圈和滚动体故障数据的性能比较

（a）外圈故障；（b）滚动体故障

从图 5-8 可以看出，上述 5 个算法的 G_mean 值随着少类样本减少均产生一定的下降，由此可以证明算法的分类性能易受训练数据类别不均衡的影响，但是 GD-OSELM 在两个数据的下降程度均最低。虽然 GD-OSELM 在滚动体故障上的 G_mean 值无法保持最高，但该算法总体优势明显。此外，从上述结果可以看出，GD-OSELM 在样本不均衡比例增大时效果相对更为突出，尤其是不均衡比例达到 50∶1 和 100∶1 时，GD-OSELM 效果远好于其他算法。这是因为，少类样本太少时，全局信息不充分，MC-OSELM 所采用的样本复制策略并不能有效提升故障信息。相比而言，GD-OSELM 少类分类精度更高，根据分析可知，这是由于少类虚拟样本的合成质量更高。总体上说，GD-OSELM 具有更好的稳健性，在 IMS 轴承数据上对少类有更高的识别率。

其次，本节测试所提算法对早期故障的诊断性能。IMS 数据是全生命周期数据，存在一定阶段的早期故障演化过程。首先，用相关系数法确定故障发生位置。具体做法是：将前 24h 的信号作为正常状态数据，从中选择 4000 个连续样本点，计算 FFT 得到频谱数据 $F_{\text{norm}}(f)$。从第 25 小时开始，每隔 2h 选择 4000 个样本，通过 EMD 得到第一个 IMF 分量 $F(f)$，并计算 $F(f)$ 和 $F_{\text{norm}}(f)$ 的相关系数。从相关系数的变化趋势可以看出，从第 25～80 小时，相关系数的波动较为平稳，但在第 90～120 小时之间，相关系数出现了大幅下降，这表明轴承已开始出现早期故障。但在第 120 小时以后，相关系数突然增大，随后急剧减小，并在第 140 小时达到最低。这个现象称为“愈合”现象[22]，符合轴承等旋转机械的故障演化规律，当早期故障开始形成时，开始出现小裂纹，或有小块表皮剥落，但是经过旋转过程中的碰撞、磨合，裂纹部位反而被磨平。但是随着故障的快速发展，轴承振动幅度重新加剧。所以从第 140 小时开始，相关系数重新保持相对平稳的水平，但是波动幅度要比正常状态下的幅度更大。

根据上述分析，本实验选择第 1 小时信号为正常状态数据，选择第 100 小时和 120 小时的信号作为早期故障数据，选择第 140 小时处信号作为中期故障数据，选择第 164 小时信号作为故障数据。IMS 轴承数据中 5 个时期的外圈故障信号如图 5-9 所示。

可以看出，随着时间推移，故障信号的幅值整体呈增大趋势。但在愈合现象作用下，第 140 小时的信号幅值反而略低于第 120 小时的信号。利用这些信号构建训练集和测试集，同上述实验保持一致，每个阶段的训练集包括 3000 个正常状态样本和 600 个外圈故障样本，测试集包括正常状态和外圈故障样本各 2000 个。模型隐层神经元个数设为 45，考虑到神经网络的随机性，取 50 次重复实验的平均值作为最终结果。表 5-4～表 5-6 给出了 5 种算法的早期故障和中期故障检测结果。

与 5.1 节实验一样，少类分类精度和 G_mean 值是不均衡样本分类的重要评价指标。从表 5-4～表 5-6 可知，GD-OSELM 在 3 组对比实验中均取得了最高的少类分类精度。同时可以看出，虽然 GD-OSELM 的多类分类精度并不最高，但在第 120 小时和第 140 小时两组实验中却取得了最好的 G_mean 值和少类分类精度。同时可以发现，虽然 GD-OSELM 和 MC-OSELM 在之前实验中的效果差别并不明显，但在第 100 小时的实验中，GD-OSELM 的少类分类精度却高很多。这表明 MC-OSELM 的简单样本复制策略没有 GD-OSELM 所采用的流式分布特性和总体分布特性并重的策略好。而在第 100 小时的实验中，虽然 SVM 的总体测试精度最高，但其中多类测试精度非常高，而少类精度却相当低，显然这样的结果没有参考价值。上述对比结果再一次体现了类别不均衡对传统算法分类效果的负面影响。和其他 4 种算法相比，GD-OSELM 在 3 个阶段的多类和少类精度上显示出了更加均衡的分类性能，这表明，只要采用有效的特征，本节所提算法适用于早期和晚期故障诊断。

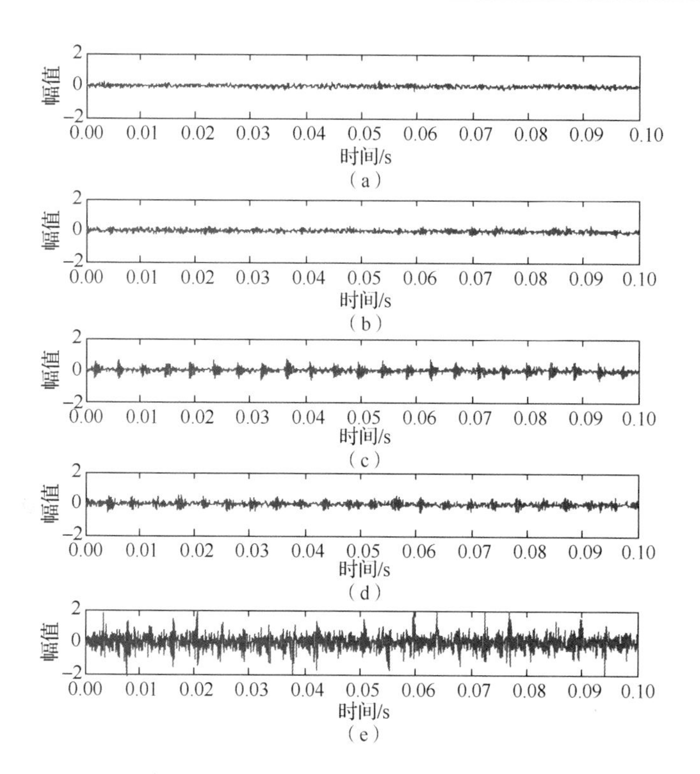

图 5-9　IMS 轴承数据中 5 个时期的外圈故障信号

(a) 第 1 小时；(b) 第 100 小时；(c) 第 120 小时；(d) 第 140 小时；(e) 第 164 小时

表 5-4　不同算法的第 100 小时早期外圈故障诊断结果

方法	SVM	ELM	OSELM	MC-OSELM	GD-OSELM
少类训练精度/%	0.8933	0.8461	0.8580	0.8958	0.9007
多类训练精度/%	0.9847	0.9891	0.9885	0.9838	0.8410
少类测试精度/%	0.8210	0.7609	0.7657	0.7956	0.9016
多类测试精度/%	0.9830	0.9885	0.9890	0.9811	0.8148
整个训练精度/%	0.9694	0.9653	0.9668	0.9691	0.8707
整个测试精度/%	0.9020	0.8747	0.8773	0.8884	0.8582
G_mean 值	0.8984	0.8673	0.8702	0.8835	0.8571

表 5-5　不同算法的第 120 小时早期外圈故障诊断结果

方法	SVM	ELM	OSELM	MC-OSELM	GD-OSELM
少类训练精度/%	0.8883	0.8246	0.8328	0.9033	0.9706
多类训练精度/%	0.9857	0.9929	0.9932	0.9841	0.9773
少类测试精度/%	0.8180	0.7531	0.7628	0.8382	0.8823
多类测试精度/%	0.9825	0.9905	0.9913	0.9831	0.9694
整个训练精度/%	0.9694	0.9649	0.9665	0.9706	0.9739
整个测试精度/%	0.9002	0.8718	0.8770	0.9106	0.9259
G_mean 值	0.8965	0.8637	0.8696	0.9077	0.9249

表 5-6 不同算法的第 140 小时早期外圈故障诊断结果

方法	SVM	ELM	OSELM	MC-OSELM	GD-OSELM
少类训练精度/%	0.8133	0.7372	0.8368	0.8380	0.9483
多类训练精度/%	0.9813	0.9900	0.9793	0.9800	0.9778
少类测试精度/%	0.7955	0.7251	0.8072	0.8101	0.8351
多类测试精度/%	0.9805	0.9882	0.9793	0.9792	0.9711
整个训练精度/%	0.9533	0.9478	0.9555	0.9563	0.9631
整个测试精度/%	0.8880	0.8567	0.8932	0.8946	0.9031
G_mean 值	0.8832	0.8465	0.8891	0.8906	0.9005

2. CWRU 数据集实验结果

与 IMS 数据集实验相同，本节首先验证不同数据比例下的诊断效果。选择 CWRU 数据集内圈故障数据，设不均衡比例为 10∶1，即训练集包括 2000 个正常状态样本和 200 个内圈故障样本，测试集中正常状态样本和内圈故障样本各 2000 个。用同样的方法分别得到外圈和滚动体故障检测的训练和测试数据集。在离线阶段，为少类和多类样本分别构建主曲线，如图 5-10 所示。基于所获得的主曲线，分别进行欠采样和过采样，最终得到合成的均衡训练样本集，即 CWRU 数据集均衡前后的训练集组成如表 5-7 所示。CWRU 数据集内圈、外圈和滚动体故障诊断的对比结果如表 5-8～表 5-10 所示。

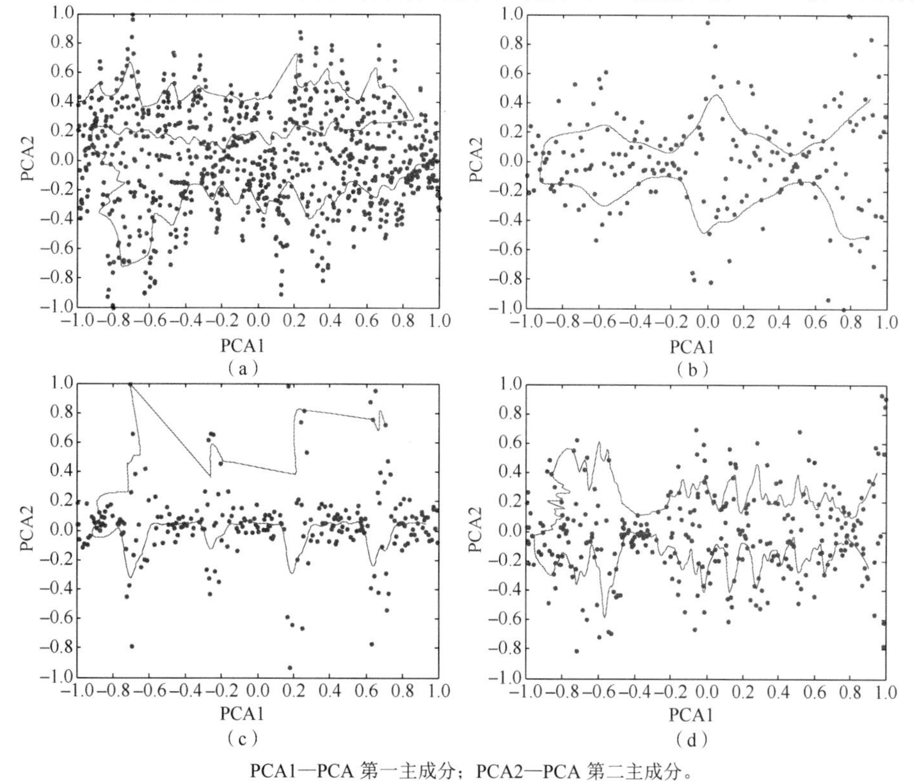

PCA1—PCA 第一主成分；PCA2—PCA 第二主成分。

图 5-10 CWRU 数据集正常状态、内圈故障样本、外圈故障样本和滚动体故障样本的主曲线

(a) 正常状态；(b) 内圈故障样本；(c) 外圈故障样本；(d) 滚动体故障样本

表 5-7　CWRU 数据集均衡前后的训练集组成

数据集	属性	不均衡比例	均衡前		均衡后	
			正常状态	内圈故障	正常状态	内圈故障
CWRU	5	10∶1	2000	200	1256	1193

表 5-8　CWRU 数据集内圈故障诊断的对比结果

方法	SVM	ELM	OSELM	MC-OSELM	GD-OSELM
少类训练精度/%	0.3600	0.4923	0.5965	0.7826	0.5606
多类训练精度/%	1.0000	1.0000	1.0000	0.9961	0.9686
少类测试精度/%	0.2720	0.4041	0.5010	0.6832	0.7632
多类测试精度/%	1.0000	1.0000	1.0000	0.9986	0.9405
整个训练精度/%	0.9418	0.9538	0.9633	0.9605	0.7700
整个测试精度/%	0.6360	0.7020	0.7505	0.8409	0.8519
G_mean 值	0.5215	0.6356	0.7078	0.8259	0.8472

表 5-9　CWRU 数据集外圈故障诊断的对比结果

方法	SVM	ELM	OSELM	MC-OSELM	GD-OSELM
少类训练精度/%	0.3700	0.5441	0.6120	0.6454	0.4779
多类训练精度/%	1.0000	1.0000	1.0000	1.0000	0.9889
少类测试精度/%	0.3670	0.4798	0.5889	0.6439	0.7751
多类测试精度/%	1.0000	1.0000	1.0000	0.9998	0.9709
整个训练精度/%	0.9427	0.9586	0.9647	0.8987	0.7392
整个测试精度/%	0.6835	0.7399	0.7944	0.8219	0.8761
G_mean 值	0.6058	0.6923	0.7671	0.8022	0.8674

表 5-10　CWRU 数据集滚动体故障诊断的对比结果

方法	SVM	ELM	OSELM	MC-OSELM	GD-OSELM
少类训练精度/%	0.9850	0.9776	1.0000	0.9999	0.8676
多类训练精度/%	1.0000	1.0000	1.0000	1.0000	1.0000
少类测试精度/%	0.9125	0.8692	0.9436	0.9474	0.9731
多类测试精度/%	1.0000	1.0000	1.0000	1.0000	1.0000
整个训练精度/%	0.9986	0.9980	1.0000	1.0000	0.9351
整个测试精度/%	0.9565	0.9346	0.9718	0.9737	0.9865
G_mean 值	0.9555	0.9322	0.9714	0.9733	0.9864

从表 5-8～表 5-10 中可以看出，GD-OSELM 在 3 组实验数据上的少类测试精度、总体测试精度和 G_mean 值均优于其他 4 种算法。尤其是外圈故障和内圈故障方面，GD-OSELM 的少类测试精度比 MC-OSELM 高出 10%，这是由于 GD-OSELM 考虑原始

样本流式分布和总体分布特性的结果。

图5-11所示为不同隐藏层节点数的少类测试精度变化趋势。可以看出，在3组实验中，GD-OSELM受隐藏层神经元个数的影响最小，同时少类测试精度最高。

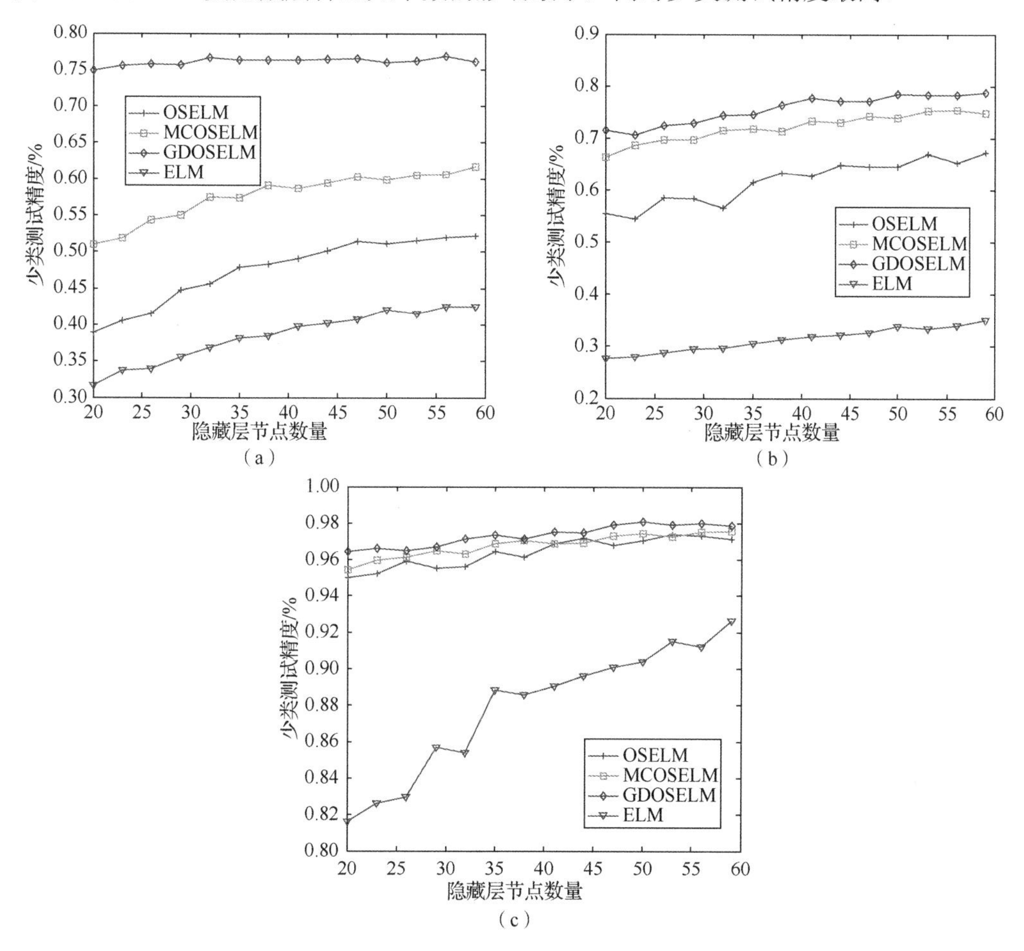

图5-11　不同隐藏层节点数的少类测试精度变化趋势

(a) 内圈故障；(b) 外圈故障；(c) 滚动体故障

图5-12是5种算法在3组实验中的ROC曲线，可以看出，GD-OSELM的AUC面积是最大的，这意味着该算法的整体分类性能最好。

另外，采用800个正常样本，分别以100∶1、50∶1、20∶1、10∶1、5∶1和2∶1的比例随机抽取内圈故障、外圈故障和滚动体故障样本，组成训练集，并选取正常状态样本和故障样本各2000个构建测试集。限于篇幅，本节仅给出G_mean值的诊断结果，如图5-13所示。

图5-13的效果与IMS数据集实验一致，5种算法的G_mean值受类别不均衡比例的影响较大，随不均衡样本比例的增大而减少。相比而言，GD-OSELM在内圈和外圈故障检测数据集上的诊断性能高于其他4种算法，而在滚动体故障数据上，不仅G_mean值最高，且随着不均衡比例增大时下降率最低。

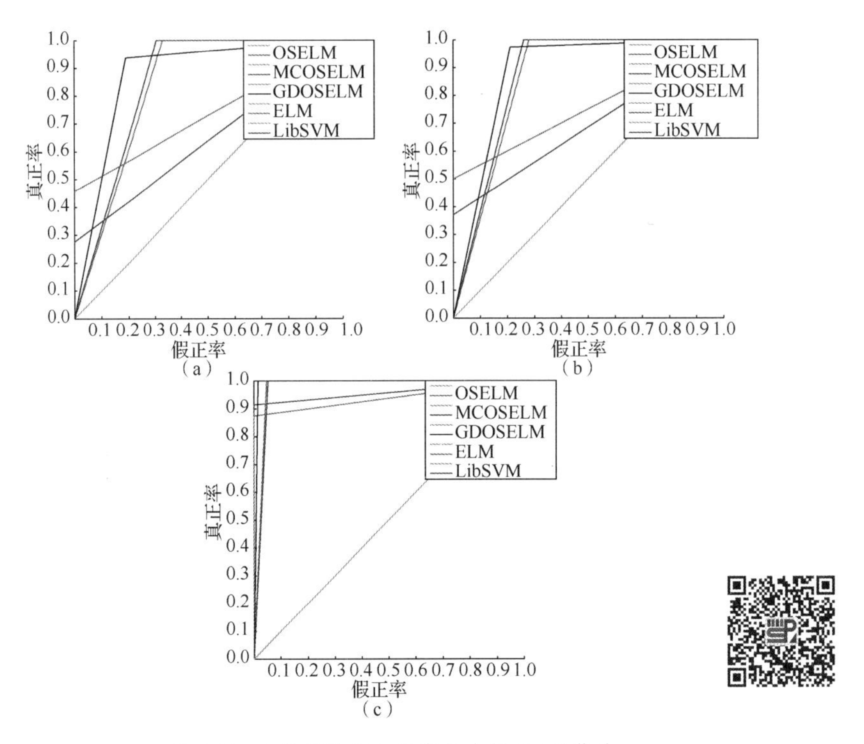

图 5-12　5 种算法在 3 组实验中的 ROC 曲线

(a) 内圈故障；(b) 外圈故障；(c) 滚动体故障

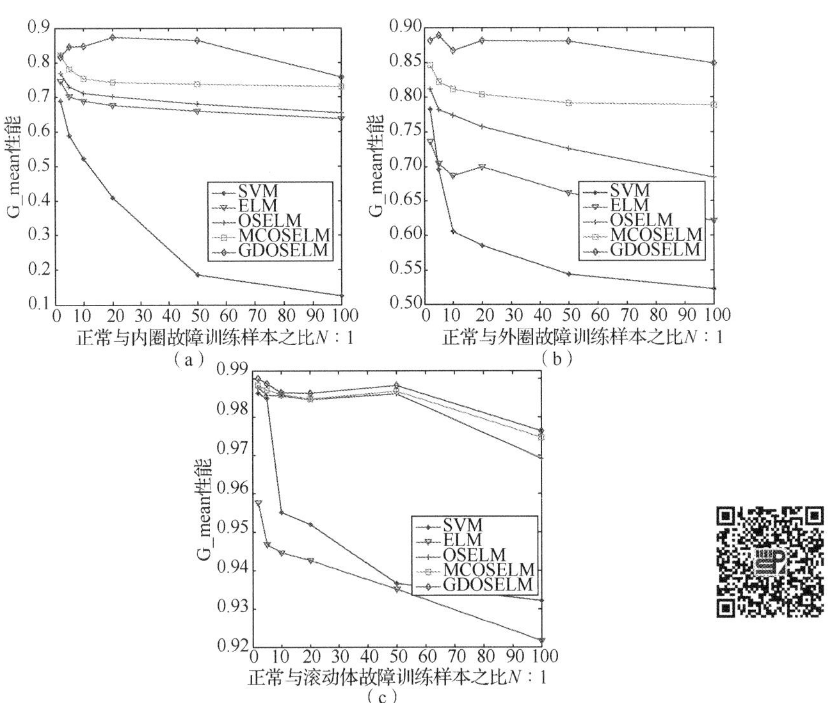

图 5-13　CWRU 数据集不同比例的内圈、外圈和滚动体故障诊断的 G_mean 值

(a) 内圈故障；(b) 外圈故障；(c) 滚动体故障

综合上述实验结果可知，GD-OSELM 的关键优势在于重构不均衡数据的同时，进行有针对性的过采样和欠采样，采用粒划分保持原始数据的总体分布特性，采用主曲线提取在线贯序数据的流式分布特性，尽可能降低原始数据信息的损失，从而保证重构样本集的质量。不同数据比例的故障诊断实验也验证了这一做法的合理性。

5.2　基于增量支持向量机和深度特征表示的在线故障诊断

如前所述，在线故障诊断需要从连续采集的数据中发现是否存在故障或裂纹。面对在线场景下的故障诊断问题，现有诊断方法多存在以下不足：①这些方法严重依赖对信号的理解和领域知识，从而导致不同类型的故障需要提取不同的特征；②这些方法主要适用于离线诊断，不适用于在线诊断。因此，对于在线场景下的故障诊断问题，需要对贯序到达的状态监测数据快速提取出最具代表性的故障特征，同时需要通过连续采集新数据来更新诊断模型。

针对这两个任务，本节提出了一种基于增量支持向量机（incremental SVM，ISVM）和堆叠式自动编码器（stacked autoencoder，SAE）的轴承故障在线诊断方法。该方法得益于 SAE 的良好特征提取能力和 ISVM 的增量学习能力。另外，由于 SAE 的网络权值是在离线阶段确定的，在线提取特征所需的时间非常短，可以满足在线诊断的要求。需要强调的是，本节提出的在线诊断方法从增量更新的角度出发，更加强调在线诊断模型的泛化性能，同时，只需要相对少的诊断时间。该方法的整个流程图如图 5-14 所示。

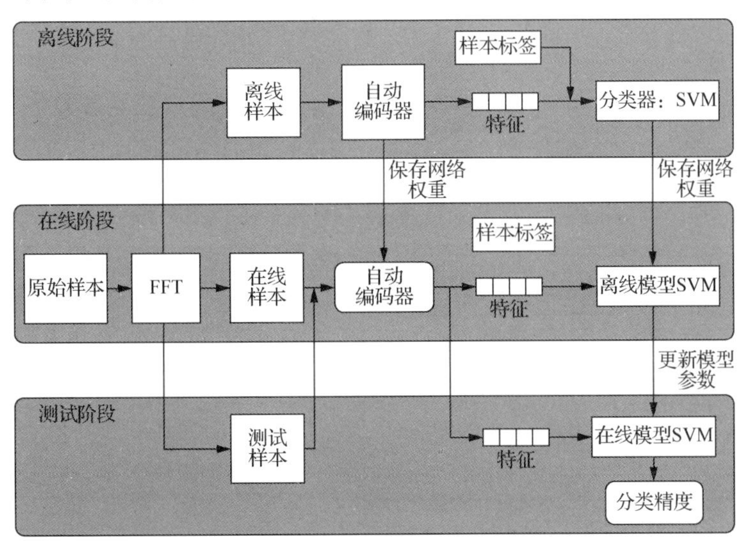

图 5-14　在线故障诊断流程图

5.2.1　增量模型构建

增量模型构建包含两个阶段，即离线阶段和在线阶段，具体如下：在离线阶段，利用故障数据通过 SAE 自动提取具有代表性的特征，然后利用 ISVM 建立离线诊断模型；在在线阶段，对每一个新到达的数据块，引入离线 SAE 模型的网络权值，直接生成在线故障特征向量，然后对在线诊断模型进行动态更新，通过对这些特征的集成，将新数据融合到在线诊断模型中。

给定故障类型数据的信号数据，通过傅里叶变换将信号变换到频域，构成样本集$(\boldsymbol{x}_i, y_i)_{i=1}^{D} \in R$。设训练样本集为$A_1$，增量样本集为$B$，测试样本集为$A_3$，分类器$\mathrm{SVM}_1$的支持向量为$\boldsymbol{A}_{\mathrm{sv}}$，在线过程错误分类的样本集为$\boldsymbol{B}_{\mathrm{err}}$，正确分类样本集为$B_{\mathrm{ok}}$，$\mathrm{SVM}_n$为$n$次更新后的分类器。ISVM建立在第2章所述SVM基础上，增量训练在原始数据集的支持向量样本和增量数据集组成的数据上完成，所有的非支持向量样本点均被抛弃[23]，在线诊断模型的具体原理将表述在下列步骤中。

（1）离线阶段

步骤1　把训练样本A_1放入SAE中，利用2.2.3节中的式（2-15），得到训练样本的特征A_1'，并保存权重w_i^*。

步骤2　用A_1'训练一个原始的SVM分类器SVM_1，设置$i=1$。

（2）在线阶段

步骤1　把增量数据B放入步骤1中所得的SAE模型，得到增量样本特征$B'=f(\boldsymbol{wx}+b)$，把B'放入SVM_i中进行测试，并将B划分为B_{err}和B_{ok}。

步骤2　若$B_{\mathrm{err}}=\varnothing$（空集），即全部分类正确，则迭代结束；若$B_{\mathrm{err}}\neq\varnothing$，即存在分类错误的样本，则将样本$A_{\mathrm{SV}}\cup B_{\mathrm{err}}$的集合作为新训练集，得到$\mathrm{SVM}_{i+1}$，$(A_1-A_{\mathrm{sv}})\cup B_{\mathrm{ok}}$的集合作为$\mathrm{SVM}_{i+1}$分类器的增量样本集$B_1$。

步骤3　令$B=B_1$，并重复步骤3。

步骤4　如果满足停止条件，则转到步骤7。此时分类器为SVM_n，令$\mathrm{SVM}=\mathrm{SVM}_n$，SVM即为最终分类器。

步骤5　把测试样本集A_3放入分类器SVM中，得到最后的增量分类结果。

为了更好的理解，图5-15所示为在线故障诊断的训练步骤。

开始
离线样本
离线模型SVM_1
在线样本B
SVM_1可以分解所有B?
是
保存新模型
训练结束
否
B err and B ok
更新训练样本
$\mathrm{SVM}_2,\mathrm{SVM}_3,\mathrm{SVM}_4,\cdots,\mathrm{SVM}_n$
$\mathrm{SVM}_1=\mathrm{SVM}_2(\mathrm{SVM}_3,\mathrm{SVM}_4,\cdots,\mathrm{SVM}_n)$
B=B1

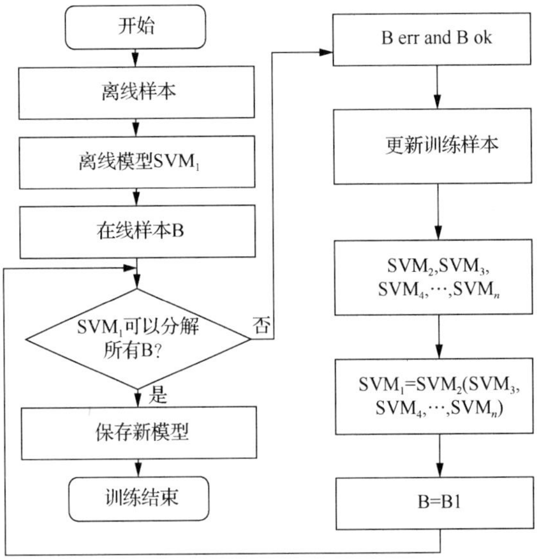

图5-15　在线故障诊断的训练步骤

5.2.2 实验结果

本节采用 CWRU 数据集和 IMS 数据集进行对比实验，数据集描述见 1.6 节。为了对比增量学习的效果，此处选择 SAE 深度特征与 SVM 的建模方法作为对比方法。其中，SAE 的输入为原始信号的 FFT 所得到的频谱数据。同时，还对比了 71 维统计特征（表 3-1）。所有的输入数据都被线性调整为[−1,+1]范围。本实验采用高斯核 $K(x_i,x_j)=\exp\left(-\left\|x_i-x_j\right\|^2/2\sigma^2\right)$，$\sigma$ 是核参数。实验在 Core2、2.66 GHz CPU 和 3.37 GB RAM 的 Matlab 2014A 环境下进行。

首先，从 SAE 生成的特征池中随机选择两个特征作为坐标轴，绘制了 CWRU 和 IMS 数据特征的散点图，如图 5-16 和图 5-17 所示。所有图中的特征都具有较好的可分离性，这说明 SAE 可以提取有判别力的故障特征。同时，不同健康状况的特征具有不同的代表性。例如，图 5-16（b）中的滚动体故障特征与正常情况相差很远，而图 5-16（c）中的外圈故障的特征与正常情况非常接近。类似的效果在图 5-17 中也可以找到。

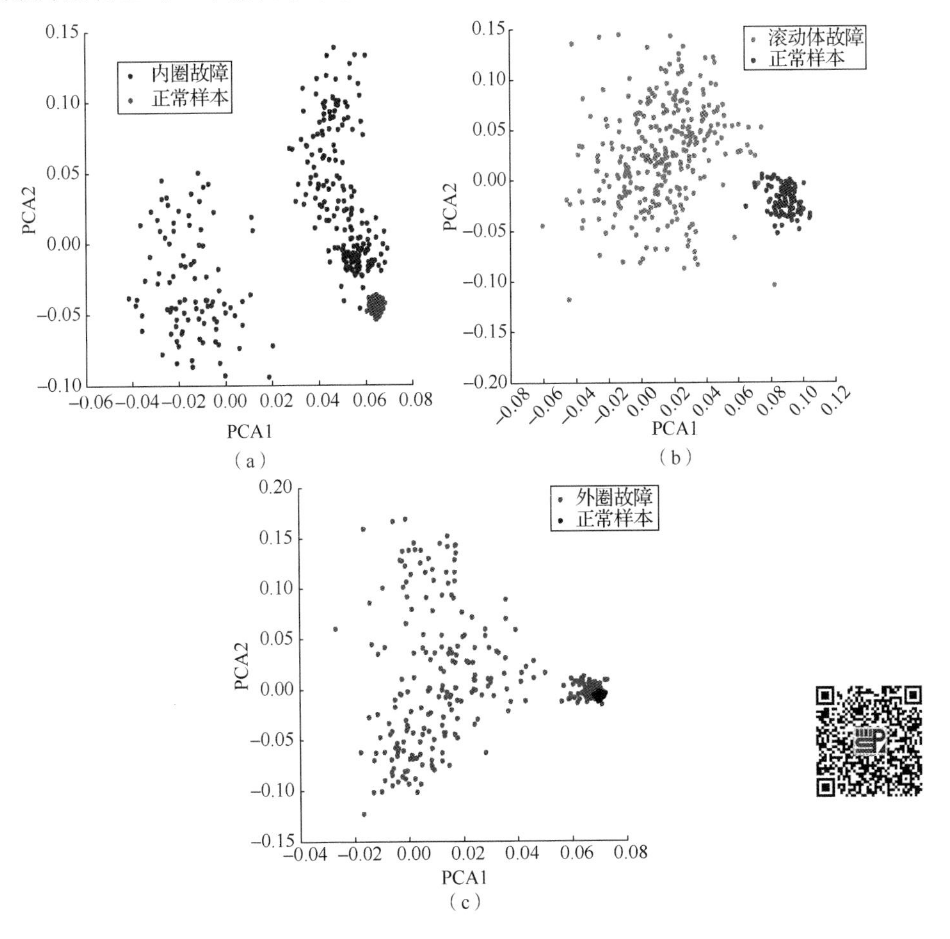

图 5-16　CWRU 数据上 SAE 深度特征的散点图

（a）正常状态与内圈故障；（b）正常状态与滚动体故障；（c）正常状态与外圈故障

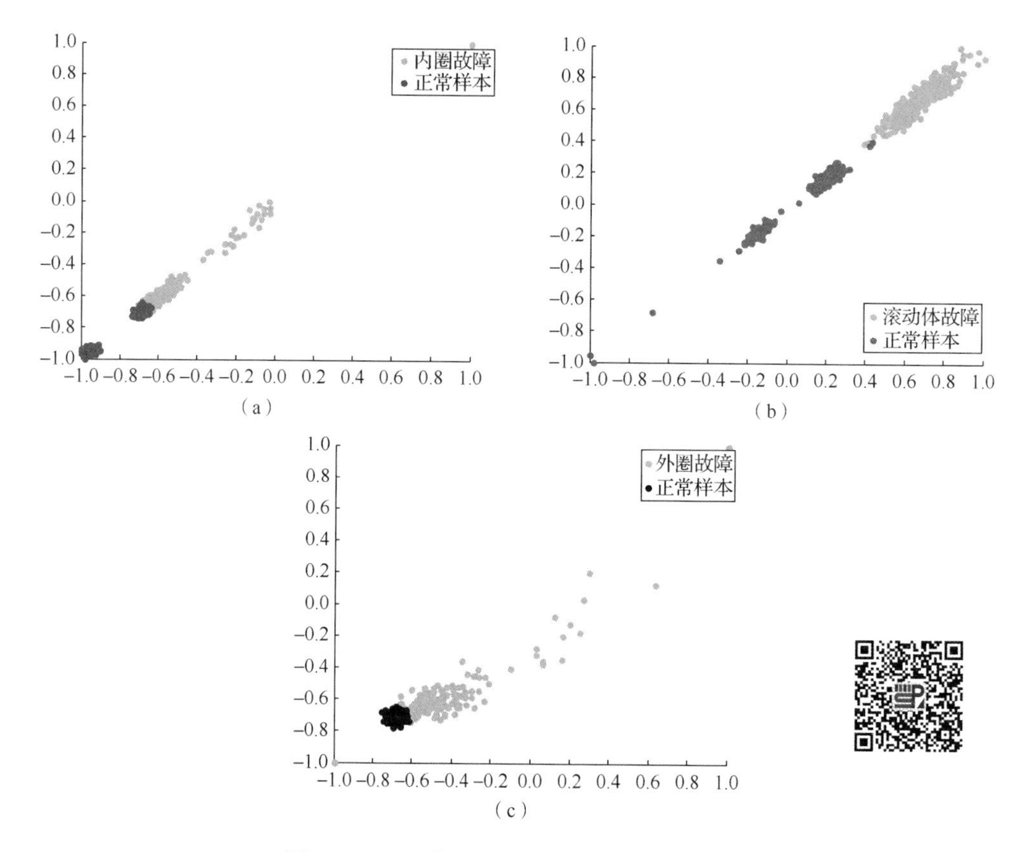

图 5-17　IMS 数据上 SAE 深度特征的散点图

(a) 正常状态与内圈故障；(b) 正常状态与滚动体故障；(c) 正常状态与外圈故障

对于 CWRU 数据集，振动信号分别在风扇端和驱动端以 12kHz 的采样率采集，在驱动端以 48kHz 的采样率采集。每种健康状态数据收集 50 个样本，其中包括 3 个损伤尺寸（0.007in、0.014in 和 0.021in）和 3 个负载（1hp、2hp、3hp）也就是说，对于每种故障情况（内圈故障、外圈故障、滚动体故障）有 450 个样本，对于正常情况有 150 个样本。每个样本包含 1024 个时间点。对于 SAE，采用三层隐藏层，第一层和第二层分别有 500 个和 200 个节点。为了进行综合比较，采用不同大小的第三层作为输入特征，然后计算离线和在线场景下的测试精度。表 5-11～表 5-13 分别展示了 3 种不同维度的输入特征所对应的故障诊断结果。此时学习率设为 0.2，迭代次数设为 100，离线训练样本数量为 200 个，每 10 个在线样本被分配为一个在线样本块，用于模型更新。SVM 的核参数设置为 7，正则化参数设置为 0.5。

从表 5-11 中可以看到，在特征提取和测试时间上，SAE 比传统方法快了好几个数量级，说明本节提出的方法可以及时处理在线数据。另外，传统 SVM 的分类精度低于 ISVM 方法，这说明在数据到达时，诊断模型的持续更新是至关重要的。我们还发现了另一个有趣的事实，即特征维度会影响分类的准确性，也即维度越高，分类执行得越好。但是，当特征达到一定程度后，分类精度是固定的，不同的故障类型需要不同的特征维度。通过大量的实验，我们发现适当的特征维数对于故障分析是非常重要的。需要指出的是，SAE 的输出特征维数可以通过一些群体优化方法进行确定，但在本次实验中，实验对比的主要目标是评估在线学习阶段对最终故障诊断性能的影响，而不是确定最优特征。按照这个思路，我们反复运行不同维度的输入特征，结果如表 5-11～表 5-13 所示。此外，SAE 可以任意调整特征维数，并且在在线阶段计算成本较低，而传统的特征提取方法需要更多的计算时间。结果表明，该方法能够有效地进行在线诊断，具有较高的分类精度。

表 5-11　CWRU 数据外圈故障的对比结果

特征	训练精度/%	SVM 测试精度/%	ISVM 测试精度/%	特征提取时间/s	测试时间/s
100（SAE）	0.9150	0.955	0.9950	0.7240	2.7711
110（SAE）	0.8300	0.890	0.9850	0.7407	2.6843
130（SAE）	0.9250	1	1	0.6948	1.9979
150（SAE）	0.9425	1	1	0.7825	2.7469
71（异构特征）	0.805	0.68	0.68	246.13	123.06

表 5-12　CWRU 数据内圈故障的对比结果

特征	训练精度/%	SVM 测试精度/%	ISVM 测试精度/%	特征提取时间/s	测试时间/s
55（SAE）	0.995	0.9400	0.9650	0.8710	1.9971
60（SAE）	0.997	1	1	0.8322	1.9225
90（SAE）	0.995	1	1	0.7669	2.9712
150（SAE）	1	1	1	0.7490	1.9436
71（异构特征）	0.8125	0.7400	0.7400	244.00	122.00

表 5-13　CWRU 数据滚动体故障的对比结果

特征	训练精度/%	SVM 测试精度/%	ISVM 测试精度/%	特征提取时间/s	测试时间/s
22（SAE）	0.9875	0.9700	0.995	0.8239	1.992
23（SAE）	0.9925	0.9950	1	0.7608	1.5738
24（SAE）	0.9975	1	1	0.8123	1.6176
25（SAE）	0.9975	1	1	0.7605	1.7584
71（异构特征）	0.9800	0.9500	0.9618	400.1725	171.495

此外，为了测试所提方法的整体分类效果，图 5-18 所示为 CWRU 数据外圈故障诊断方法的 ROC 曲线。这里特征输入维度设置为 100。其中蓝线下的 AUC 面积为 0.9194，红线下的 AUC 面积为 0.9860。由此可见，通过对分类模型的在线更新，诊断性能得到了明显提升。

图 5-19 所示为 CWRU 数据集不同特征维度的分类精度。可以看到，特征维数过低或过高都会降低分类精度，外圈故障需要的特征维数最大，滚动体故障需要的特征维数最小。表 5-11～表 5-13 中的实验设置均来自图 5-19 中的结果。

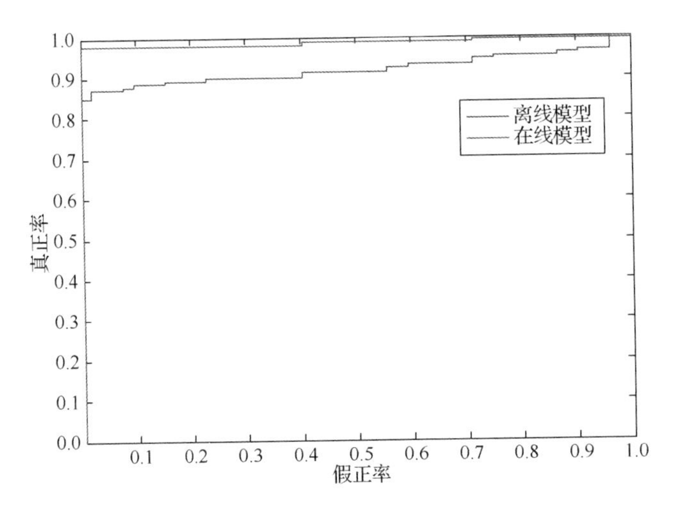

图 5-18　CWRU 数据外圈故障诊断方法的 ROC 曲线

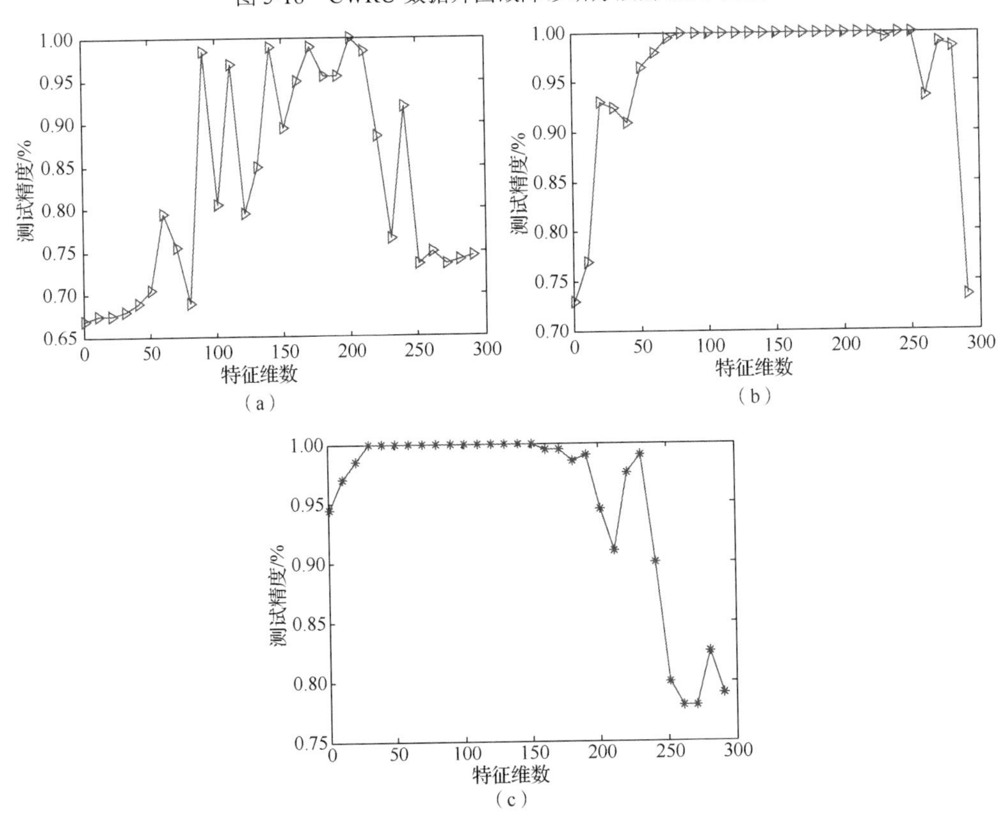

图 5-19　CWRU 数据集不同特征维度的分类精度

（a）外圈故障；（b）内圈故障；（c）滚动体故障

在所提方法中，ISVM 的核参数和正则化参数对诊断效果至关重要。以 CWRU 数据的外圈故障为例，将核参数设置为 7，测试不同正则化参数下的测试精度，如图 5-20（a）所示。将正则化参数设置为 0.5，测试不同核参数下的测试精度，如图 5-20（b）所示。

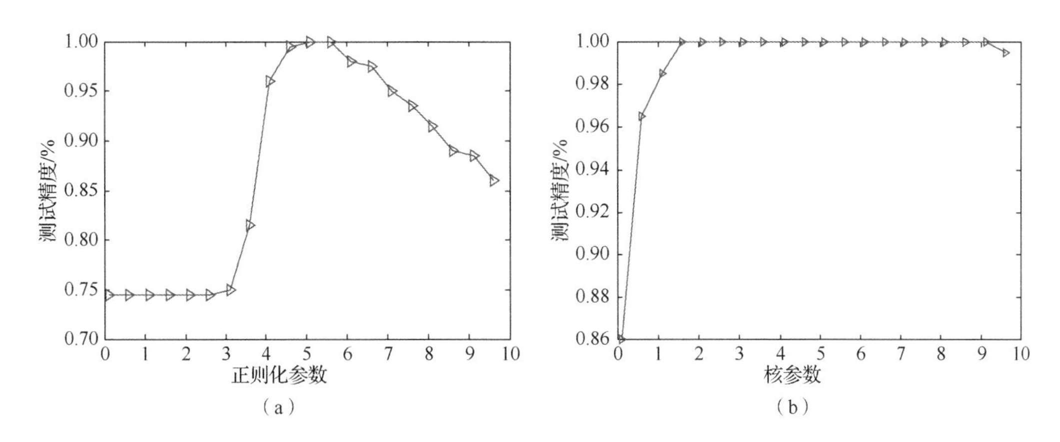

图 5-20　不同参数 CWRU 数据外圈故障的诊断精度

(a) 正则化参数；(b) 核参数

在图 5-20 中，我们发现当核参数为 2～9，正则化参数在 5 左右时，测试精度保持稳定。本次实验的参数设置也据此而定。

对于增量学习而言，离线数据量与在线数据量的比值对诊断性能有重要影响。以滚动体故障为例，图 5-21 所示为 CWRU 数据集上不同离线数据大小对应的滚动体故障诊断精度。可以看到，诊断精度随着离线数据量的变化而波动。请注意，本实验中，离线和在线数据的总和是 400。当离线数据与在线数据的比例为（3∶5）～（1∶1）时，测试精度最高。因此，表 5-11～表 5-13 的结果均采用 1∶1 的样本比例。

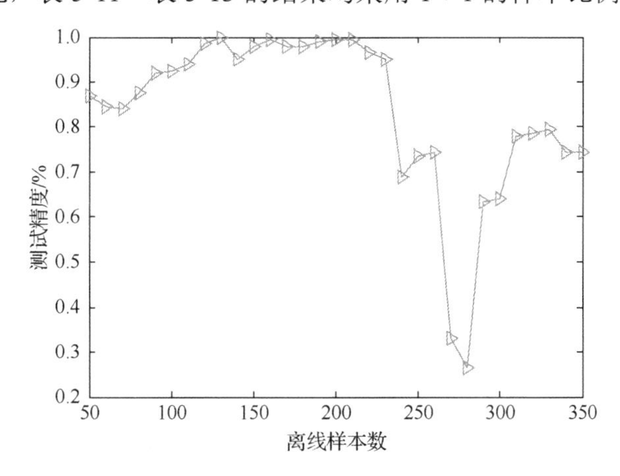

图 5-21　CWRU 数据集上不同离线数据大小对应的滚动体故障诊断精度

考虑到离线阶段可能存在的过拟合问题，图 5-22 所示为 CWRU 数据集的最优 SVM 分类超平面。虽然分离超平面变化不大，但支持向量的数量从 19 个减少到 10 个。根据 SVM 理论，支持向量占训练样本的比例可作为泛化误差的上界，因此，图 5-22 的结果表明，采用在线更新的学习模式可有效提高诊断模型的泛化能力。

IMS 数据集中，我们使用 20kHz 作为采样率，将第 1 小时的信号标记为正常状态，第 164 小时和第 827 小时采集的信号分别标记为外圈故障数据和滚动体故障数据。每种健康状况生成 500 个样本，学习率设为 0.2，迭代次数设为 100。离线训练样本数量为 300 个。每 10 个样本被指定为一组在线样本，用于模型更新。SVM 核参数设置为 1，正则化参数设置为 1。IMS 数据外圈故障与滚动体故障诊断对比结果如表 5-14 所示。可以看到，本节所提方法获得了最高的测试精度和最少的计算时间。限于篇幅，其他故障类型的诊断结果此处不再罗列。

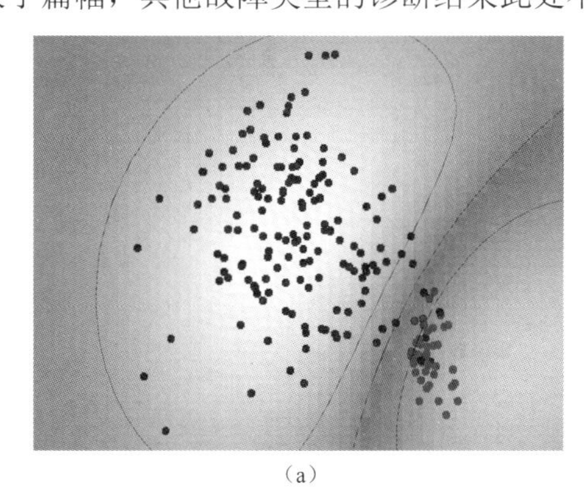

（a）

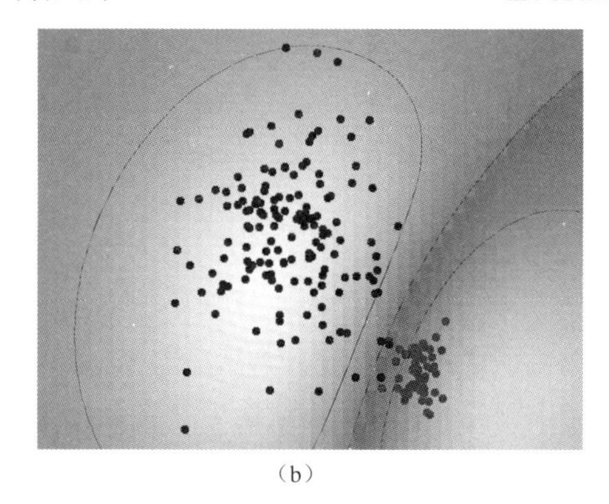

（b）

图 5-22　CWRU 数据集的最优 SVM 分类超平面

（a）离线阶段；（b）在线阶段

注：横、纵轴中 x 和 y 坐标分别为 SAE 特征经 PCA 降维后的前两维主成分。

表 5-14　IMS 数据外圈故障与滚动体故障诊断对比结果

特征	训练精度/%	SVM 测试精度/%	ISVM 测试精度/%	特征提取时间/s	测试时间/s
5（SAE）	0.9971	0.9800	0.9900	0.3410	4.2354
6（SAE）	0.9982	0.9900	0.9933	0.3503	4.2947
8（SAE）	0.9986	0.8233	0.9900	0.3623	4.4176
13（SAE）	0.9975	0.9200	0.9912	0.3655	4.7564
53（异构特征）	0.9957	0.98300	0.9833	208.67	107.33

5.3　本 章 小 结

在线故障诊断的关键问题在于模型的自动更新和提取具有良好判别能力的故障特征表示。从该思路出发，本章分别从在线不均衡分类问题和增量学习入手，构建了两个在线故障诊断方法。对于故障类型的不均衡问题，重点是在在线模型更新过程中，准确提取数据的总体分布特性和流式分布特性，从而提升模型更新效果；对于故障诊断模型的在线更新，重点则在于深度特征表示的提取及利用贯序数据块对模型的增量式更新。

本章工作仅仅是对在线诊断中两个基础问题提供了初步的机器学习解决方案，这些方案还是存在一定的局限。例如，在线采集的数据会随工况变化或有色噪声出现明显的分布偏差，导致模型更新失效，这种情况下有必要深入研究迁移学习等算法，找到不同类型的机器学习算法在在线诊断问题中的应用方式、优化方法和参数设置等实现技巧，形成合理而有效的解决方案。

参 考 文 献

[1] YUAN X, MASELENO A, ELHOSENY M. Special issue on "intelligent techniques for real-time signal processing and mechanical systems diagnosis- new directions, challenges and applications" [EB/OL]. (2016-07-06)[2020-05-01]. https://www.journals.elsevier.com/mechanical-systems-and-signal-processing/call-for-papers/intelligent-techniques-for-real-time-signal-processing.

[2] LU S, HE Q, YUAN T, et al. Online fault diagnosis of motor bearing via stochastic-resonance-based adaptive filter in an embedded system[J]. IEEE Transactions on Systems, Man, and Cybernetics: Systems, 2017, 47(7): 1111-1122.

[3] 陶新民, 张冬雪, 郝思媛, 等. 基于谱聚类下采样失衡数据下 SVM 故障检测[J]. 振动与冲击, 2013, 32(16): 30-36.

[4] 王金婉, 毛文涛, 何玲, 等. 基于不均衡样本重构的加权在线贯序极限学习机[J]. 计算机应用, 2015, 35(6): 1605-1610.

[5] CHAWLA N V, BOWYER K W, HALL L O, et al. SMOTE: synthetic minority over-sampling technique[J]. Journal of Artificial Intelligence Research, 2002, 16(1):321-357.

[6] RAMENTOL E, CABALLERO Y, BELLO R, et al. SMOTE-RSB：A hybrid preprocessing approach based on oversampling and undersampling for high imbalanced data-sets using SMOTE and rough sets theory[J]. Knowledge and Information Systems, 2012, 33(2):245-265.

[7] ZENG Z, WU Q, LIAO B, et al. A classification method for imbalance data set based on kernel SMOTE[J]. Acta Electronica Sinica, 2009, 37(11):2489-2495.

[8] GAO M, HONG X, CHEN S, et al. A combined SMOTE and PSO based RBF classifier for two-class imbalanced problems[J]. Neurocomputing, 2011, 74(17): 3456-3466.

[9] 尹军梅, 杨明, 万建武. 一种面向不平衡数据集的核 Fisher 线性判别分析方法[J]. 模式识别与人工智能, 2010, 23(3): 414-420.

[10] SUN Y, KAMEL M, WONG A, et al. Cost-sensitive boosting for classification of imbalanced data[J]. Pattern Recognition, 2007, 40(12): 3358-3378.

[11] XIONG H, YANG Y, ZHAO S. Local clustering ensemble learning method based on improved adaBoost for rare class analysis[J]. Journal of Computational Information Systems, 2012, 8(4): 1783-1790.

[12] LIANG N, HUANG G, SARATCHANDRAN P. A fast accurate online sequential learning algorithm for feedforword networks[J]. IEEE Transactions on Neural Networks, 2006, 17(6): 1411-1423.

[13] HUANG G, ZHU Q, SIEW C. Extreme learning machine: a new learning scheme of feedforward neural networks[C]//2004 IEEE International Joint Conference on. IEEE, 2004.

[14] 何星, 王宏力, 陆敬辉, 等. 灰色稀疏极端学习机在激光陀螺随机误差系数预测中的应用[J]. 红外与激光工程, 2012, 41(12): 3305-3310.

[15] 赵立杰, 袁德成, 柴天佑. 基于多分类概率极限学习机的污水处理过程操作工况识别[J]. 化工学报, 2012, 63(10): 3173-3182.

[16] MIRZA B, LIN Z, CAO J, et al. Voting based weighted online sequential extreme learning machine for imbalance multi-class classification[C]//Circuits and Systems (ISCAS), 2015 IEEE International Symposium on, 2015: 565-568.

[17] VONG C M, IP W F, WONG P K, et al. Predicting minority class for suspended particulate matters level by extreme learning machine[J]. Neurocomputing, 2017, 128: 136-144.

[18] KÉGL B, KRZYZAK A, LINDER T, et al. Learning and design of principal curves[J]. Pattern Recognition and Machine Intelligence, 2000, 22(3): 281-297.

[19] 郭虎升, 王文剑. 基于粒度偏移因子的支持向量机学习方法[J]. 计算机研究与发展, 2013, 50(11): 2315-2324.

[20] CHENG F, WANG W, GUO H. Dynamic granular support vector machine learning algorithm [J]. Pattern Recognition and Aitificial Intelligence, 2014, 27(4): 372-377.

[21] SU M, CHOU C. A modified version of the K-means algorithm with a distance based on cluster symmetry[J]. Pattern Analysis and Machine Intelligence IEEE Transactions on, 2001, 23(6): 674-680.

[22] WILLIAMS T, RIBADENEIRA X, BILLINGTON S. Rolling element bearingdiagnostics in run-to lifetime testing[J]. Mechanical Systems and Signal Processing, 2001,15(5): 979-993.

[23] LAU K, WU Q. Online training of support vector classifier[J]. Pattern Recognition. 2003, 36(8): 1913-1920.

第6章　深度学习与早期故障在线检测

在轴承故障的初期即检测出故障发生，有助于及时维修并避免事故的发生。因此，早期故障检测一直被认为是轴承 PHM 的基础环节。早期故障非常微弱，因此难以有效检测[1]。从强噪声环境中提取弱故障信号进行早期检测，一直以来都是学术界和工业界关注的焦点问题。近年来，随着传感器技术的快速发展，轴承的实时数据采集和状态监测变得高效，对轴承早期故障在线检测的要求逐渐提高。虽然对轴承晚期故障的检测和诊断已经得到广泛研究，但是对于轴承早期故障的检测，尤其是早期故障的在线检测还处于起步阶段。如何在不停机的情况下实时检测系统的早期故障成为一个亟待解决的难题。

与第 5 章所述故障诊断问题有所区别，早期故障在线检测问题本质上是流数据的异常检测问题。总体而言，该问题存在以下挑战：①提高早期故障特征的判别能力；②自适应识别在线（贯序）数据分布的不一致性；③避免人工设定检测标准，实现自动检测；④与漏报警相比（现有各类故障诊断方法已较成熟），更应降低误报警率。为了解决这些挑战，本节以故障的深度特征表示入手，分别给出了一种有效的在线检测框架和稳健检测方法。前者具有良好的自适应性，更多地依赖目标轴承的在线数据实现自适应检测，而减少对历史采集数据的依赖，并构建了一种简单而有效的报警策略；后者从深度特征匹配入手，给出了具有良好稳健性的在线检测方法。两者可以自适应提取特征，同时都具有极低的误报警率，因此具有较好的工程参考价值。

6.1　基于半监督框架和深度特征表示的早期故障在线检测

本节提出一种基于深度特征表示和半监督 SVM 的轴承早期故障在线检测方法，这个方法只需在离线数据集上任意选取若干晚期故障数据，无须依赖更多离线数据，实现真正意义上的在线检测；同时提出一种新的早期故障检测指标，该指标采用半监督分类器泛化误差上界的二阶差分值，用于检测早期故障的发生与否。与已有方法不同，该指标直接从半监督模型的泛化能力的变动来实现检测，该准则对在线数据的变化具有较强的稳健性，能有效降低误报率。

6.1.1　引言

如 1.2 节所述，目前滚动轴承早期故障检测和诊断的方法大致分为两类：基于信号分析方法和数据驱动的智能方法。

1）基于信号分析方法的一般步骤如下：首先利用基于噪声消除或噪声利用的方法处理弱信号[1]，然后进行时频分析，最后与各种故障特征频率对比，实现故障识别。该方法虽然能够提取出故障信号并在一定程度上识别出故障类型，但在很大程度上依赖故障特征频率等故障先验信息。

2）与信号分析的方法不同，数据驱动智能方法通常将故障检测视为模式识别问题。首先，从振动信号等数据中提取代表性的故障特征（时频特征、EMD 特征、包络谱特征等），进而构建 SVM[2]、Bayes 分类器[3]、Fisher 判别分析[4]、单类支持向量机（One-class SVM）[5]等机器学习模型，检测是否存在故障。近年来，深度学习技术[6-7]已成功应用于早期故障检测，虽然这些方法可以不依赖轴承的先验信息，但对于在线检测问题，仍存在以下缺点：①在线检测的目标轴承数据分布和离线轴承数据分布不一致，这违反了独立同分布的理论前提，导致离线数据建立的训练模型不适用于目标检测轴承；②由于贯序采集到的目标轴承信号存在数据分布动态变化、有效信息量不充分等问题，易出现误报警情况。

根据文献调研，目前仅有少量工作解决早期故障在线检测的问题。Lu 等[8]通过计算 LSTM 网络的预测偏差值来识别目标轴承早期故障的发生位置。虽然取得了良好效果，但建立深度学习模型需要大量的辅助轴承数据，同时故障报警策略比较复杂。另一个典型工作是利用 Kullback-Leibler 散度估计在线数据和正常状态数据之间的偏差，实现故障检测，具体可参考文献[9]。Pan 等[10]提出了一种基于在线动态模糊神经网络的状态在线预测方法，利用模糊规则建立了一种简单高效的在线学习机制，实现对了对非平稳数据的连续检测。面向风机高速轴承损伤严重程度的在线评估问题，Ali 等[11]提出了一种基于无监督学习策略的在线诊断方法，该方法只依赖于在线监测数据更新识别模型，不需要太多的辅助轴承数据，但往往忽略了非平稳状态监测过程中的误报警问题。同时，上述方法存在一个共同的问题，即缺乏有效的故障报警阈值，而阈值的微小偏差将会对最后的检测结果造成较大影响。

为了解决早期故障在线检测的这些挑战，本节提出一种基于半监督学习架构的轴承早期故障在线检测框架。该框架的核心思路是利用半监督分类器[12]动态识别贯序采集的目标轴承信号，并利用模型泛化误差[13]的变动实现异常检测。该方法成功整合了以下 3 个关键问题。

1）考虑到振动信号的噪声问题，找到一种具有良好判别能力的早期故障特征提取方法是提高在线检测性能的首要条件。与传统的统计特征不同，在线检测的特征提取应该是自适应的。因此，本节选择 SDAE[14]，提取丰富的判别特征，用于进行在线早期故障检测。该方法与 2.2.3 节中所述自编码器原理基本一致，区别在于对输入数据添加少许噪声，以提高提取特征的稳健性。

2）自适应识别在线（贯序）数据分布的不一致性是在线检测的关键。现有异常检测的方法[15-17]进行早期故障的在线检测，即使采用正常阶段前期大量样本进行训练，也无法自动适应接下来的数据分布变化；若用离线模型检测在线数据，则会因为离线与在线数据分布的不一致导致检测结果存在偏差。为解决这一问题，本节利用安全半监督支持向量机（safe semi-supervised SVM，S4VM）[18]，对新采集的在线数据自动识别其所属类别，并利用在线数据持续更新模型，从而实现对在线数据分布变化的自动适应，同时基本不依赖于离线数据。

3）对早期故障的在线检测需要尽可能以自动模式工作，减少人工干预。现有异常检测算法进行在线检测时，通常需要设立异常发生的合理阈值[19]或者在离线数据上提前识别并设置故障发生范围[20]。与这些方法不同的是，本节选择 SVM 分类器的留一法

（leave one out，LOO）交叉验证误差上界[13]去构建故障报警阈值。选择分类器的泛化能力进行检测的原因是，与在线数据的变化相比，模型泛化能力的波动更细微，对数据中隐藏的异常更敏感。例如，在利用 SVM 检测早期故障时，仅仅在训练集（在线检测通常是小样本数据）中加入一个异常样本，也会改变最优分隔超平面，产生新的支持向量。在这种情况下，即使数据值没有明显的区别，SVM 的泛化能力也会发生变化。由于 LOO 交叉验证被认为是 SVM 泛化误差的无偏估计，因此，本节选择半监督分类器 LOO 误差的上界来构造一个新的故障报警标准，这对于实现智能、动态、自适应的在线故障早期检测起着至关重要的作用。从实验结果可知，采用该指标构建的故障报警阈值简单直观，也无须反复进行调整，因此非常适用于在线检测问题。

6.1.2　深度特征表示与模型更新

本节所提方法，即早期故障在线检测框架图如图 6-1 所示，分为 3 步：①引入目标轴承初始阶段的部分正常样本和辅助轴承的晚期故障样本，构建基于 SDAE 的特征提取器，以便提取在线数据的特征；②批量采集在线信号，基于 SDAE 框架提取深度特征，利用 S4VM 对贯序到达的目标轴承数据自动识别为正常状态或故障状态，同时利用主曲线生成故障类的合成样本，保持在线检测过程中样本的均衡，有效实现 S4VM 模型的在线更新；③用不断更新的 SVM 模型的泛化误差上界表示轴承的退化趋势，且利用泛化误差界的二阶差分值做报警指标，实现早期故障在线自动检测。本节将对①和②进行详细描述，③将在 6.1.3 节进行详细阐述。

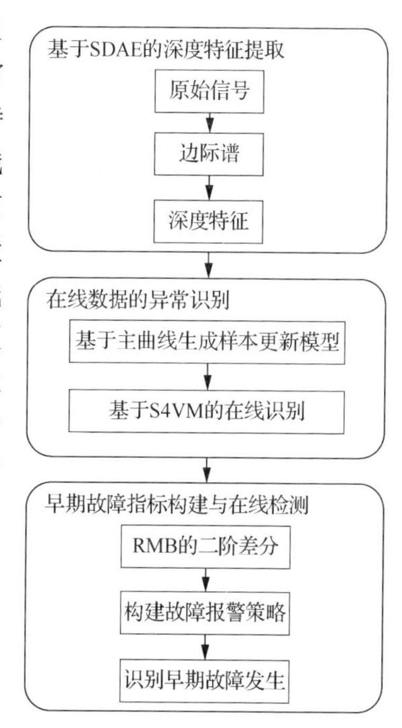

图 6-1　早期故障在线检测框架图

1. 基于 SDAE 的深度特征提取

为了在 6.13 节中通过半监督学习算法进行在线识别，需要提前收集和预处理一定的训练数据。除了部分正常的在线阶段开始阶段数据外，还需收集一些辅助轴承严重故障阶段的数据，这些数据将被标定为异常状态。这两种数据在半监督学习过程中作为有标记数据，而目标轴承的在线数据为未标记数据。

首先利用标记数据训练 SDAE 特征提取模型。本节所有原始振动信号（离线和在线阶段数据）均经过 HHT 处理，再输入 SDAE 提取深度特征。采用 HHT 变换处理原始数据可以获得信号中具有实际物理意义的瞬时频率分量，以此作为 SDAE 的输入可以得到更具代表能力的特征。HHT 变换处理步骤如下。

步骤 1　利用 HHT 处理原始振动信号获取边际谱。

1）分解原始振动信号：

$$x(t)=\sum_{i=1}^{k}c_i(t)+r_k(t)$$

式中，$x(t)$表示原始信号；$c_i(t)$表示第i个IMF分量；$r_k(t)$表示原始信号剩余项。

2）对每个IMF分量进行HHT处理：

$$H[x(t)]=\frac{1}{\pi}\int_{-\infty}^{+\infty}\frac{x(\tau)}{t-\tau}\mathrm{d}\tau$$

构造解析信号

$$C_i^A(t)=c_i(t)+jc_i^H(t)=a_i(t)\mathrm{e}^{j\theta_i(t)}$$

式中，$c_i^H(t)=\frac{1}{\pi}\int_{-\infty}^{+\infty}\frac{\mathrm{c}_i(\mathrm{s})}{t-s}\mathrm{d}s$；$a_i(t)=\sqrt{c_i^2+(c_i^H)^2}$；$\theta_i(t)=\arctan(\mathrm{c}_j^H/\mathrm{c}_i)$。

瞬时频率为

$$\omega=\frac{\mathrm{d}\theta(t)}{\mathrm{d}t}$$

3）构造HHT谱：$H(\omega,t)=\sum_{i=1}^{n}a_i(t)\mathrm{e}^{j\theta_i(t)}$，对HHT积分得到最终边际谱：

$$H(\omega)=\int H(\omega,t)\,\mathrm{d}t$$

步骤2　利用SDAE获取深度特征。

以边际谱$H(\omega)=[H_1,H_2,\cdots,H_n]$作为SDAE的输入，得到深度特征为

$$\boldsymbol{h}=f(\boldsymbol{WH}+\boldsymbol{b})$$

式中，$\boldsymbol{W}\in\Re^{M\times N}$为连接输入层和隐层之间的权重矩阵；$\boldsymbol{b}\in\Re^{N}$为偏置向量；$f$为编码器部分的激活函，通常可选用Sigmoid函数。SDAE的特征即是最后一个隐层。

2. 在线数据的异常识别

本节将利用S4VM这一半监督学习算法实时识别在线数据的异常状态。半监督学习是一类利用未标记数据进行训练的机器学习技术，通常包括少量的标记数据和大量的未标记数据，基本思想是利用未标记数据中的领域信息，提高学习模型的泛化能力。S4VM建立在SVM基础上，其设计目的是希望得到一个安全的半监督学习方法，在使用未标记数据时，不会引发性能下降。S4VM原理可以参考文献[18]，详细步骤将结合本节方法进行阐述。为了更好地理解，图6-2所示为基于S4VM的在线分类示意图。随着未标记数据的贯序到达，最优超平面将连续更新、向右移动，这说明S4VM能够提供准确、鲁棒的识别结果。

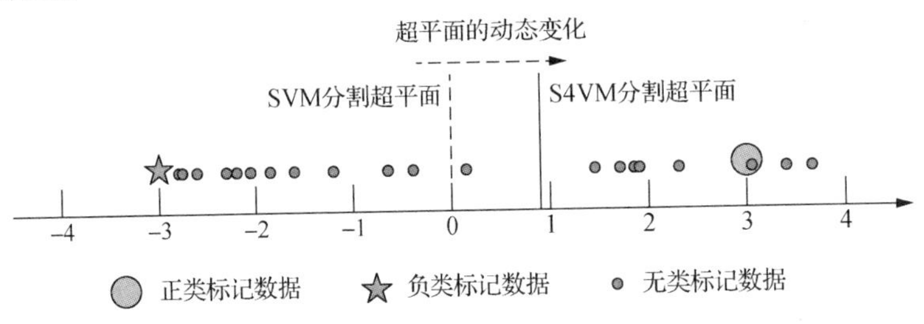

图6-2　基于S4VM的在线分类示意图

潜在的问题在于，由于在线数据只能批量获取，在利用 S4VM 自动识别在线数据类别的过程中，每次识别的数据均会纳入训练集，重新训练 S4VM 模型，随着时间的推移，导致正常状态样本数量逐渐超过故障类型样本（直到故障数据的出现）。模型的输入将出现不均衡问题。为了解决这个问题，本节采用 5.1.2 节所述方法，利用主曲线生成故障类的合成样本，保持在线检测过程中样本的均衡，有效实现 S4VM 模型的在线更新，具体步骤如下。

步骤 1　设置 $k=1$。选取目标轴承的初始部分正常状态数据和辅助轴承的部分严重故障数据，构建标记训练集

$$D_{\text{label}}=\{\boldsymbol{x}_i, y_i\}_{i=1}^{l}$$

步骤 2　获得未标记的在线批量数据

$$D_k=\{\boldsymbol{x}'_j\}_{j=1}^{u}$$

将 D_{label} 和 D_k 作为第 k 次训练 S4VM 的输入，然后构造目标函数

$$\min_{\{f_t,\hat{\boldsymbol{y}}_t\in\mathcal{B}\}_{t=1}^{T}}\sum_{t=1}^{T}h(f_t,\hat{\boldsymbol{y}}_t)+M\Omega\left(\{\hat{\boldsymbol{y}}_t\}_{t=1}^{T}\right)$$

式中，$h(\cdot)$ 表示为 $h(f,\hat{\boldsymbol{y}})=\dfrac{\|f\|_H}{2}+C_1\sum_{i=1}^{l}\ell(y_i,f(\boldsymbol{x}_i))+C_2\sum_{j=1}^{u}\ell(\hat{y}'_j,f(\boldsymbol{x}'_j))$，这里 $\hat{y}'_j$ 是一组从领域信息中获得标签信息。

步骤 3　对比正常状态和故障状态样本数量，若存在不均衡，则利用 K-主曲线生成故障类的合成样本。具体步骤如下。

1）生成故障类型数据的主曲线，具体步骤可参考 5.1.2 节。

2）计算各故障样本到主曲线的投影距离 $f^*:\text{ProDist}(F_i)=\left\|F_i-f(\lambda_{f^*}(F_i))\right\|_2^2$；根据 $\text{ProDist}(F_i)$ 将所有故障样本按升序排列。以故障样本的四分位为界，设置置信区间和非置信区间。

3）在可信区域内部，采用 SMOTE 算法生成合成样本 $D_{\text{synthesis}_{k1}}$，SMOTE 算法的原理可参考 5.1.2 节。为了避免过拟合，少部分合成样本 $D_{\text{synthesis}_{k2}}$ 采用同样的方法在置信区间外部生成。最终，可用样本为 $D_{\text{synthesis}_k}=\{D_{\text{synthesis}_{k_1}}\cup D_{\text{synthesis}_{k_2}}\}$。

步骤 4　更新有标签数据集：$D_{\text{label}}=D_{\text{label}}+D_k+D_{\text{synthesis}_k}$，其中 $D_{\text{synthesis}_k}$ 与 D_k 等量。然后设置 $k=k+1$，转入步骤 2。

在 5.1 节中，已经证明了主曲线和 SMOTE 算法可以用来生成符合原始数据分布特性的高质量合成故障样本。实际上，这种过采样策略并不是本节方法的核心，完全可以被其他不均衡分类算法所替代，算法性能的微小偏差并不会对最终结果产生显著影响。不均衡分类问题仅仅是在线检测的一个中间步骤，因此在这里我们将不再讨论这些方法之间的区别。

6.1.3　早期故障指标构建

虽然使用 S4VM 可以将在线数据识别为正常或异常，但异常不一定对应于早期故障的发生（如发生误报警）。对于早期故障发生的具体时间，仍然需要一个可靠的判据。对于上述过程，当早期故障开始发生时，新的在线数据会出现在决策边界附近，从而改变超平面，产生新的支持向量。因此，可以得出结论：模型泛化能力比模型参数更能够反映输入数据的变化。本节利用分类模型的泛化性能来评价轴承退化过程。

根据 S4VM 原理[18]，该算法是 SVM 在半监督学习环境下的扩展，其决策函数与 SVM 相同，因此可选择 SVM 的泛化误差模拟 S4VM 的性能。根据 SVM 理论，LOO 误差是对真实泛化误差的无偏估计。然而，LOO 误差在计算上非常昂贵，并不适合在线场景。因此，可利用 LOO 误差的半径-间隔上界（radius-margin bound，RMB）来代替 LOO 误差的计算。该 RMB 界可以描述为

$$\mathrm{LOO}_{\mathrm{error}} \leqslant 4R^2\|w\|^2$$

式中，R 为特征空间中包含所有训练样本的最小球半径；w 可用于计算 SVM 间隔。

由该公式可知，在在线检测过程中，随着数据块的到来，每次更新的模型都会有一个 RMB 界。因此，统计所有更新的模型的 RMB 值，可得到图 6-3 所示的序列值，为了对比效果，图中同样给出了 HHT 边际谱的高频分量值。

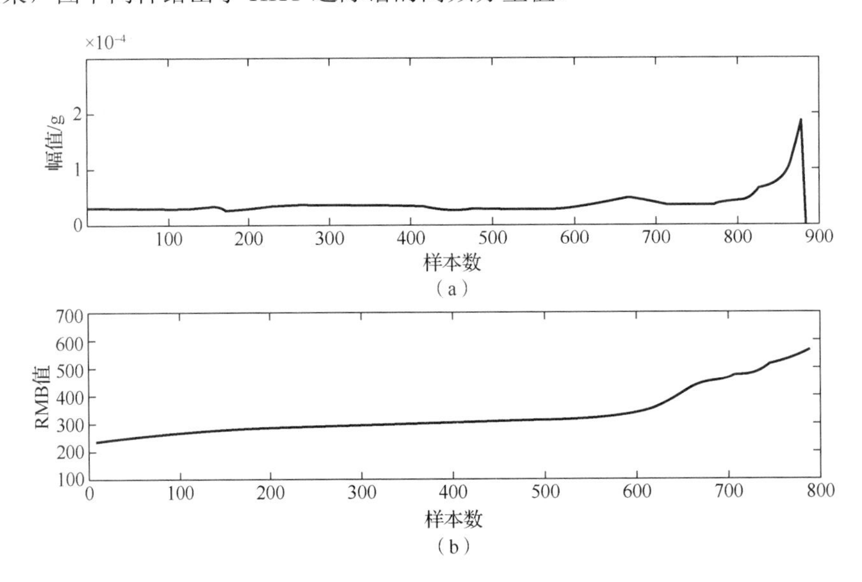

图 6-3　IMS 数据上 HHT 边际谱高频分量和 RMB 值对比图

（a）边际谱；（b）RMB 值

可以看出，RMB 所反映的趋势与 HHT 边际谱曲线基本一致，但具有明显的单调性。然而，对于早期故障而言，图 6-3 中尚缺乏明显的状态变化。因此，我们进一步计算 RMB 的一阶和二阶差分，如图 6-4 所示。

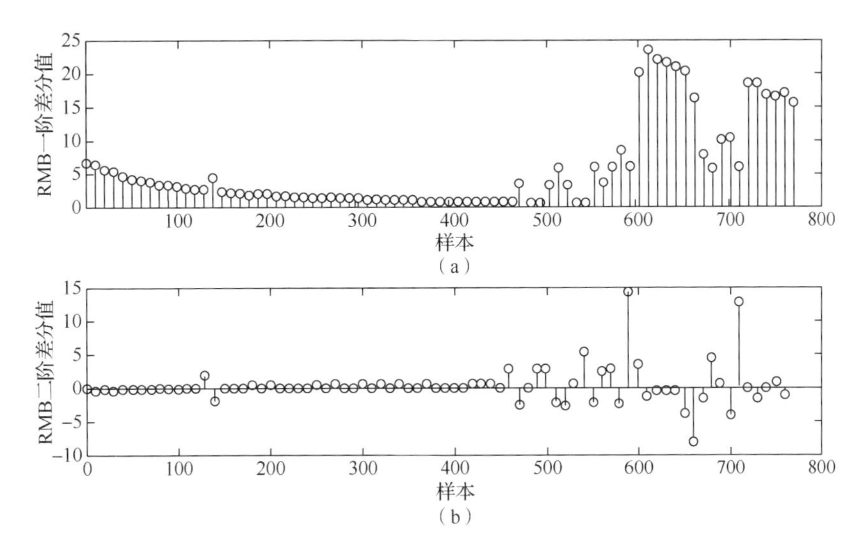

图 6-4　IMS 数据 RMB 界的一阶差分值和二阶差分值离散数值

(a) 一阶差分值；(b) 二阶差分值

明显可得，一阶差分值虽然全部大于零，但是初始阶段出现明显的下降趋势，所以只能反映 RMB 曲线的单调递增性，无法判断是否发生早期故障；相反，二阶差分值在开始阶段先缓慢增加，说明模型贯序到达的正常数据使模型的泛化能力在缓慢减弱，但幅度不大，随后剧烈波动，说明早期故障数据的出现使得模型的泛化能力急剧下降。鉴于这一发现，我们提出一种新的早期故障在线评判指标，即 RMB 界的二阶差分值（second order difference of radius margin bound，SODRMB），表示如下：

$$
\begin{aligned}
\text{SODRMB}(n) &= \Delta(\Delta R^2 \|w\|^2(n)) \\
&= \Delta(R^2 \|w\|^2(n+1) - R^2 \|w\|^2(n)) \\
&= R^2 \|w\|^2(n+2) - 2R^2 \|w\|^2(n+1) + R^2 \|w\|^2(n)
\end{aligned}
$$

式中，n 为在线贯序到达的样本数。

同时可以看到，在图 6-4 中，SODRMB 在正常状态下的值大多在 0 附近，但在某些点开始出现较大的波动。当剧烈波动时，可认为发生了早期故障。此外，正常状态下存在少量毛刺，但很容易看到，它们均位于正常状态，而不是初始故障。也就是说，只有在多个毛刺相继出现的情况下，才能确定早期故障的发生。因此，我们采用了一种简单而稳健的报警策略：统计 SODRMB 连续 k 个批次中异常批次的数量，如果比例超过阈值（如 60%），则认为发生了早期故障。这里 k 值和阈值可根据实际需要来定。如果一个工程对检测结果的可靠性要求较高，则 k 值和阈值都应该设置较大值，反之亦然。对于当前大多数异常检测方法，报警阈值通常设置复杂，阈值对检测结果有较大影响。但是在上述报警策略中，只需要将 k 值和阈值设置在一个合适的范围内即可，无须人为地反复调整。因此，我们认为 SODRMB 准则更适合于早期故障的在线检测。

图 6-5 所示为所提方法的算法流程图。

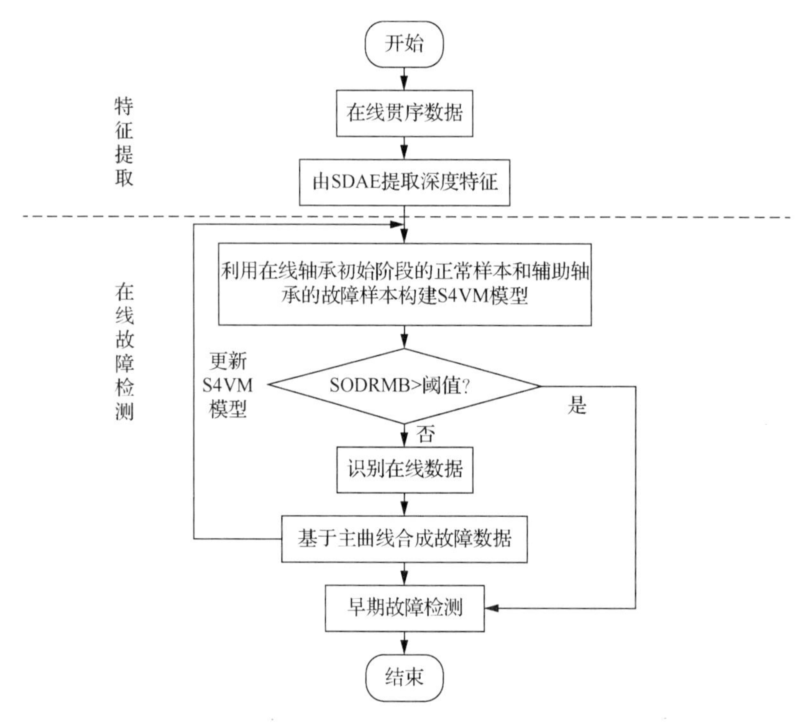

图 6-5　所提方法的算法流程图

6.1.4　性能分析

本节采用 IEEE PHM Challenge 2012、IMS 和 XJTU-SY 共 3 个数据集进行实验验证。数据集介绍参见 1.6 节。在本次实验中，选择第 IEEE PHM Challenge 2012 数据集第 1 个工况下的第 1 个和第 3 个轴承（分别简写为 PHM 1 和 PHM 3）作为在线轴承，这 2 个轴承均包含了从正常到故障退化过程的全部振动信号。对于 IMS 数据集，选择轴承 1 的外圈故障数据进行实验（简写为 IMS-OUTER），每个样本均匀选取 1024 个点。对于 XJUT-SY 数据集，选取第一工况下的第 5 个轴承的水平振动信号进行实验（简写为 XJTU-SY5）。下面分别给出本节所提方法的中间步骤结果。具体的对比结果将在 6.1.4 节给出。

1. SDAE 深度特征表示

SDAE 网络结构包括 4 个隐层，其节点数依次为 500、400、300、30。经过 10 次迭代，最终得到的训练损失为 0.0001。把轴承信号的 HHT 边际谱输入 SDAE 中得到 30 维深度特征。为了评估所提取特征的表示能力，对其采用 PCA 得到两维主要成分，并进行可视化，如图 6-6 所示。

可以看出，正常状态和故障状态的 SDAE 特征存在明显的区分，而无标签数据的特征介于两者之间。一方面，这说明本次实验所提取的特征可以较好地识别出轴承的不同状态，另一方面可以看出 HHT 边际谱适合作为 SDAE 输入。而无标记数据中包含部分正常和故障数据，因此提取到的特征也与正常状态和故障状态有较明显的重叠。

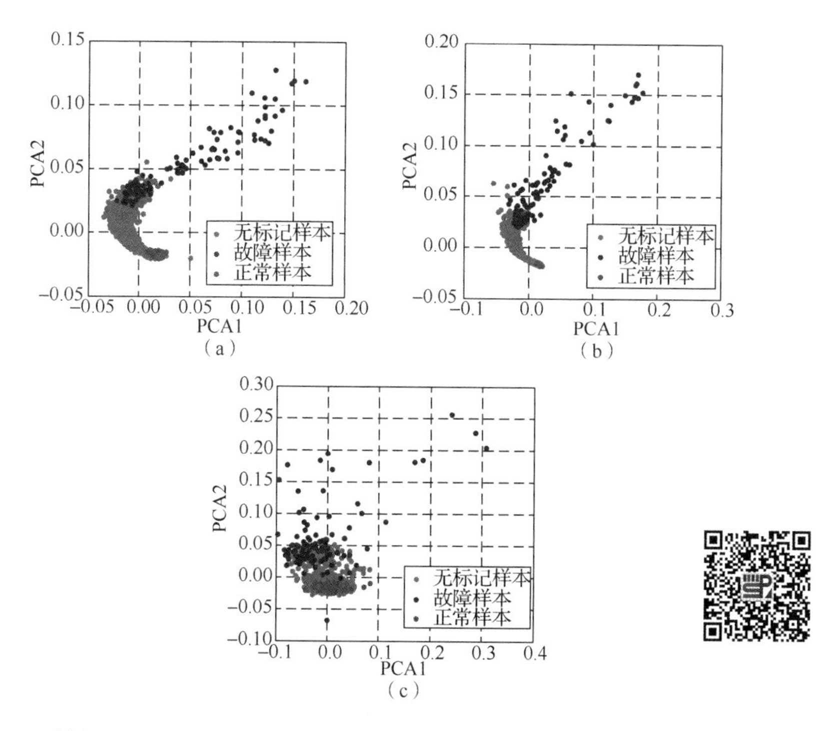

图 6-6　采用 SDAE 对 PHM 1、PHM 3 和 IMS-OUTER 故障数据提取特征的可视化

(a) PHM 1；(b) PHM 3；(c) IMS-OUTER

注：其中绿色点表示无标签数据的特征。

2. 基于主曲线的虚拟样本合成

本次实验采用 *K*-主曲线提取数据的骨架，并采用 SMOTE 算法随机生成样本，具体设置统一如下：主曲线内部点数以 1∶15 的比例生成，主曲线外部点数以 1∶8 的比例生成。图 6-7 为数据 PHM 1、PHM 3 和 IMS-OUTER 的少类（故障）样本的主曲线。可以看出，主曲线可以很好地反映数据的分布形态，适合用以构建数据的可信区域。

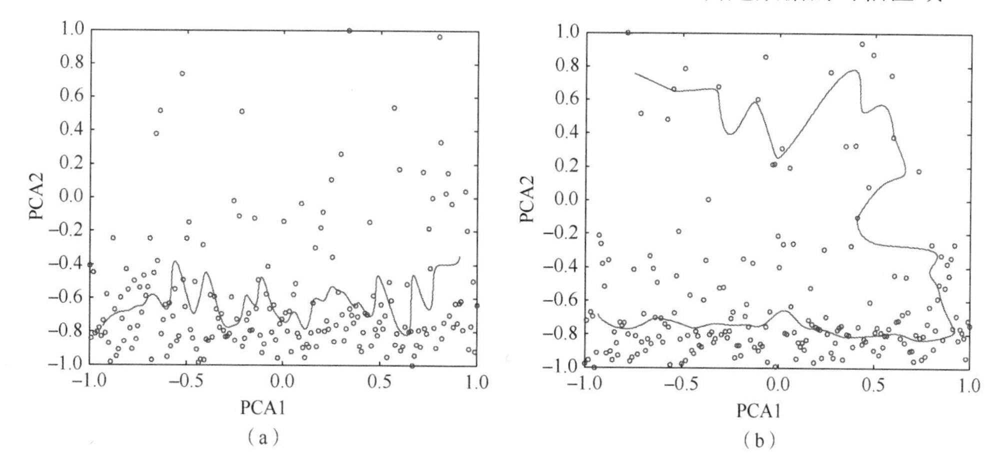

图 6-7　数据 PHM1、PHM3 和 IMS-OUTER 的少类（故障）样本的主曲线

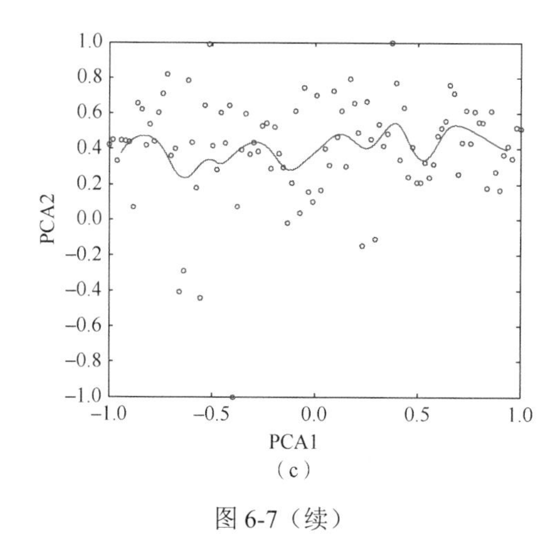

（c）

图 6-7（续）

（a）PHM1；（b）PHM3；（c）IMS-OUTER

图 6-8 所示为合成样本与原有少类样本的少类（故障）合成样本分布图。可以看到，利用主曲线生成的合成样本，在数据分布上基本与原有故障数据保持一致。此外，为了进一步检验合成样本的作用，分别对比了不采用合成样本和基于新生成样本的在线检测效果，如图 6-9 所示。

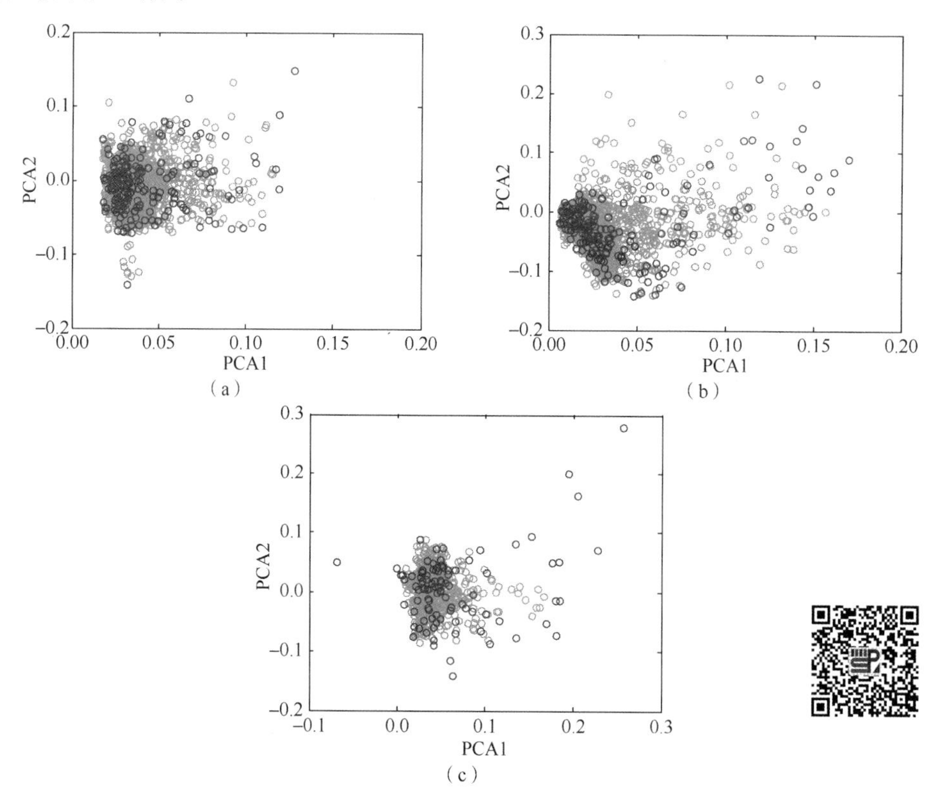

图 6-8　合成样本与原有少类样本的少类（故障）合成样本分布图

（a）PHM 1；（b）PHM 3；（c）IMS-OUTER

注：其中两个坐标轴分别为 PCA 降维后第一和第二主成分，蓝色点是原始少类样本点，绿色点是合成样本点。

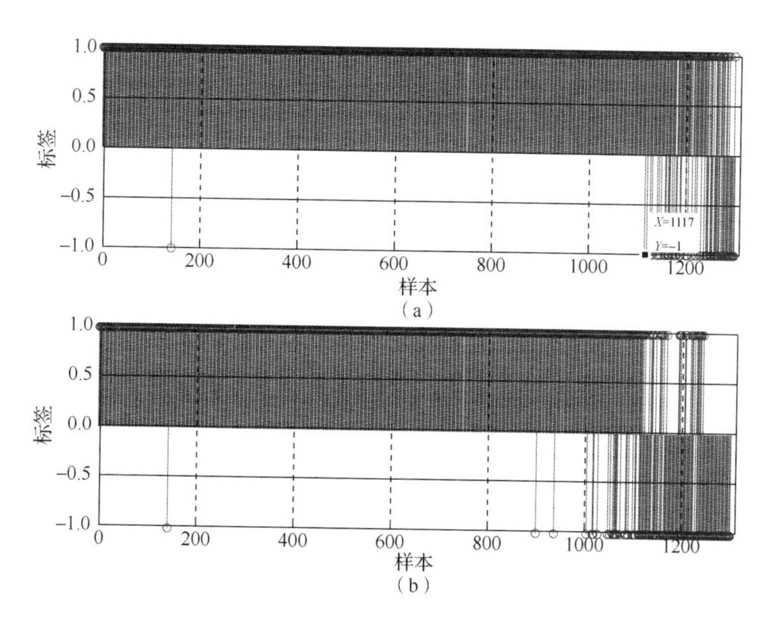

图 6-9　不采用合成样本和基于新生成样本的在线检测效果

（a）不采用合成样本；（b）基于新生成样本

在图 6-9（a）中，在线数据检测出故障大约在 1117 个样本，而在图 6-9（b）中，检测结果出现在 1000 个样本附近。这表明，随着半监督分类模型的在线更新，样本集逐渐出现类别不均衡现象，从而导致模型偏差，而本节所提方法在每次 S4VM 模型更新时，能动态均衡训练数据集，因此使模型得到有效更新，导致检测结果有较明显的提前。

3. 早期故障指标的构建

图 6-10 所示为数据 PHM 1、PHM 3 和 IMS-OUTER 值的 RMB 值走势图，对应的 SODRMB 值将在 6.1.4 节中与对应的预测效果一起给出。

可以直观看出，3 条 RMB 曲线的走势均为逐步上升趋于平缓，最后快速上升。这 3 个阶段正好照应了轴承的正常状态、早期故障状态与快速退化状态。所以可认为 S4VM 的 RMB 值可以有效反映轴承的退化趋势。

此外，需要注意的是，RMB 界中的 Radius 为包含正常和快速衰退期样本的超球半径，而在线数据几乎处于两类样本之间，因此 R 值几乎保持不变，对构建 RMB 值的影响不大。所以，RMB 的整体变化趋势主要受 w 值的影响。随着在线数据的贯序到达，S4VM 模型持续更新，对应的 w 值也发生变化，如图 6-11 所示。

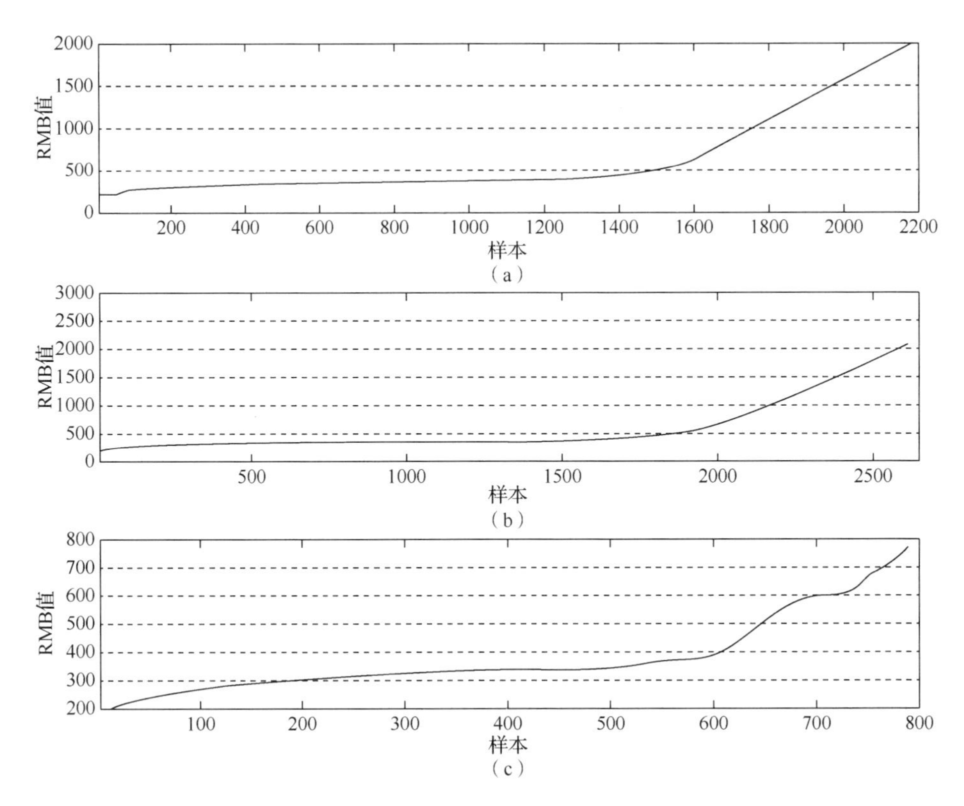

图 6-10　数据 PHM 1、PHM 3 和 IMS-OUTER 的 RMB 值走势图

(a) PHM 1；(b) PHM 3；(c) IMS-OUTER

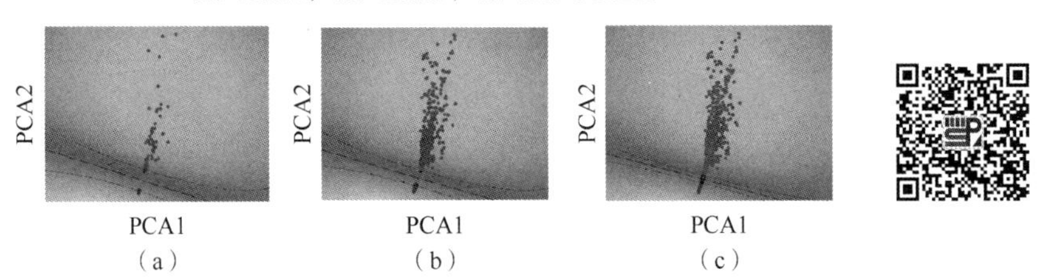

图 6-11　PHM 3 数据上 S4VM 模型分类面更新图

(a) 在线到达的样本数为 100；(b) 在线到达的样本数为 1300；
(c) 在线到达的样本数为 2000

从图 6-11 可明显观察出，随着样本数的增多，分类面之间的几何间隔逐渐减小，即 w 值逐渐增大，同时样本开始出现错分情况，意味着模型泛化能力逐渐减弱。这不仅表明采用 RMB 界来描述轴承退化趋势是合理的，同时也证明了采用泛化误差变化实现早期故障检测的有效性。

6.1.5　对比实验结果

本节将给出 PHM 1、PHM 3、IMS-OUTER 和 XJTU-SY5 共 4 组数据上的检测结果，以及与现有多个异常检测算法的对比结果。

1. 实验 1：PHM 3

在在线检测过程中，按顺序采集 10 个样本作为无标签数据。S4VM 中，有标签数据的正则化参数为 10，无标签数据的正则化参数为 0.001，RBF 核参数为 200。图 6-12 给出了所提方法的在线检测结果，和对应的 RMS 曲线及 HHT 边际谱的 3 个高频分量曲线。

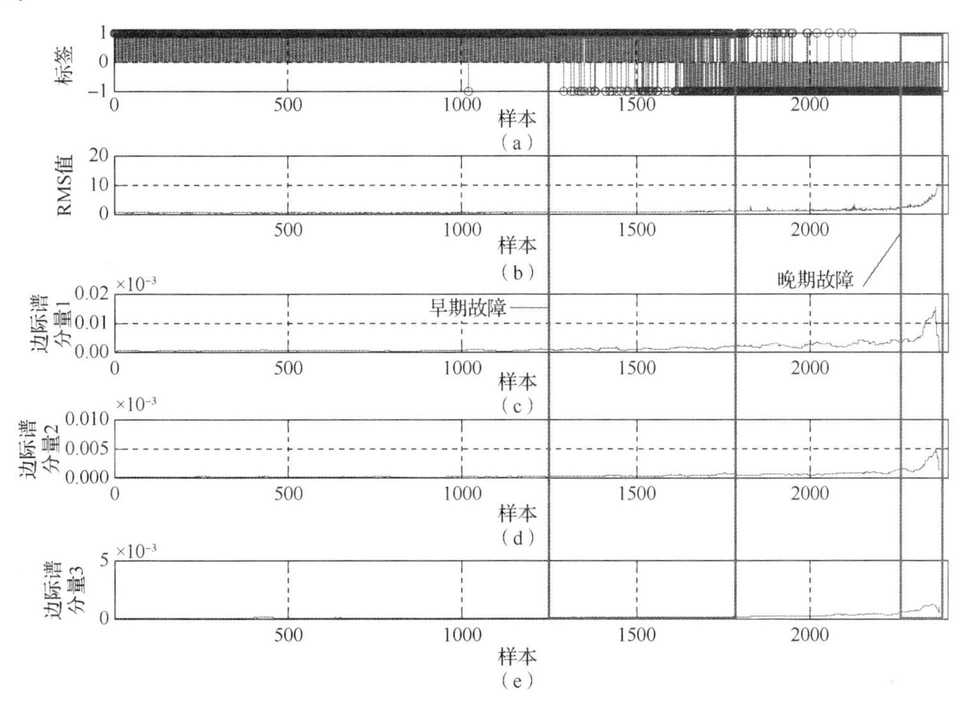

图 6-12　本节所提方法的在线检测结果和对应的 RMS 曲线及 HHT 边际谱的 3 个高频分量曲线

（a）在线检测结果；（b）对应的 RMS 曲线图；（c）～（e）3 个边际谱高频分量的走势曲线

图中标签 1 和−1 分别表示正常状态和故障状态。很明显，从样本 1300 开始，识别结果开始波动，这是由早期故障引起的。随着新一批数据的到来，更多的样本被识别为故障状态，从大约 2000 个样本开始，所有样本都被识别为故障状态。因此，可以断定，早期故障发生在 1300 样本附近，但是具体位置仍然需要根据故障报警标准来确定。同时，在图 6-12 的绿框中，RMS 和 HHT 边际谱均有一定的增大，由此可表明轴承状态已由正常状态转变为早期故障状态。此外，在粉色框中，每一条曲线都急剧增加，这意味着轴承进入了一个严重的故障状态。从图 6-12 可以看出，异常识别的结果与 RMS 和 HHT 边际谱的变化基本一致，验证了利用半监督学习进行在线检测的可行性。

为了更清晰地展示对比效果，图 6-13 给出了本节方法检测结果与原始数据 RMS 值对比结果的局部放大图，图中绿框意味着开始出现早期故障。可以看出，本节方法检测出的早期故障的发生时间明显要早于 RMS 值显示出的早期故障，这说明相比于原始数据本身，检测模型泛化误差对于早期故障的敏感程度更高。图 6-14 是本节方法结果与边际谱第一高频分量的局部放大图。从图中可以明显看出，本方法与 HHT 边际谱中体现的早期故障正好吻合。由此可以得出结论，本方法对早期故障的检测是可靠的。

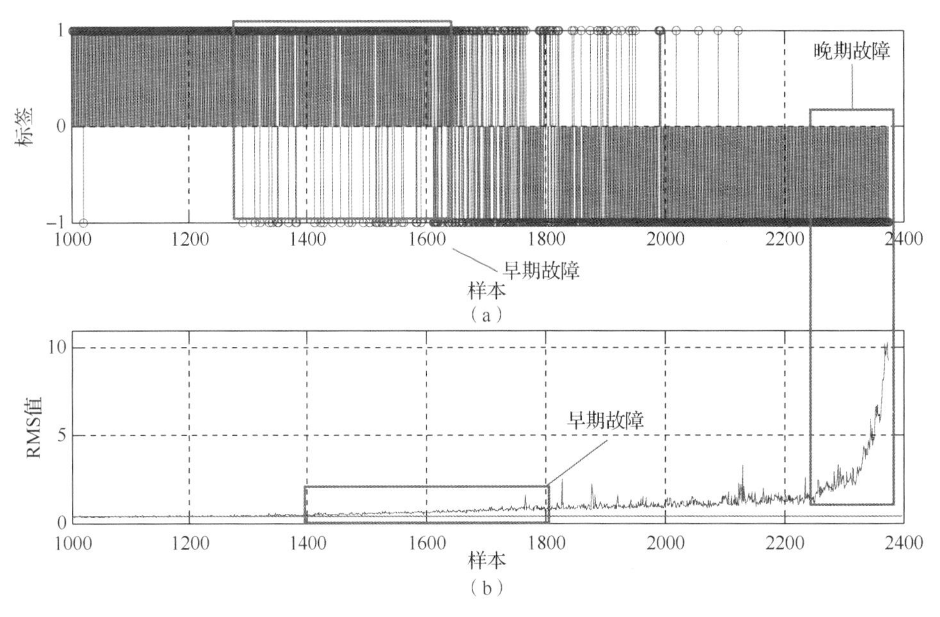

图 6-13　本节方法检测结果与 RMS 值的局部放大图

(a) 本节方法检测结果；(b) RMS 值的局部放大图

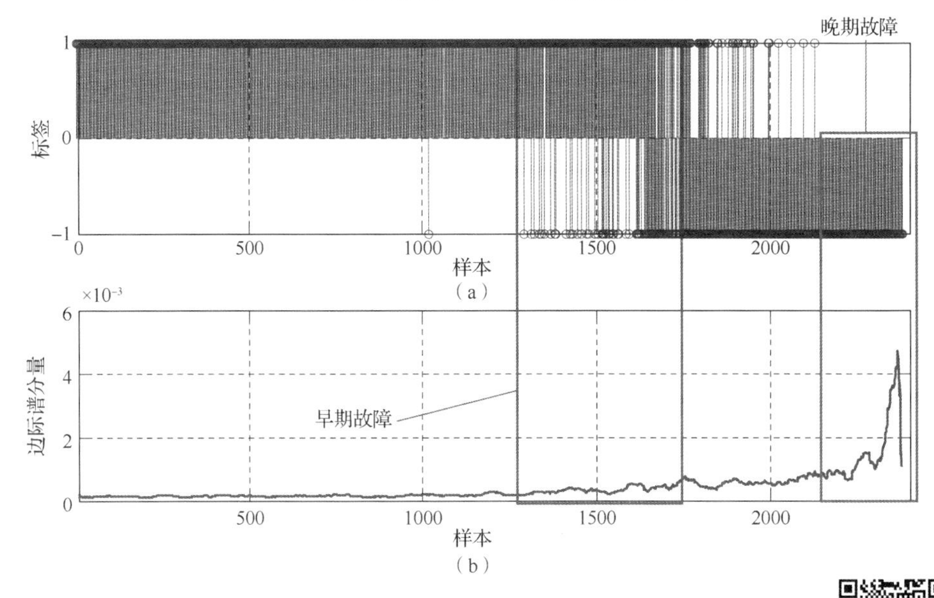

图 6-14　本节方法检测结果与边际谱的局部放大图

(a) 本节方法检测结果；(b) 边际谱的局部放大图

此外，为了验证 SODRMB 指标对在线检测的有效性，图 6-15 所示为 PHM3 早期故障检测结果，包括本节方法检测结果和对应的 RMB 值及 SODRMB 值。

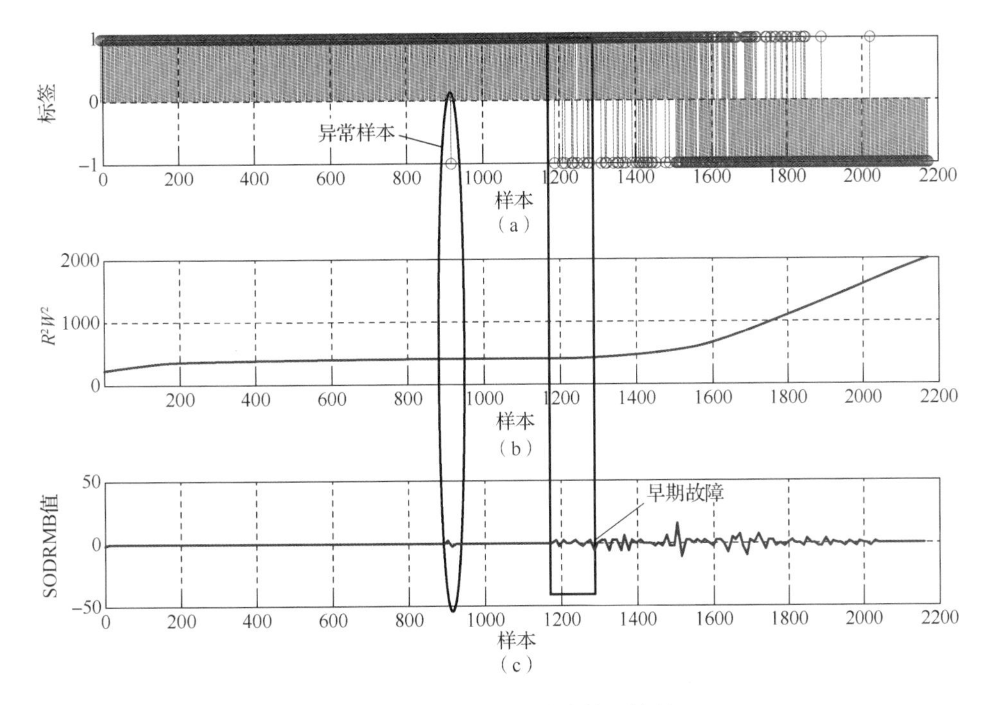

图 6-15　PHM 3 早期故障检测结果

(a) 本节方法检测结果；(b) RMB 值；(c) SODRMB 值

可以看出，在对在线样本的标签识别结果出现波动（绿框）时，对应的 SODRMB 指标也出现了明显波动，可以快速判断故障的发生。但是，RMB 变化并不明显，不适合直接用作故障发生的判断。同时，正常阶段也存在着极少数的波动（红框），当采用连续 5 个样本中 60%的样本被识别为负类即认为早期故障发生的策略时，即可排除正常阶段中的毛刺。

我们也评估了该方法的计算成本。计算成本主要包括两个部分：特征提取和 S4VM 模型更新。由于在线数据被直接输入训练好的 SDAE 模型中进行特征提取，该步骤为线性操作，计算成本很低。主要计算成本来自 S4VM 模型的更新。本次实验中，采样频率为 25.6kHz，一个样本包含 2560 个点，一个样本（即 0.1s 信号）每 10s 采集一次，每次选择 10 个样本来更新 S4VM 模型。根据多次实验的结果，特征提取和 S4VM 模型更新的时间通常分别小于 1s 和 10s。请注意，随着在线过程的进行，S4VM 的训练样本量逐渐增加，达到最大数量（本实验为 5000）。训练 5000 个样本大约需要 10s。用户可以根据实际需要调整样本量，也可以采用滑动窗口的策略。因此，每次模型更新的总使用时间约为 10s，远远小于两组样本之间的时间间隔。因此，我们认为该方法在计算效率方面能够满足在线检测问题的需求。对于 IMS 和 XJTU 的数据集，也可以得出类似的结论。

2. 实验 2：PHM 1

本次实验的设置与 PHM3 实验设置相同，只是 RBF 核参数为 150。本次实验同样采用轴承数据的 RMS 值和 HHT 边际谱高频部分来验证本节方法的可行性，如图 6-16 所示。

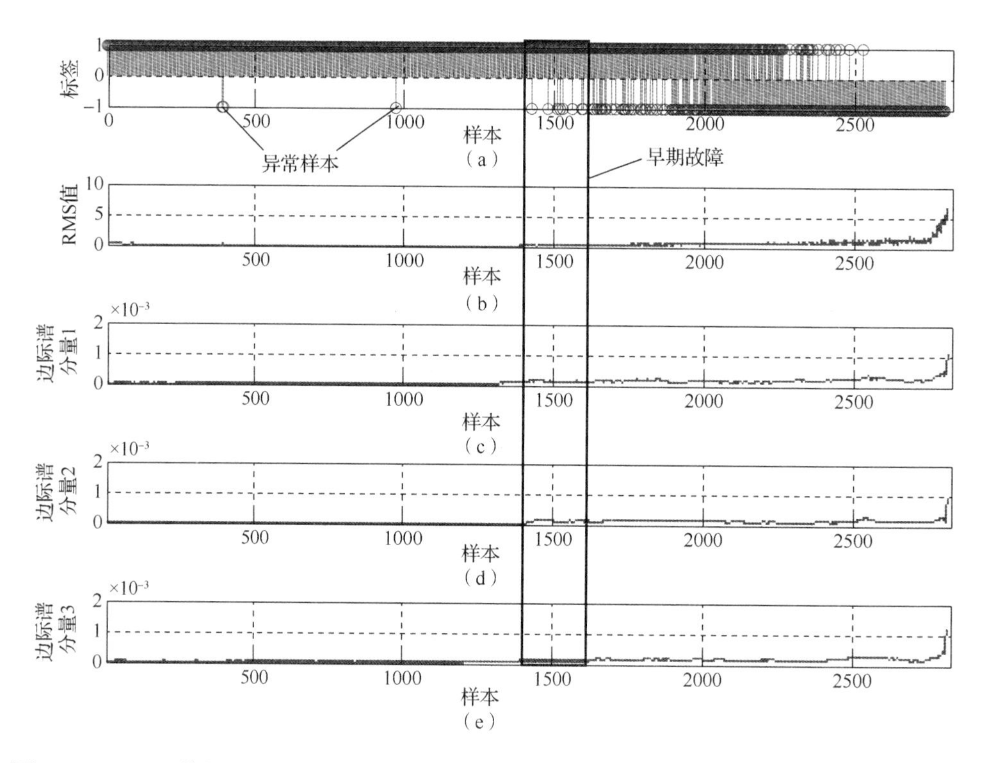

图 6-16　PHM 1 数据上本节方法检测结果和对应的 RMS 值及 HHT 边际谱的 3 个高频分量曲线

（a）在线检测结果；（b）对应的 RMS 曲线；（c）～（e）3 个边际谱高频分量的走势曲线

在图 6-16 中，S4VM 识别异常的起始点仍然与 RMS 曲线和 HHT 边际谱的起始变化保持一致，如图中绿框所示。在初始阶段，几乎所有的样品都被识别为正常状态（正类），而均方根值和 HHT 边际谱的 3 个分量保持不变，表明轴承处于正常状态。2000 以后的样本均被识别为故障状态（负类），这也与 RMS 和 HHT 边际谱的变化趋势相一致。识别结果中存在 3 个异常点，用红色箭头表示。由于 RMS 或 HHT 边际谱没有明显变化，半监督分类对在线数据中的异常更敏感。但是，与其他异常检测算法（见后续对比实验）相比，正常状态下识别出的异常数量要少得多。因此，利用半监督学习来识别在线数据中的异常被证明是可行的。

为了更详细的分析，我们放大了图 6-16 中包含 300～2000 的部分，如图 6-17 所示。可以看出，发生早期故障的最可能位置为样本 1481，其中 RMS 和 HHT 边缘谱的 3 个分量明显增大（红框）。因此，利用 S4VM 进行在线异常识别，可以为后续的在线检测提供合理的初步结果。

图 6-18 所示为 PHM1 数据上 SHVM 识别结果及对应的 RMB 和 SODRMB 的对比曲线。很明显，异常的起始区域与 SODRMB 的剧烈波动完全吻合，如绿色框架所示。由此可以很容易地确定早期故障的发生位置。其中，SODRMB 在正常状态下有一个毛刺（约为样本 1000），采用与 PHM3 实验中相同的策略可消除此毛刺。但是，图 6-18（a）中的两个异常样本并没有引起 SODRMB 毛刺，因此，SODRMB 对误警报具有一定的稳定性。

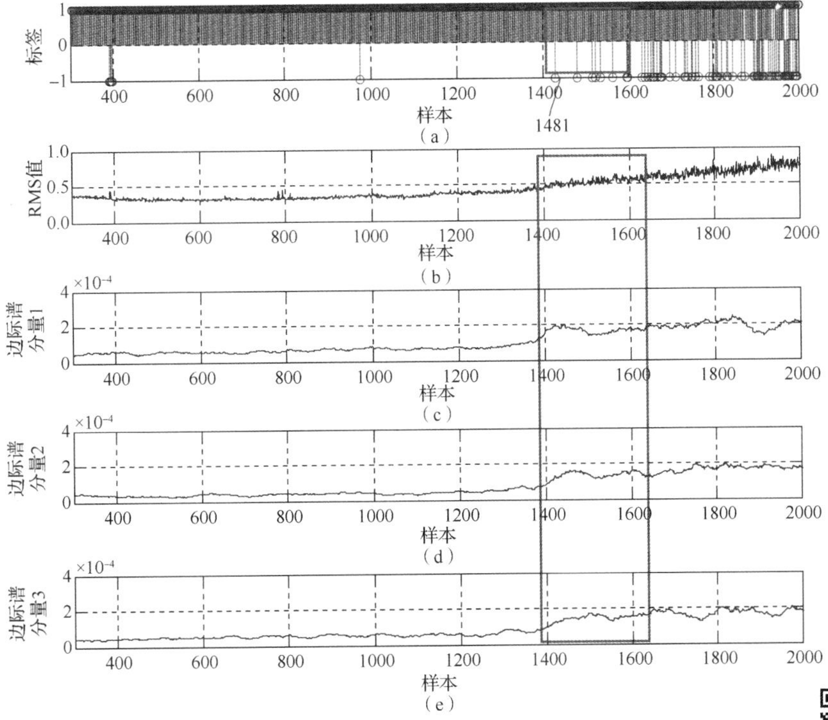

图 6-17　图 6-16 的局部放大图

(a) 在线检测结果；(b) 对应的 RMS 曲线；(c) ～ (e) 3 个边际谱高频分量的走势曲线

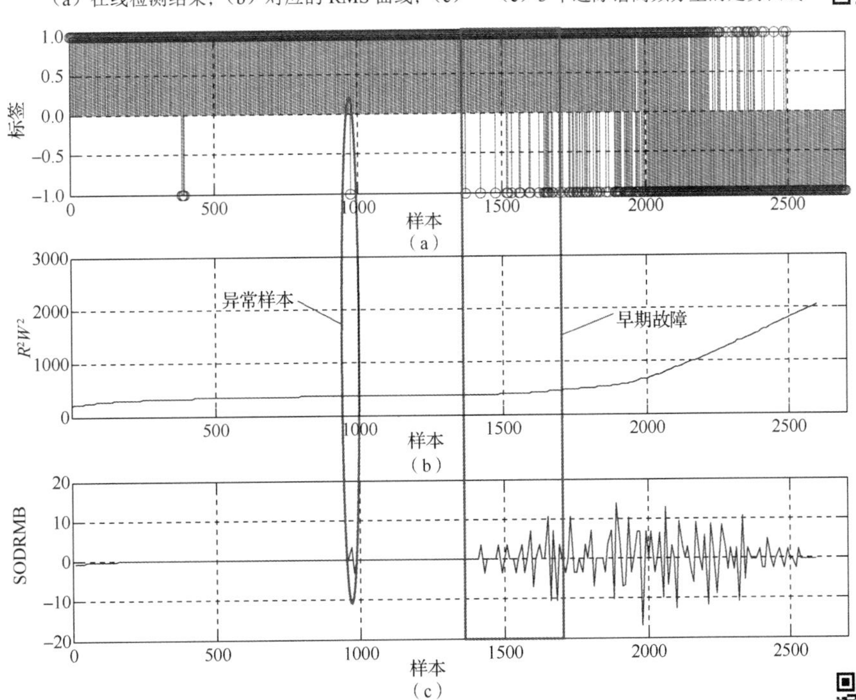

图 6-18　PHM 1 数据上 S4VM 识别结果及对应的 RMB 和 SODRMB 的对比曲线

(a) S4VM 识别结果；(b) RMB 曲线；(c) SODRMB 曲线

3. 实验 3：IMS-OUTER

实验 3 设置上述实验基本一致。图 6-19 给出了 RMS 曲线和 HHT 边际谱与 S4VM 异常识别结果的对比。很明显，S4VM 识别到的异常起始区域比 RMS 和 HHT 边缘谱要早（绿框）。此外，在大约 800 样本左右，部分样本又被识别为正常状态。从 5.3 节可知，IMS 轴承在 120～140h 之间存在磨合现象，即裂纹和剥片已经被磨平，140h 后，振动再次加剧，图中异常识别的结果与这种退化现象基本一致。

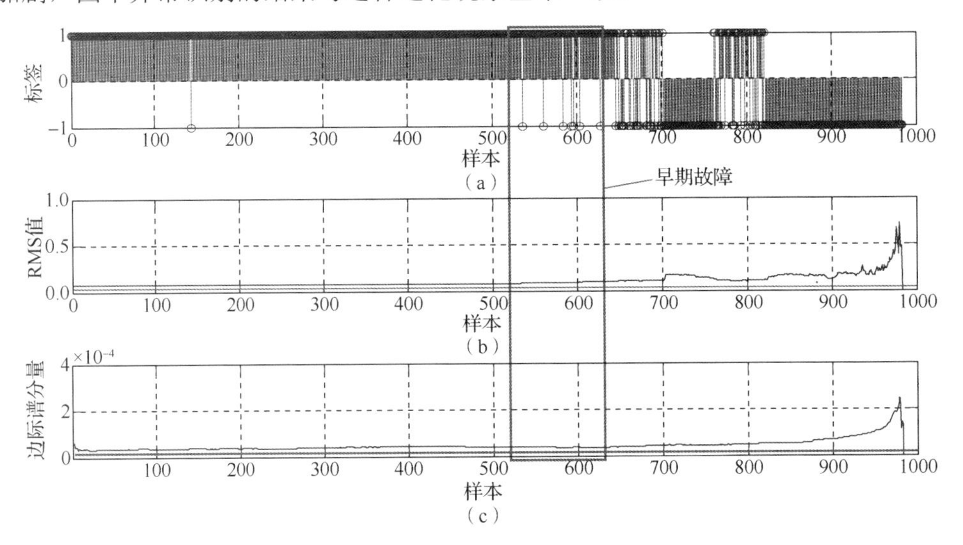

图 6-19　IMS-OUTER 数据上 S4VM 检测结果及对应的 RMS 值及 HHT 边际谱曲线

（a）S4VM 检测结果；（b）对应的 RMS 曲线；（c）对应的 HHT 边际谱曲线

图 6-20 给出了 RMB 与 SODRMB 的对比曲线。如绿框所示，S4VM 异常结果的起始区域与 SODRMB 第一次剧烈波动保持一致，因此，可以直接确定早期故障发生的起点。SODRMB 在正常状态下也有毛刺，但在图 6-20（a）中没有对应的异常点。相反，第一个异常点不会引起 SODRMB 的变化。这一现象可以用 S4VM 理论来解释。即使有少量的在线样本分类错误，这些样本也不会对超平面产生太大的偏移，S4VM 的泛化性能变化非常小。在这个场景中，SODRMB 是稳定的。另外，随着在线过程的推进，新的正常数据可能位于决策边界附近。当超平面变化时，这些数据往往被归类为正常状态。为了消除这种毛刺，我们可以采用与上述实验相同的策略，即计算连续样本中的异常点比例，排除误报警。

4. 实验 4：XJTU-SY5

对于 XJTU-SY5，总寿命为 52min，分为 1664 个样本。我们选择前 100 个样本作为正常状态样本，后 100 个样本作为故障样本。其余样品为未标记的样本。实验设置与前 3 个实验相同，其中 RBF 核参数设置为 55。

由于篇幅限制，本节仅提供了本节方法的检测性能和相应的 SODRMB，如图 6-21 所示。可以看到，异常识别部分与 SODRMB 的第一次波动一致（绿框）。SODRMB 曲线也存在一个异常点，这是在线过程开始时的不规则波动造成的。同时，该异常点是孤立的，说明 SODRMB 对这种不规则波动有一定的稳定性。同样的，可以采用相同的报警策略来排除该误报警。

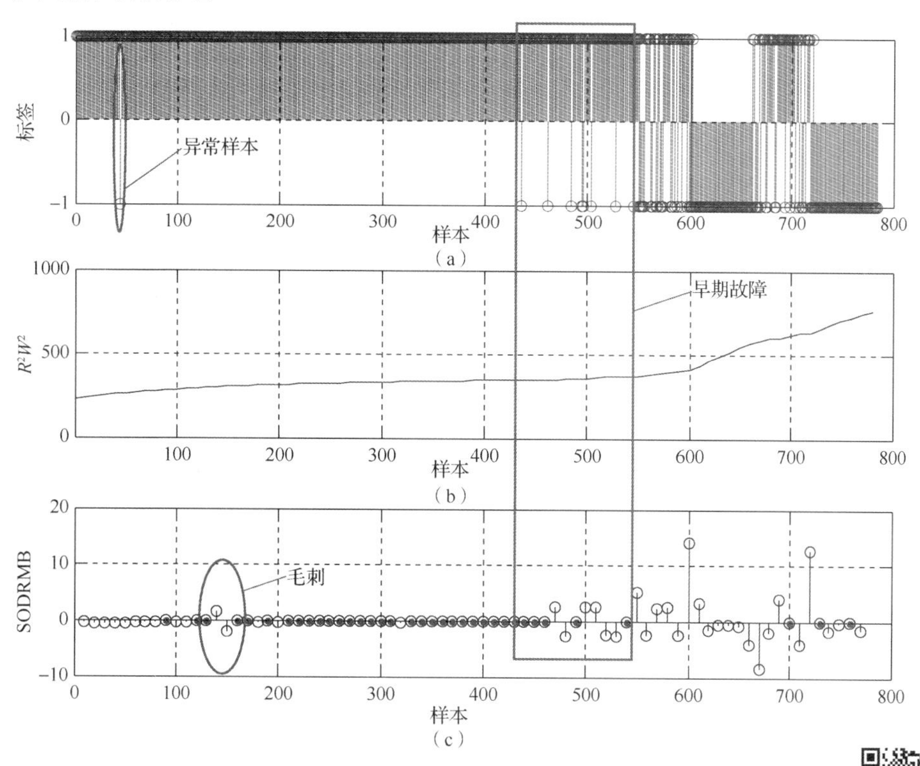

图 6-20　IMS-OUTER 数据上本节检测结果及对应的 RMB 和 SODRMB 曲线
（a）本节检测结果；（b）对应的 RMB 曲线；（c）对应的 SODRMB 曲线

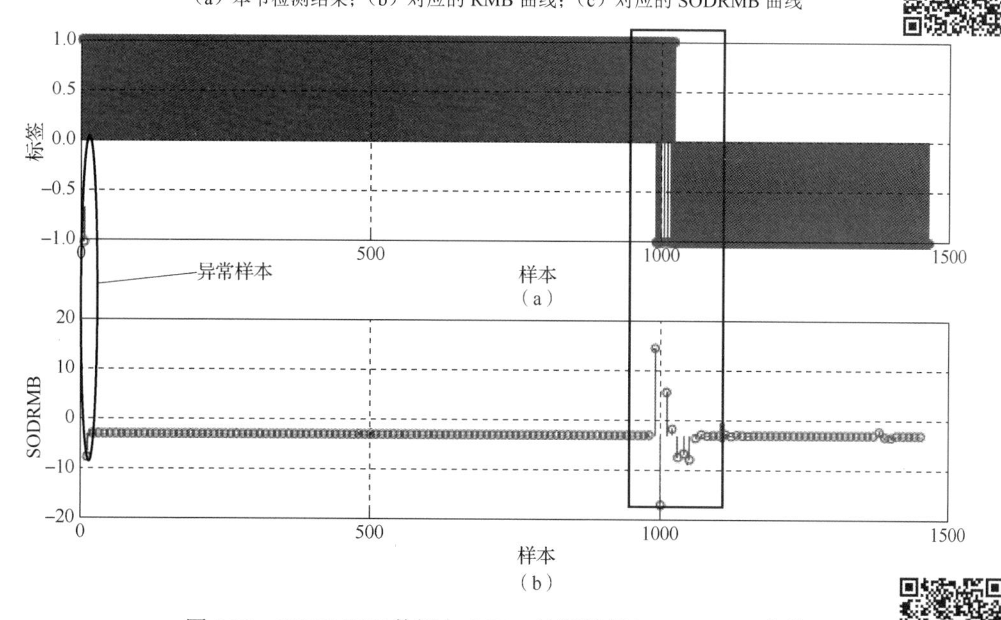

图 6-21　XJTU-SY5 数据上 S4VM 检测结果与 SODRMB 曲线
（a）S4VM 检测结果；（b）SODRMB 曲线

根据 PHM1、PHM3、IMS-OUTER 和 XJTU-SY5 的实验结果，提出了一种基于 S4VM 的在线数据异常识别方法。此外，所提出的故障报警判据 SODRMB 可以直接反映故障发生的起始点，从而使报警策略简单，不需要过多的人为干预和调整。

5. 对比实验

为了进一步验证本方法的有效性，本节对比了 14 种早期故障诊断和检测领域中代表性方法，如下所列。其中，方法 1 是一种信号分析的方法来检测早期故障。该方法先用带宽经验模态分解（bandwidth empirical mode decomposition，BEMD）重构原始的振动信号，再用自适应多尺度形态分析（adaptive multi-scale morphological analysis，AMMA）对重构信号解调得到时域信号，对该时域信号进行傅里叶变换得到频谱信号，通过观察故障特征频率来判断是否发生故障。方法 2 是传统的相关系数检测法。该方法不需要任何离线的轴承数据，只需要对目标轴承计算相关系数，判断是否出现故障。方法 3～方法 14 为 4 种广泛使用的异常检测算法 One-class SVM、SVDD[15]、局部异常因子（local outlier factor，LOF）[16]、孤立森林（isolation forest，iForest）[17]和 3 种典型的特征提取方法（SDAE、RMS、峭度）的交叉组合，具体如下。

方法 1：BEMD+AMMA[2]。

方法 2：RMS+Correlation Coefficient[21]。

方法 3：SDAE+One-class SVM。

方法 4：RMS+One-class SVM。

方法 5：Kurtosis+One-class SVM。

方法 6：SDAE+SVDD。

方法 7：RMS+ SVDD。

方法 8：Kurtosis+SVDD。

方法 9：SDAE+LOF。

方法 10：RMS+LOF。

方法 11：Kurtosis+LOF。

方法 12：SDAE+iForest。

方法 13：RMS+ iForest。

方法 14：Kurtosis+iForest。

方法 3～方法 8 利用前 500 个样本训练单分类模型；方法 9～方法 11 是局部异常值检测方法，该方法依然训练前 500 个正常状态样本，计算每个样本的 LOF 值，并选择最大值作为排除异常的阈值。方法 12～方法 14 是孤立森林方法，本次实验取前 500 个样本训练模型，找到正常数据分割的最大次数作为阈值，若连续 10 个样本中的分割次数最大值均小于该阈值，则出现异常。

本次实验采用两个评价指标：①检测位置，即认定早期故障发生处的样本值；②误报警数，即在检测位置之前出现的异常样本数。需要说明的是，该实验中误报警只存在于方法 3～方法 14。为简便起见，该方法称为 S4VM+SODRMB。对比结果如表 6-1 所示。

表 6-1　不同方法的早期故障检测结果

方法名称	PHM 3		PHM 1		IMS-OUTER		XJTU-SY5	
	检测位置	误报警数	检测位置	误报警数	检测位置	误报警数	检测位置	误报警数
方法 1：BEMD+AMMA	1600	—	1900	—	540	—	1110	—
方法 2：RMS+Correlation Coefficient	1330	—	1690	—	660	—	1290	—
方法 3：SDAE+One-class SVM	1204	74	1410	138	592	33	1008	68
方法 4：RMS+One-class SVM	1343	47	1640	27	535	4	1260	12
方法 5：Kurtosis+One-class SVM	1773	120	2152	117	650	15	1211	36
方法 6：SDAE+SVDD	1285	118	1525	116	600	30	1012	73
方法 7：RMS+ SVDD	1417	40	1735	20	535	7	1264	9
方法 8：Kurtosis+ SVDD	2042	104	1642	58	703	11	1331	21
方法 9：SDAE+LOF	1236	1	2050	4	700	0	1093	26
方法 10：RMS+ LOF	1340	1	2023	52	535	0	1264	5
方法 11：Kurtosis+ LOF	2037	73	2381	65	700	1	1330	8
方法 12：SDAE+iForest	1341	37	1556	82	702	22	1280	5
方法 13：RMS+ iForest	1412	60	2336	69	535	35	1607	44
方法 14：Kurtosis+ iForest	1783	146	2057	159	650	40	1613	54

由表 6-1 可以看出，方法 1、2、4、5、7、8、10、11、12、14 在 4 组数据上均滞后于本方法结果；在 PHM 1、PHM 3 和 XJTU-SY5 数据集上，方法 3 的检测结果要早于本节方法，但是实验中发现效果很不稳定，正常时期检测的异常数据也很多，误报警数很高；与方法 3 相似，方法 6 在 PHM 3 和 XJTU-SY5 上效果略早于本节方法，但误报警数同样较高；方法 9 虽然在 PHM 3 和 XJTU-SY5 上的检测效果和本节方法很相似，但在 PHM 1 和 IMS-OUTER 数据上明显滞后，说明该方法很不稳定，缺乏普适性；方法 7、10 和 13 在 IMS-OUTER 上的效果与本次实验很接近，但是该 3 种方法需要大量正常数据训练模型，对于在线监测模型十分不稳定，同时这 3 类方法的误报警数均远超本节方法。整体来看，本节方法在 4 组数据上的检测结果最稳定，检测的样本序号均比较靠前，且误报警数基本为最低。

由于篇幅的限制，此处不再单独比较每个方法。在此，我们总结了所提出的方法在解决早期故障在线检测挑战方面的比较优势。

1）对于基于异常检测的方法（即 SVM、SVDD、LOF、iForest），其共同的缺点是需要大量的目标轴承正常状态数据来建立检测模型。而在在线阶段，监测数据是批量顺序采集的。如果使用额外的离线数据来方便模型训练，工作状态的微小变化将导致数据分布出现偏差，相应会产生误报警（表 6-1）。相反，本节方法采用半监督学习策略自适应更新检测模型，以识别在线数据中的不规则波动。S4VM 的应用不仅需要很少的在线数据，而且大大减少了误报警数。因此，本节方法更适合于在线检测。

2）方法 2 模型简单，但报警阈值需要手动定义并反复调整。对于在线检测的阈值，应该简化并快速部署。相反，本节方法引入了 LOO 误差上界（RMB），仅通过计算 RMB 的二阶差分就可以识别这种趋势。因此，SODRMB 准则更适用于在线检测问题，不需要过多的人工干预。这是本节方法最显著的优点。

3）表 6-1 中部分检测方法需要用到传统统计特征（如峭度值），但不同的统计特征作用范围不同。相反，本节方法采用深度学习技术自适应提取特征。通过应用 SDAE，无需太多测量数据的先验知识，即可通过无监督神经网络提取深度特征，更适合于在线检测问题。

6.2　基于深度特征自适应匹配的早期故障在线检测

6.1 节所述方法适合于历史数据累计不够的情况下对新对象的直接检测，但是，对于大量的工程问题，同型号轴承已经在前期实验和运行中采集到足够的离线数据，这些数据包含了大量的早期故障退化信息。若能有效利用这些信息，同样可以有效提高在线检测效果。从这一思路出发，本节提出了一种基于深度特征自适应匹配的早期故障在线检测方法。该方法的出发点是认为同型号轴承在不同工况下的早期故障演化阶段仍具有一定的相似性，通过匹配早期故障阶段的特征相似性，可以提高在线检测的准确度和稳健性。基于这一假设，该方法首先利用深度特征代替传统特征进行建模，用以提升早期故障特征的判别能力；其次提出一种一位锚点映射策略，进行在线自适应特征划分；最后利用单分类学习模型进行深度特征匹配，实现早期故障的在线检测。

6.2.1　引言

早期故障检测的关键在于提取准确的早期故障特征和有效的检测模型。为此本节考虑针对早期故障状态有针对性地提取特征。以 IEEE PHM 2012 Challenge 数据集为例，图 6-22 所示为 IEEE PHM 2012 Challenge 数据集中工况 1 下轴承 1 和轴承 3 的全寿命周期及对应的概率密度分布。可以看出，两个轴承在整体趋势存在单调递增的特点，但即使是同型号的轴承在相同工况下依然存在不同的快速衰退趋势，但在早期故障时，不论是 RMS 还是对应的概率密度分布，均存在一定的相似性，这意味着存在针对早期故障状态提取深度特征的可行性。

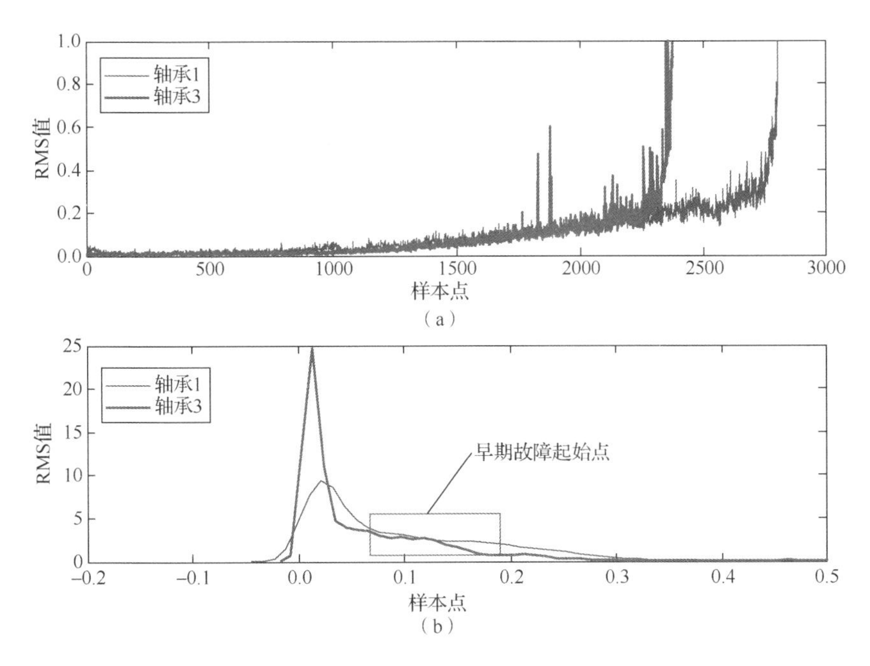

图 6-22　IEEE PHM 2012 Challenge 数据集中工况 1 下轴承 1 和轴承 3 的 RMS 及样本数据概率分布

(a) RMS 曲线；(b) 样本数据概率分布

图 6-22 同时也意味着，对于目标轴承的检测任务，可以将目标轴承的深度特征与已有轴承的早期故障特征进行匹配，实现检测。此时目标轴承的匹配区间需要着重考虑。如果采用较大粒度选取检测范围，则容易将正常状态与早期故障状态混为一体，造成早期故障信息被淹没，无法提取足够的判别信息；而如果选取过小的检测范围，则又无法发挥深度学习的优势，难以提供充分的故障信息表示。因此，如果能够自适应地选取在线检测的数据范围，进而利用深度学习提取有针对性的特征，则可以进行充分的故障特征判别，实现轴承的早期故障检测。

基于上述分析，本节提出了一种基于深度特征自适应匹配的滚动轴承早期故障检测方法。该方法包含两个阶段，即离线阶段和在线阶段。在离线阶段，首先提出一种新的状态划分方法，利用奇异值分解和峭度准则划分轴承的正常期、早期衰退期和快速衰退期；其次利用降噪堆叠自动编码器提取轴承的深度特征，最后训练离线 SVDD 模型，该模型将正常状态划分为一类，将其他数据均划分为另一类。在在线阶段，首先对目标轴承信号进行一维锚点映射，自适应的将信号划分为若干粒度并输入自动编码器中提取特征，然后放入 SVDD 中进行早期故障状态匹配。本节整体流程图如图 6-23 所示。

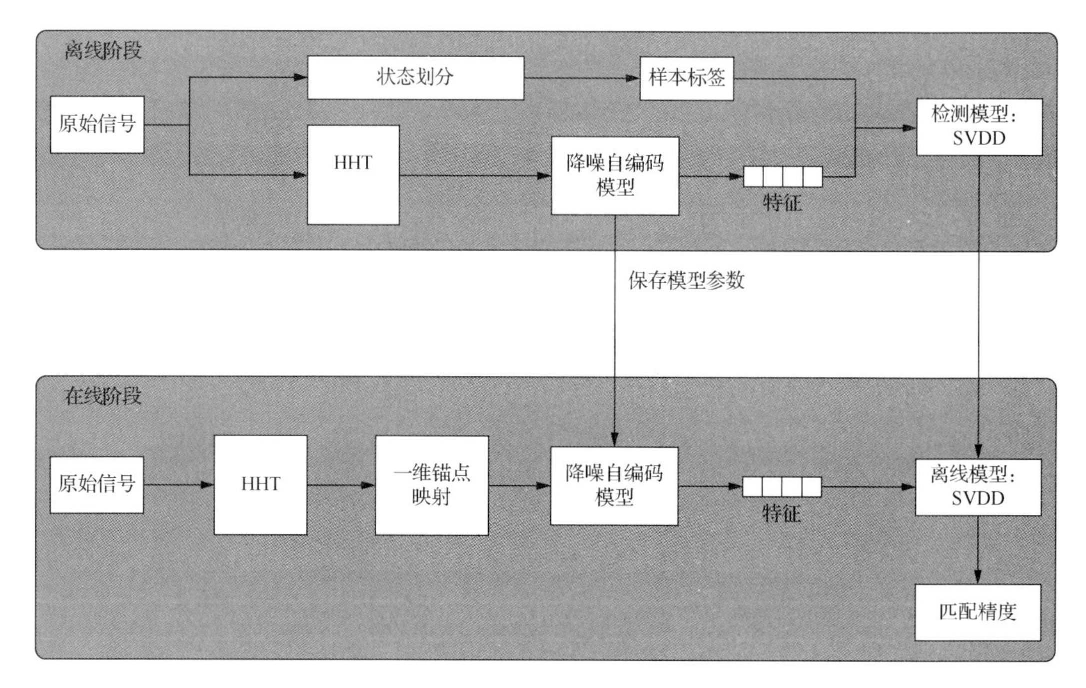

图 6-23　本节整体流程图

6.2.2　离线深度特征建模

离线深度特征建模主要包括三部分：①状态划分；②提取深度特征；③训练离线匹配模型。

首先，本节提出一种新的基于奇异值分解[22]和 EMD[23]的自适应状态划分方法。利用 EMD 将轴承信号自适应地分解成若干个 IMF，将轴承的高频调制信息从振动信号中分离开，进而利用峭度指标计算高频 IMF 的峭度值，划分轴承的正常运行期和早期衰退期，具体步骤如下。

1. 重构信号，获取奇异值

对于每个轴承数据 A，其振动信号 $x=[x_1,x_2,\cdots,x_N]$，通过 Hankel 矩阵重构信号矩阵 $\boldsymbol{B}$：

$$\boldsymbol{B}=\begin{bmatrix} x_1 & x_2 & \cdots & x_n \\ x_2 & x_3 & \cdots & x_{n+1} \\ \vdots & \vdots & & \vdots \\ x_m & x_{m+1} & \cdots & x_N \end{bmatrix}$$

对其进行奇异值计算，存在正交矩阵 $\boldsymbol{U}_i$ 和 $\boldsymbol{V}_i$ 使得样本数据满足 $\boldsymbol{B_i}=\boldsymbol{U}_i\sum\boldsymbol{V}_i^{\mathrm{T}}$，其中奇异值矩阵 $\boldsymbol{\Sigma}_1=\mathrm{diag}(\sigma_1,\sigma_2,\sigma_3,\cdots,\sigma_r)$。

2. 求解奇异值的相关系数

首先，利用公式 $X_i=\dfrac{(\mathrm{MAX}-\mathrm{MIN})x_i-\max(x)-\min(x)}{\max(x)-\min(x)}$ 归一化奇异值矩阵 $\boldsymbol{\Sigma}_1$（其

中，MAX=1，MIN=−1），得到归一化奇异值矩阵 $\boldsymbol{x}_i=[\sigma_i^1,\sigma_i^2,\cdots,\sigma_i^N]$，其中，$i=1\cdots r$。其次，选取该矩阵初始部分作为正常序列的基准值 rr，利用公式 $R_j=\dfrac{\sum_{i=1}^{r}x_iy_i}{\sqrt{\sum_{i=1}^{r}x_i^2\sum_{i=1}^{r}y_i^2}}$ 计算每一段信号与 rr 的相关系数，最后，根据给定的阈值，划分轴承的快速衰退期。

3. 对除快速衰退期之外的振动信号进行 EMD[23]

1）确定每一个轴承样本信号 $x(t)$ 的所有极大值、极小值点。

2）利用三次样条曲线方法拟合轴承信号所有的极大值和极小值，构造轴承信号 $x(t)$ 的上包络线 $u(t)$，下包络线 $v(t)$，并尽量保证将所有的数据包含在包络线以内。

3）求得信号的局部均值为

$$m(t)=\frac{u(t)+v(t)}{2}$$

4）用 $x(t)$ 减去 $m(t)$ 得到为

$$h(t)=x(t)-m(t)$$

5）根据 IMF 条件，判断 $h(t)$ 是否满足，若满足则得到第一个 IMF 分量，否则重复以上步骤直到信号满足 IMF 条件为止。

6）用 $x(t)$ 减去 $c_1(t)$ 得到 $r(t)$，判断 $r(t)$ 是否需要继续分解，如需要则用 $r(t)$ 代替 $x(t)$ 重复以上步骤，否则分解结束。

根据 EMD 的结果，得到轴承样本的所有 IMF 分量，IMF 分量是依次从高到低排序的，相比于低频成分，高频成分更易观察出早期衰退期，因此本节选取高频成分的轴承样本 IMF(3)分量 m 进行峭度值计算。

4. 对轴承 IMF(3)分量 m 计算峭度值

首先，计算分量 m 的峭度值 $K=E(m-\mu)^4/\sigma^4$，得到 IMF(3)分量所有样本的峭度值 $K=(k_1,k_2,\cdots,k_j)$。定义一个阈值 b，求前 100 个样本的平均值 a，从第 101 个样本开始计算 $r=k_i/a$，当 $r>b$ 时，轴承进入早期衰退期。

至此，本节通过奇异值分解、EMD 和峭度准则将轴承划分为正常运行期、早期故障期和快速衰退期。然后，进一步提取不同时期的特征，就可以进行早期故障匹配。

其次，使用深度学习降噪堆叠自动编码器[24]提取轴承不同状态的特征。降噪自编码是在 2.2.3 节自动编码器训练数据时加入噪声，强迫隐藏层学到抗干扰性更强的特征，具有更好的稳健性。把样本 A 放入降噪自编码中利用公式 $h(x)=\sum_{m=1}^{n}w_mx_m+1$ 得到样本的深度特征表示。

最后，通过上述两步操作，可以得到轴承正常期、早期衰退期和快速衰退期的状态信息及各个时期的深度特征表示。然后把训练轴承的深度特征及对应的状态信息一并输入 SVDD 中，训练模型使之能够匹配轴承的早期故障信息。

相对于轴承早期的故障类型多样性，正常期的表现形式较为单一，本节选用的支持向量数据描述超球体内部是形式单一的正常期样本，球体外部是形式多样的早期样本，在进行目标轴承匹配时，当与球体内正常期样本匹配度较低时，表明该轴承开始出现早期故障，此时，忽略早期的故障形式，提高了匹配的效率。

至此，离线阶段训练完成，整体示意图如图 6-24 所示。

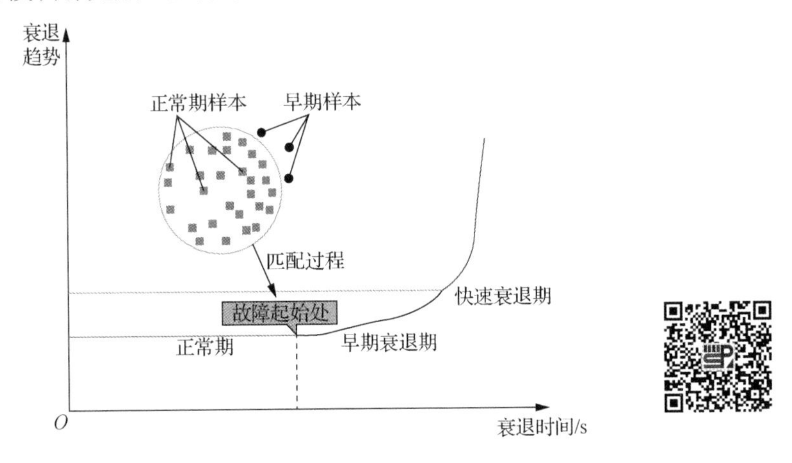

图 6-24　离线阶段整体示意图

如图 6-24 所示，横轴代表衰退时间，纵轴代表衰退趋势。绿色实线、红色实线和黄色实线分别表示轴承的正常期、早期衰退期和快速衰退期。图 6-24 中的圆表示训练得到的早期故障匹配模型，圆内绿色方框表示正常期样本，圈外红色圆圈表示早期衰退期的样本。

6.2.3　在线自适应特征匹配

在在线阶段，需要对目标轴承的振动信号提取特征，进而放入训练好的模型中进行匹配。在提取深度特征时，是将目标轴承的一段信号放入降噪堆叠自动编码器中，在本节中，把一段信号的长度称为粒度，如果直接将该段信号整体放入降噪堆叠自动编码器中，则粒度较大，导致早期部分的信息可能会被掩盖，无法准确地提取到特征，造成早期特征表示不充分，匹配造成延迟。而如果将该段信号分为较细粒度，则无法发挥深度学习的优势，提取不到轴承的深度特征，无法完成匹配。因此，本节提出一种新的策略——一维锚点映射，一方面可以很好地提取深度特征；另一方面可以较为精准的判断出早期故障发生的时间，完成早期故障的匹配。这里，锚点是指目标轴承振动信号的样本长度。

一维锚点映射策略是通过对初始锚点的伸缩变化，自适应地将轴承信息划分为多粒度样本，具体步骤如下。

1）定义锚点的初始尺度和伸缩比例。本节使用 3 个尺度（2^4、2^5、2^6）及 3 个长度比（0.5、1、2），每个尺度对应 3 个长度比。

2）对上述 3 种尺度的锚点通过长度比进行伸缩变换，即每段数据以 $k=3\times3$ 种尺度划分。这 9 种尺度可表示为 $S_{i,j}$（$i,j=1,2,3$）。

3）随机选取上述 3 个锚点的起始位置 $A_{i,j}$（$i=1,2,3;\ j=1$）。

4）根据第 2）步划分得到的锚点尺度 $S_{i,j}$，其中（$i=1,2,3;\ j=1$）计算上述锚点的终止位置 $A_{i,j}$（$i=1,2,3;\ j=2$），其中 $A_{i,j}=A_{i,j-1}+S_{i,j-1}$。

5）将第 4）步得到的锚点终止位置 $A_{i,j}$，其中（$i=1,2,3;\ j=2$）作为下一个锚点尺度 $S_{i,j}$（$i=1,2,3;\ j=2$）下的初始位置，依次计算该尺度下锚点的终止位置。

6）当 $j\leqslant 3$ 时，循环步骤 5），否则，退出循环。

至此，生成了 9 个建议区域，完成一维锚点的映射操作。

在经过一维锚点映射之后，目标轴承被划分为若干个子样本，对每个子样本利用离线阶段训练好的降噪堆叠自动编码器提取深度特征，最后，把深度特征放入匹配模型—支持向量数据描述（见 2.1.6 节）中，当目标轴承的特征与球体内正常期特征匹配不上时，表明该段轴承发生早期故障，至此，在线阶段匹配完成，整体示意图如图 6-25 所示。

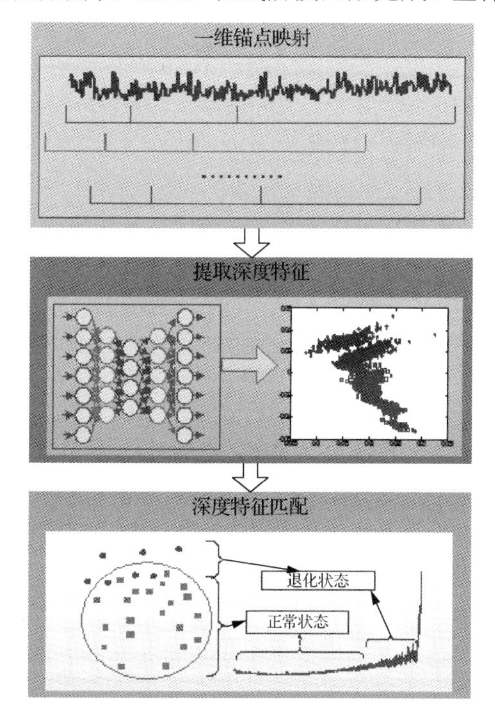

图 6-25　在线阶段整体示意图

6.2.4　实验结果分析

本节所使用的实验数据是 IEEE PHM 2010 数据挑战提供的轴承加速寿命实验数据。用工况一下面前 6 个轴承作为训练集，第 7 个轴承作为测试集进行实验分析：首先，利用 HHT 对数据进行预处理，通过信号的时频域变换后能够更加表现出细致的信号变化趋势，有利于深度特征的提取；其次，利用奇异值分解和 EMD，对轴承进行状态划分，结果如表 6-2 所示。

表 6-2　6 个轴承的运行状态划分结果

轴承	正常运行期	早期衰退期	快速衰退期
B1_1	[1, 1170]	[1171, 2762]	[2763, 2803]
B1_2	[1, 248]	[249, 828]	[829, 871]
B1_3	[1, 1084]	[1085, 2340]	[2341, 2375]
B1_4	[1, 344]	[345, 1199]	[1200, 1428]
B1_5	[1, 2332]	[2333, 2440]	[2441, 2463]
B1_6	[1, 460]	[461, 1631]	[1632, 2448]

根据轴承的状态初步划分结果，可以给训练数据加以标签，然后把 HHT 边际谱放入降噪堆叠自动编码器中自适应提取不同时期轴承的深度特征。不同时期的特征分布图如图 6-26 所示。

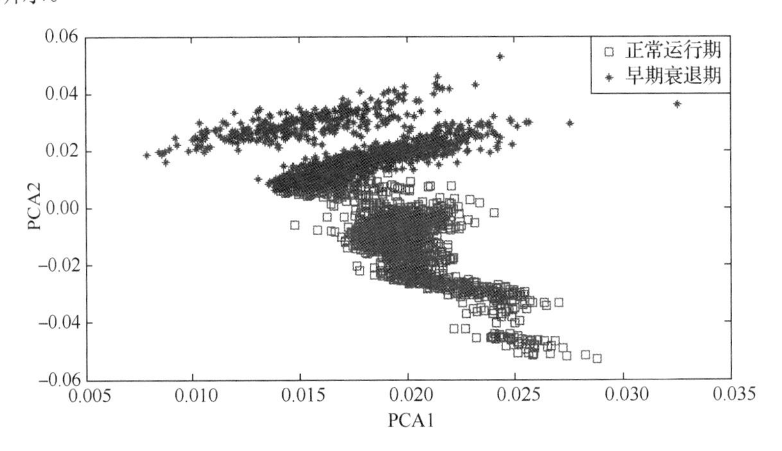

图 6-26　轴承 1 正常期和早期的特征分布图

在利用降噪自编码提取轴承深度特征后，将训练数据放入 SVDD 中，训练集是轴承 1、2、3、4、5、6，测试数据是轴承 7，每次用 300 个样本模拟在线数据。轴承 7 的在线数据测试精度如图 6-27 所示。

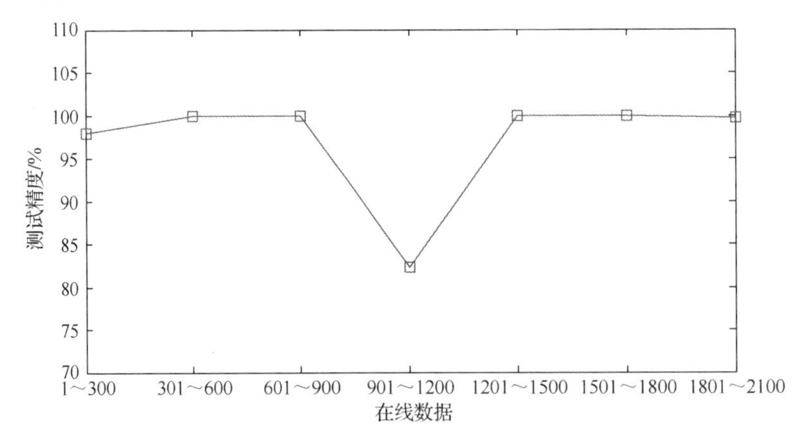

图 6-27　轴承 7 的在线数据测试精度

由实验结果可得，在线数据的测试精度随着样本的不同也会发生变化。图 6-27 横轴 1～300、301～600、601～900 样本均是正常运行期的数据；901～1200 样本包含正常运行期和早期衰退期的数据；1201～1500、1501～1800、1801～2100 样本均是早期衰退期的数据。纵轴代表每段在线数据的测试精度。当在线数据处于初始阶段时，测试精度能达到 100%，这是因为在线数据的初始阶段是正常运行期。随着在线数据的不断到来，在 901～1200 样本到来时，测试精度下降到 82.33%，分析原因，这部分数据存在部分正常运行期和早期衰退期数据，由特征分布图图 6-26 也可以观察到，这两个时期的样本特征很难完全区分开，造成测试精确度下降，随后，当样本完全是早期衰退期时，该段数据的测试精度再次上升。因此可得该模型具有良好的检测效果。

本节使用了一维锚点映射的方法，当每段在线数据到来时，都将其映射为多尺度建议区域。其中尺度规格大小分别为 16、32、64，长度比为 1、1.5、2，因此，每段数据可以生成 9 个长度分别为 32、64、128、24、48、96、16、32 和 64 的小样本，此处，以 900～1200 数据为例，生成的样本依次为[938, 969]、[970, 1033]、[1034, 1161]、[930, 953]、[954, 1001]、[1002, 1097]、[920, 935]、[936, 968]、[969, 1032]。对每段小样本，依次将此放入支持向量数据描述中检测，结果如表 6-3 所示。

表 6-3　样本的多分辨率表示

样本	[938, 969]	[970, 1033]	[1034, 1161]	[930, 953]	[954, 1001]	[1002, 1097]	[920, 935]	[936, 968]	[969, 1032]
精确度/%	93.75	43.75	88.28	100	62.50	63.54	100	93.94	45.31

由表 6-3 可以看出，在第 970 个样本之前的[930, 953]和[920, 935]的区分度达到 100%，表明这段样本还未发生早期故障；[938, 969]和[930, 953]的精确度都达到 90%以上，出现了少量样本分错，可能存在出现早期阶段的情况；而在[970, 1033]和[969, 1032]这个样本区间的划分度分别为 43.75%和 45.31%，表明这段样本大量分错，该段样本出现早期阶段；第 1032 个样本之后的样本段[1034～1161]区分度上升到 88.28%，表明这段样本已经进入早期阶段。综上所述，在第 970 个样本开始，轴承进入早期故障。

最后，为了验证实验的有效性，我们将实验结果和 HHT 边际谱 RMS 数据比较如图 6-28 所示。

观察实验结果，图 6-28（a）中表示轴承在线数据的预测结果，在图中可以观察到在红色框内开始频繁出现负类样本，即可认为 700 已经开始出现早期故障，图 6-28（b）是 HHT 边际谱的 RMS 频谱图，在红色框内，频谱明显从正常运行期开始上升，代表轴承开始由正常运行状态过渡到早期故障状态。

为了观察更细致，对图 6-28（a）局部进行放大，如图 6-29 所示，明显观察到预测轴承的早期故障在[900, 1050]样本开始出现，与表 6-3 分析一致。RMS 中早期故障的点数在 960 个样本左右，实验中预测的出现早期故障的样本晚 10 个样本，即 2min（每 30s 采集一个样本），对于轴承的在线检测具有较好的实时性。

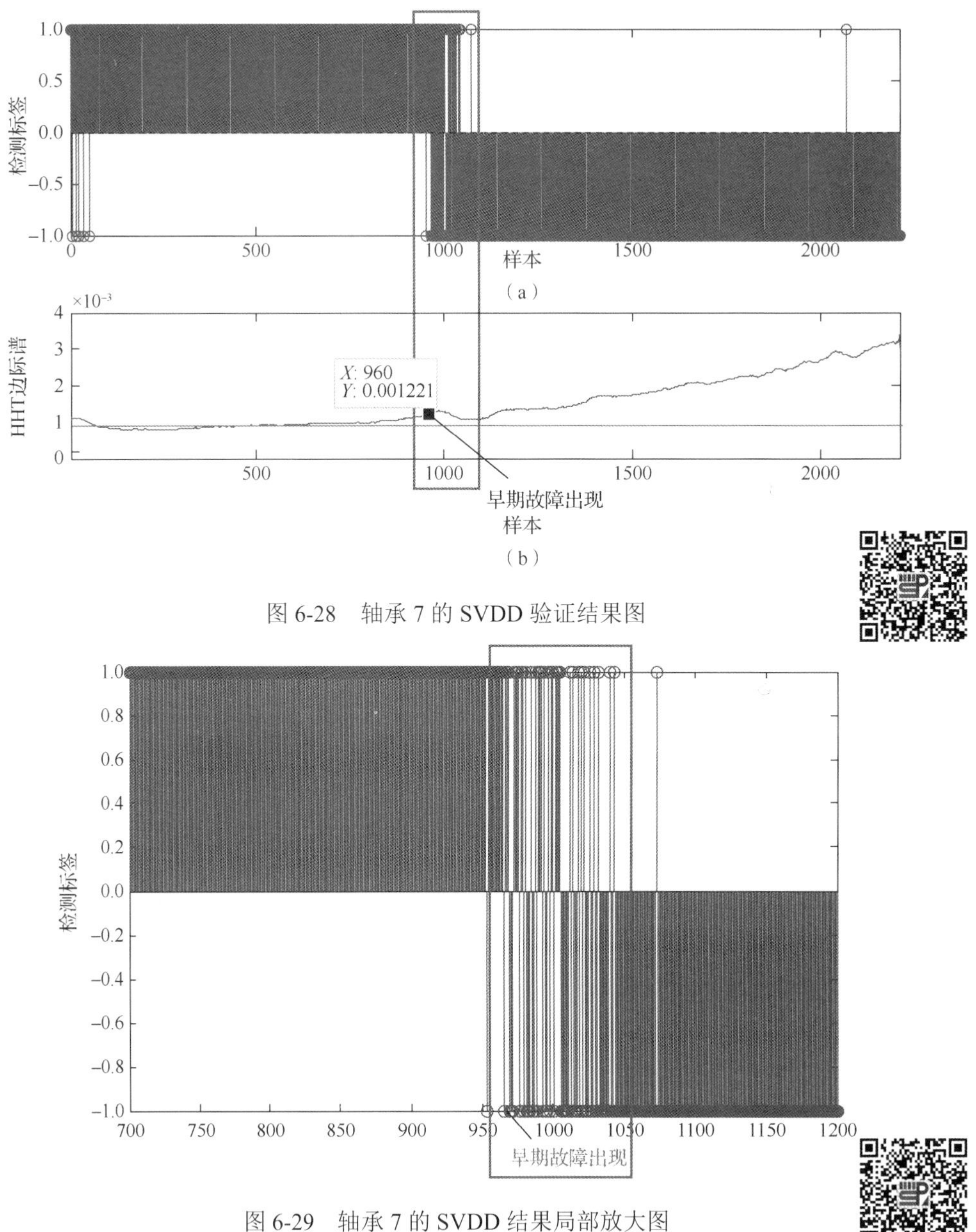

图 6-28　轴承 7 的 SVDD 验证结果图

图 6-29　轴承 7 的 SVDD 结果局部放大图

同时，以轴承 3 作为目标轴承，其余轴承为训练轴承进行实验，在线检测结果类似于轴承 7，如图 6-30 所示。显然，随着新的在线数据的到来， 匹配精度降低到 87.91%。这一点可以识别为早期故障。

为了更好地进行比较，我们同样将实验结果和希尔伯特-黄边际谱 RMS 数据进行比较，如图 6-31 所示。

与图 6-28 相似，在图中可以观察到在红色框内开始频繁出现负类样本，即在图 6-31（b）中 RMS 开始上升的地方出现早期，放大后的效果图如图 6-32 所示。

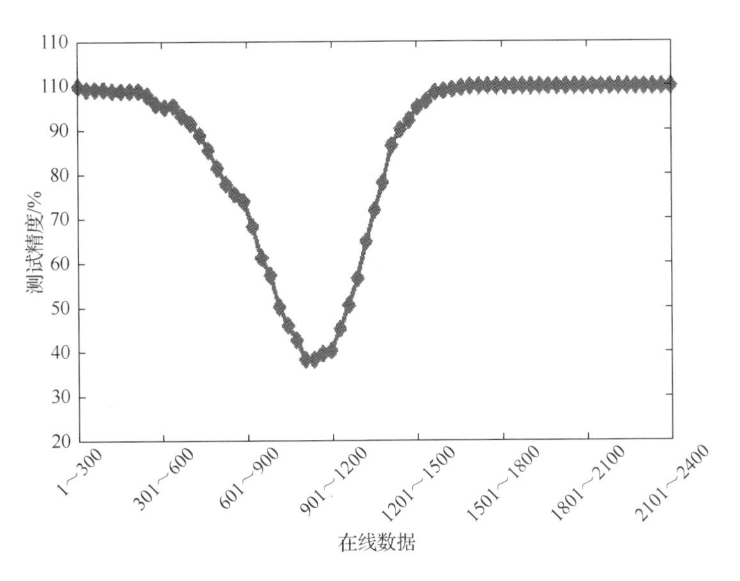

图 6-30　轴承 3 的在线数据测试精度

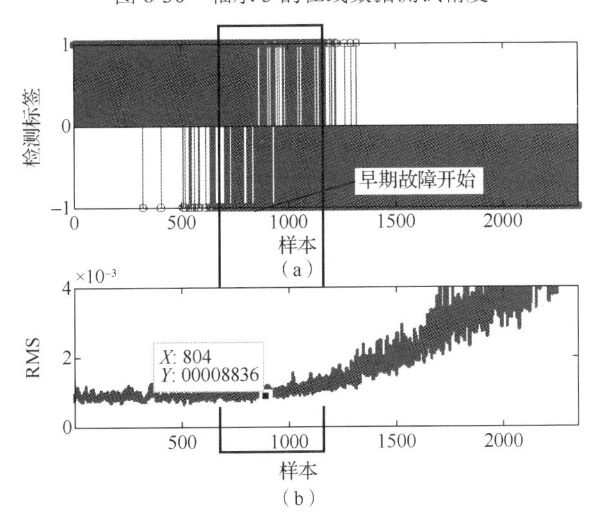

图 6-31　轴承 3 的 SVDD 验证结果图

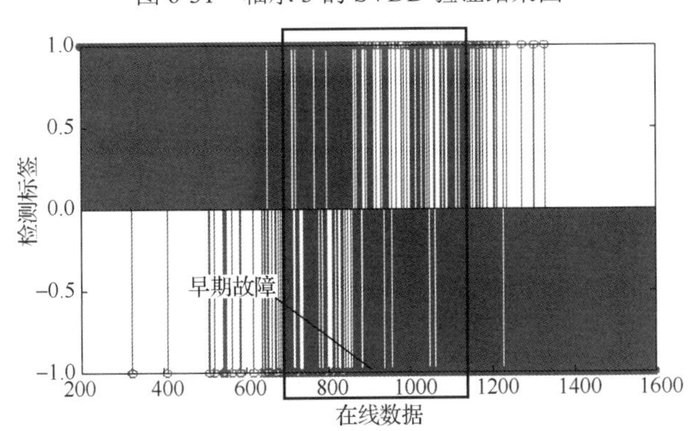

图 6-32　轴承 3 的 SVDD 结果局部放大图

6.2.5 实验验证

本节用 BEMD-AMMA 算法[25]验证上述方法的有效性。该算法认为，当样本的故障特征频率比较明显时，表明该样本发生了故障。轴承的故障特征频率理论值 $f_i = 168.8\text{Hz}$，由相关文献[26]可得，PHM 数据中轴承的故障特征频率理论值和实际勘测值存在差异，因此，本节在实验中选取 $f_i = 168.8\text{Hz}$ 附近的特征频率进行验证。根据本节的实验结果，轴承在 970 样本左右发生早期故障，因此，本节选取第 970 个样本附近第 800、900、1000、1100、1500 和 2200 个样本观察其特征频率，结果如图 6-33 所示。

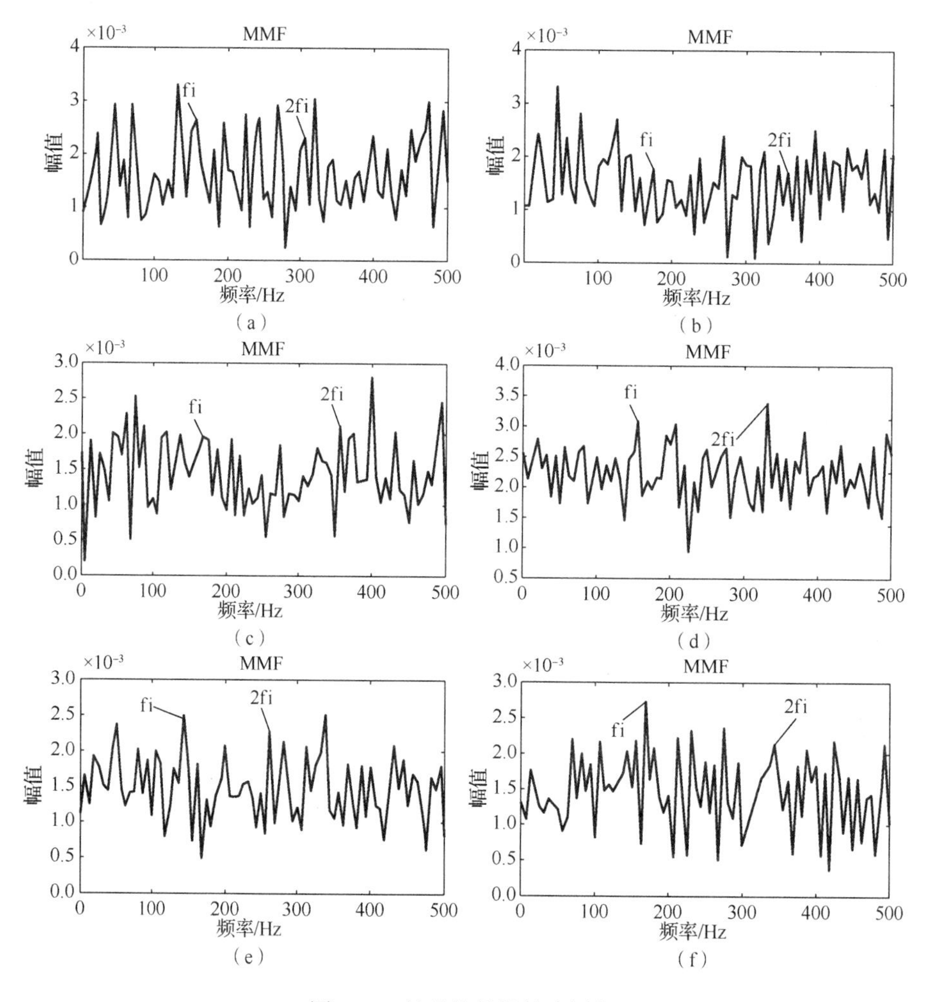

图 6-33　轴承的早期故障频率

(a) 样本数为 800；(b) 样本数为 900；(c) 样本数为 1000；
(d) 样本数为 1100；(e) 样本数为 1500；(f) 样本数为 2200

如图 6-33 所示，第 800、900、1000 样本的故障频率是不存在的，在第 1100 样本之后，可明显观察到轴承的一倍频和二倍频，说明在第 1100 样本故障特征频率才开始出现。也证明该方法在 1100 样本之后才检测出早期故障，而本节的方法在 970 个样本附近已经出现了早期故障，比 BEMD-AMMA 方法提前 130 个样本，也即提前 22min 检测出早期故障，验证了本节算法的实效性。

同时，本节与早期故障检测经典算法 LOF[16]、One-class SVM[27]、SVDD[15]、iForest[17] 算法进行对比实验。局部异常因子通过计算每个样本的置信距离，将最低的 N 个距离样本视为离群值；通过引入缩放参数 v，单类 SVM 试图找到基于法线的最优超平面用于异常检测的分类数据；iForest 通过递归计算从根节点到叶节点的路径，iForest 将路径最短的叶节点判断为离群值。同时，本节对比 3 种经典特征，即 HHT 边际频谱变换特征（Hilbert-Huang tranform-marginal spectrum，HHT-MS）、RMS 和峭度值特征（Kurtosis），通过特征和算法组合，形成 12 组实验，结果如表 6-4 所示。

表 6-4　早期故障检测方法对比结果

方法	结果	方法	结果
HHT-MS+One-class SVM	950	HHT-MS+SVDD	949
RMS+One-class SVM	2217	RMS+SVDD	2181
Kurtosis+One-class SVM	1165	Kurtosis+SVDD	1180
HHT-MS+LOF	995	HHT-MS+iForest	1112
RMS+LOF	2212	RMS+iForest	2040
Kurtosis+LOF	1191	Kurtosis+iForest	2207
本节方法	970		

从表 6-4 中，本节所提方法能够比大多数方法更早地检测出早期故障。只有两种方法，即 One-class SVM 和 SVDD 的 HHT-MS 可获得较早的检测结果。不论使用哪种分类模型，RMS 和峭度都可以得到很大的滞后结果。根据这一观察，我们首先检查这 3 种特征的判别性能。图 6-34 给出了使用 HHT-MS+SVDD 的检测结果，同时与 RMS 和峭度的趋势进行了比较。显然，HHT-MS 对早期故障更灵敏，特别是在高频情况下。因此，它导致比其他方法更早的检测结果。而若直接采用 HHT-MS+SVDD 或 One-class SVM 需要大量的数据进行模型训练，不适用于在线检测，因此，本节所提方法综合性能更加优异。

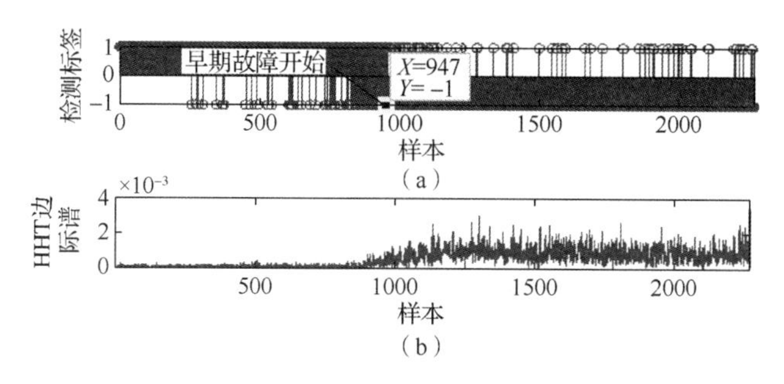

图 6-34　使用 HHT-MS + SVDD 结果图

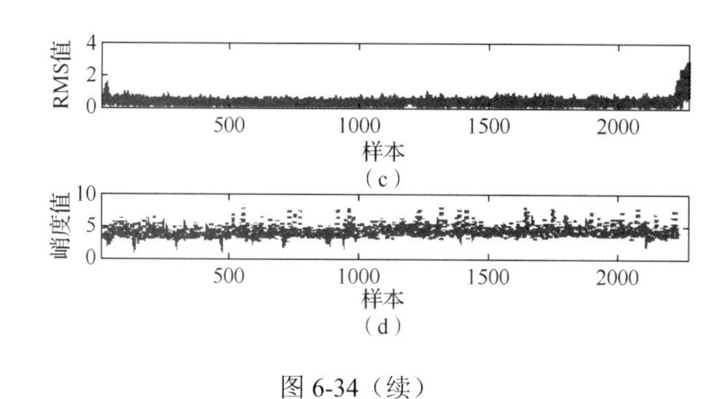

图 6-34（续）

（a）检测结果；（b）HHT 边际谱；（c）RMS 曲线；（d）峭度值

6.3 本章小结

在线场景下，不能随时拆卸轴承进行物理状态分析，因此早期故障检测本身是一个开放问题，无法得到准确的实际状态值。这种情况下，在线检测方法的稳定性和稳健性尤为重要，减少误报警率是提高在线检测效果的重要目标，而构建合适的早期故障报警指标是进行实际应用的核心目标。从上述研究可以看出，早期故障在线检测的关键在于检测模型的自适应更新和早期故障特征的有效提取，前者可以自动适应在线流数据的波动，后者可以提高异常检测模型的敏感度，增强对微弱异常样本的判别效果。本章提出了两种早期故障在线检测方法，从实验方法可以看出，这两个方法对不同数据集里多个工况和型号轴承均能在较早的时间里以极低的误报警数实现早期故障检测，均优于现有最好效果的方法；尤其是在提取良好早期故障特征和构建在线检测模型的基础上，提出了两个报警指标，这有助于本章两个方法的推广，促进了本章方法的实用化。

参考文献

[1] LEI Y, QIA Z. O, XU X, et al. An underdamped stochastic resonance method with stable-state matching for incipient fault diagnosis of rolling element bearings[J]. Mechanical Systems and Signal Processing, 2017, 94: 148-164.

[2] LIU R, YANG B, ZHANG X, et al. Time-frequency atoms-driven support vector machine method for bearings incipient fault diagnosis[J]. Mechanical Systems and Signal Processing, 2016, 75: 345-70.

[3] WANG J, LIU S, GAO R, et al. Current envelope analysis for defect identification and diagnosis in induction motors[J]. Journal of Manufacturing Systems, 2012, 31(4): 380-387.

[4] LI F, WANG J, CHYU M, et al. Weak fault diagnosis of rotating machinery based on feature reduction with supervised orthogonal local fisher discriminant analysis[J]. Neurocomputing, 2015, 168: 505-519.

[5] CHO H, JEONG M, KWON Y, et al. Support vector data description for calibration monitoring of remotely located microrobotic system[J]. Journal of Manufacturing Systems, 2006, 25(3): 196-208.

[6] CHE L.N, XU G, ZHANG S, et al. Health indicator construction of machinery based on end-to-end trainable convolution recurrent neural networks[J]. Journal of Manufacturing Systems, 2020,54: 1-11.

[7] WANG J, MA Y, ZHANG L, et al. Deep learning for smart manufacturing: methods and applications[J]. Journal of Manufacturing Systems, 2018,48: 144-156.

[8] LU W, LI Y, CHENG Y, et al. Early fault detection approach with deep architectures[J]. IEEE Transactions on Instrumentation

and Measurement, 2018, 67(7): 1679-1689.

[9] TAO S, CHAI Y. Incipient fault online estimation based on Kullback-Leibler divergence and fast moving window PCA[C]//Conference Of The Industrial Electronics Society, 2017: 8065-8069.

[10] PAN Y, ER M, LI X, et al. Machine health condition prediction via online dynamic fuzzy neural networks[J]. Engineering Applications of Artificial Intelligence, 2014, 35: 105-113.

[11] ALI J, SAIDI L, HARRATH S, et al. Online automatic diagnosis of wind turbine bearings progressive degradations under real experimental conditions based on unsupervised machine learning[J]. Applied Acoustics, 2018, 132: 167-181.

[12] CHAPELLE O, SCHOLKOPF B, ZIEN A. Semi-supervised learning[J]. EEE Transactions on Neural Networks, 2009, 20(3): 542.

[13] CHANG M, LIN C. Leave-one-out bounds for support vector regression model selection[J]. Neural Computation, 2005, 17(5): 1188-1222.

[14] VINCENT P, LAROCHELLE H, LAJOIE I, et al. Stacked denoising autoencoders: learning useful representations in a deep network with a local denoising criterion[J]. Journal of Machine Learning Research, 2010, 11(12): 3371-3408.

[15] TAX D, DUIN R. Support vector data description[J]. Machine Learning, 2004, 54(1): 45-66.

[16] MA H, HU Y, SHI H. Fault detection and identification based on the neighborhood standardized local outlier factor method[J]. Industrial & Engineering Chemistry Research, 2013, 52(6): 2389-2402.

[17] DOMINGUES R, FILIPPONE M, MICHIARDI P, et al. A comparative evaluation of outlier detection algorithms: experiments and analyses[J]. Pattern Recognition, 2018, 74: 406-421.

[18] LI Y, ZHOU Z. Towards making unlabeled data never hurt[J]. IEEE Transactions on Pattern Analysis and Machine Intelligence, 2015, 37(1): 175-188.

[19] LI Z, FANG H, HUANG M, et al. Data-driven bearing fault identification using improved hidden Markov model and self-organizing map[J]. Computers & Industrial Engineering, 2018, 116: 37-46.

[20] XIA P, XU H, LEI M, et al. An improved stochastic resonance method with arbitrary stable-state matching in underdamped nonlinear systems with a periodic potential for incipient bearing fault diagnosis[J]. Measurement Science and Technology, 2018, 29(8): 85002.

[21] GUO Z, JIANG G F, CHEN H F, et al. Tracking probabilistic correlation of monitoring data for fault detection in complex systems[C]// Conference: Dependable Systems and Networks, 2006: 259-268.

[22] 王松岭, 刘锦廉, 许小刚. 基于小波包变换和奇异值分解的风机故障诊断研究[J]. 热力发电, 2013, 42(11): 101-106.

[23] LIU Z, QU J, ZUO M, et al. Fault level diagnosis for planetary gearboxes using hybrid kernel;feature selection and kernel Fisher discriminant analysis[J]. International Journal of Advanced Manufacturing Technology, 2013, 67(5): 1217-1230.

[24] VINCENT P, LAROCHELLE H, LAJOIE I. Stacked denoising autoencoders: learning useful representations in a deep network with a local denoising criterion[J]. Journal of Machine Learning Research, 2010, 11(12): 3371-3408.

[25] LI Y, XU M, LIANG X. Application of bandwidth EMD and adaptive multiscale morphology analysis for incipient fault diagnosis of rolling bearings[J]. IEEE Transactions on Industrial Electronics, 2017, 64(8): 6505-6517.

[26] GAO Z, LIN J, WANG X, et al. Bearing fault detection based on empirical wavelet transform and correlated kurtosis by acoustic emission[J]. Materials, 2017, 10(6): 571.

[27] CHANG C, LIN C J. LIBSVM : a library for support vector machines[J]. ACM Transactions on Intelligent Systems and Technology, 2011, 2(3):1-27.

第 7 章　深度迁移学习与早期故障在线检测

与第 6 章相同，本章同样关注的是不停机情况下的早期故障在线检测问题。提升早期故障在线检测效果的关键在于：①提高早期故障特征的表示能力，尤其是增强正常状态特征与早期故障特征的区分度；②合理利用不同工况、甚至不同来源的辅助数据进行模型训练；③构建简单有效的报警策略，降低正常状态中的误报警率。第 6 章已经验证了深度学习技术可以较好地提取具有良好判别能力且能自动适应在线数据特点的早期故障特征。但是，一方面，该类方法需要大量的辅助数据进行模型训练，而历史采集的辅助数据与目标轴承数据可能有较大不同，直接训练并不确定可以提升在线检测的特征表示效果；另一方面，该类方法在训练过程中未能针对早期故障引发的状态变化而有目的地强化相应特征表示。因此，深度学习方法在早期故障在线检测中的应用仍存在较大的提升空间。本章引入深度迁移学习，从提高故障特征表示能力的角度，为早期故障在线检测提供一种新的解决方案。

作为机器学习领域的研究热点之一，迁移学习可以有效利用一个领域数据（称为源域）所蕴含的先验信息，提升另一个相关但不同的领域（称为目标域）中预测模型的性能[1]。其中，领域自适应的迁移学习方法[2]通过学习源域和目标域的公共特征映射，从而实现领域知识的跨域传递。尤其近年来深度学习技术快速发展，构建在深度学习网络之上的迁移学习方法开始受到国外学者的重点关注，已经成功用于解决物体识别[3]、电池寿命预测[4]、疾病检测[5]等问题，证明利用深度模型提取不同领域数据的公共特征、提高目标域数据量较少情况下建模效果的做法是可行的。借助于深度学习模型自适应的特征提取能力和端到端训练方法，有学者采用深度自编码网络、深度卷积网络等构建迁移学习模型，在故障诊断[6-8]领域取得了初步应用，这表明深度迁移学习方法可以在不同工况、不同噪声环境之间有效传递故障信息，弥补不同工况下轴承可用数据不足的限制，提高诊断精度。这一思路同样适合于早期故障的在线检测问题，即利用不同工况下辅助轴承所蕴含的故障发生模式信息，提高在线环境下的异常检测精度。延续上述思路，本章分别从解决全寿命数据不足的限制和增强早期故障特征表示两个角度，提出两个基于深度迁移学习的早期故障在线检测方法。

7.1　基于振动信号可视化迁移的早期故障在线检测

本节采用振动信号可视化的方法，回避深度学习技术对大量辅助轴承数据的需求。该方法基于如下假设：既然一维振动信号可以通过数据增强可视化为图像[9]，那么原始信号中的故障信息在生成的图像中依然存在。因此完全可能利用大量图像作为辅助数据来提高目标轴承数据中故障的特征表示。基于该假设，本节提出了一种基于三通道振动信号的深度迁移学习模型。该模型利用时域、频域、时频域数据为迁移学习提供更全面的领域信息，而且该模型能够通过引入大规模的图像数据提高辅助轴承的共同特征表示；在此基础上，提出了一种新的轴承 HI 的构建方法，因为从迁移学习模型中提取的特征具有较好的表示能力，所以通过降维得到的 HI 能够描述轴承的退化趋势；最后，利用正常状态数据建立 SVDD 检测模型，将目标轴承数据块贯序输入到构建的迁移学习模型中，可以很容易地获得高质量的在线特征，从而提高了在线检测的结果。

7.1.1　数据处理

为了满足本节所使用的 VGG-16 模型的输入形式，需要将轴承一维振动信号转换成三通道数据。此外，为了包含尽可能多的综合信息，本节选择时域/频域/时频域信息合并成三通道数据，具体如下。

1）对原始振动信号 $x(t)$ 进行 FFT 处理。利用公式 $X(k)=\sum_{t=0}^{N-1}x(t)W_N^{kt}, k=0,1,\cdots,N-1$, $W_N=\mathrm{e}^{-j\frac{2\pi}{N}}$ 将 $x(t)$ 变换为频谱数据 $X(k)$，其中 N 表示采样点数，kt 表示角速度的一半。

2）对原始振动信号 $x(t)$ 进行 HHT 处理。首先，分解原始振动信号：

$$x(t)=\sum_{i=1}^{k}c_i(t)+r_k(t)$$

式中，$x(t)$ 表示原始信号；$c_i(t)$ 表示第 i 个 IMF 分量；$r_k(t)$ 表示原始信号剩下的余项。

其次，对每个 IMF 分量进行 HHT 处理：

$$H[x(t)]=\frac{1}{\pi}\int_{-\infty}^{+\infty}\frac{x(\tau)}{t-\tau}\mathrm{d}\tau$$

且构造解析信号

$$C_i^A(t)=c_i(t)+jc_i^H(t)=a_i(t)\mathrm{e}^{j\theta_i(t)}$$

式中，$c_i^H(t)=\frac{1}{\pi}\int_{-\infty}^{+\infty}\frac{\mathrm{c}_i(s)}{t-s}\mathrm{d}s$；$a_i(t)=\sqrt{c_i^{\,2}+(c_i^H)^2}$；$\theta_i(t)=\arctan(c_j^H/c_i)$。

瞬时频率为

$$\omega=\frac{\mathrm{d}\theta(t)}{\mathrm{d}t}$$

最后，构造的 HHT 谱为 $H(\omega,t)=\sum_{i=1}^{n}a_i(t)\mathrm{e}^{j\theta_i(t)}$，对 HHT 谱积分，得到最终边际谱为

$$H(\omega)=\int H(\omega,t)\mathrm{d}t$$

3）将得到的频谱数据、边际谱数据与原始振动信号数据合并为三通道数据。

在这里简单解释一下选择原始振动信号、FFT 频谱和 HHT 边际谱作为三通道数据的原因。FFT 能够从中低频信号中滤掉高频信号。对于 HHT 而言，在经过 EMD 后可以去除低频分量，而原始振动信号包含所有频率信息。除此之外，原始振动信号、FFT 频谱和 HHT 边际谱分别包含时域/频域/时频域信息。因此，选择这 3 种类型的数据来构建

三通道的数据。

同样需要注意的是，尽管三通道数据不同于真实图像，但在 VGG-16 网络中，三通道数据可以很好地描述轴承的退化信息。从图像处理理论出发，图像的每个通道分别代表一种领域信息。与处理图像相同，可以通过 VGG-16 网络的卷积滤波器提取轴承退化过程中不同状态的特征，在以往的一些故障诊断工作中已经证明了该方法的有效性[10]。

7.1.2 深度迁移特征提取模型的构建

为了构建一个有效的深度迁移学习模型，本节选择将一个预先训练好的 VGG-16 模型的参数作为迁移对象。这种选择出于以下的理解：DNN 的低层主要包含基本语义特征（如一个图像的边缘和颜色信息），这些特征在不同分类任务中通常保持一致，而 DNN 的高层表现出了任务之间的区分性。经过分析，本节决定将现有的大型图像数据集（如 ImageNet 数据集）的基本特征迁移到轴承数据中。尽管 ImageNet 数据集在数据类型和目标领域方面与轴承信号有很大的不同，但其基本特征应该是一致的，轴承信号应该可以被可视化为图像从而利用这些基本特征。因此，本节需要构建三通道数据。深度迁移特征提取模型的步骤如下所示。

1. 基于 VGG-16 的迁移模型的构建

首先简要介绍 VGG-16 DNN 模型[11]。相对于传统的神经网络模型来说，VGG-16 有更深的网络结构，能够获得表示能力更强的特征。图 7-1 是 VGG-16 网络的结构。它包含 13 个卷积层、5 个池化层和 3 个全连接层，它的输入维度是 $224\times224\times3$。在这里需要注意的是，因为 VGG-16 模型最初是用于图像处理的，因此它的输入是三通道样本。

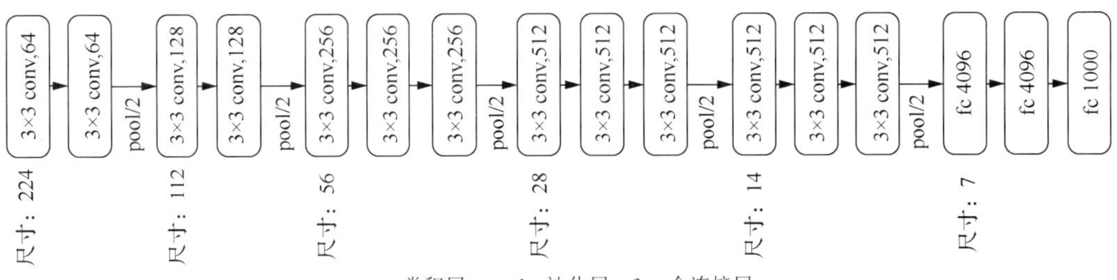

conv—卷积层；pool—池化层；fc—全连接层。

图 7-1　VGG-16 网络结构

在 VGG-16 的网络的结构中，对于输入的样本集 $X=\{x^l|1\leqslant l\leqslant N\}\in R^d$，对 CNN 的卷积、下采样和全连接层分别可以表示为

$$m_j^l=f\left(\sum_{i\in M_j}(k_{ij}^l\times m_i^{l-1})+b_j^l\right) \tag{7-1}$$

$$m_i^l=f(\beta_i^l\times\text{down}(x_i^{l-1})+b_i^l) \tag{7-2}$$

$$u^l=f(w^lm^{l-1}+b^l) \tag{7-3}$$

式中，$M_i=\{m_i|1\leqslant i\leqslant I\}$ 表示卷积层输出的特征图的集合；k_{ij}^l 表示第 l 卷积层的第 i 个

特征图和第 j 个特征图之间所使用的卷积核；b_j^l 表示第 j 种特征图对应的偏置；β 表示第下采样层的权重系数；$\text{down}(\cdot)$ 表示下采样函数；$f(\cdot)$ 表示激活函数。在全连接层之后使用 Softmax 分类器预测分类标签，表示形式为 $\hat{y}=\text{softmax}(u^l)$，整个模型可以通过最小化交叉熵损失函数进行训练，即

$$J(\theta)=-\frac{1}{m}\sum_{i=1}^{m}y^{(i)}\log(h_\theta(x^{(i)}))+(1-y^{(i)})\log(1-h_\theta(x^{(i)})) \tag{7-4}$$

经过梯度下降策略训练之后，式（7-4）可以达到最小值，此时卷积层的输出可以作为分类或回归的代表性特征。

首先，本节利用 VGG-16 在 ImageNet 上的预训练的卷积层构建新的迁移特征提取模型。我们选择 VGG-16 的全连接层之前的 13 个卷积层作为迁移目标，卷积层公式为式（7-1）。在卷积层输出的基础上，本节又构建了 3 个全连接层。全连接层被表示如下：

$$u_{\text{new}}^l=f(w_{\text{new}}^l m^{l-1}+b_{\text{new}}^l) \tag{7-5}$$

$$\hat{y}=\text{Softmax}(u_{\text{new}}^l) \tag{7-6}$$

式中，u_{new}^l 表示新添加的全连接层的网络输出，全连接层的参数将通过下面的微调策略进行优化。

2. 模型微调

在模型微调过程中，对已经获得的 VGG-16 的卷积层参数和随机初始化的新的全连接层参数，利用滚动轴承已经获取的数据进行更新。具体而言，首先将轴承信号处理为三通道数据并作为整个模型的输入，然后重新训练模型以实现正常样本和快速衰退样本的分类。

需要注意的是，在微调过程中，卷积层的参数并不是随机初始化的，而是由预训练好的 VGG-16 模型的权重参数迁移过来的。模型的损失函数如式（7-4）所示。在微调阶段，参数 θ 由梯度下降算法进行更新。具体的更新方式可参考文献[10]。

必须指出的是，虽然微调机制在深度迁移学习研究中被广泛使用，但本节的方法有一些自身的特点：①微调过程的输入数据是包含时域/频域/时频域数据的三通道数据。这种可视化的轴承数据可以很好地利用从大规模图像数据中迁移过来的基本语义特征。该方案不同于灰度图像的通道增强方案。②微调的过程中，本节方法调整了整个网络共 16 层的参数，这与之前的工作不同的是，文献[10]选择保留部分层的权重，只更新其中剩下层的参数，因此本节方法能更好地利用图像数据迁移过来的基本特征。③与文献[10]类似，本迁移学习模型关注的是检测问题，而不是诊断问题，这里用于微调的轴承数据是正常状态数据和快速衰退数据，而不是不同故障类型的数据。由于最终目标是建立一个有效的异常检测模型，本节方法更注重于提取正常状态数据的共同特征表示。因此，经过微调后的 CNN 可以具有更好的特征表示能力。上述步骤如图 7-2 所示。

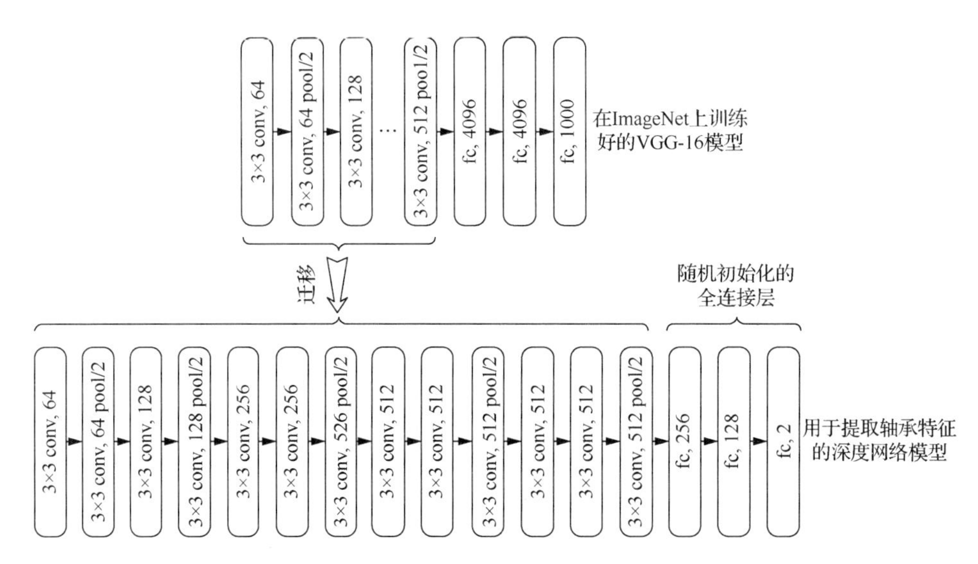

图 7-2　深度迁移特征提取模型的构建

7.1.3　检测模型构建

故障检测方法大多直接利用目标轴承前期的正常状态数据，通过 SVDD 等单分类算法（原理可见 2.1.6 节）来训练检测模型。如果仅仅利用目标轴承的正常数据来训练检测模型，容易出现过拟合，从而导致模型偏差。由于深度迁移学习模型能够提取轴承正常状态数据的共同特征，我们可以直接利用辅助轴承的正常状态数据来训练SVDD模型。

根据 7.1.2 节中得到的深度迁移特征，本节构建训练集 $\{\boldsymbol{x}_i \mid \boldsymbol{x}_i \in R^d \quad i=1,2,\cdots,n\}$（$d$ 为数据维数），然后根据 SVDD 理论，通过求解以下的优化问题在特征空间上建立超球体[12]，即

$$\begin{cases} \min\limits_{R,a,\xi} \ R^2 + C\sum\limits_{i=1}^{n}\xi_i \\ \text{s.t.} \ \ \|\boldsymbol{x}_i - a\|^2 \leqslant R^2 + \xi_i \end{cases} \tag{7-7}$$

式中，a 为超球体中心；R 为超球体半径；$\|\boldsymbol{x}_i - a\|$ 为点 $\boldsymbol{x}_i$ 到球体中心 a 的距离；$\xi_i \geqslant 0$ 为松弛因子，C 为正则化参数，代表误分类的程度。

求得超球体后，检测函数为

$$f(x) = \text{sgn}(R^2 - \|\boldsymbol{x}_i - a\|^2) \tag{7-8}$$

式中，若 $f(x)=1$，表明 x 为正常数据；若 $f(x)=-1$，则 x 为异常数据。

整个在线检测过程可以概括为如下。

首先，利用 7.1.2 节提出的深度迁移学习模型从辅助轴承的正常状态数据中提取深度迁移特征；其次，利用所获得的特征对式（7-7）的 SVDD 模型进行训练；再次，将目标轴承贯序到达的数据块处理成三通道形式，直接输入到离线阶段训练的深度迁移学习模型中；最后，将得到的特征输入到 SVDD 模型中，得到检测结果。具体流程图如图 7-3 所示。

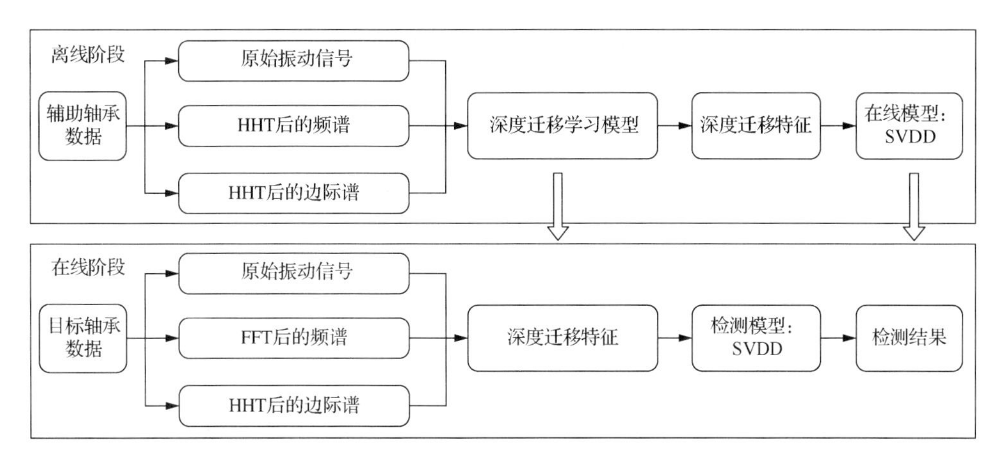

图 7-3　所提方法的算法流程图

7.1.4　实验结果

本节采用 IEEE PHM Challenge 2012 数据集进行实验验证。该数据集介绍见 1.6 节。该数据集提供了轴承从开始运行到完全故障的全生命周期数据。本小节选取的数据为工况 1 下的 7 个轴承。其中，选择轴承 3 作为目标轴承，其余 6 个轴承作为辅助轴承。值得注意的是，数据集并没有给出故障类型，即对故障发生的部位未知（滚动体、内圈或外圈等）。在这种情况下，本节主要使用这个数据集来检测早期故障的发生从而进行预警，而不是识别特定的故障类型。

1. 数据预处理结果

VGG-16 的原始输入为 3 个通道数据，为了满足这种输入形式，需要将振动信号转换成三通道数据。本节采用 7.1.1 节的方法，选择原始振动信号和相应的两种变换构建三通道数据。以轴承 3 为例，所构建的三通道数据如图 7-4 所示。为了满足 VGG-16 的输入数据要求，还需要将每个通道的一维信号数据重构为二维矩阵。在本次实验中，矩阵大小被设置为 80×32。

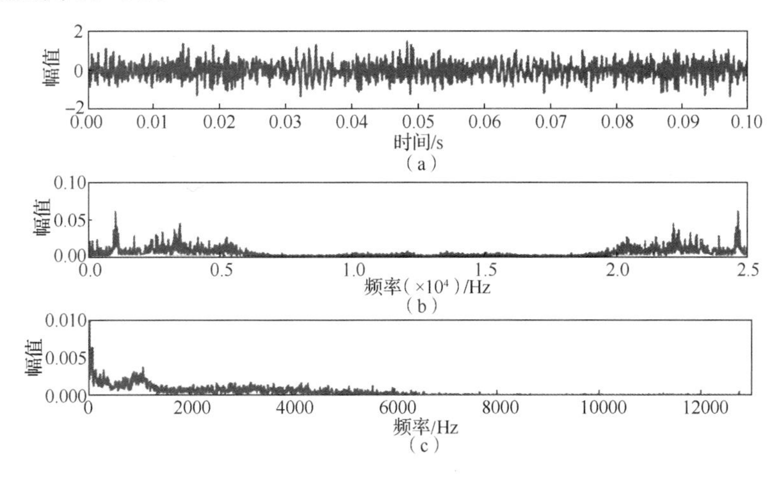

图 7-4　轴承 3 的三通道数据

（a）原始振动信号；（b）FFT 频谱；（c）对应的 HHT 边际谱

2. HI 的构建

为了验证最终检测结果的有效性，本节利用提取的深度迁移特征构建了一个 HI 作为参考。构建的 HI 有助于识别和量化轴承的退化过程。

HI 的构建过程包括以下步骤。首先，利用辅助轴承数据对 7.1.2 节中提出的深度迁移学习模型进行训练；其次，将目标轴承数据输入第一步得到的模型中，并将最后一层卷积层的输出作为最终的迁移特征；最后，对得到的迁移特征进行 PCA 处理，并平滑第一个分量，得到最终的 HI。

从深度迁移学习模型来看，这一 HI 是建立在轴承数据公共特征的基础上的。因此，这个 HI 包含了更多关于轴承退化过程的先验信息。由于篇幅限制，在此仅提供轴承 1 与轴承 3 的 HI，如图 7-5 所示（图中横轴表示采样间隔为 10s 的样本，纵轴表示 PCA 第一个主成分）。需要注意的是，轴承 3 是作为目标轴承的，这里轴承 3 的 HI 同样用于下一节中的结果对比。

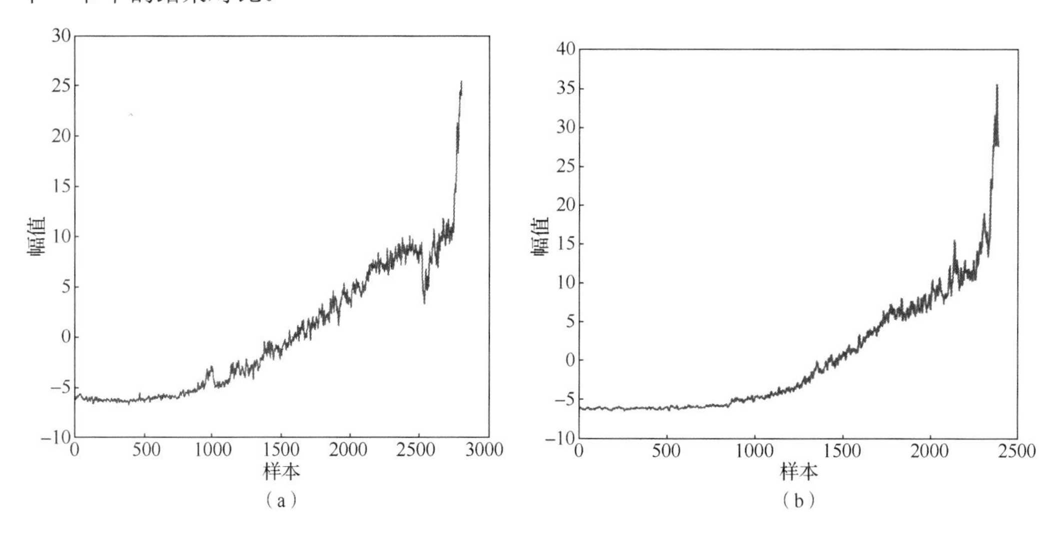

图 7-5　使用深度迁移特征构建的 HI

(a) 轴承 1；(b) 轴承 3

从图 7-5 可以看出，两个轴承的 HI 曲线在开始阶段都保持稳定，在第 1000 个样本左右，曲线均缓慢上升，最后急剧上升。这种趋势与预期的轴承退化过程十分相似，包括正常状态、早期故障状态和严重故障状态。因此，所构建的 HI 可以用来评价和检测滚动轴承的早期故障的发生。

3. 深度特征表示

为了评价所提特征的表示能力，本次实验提取轴承 1 在不同健康状态下的深度迁移特征，然后通过 PCA 对其进行可视化，分布情况如图 7-6 所示。

从图 7-6 中可以看出，正常状态的特征与早期故障状态的特征明显分离，这说明所提取的深度迁移特征对早期故障较为敏感，从而有利于轴承早期故障的检测。

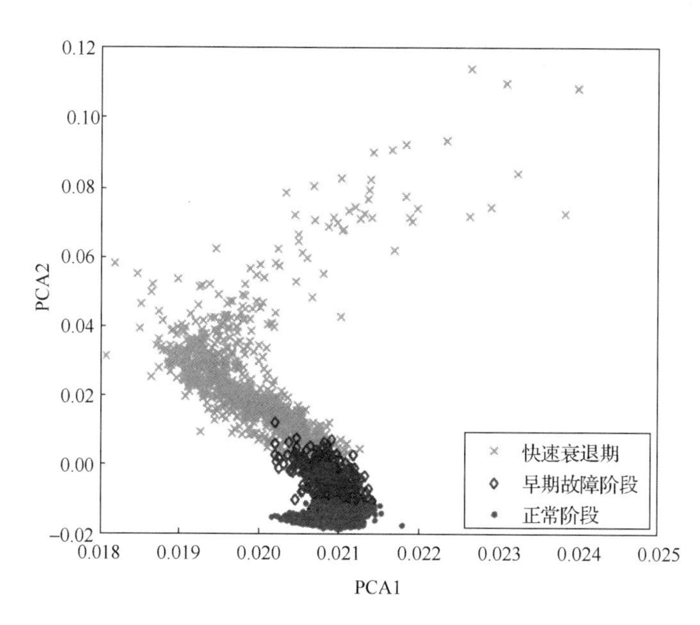

图 7-6　轴承 1 的深度迁移特征分布

4. 实验结果

在构建深度迁移学习模型后，本实验随机选择轴承 3 为目标轴承进行检测。在离线阶段，首先选取 6 个辅助轴承的前 500 个样本（均视为正常样本），并提取它们的深度迁移特征，然后利用这些特征构建 SVDD 模型。其中 SVDD 模型的正则化参数和核参数分别为 1 和 0.001。在线阶段，每次都贯序采集轴承 3 的 10 个样品进行检测。首先将这 10 个样本输入深度迁移学习模型中，然后将获得的特征作为 SVDD 模型的输入，最终得到检测结果。

图 7-7 所示为本节方法的在线检测结果，为了直观验证，该图还提供了所构建的 HI、HHT 边际谱的一个高频分量以及 RMS 曲线。

在图 7-7（a）中可以看出，标签 1 和−1 分别表示正常状态和异常状态。可清楚观察到，在第 1000 个样本左右，检测结果开始出现波动，这是早期故障导致的结果。在图 7-7（b）中，所构建的 HI 同样在第 1000 个样本开始出现明显的上升趋势。因此，第 1000 个样本可被考虑作为早期故障的发生点。在图 7-7（c）中，轴承 3 的边际谱的高频分量在第 1300 个样本左右开始出现明显上升趋势，虽然这个指标也可以反映轴承的衰退趋势，但是很明显相比 HI 要延后 300 个样本检测出早期故障。图 7-7（d）中，RMS 值是最常用的一个反映轴承衰退趋势的指标，可明显观察到，该指标在 1500 样本左右出现上升趋势，即早期故障发生在第 1500 样本左右，相比本节的检测结果要滞后 500 个样本。基于上述分析，可以发现由深度迁移特征构建的 HI 比 HHT 边际谱和 RMS 值更敏感。实验结果表明，本节方法的检测结果更可靠。

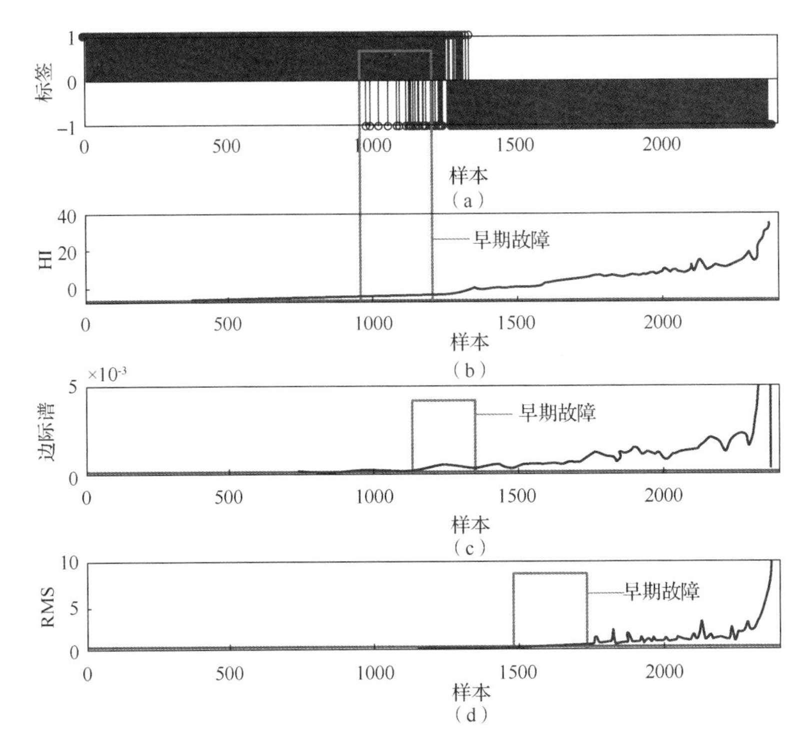

图 7-7　轴承 3 的在线检测结果

（a）本节所提方法；（b）所构建的 HI；（c）HHT 边际谱高频分量；（d）RMS 曲线

5. 对比分析

为了进一步验证所提方法的有效性，本节将其与其他 15 种广泛应用于早期故障诊断与检测的方法进行了比较。首先引入 4 种常用的异常检测算法——One-class SVM、SVDD、LOF、iForest，以及 3 种典型的特征提取方法——SDAE、RMS、峭度。经过交叉组合，可以得到方法 3～方法 14。此外，本节还与一种最新的早期故障检测方法 BEMD+AMMA 和基于 RMS 的相关系数法进行比较。这些方法均已在 6.1 节中进行介绍，此处不再重复介绍。我们认为这些方法足以提供一个全面的对比。

由于篇幅的限制，本节只对方法 1（详见 151 页相关内容）进行详细的对比，剩余方法的检测结果将在表 7-1 中给出。使用方法 1 对轴承 3 贯序到达的样本进行检测，结果如图 7-8 所示。其中，内圈故障的特征频率为 168.285Hz[13]。在第 1500 个样本，没有出现故障频率，但在第 1600 个样本，故障频率有点突出。在第 1900 个样本，故障频率变得明显。因此，本节认为早期故障发生在第 1600 个样本左右，在第 1900 个样本左右开始变得明显。与本节所提方法相比，第一种方法有明显的延迟，其检测结果在第 1600 个样本左右。此外，第一种方法必须预先知道故障频率。相比之下，本节的方法不需要知道目标轴承的任何先验信息。因此可以得出结论本节所提出的方法更适合于早期故障的在线检测。

表 7-1　轴承 3 的对比结果

方法	轴承 3	
	故障位置	误报警数
方法 1：BEMD + AMMA	1600	—
方法 2：RMS + Correlation Coefficient	1330	—
方法 3：SDAE + One-class SVM	1204	74
方法 4：RMS + One-class SVM	1343	47
方法 5：Kurtosis + One-class SVM	1773	120
方法 6：SDAE + SVDD	1285	118
方法 7：RMS + SVDD	1417	40
方法 8：Kurtosis + SVDD	2042	104
方法 9：SDAE + LOF	1236	1
方法 10：RMS + LOF	1340	1
方法 11：Kurtosis + LOF	2037	73
方法 12：SDAE + iForest	1341	37
方法 13：RMS + iForest	1412	60
方法 14：Kurtosis + iForest	1783	146
方法 15：VGG-16 + SVDD	1000	0

从表 7-1 可以看出，本节方法的检测结果是最早的，在第 1000 个样本处出现了早期故障，并且检测结果与图 7-7 给出的 HI 一致。同时，本节方法的误报警数为零，这主要是因为从深度迁移学习模型中提取的深度特征是针对所有辅助轴承的，这些特征本质上是轴承正常状态样本的共同特征，将该特征表示方法应用于目标轴承时，能够使在线特征变得更加敏感和有效。

由上述实验结果可以看出，将深度迁移学习应用于早期故障检测问题，关键在于利用深度模型自动学习跨领域状态监测数据的可迁移故障特征，并形成对故障发生模式的抽象描述信息。同时，将一维振动信号转化为三通道形式的数据，可以充分表达轴承的所有信息，进而进行有效的深度特征迁移，相比传统的时频特征和深度特征，对早期故障更敏感，更适合做早期故障的在线检测。

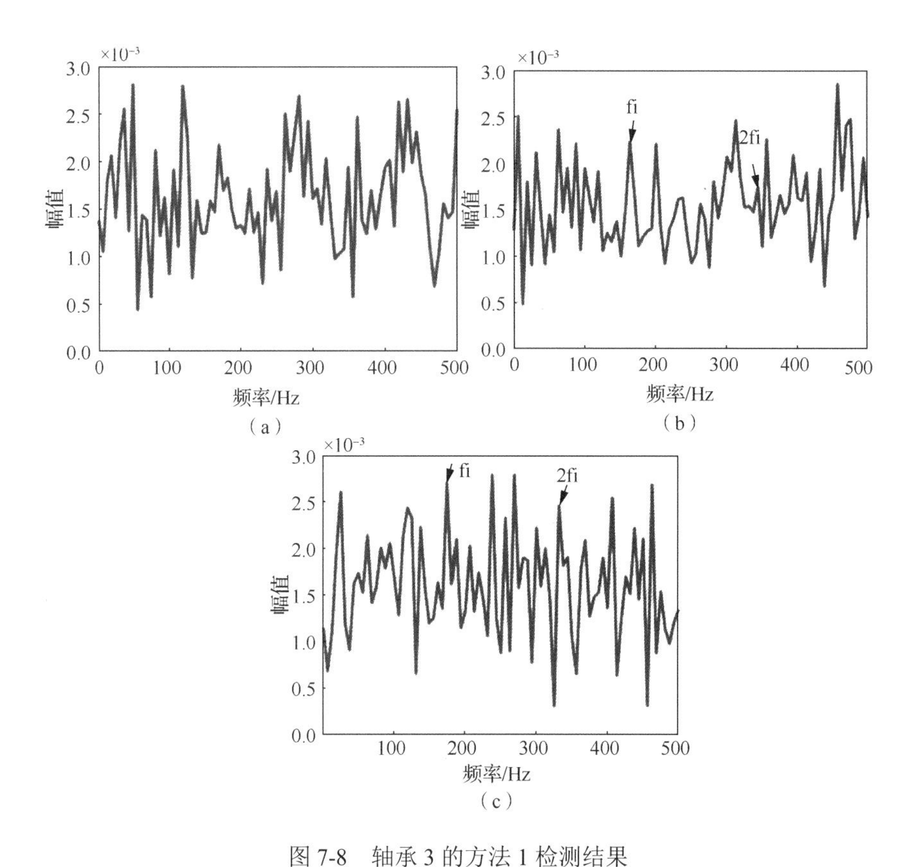

图 7-8　轴承 3 的方法 1 检测结果

（a）第 1500 个样本；（b）第 1600 个样本；（c）第 1900 个样本

7.2　基于多域迁移深度自编码网络的早期故障在线检测

本节从时序信息提取的角度，提出了一种多域迁移深度自编码网络模型。与现有绝大多数深度迁移学习模型不同，该模型所提取特征可在有效减少多个源域数据分布差异的同时，放大时序数据的变化趋势，从而提高早期故障特征与正常状态特征的区分度，因此更适用于故障检测问题；同时提出了一种基于时序异常模式的故障在线检测模型。该模型将故障报警策略与在线检测相融合，直接通过异常序列的自适应匹配，完成故障报警。与现有研究主要依赖异常点识别的做法相比，该做法可有效提高在线环境下故障检测的准确率和稳健性，同时降低误报警率。

7.2.1　多域迁移深度自编码网络

首先，选取多层自编码器作为基础的深度网络模型。自编码器由编码器和解码器组成。其中，编码器用于从输入数据中提取特征，表示为 $\boldsymbol{H}=f(\boldsymbol{WX}+b)$ ，解码器用于从提取的特征中重构输入数据，表示为 $\boldsymbol{Z}=g(\boldsymbol{W'H}+\boldsymbol{b'})$ 。激活函数通常可使用 sigmoid 函数：$\mathrm{sigmoid}(x)=1/(1+\mathrm{e}^{-x})$。自动编码器的目标是使下列重构误差最小化：

$$\mathcal{L}_{AE}=\frac{1}{2n}\|Z-X\|_F^2 \tag{7-9}$$

式中，$\|\cdot\|_F$ 表示 Frobenius（弗罗贝尼乌斯）范数。

其次，为了消除源域和目标域数据分布的差异，本节在损失函数中引入最大均值差异 MMD 正则项。MMD 是估计分布差异的一个准则，与 KL 散度等参数化准则不同，MMD 基于再生 HHT 空间来度量误差，适合估计不同分布之间的非参数化距离，从而避免计算中间密度，减少计算工作量。以 D^s 、 D^t 为例，MMD 距离定义为

$$\mathrm{MMD}(X^s,X^t)=\left\|\frac{1}{n^s}\sum_{i=1}^{n^s}\varphi(x_i^s)-\frac{1}{n^t}\sum_{j=1}^{n^t}\varphi(x_j^t)\right\|_{\mathcal{H}} \tag{7-10}$$

式中，$\mathcal{H}$ 表示再生核希尔伯特空间；X^s、X^t 分别表示源域和目标域中的输入样本，n^s 和 n^t 分别表示源域和目标域的样本个数。式（7-10）表示两个域的原始样本在非线性映射 $\varphi(\cdot)$ 上的均值差异。寻找一个 $\varphi(\cdot)$ 使式（7-10）最小化，即可诱导得到两个域之间的公共特征空间。

需要注意的是，式（7-10）度量的是两个域之间的分布差异。而在故障检测问题中，主要采用正常状态数据构建检测模型，因此便于引入多种工况下的监测数据来训练迁移学习模型。若利用式（7-10）进行域间差异最小化，则需要两两操作，计算过于复杂；若将多种工况的数据统一作为源域 X^s，又忽略了不同工况数据之间的分布差异。因此，本节对式（7-10）进行改进，以适配多个域的数据分布，得到具有普适性的公共特征表示，以便目标域中新采集的在线数据直接提取特征。首先，计算源域 $\{X^s:X^{s_1},\cdots,X^{s_c}\}$ 和目标域 X^t 中每组监测数据在 $\varphi(\cdot)$ 上的函数值 $\frac{1}{n^j}\sum_{i=1}^{n^j}\varphi(x_i^j)$，其中 n^j 表示第 j 个轴承的样本数，s_c 表示工况数量；其次，计算所有监测数据的 $\{X^s,X^t\}$ 均值 $\frac{1}{m}\sum_{j=1}^{m}\frac{1}{n^j}\sum_{i=1}^{n^j}\varphi(x_i^j)$，其中 m 表示所有源域与目标域的轴承数；最后，计算上述两个均值的差，作为整体分布偏离程度的度量。考虑到异常检测的特点，故此处计算仅使用正常状态数据，其目的是解决不同工况下正常状态数据的分布差异。具体表达如下：

$$\begin{aligned}\mathcal{L}_{\mathrm{MMD}}&=MMD(X^{s_1};\cdots;X^{s_c};X^t)\\&=MMD(X_1^{s_1},\cdots,X_{m_a}^{s_1};\cdots;X_{m_b}^{s_c},\cdots,X_{m_c}^{s_c};X_{m_d}^t,\cdots,X_m^t)\\&=\sum_{j=1}^{m}\left\|\frac{1}{n^j}\sum_{i=1}^{n^j}\varphi(x_i^j)-\frac{1}{m}\sum_{j=1}^{m}\frac{1}{n^j}\sum_{i=1}^{n^j}\varphi(x_i^j)\right\|_{\mathcal{H}}\end{aligned} \tag{7-11}$$

再次，最小化式（7-11）会迫使权重 W 下降至接近于零，从而导致信息丢失，为了使权值不为零并加强正常状态数据与早期故障数据的区分度，本节参考文献[14]中图像平滑的原理，构建权值矩阵的拉普拉斯（Laplace）正则项，如下所示：

$$\mathcal{L}_{\text{weight}}=\sum_{k=1}^{K}\exp(-\|\Delta\cdot W_k\|_F^2/\sigma) \tag{7-12}$$

式中，K 表示多层自编码器中的权重矩阵的个数；σ 表示惩罚因子；$\Delta=D_1\otimes \boldsymbol{I}_2+\boldsymbol{I}_1\otimes D_2$，$\boldsymbol{I}$ 是单位矩阵，D_1 和 D_2 是拉普拉斯算子。此处 D_1 和 D_2 采用修正 Neuman 离散化算子[14]，其作用是对权重矩阵 $\boldsymbol{W}$ 进行二阶差分，使 $\boldsymbol{W}$ 中相邻权重差异性变小，因此，最小化 $\mathcal{L}_{\text{weight}}$ 即可放大相邻权重的变化，从而突出信号波动趋势，得到对早期故障更为敏感的特征表示。

将这三部分集成到一起，最终得到多域迁移深度自编码器的目标函数：

$$\mathcal{L}=\mathcal{L}_{\text{AE}}+\lambda\mathcal{L}_{\text{MMD}}+\frac{\mu}{2}\mathcal{L}_{\text{weight}} \tag{7-13}$$

式中，$\lambda>0$、$\mu>0$ 为正则化参数。λ 值越大，意味着对多域公共特征的提取能力要求越高，反之对不同域之间数据分布差异的容忍度越高；μ 值越大，可更加突出相邻权重的差距，反之将减弱对信号波动的突出效果。最小化式（7-13）可采用小批量梯度下降法，具体见参考文献[15]。多域迁移深度自编码网络结构如图 7-9 所示。

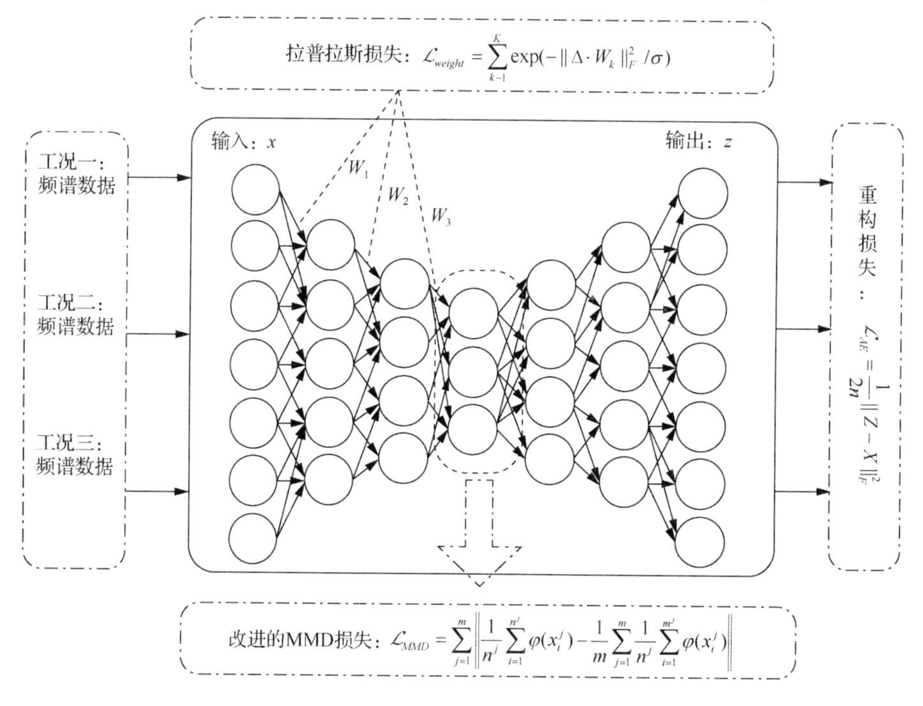

图 7-9 多域迁移深度自编码网络结构

对于式（7-13）所给出的目标函数，优化步骤如下。

1）初始化：给定源域数据的频谱数据集 $\left\{\{x_i^{s_1}\}_{i=1}^{n_1},\{x_i^{s_2}\}_{i=1}^{n_2}\cdots,\{x_i^{s_k}\}_{i=1}^{n_k}\right\}$ 与目标域数据的频谱数据集 $\left\{\{x_i^t\}_{i=1}^{n}\right\}$ 作为训练集；随机初始化多域迁移深度自编码网络的训练参数 W_0、b_0 设置惩罚因子 λ、μ。

2）前向传播：①从训练集中选取小批量数据执行公式（7-9），计算重构误差；②取训练集中全寿命数据的初始部分的正常数据，通过公式 $\boldsymbol{H}=f(\boldsymbol{W}_0\boldsymbol{X}+\boldsymbol{b}_0)$ 计算该正常期数据的隐藏层特征表示，并根据式（7-11）计算不同域之间的 MMD 值；③取训练集中全寿命数据，执行式（7-12）计算训练参数 W 的波动情况；④执行式（7-13）计算该网络的目标函数值，然后进行迭代，若迭代次数小于设定值 k 则执行步骤 3)，反之执行步骤 4)。

3）反向传播：①采用梯度下降（gradient descent）优化算法，反向逐层更新带训练参数 W、b；②返回步骤 2)。

4）特征提取：保存训练参数 W 和 b，输入训练数据集频谱数据以及目标检测轴承的频谱数据，根据式 $\boldsymbol{H}=f(\boldsymbol{W}_0\boldsymbol{X}+\boldsymbol{b}_0)$ 提取两者的隐藏特征，进而进行异常检测模型的构建。

7.2.2　异常检测模型

在线场景下，故障检测模型应具有较好的准确性和实时性，同时应尽可能简单。本节拟采用异常序列检测的方式，利用排列熵构建稳健的检测模型。排列熵是一种动力学突变检测方法，对信号的微小变化有放大作用，具体原理参考文献[16]。这里以 7.3 节实验数据中轴承 1 为例进行简要说明。首先，对于 7.2.1 节提取的深度特征，划分成长度为 100 个样本的序列，对每一段序列计算其排列熵的值，其中滑动窗口为 10 个样本，嵌入维数为 3，延迟时间为 3，对应排列熵值的变化如图 7-10 所示，为便于观察，对图 7-10 局部放大，具体如图 7-11 所示。

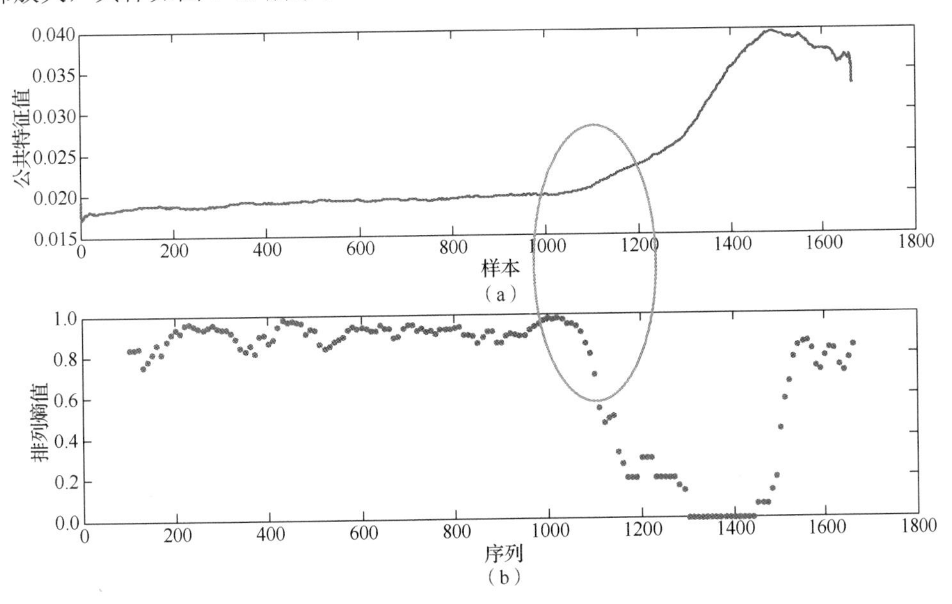

图 7-10　本节方法所提取的公共特征及其对应的排列熵

（a）本节方法所提特征；（b）排列熵

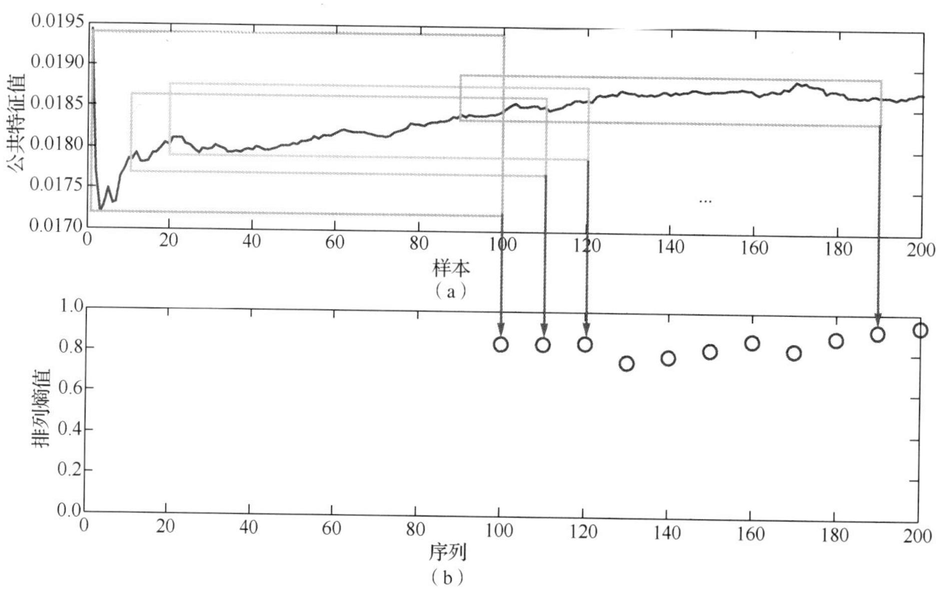

图 7-11　图 7-10 的局部放大图

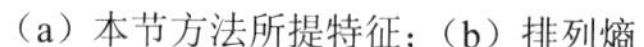
(a) 本节方法所提特征；(b) 排列熵

图 7-10 可以看出，虽然排列熵可以放大数据的局部变化趋势，但需要设置一个合理的阈值进行在线异常检测。采用深度迁移学习方法，不同工况下的监测数据可以提取到公共特征，在此基础上，本节借助这些离线数据，计算更为合理的报警阈值，检测过程如下。

首先，根据 7.2.1 节中 $\boldsymbol{H}=f(\boldsymbol{WX}+\boldsymbol{b})$ 所提取的公共特征，计算不同工况数据正常状态的排列熵值，具体步骤为：①对序列片段 $L=\{L(k),k=1,2,\cdots,n\}$ 进行相空间重构，得到矩阵 $\boldsymbol{K}_{ij}$；②对 $\boldsymbol{K}_{ij}$ 的每行进行升序排列，构建相应索引矩阵 $\boldsymbol{S}_{ij}$；③计算序列 L 的排列熵：$H_{\boldsymbol{PE}}(j)=-\sum_{i}P_i\ln P_i$，其中 P_i 为 $\boldsymbol{S}_{ij}$ 中每种排列出现的概率。本节中，为了方便计算，对 H_{PE} 进行归一化处理，即 $0\leqslant H_{PE}^{*}=H_{PE}/\ln(j!)\leqslant 1$，其中，$j!$ 为 S_{ij} 中 j 列数据的总排列数。其次，确定上述排列熵的最小值作为阈值标准。最后，对在线检测数据，采用滑动窗口生成在线序列片段，并利用多域迁移深度自编码网络直接提取深度特征，再计算对应的排列熵值，将其与阈值标准进行匹配，匹配不上则意味着异常发生。

综合上述过程，本节所提方法的总体流程图如图 7-12 所示。

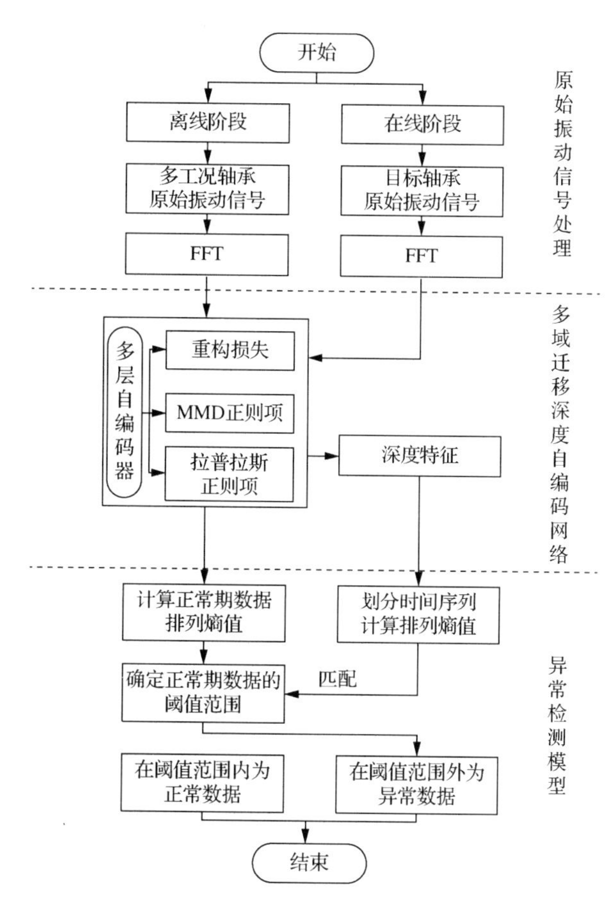

图 7-12　基于多域迁移深度自编码网络的早期故障在线检测流程图

7.2.3　实验结果

为了验证所提方法的效果，本节在 XJTU-SY 数据集上进行对比实验，数据集介绍见 1.6 节。实验基本流程如下：首先用 XJTU-SY 数据集中的两个工况作为源域，另一个工况作为目标域，构建深度迁移学习模型，提取得到公共特征表示；其次，在此基础上，将源域中两种工况下的 10 个轴承加上目标域的 4 个轴承作为离线数据，计算其排列熵值，确定异常检测阈值；最后，将剩余的一个轴承作为目标对象进行在线检测，利用训练好的公共特征表示直接提取特征，并按滑动窗口的方式逐序列计算排列熵值，与阈值进行比较，判断轴承是否异常。

本节所使用的算法环境是 Python 3.6，实验计算机配置为 i5-7300HQ 处理器，8GB 内存。所有数据在处理之前均线性归一化到[−1,+1]。轴承振动信号均采用 FFT 为频谱数据，作为各深度学习模型的输入。

为便于结果呈现，表 7-2 给出了 XJTU-SY 数据集各轴承的名称。由于加载方向为水平方向，放置在水平方向的加速度计能够捕捉到更多被测轴承的退化信息，本节选择水平振动信号来完成本次实验的异常检测实验。

表 7-2　XJTU-SY 轴承数据集描述

运行条件	径向力/kN	转速/（r/min）	轴承数据集
工况 1	12	2100	Bearing 1_1、Bearing 1_2、Bearing 1_3、Bearing 1_4、Bearing 1_5
工况 2	11	2250	Bearing 2_1、Bearing 2_2、Bearing 2_3、Bearing 2_4、Bearing 2_5
工况 3	10	2400	Bearing 3_1、Bearing 3_2、Bearing 3_3、Bearing 3_4、Bearing 3_5

1. 多域迁移深度自编码网络实验结果

本节主要给出所提多域迁移深度自编码网络的效果。考虑到训练样本较多，为保证模型的可靠性，本次实验中训练次数设为 10000 次，或训练损失小于 0.01 时终止训练。首先，以所有 3 种工况中的 15 个轴承的正常状态信号为例，图 7-13 和图 7-14 分别给出了采用多层深度自编码器和采用 7.2.1 节所提方法所得深度特征的概率密度分布图及特征分布图。如图 7-13（a）可以看出，不同工况下轴承正常状态数据的分布存在较大差别，即使是相同工况下，轴承数据分布也有一些波动。而采用本节方法，如图 7-14（a）所示，所有工况下的数据分布趋于一致。同时，对比图 7-13（c）和图 7-14（c），本节方法所提特征明显有聚合现象。这表明本节方法可有效提取不同工况下轴承正常状态数据的公共特征。

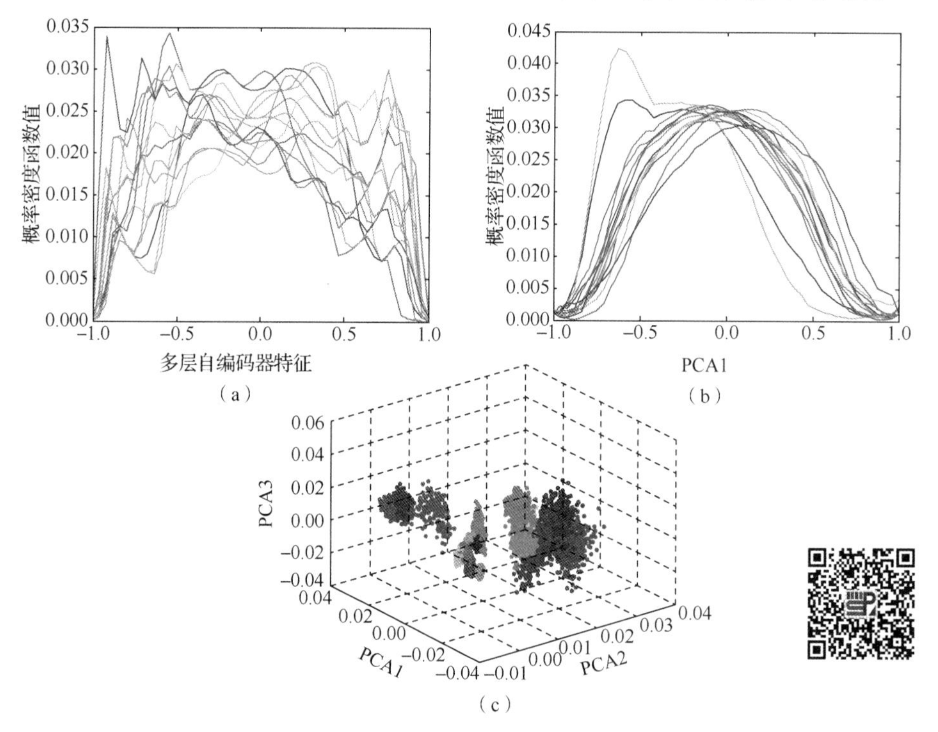

图 7-13　采用多层深度自编码器提取的三种工况下轴承正常状态数据的特征分布

（a）15 个轴承的概率密度函数；（b）采用 PCA 降为一维特征的概率密度函数；（c）PCA 降维后的三维特征分布图

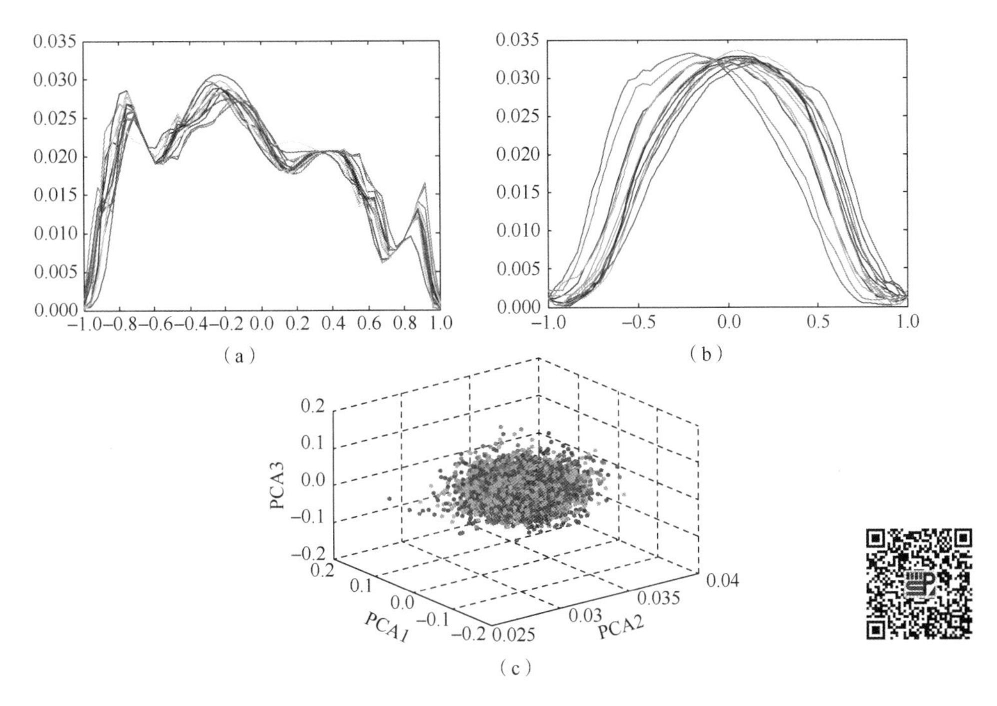

图 7-14　采用本节方法提取的三种工况下轴承正常状态数据的特征分布

(a) 15 个轴承的概率密度函数；(b) 采用 PCA 降为一维特征的概率密度函数；(c) PCA 降维后的三维特征分布图

为进一步验证深度迁移学习对于故障检测结果的效果，我们分别采用图 7-13 和图 7-14 所提特征，计算正常状态数据的排列熵如图 7-15 所示。

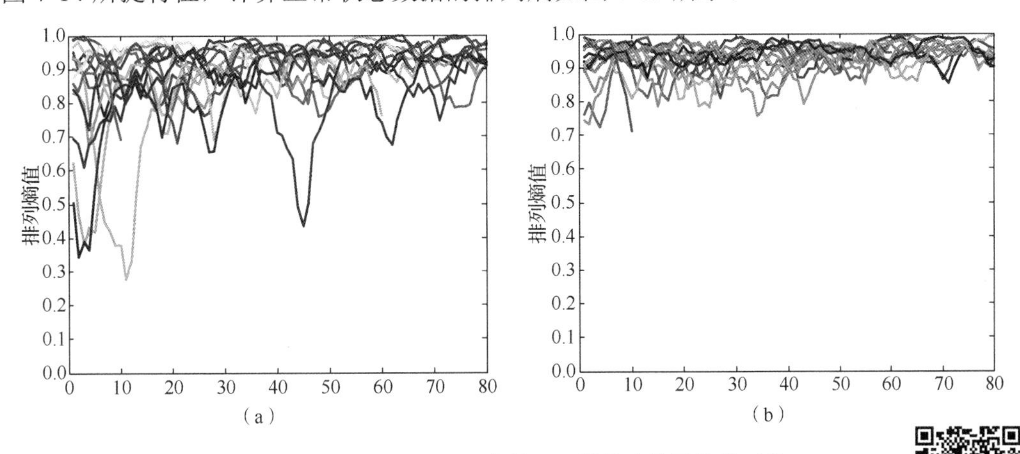

图 7-15　3 种工况下 15 个轴承正常状态数据的排列熵

(a) 采用多层深度自编码器所提取特征；(b) 采用本节方法所提取公共特征

首先，为验证本节方法的收敛效果，图 7-16 所示为上述训练过程中训练误差的变化图。为了提高显示效果，图 7-16 仅截取前 1000 训练轮次进行展示。可以看到，在训练次数为 100 左右，训练误差已经明显收敛，此后的训练轮次中，训练误差虽仍在继续下降，但下降速度逐渐放缓，整体趋于收敛。

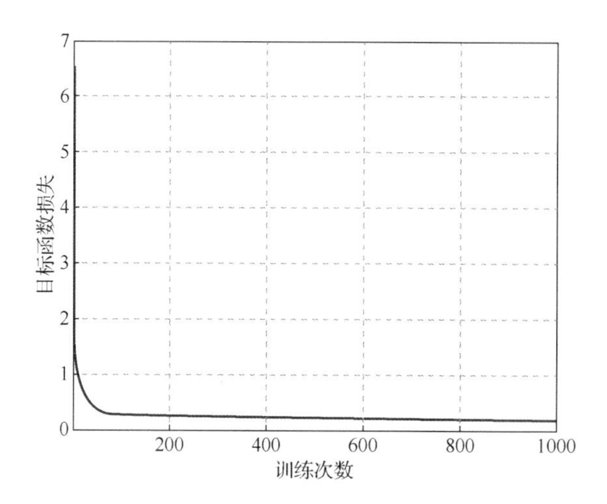

图 7-16　本节方法训练损失变化趋势图

由图 7-15（a）可知，未采用迁移学习之前，由于正常状态数据存在一定的分布差异，其排列熵值几乎跨越从 0～1 的全部范围。而采用深度迁移学习提取公共特征之后，如图 7-15（b）所示，正常状态数据的排列熵值保持在较小范围内波动，这意味着可根据波动范围设置一个合理的阈值作为异常检测的标准，为构建简单快速的在线异常检测模型提供了基础。

其次，为验证式（7-12）所示拉普拉斯正则项对于提取早期故障特征的作用，本节随机选取工况 1 下轴承 5 和工况 2 下轴承 4 为对象，分别计算本节方法加入拉普拉斯正则项前后所提特征及对应的排列熵值，如图 7-17 和图 7-18 所示（其中红线与蓝线分别为加入和未加入拉普拉斯正则项的本节方法所对应效果）。可以看出，对于两个目标轴承，采用拉普拉斯正则项后所提的公共特征（红线）在状态发生变化时波动幅度更大，其所对应的排列熵值更具有明显的阶跃现象。这表明，式（7-12）所示拉普拉斯正则项可以有效增强正常状态与早期故障状态的区分度，提取的特征更为敏感，同时也表明，排列熵具有更好的判别效果。

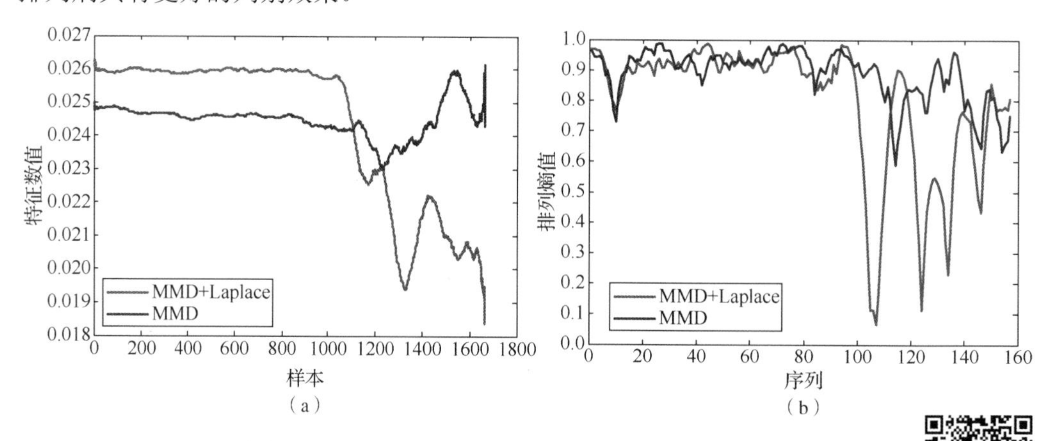

图 7-17　工况 1 下轴承 5 的特征走势及对应的排列熵值

（a）特征走势；（b）排列熵

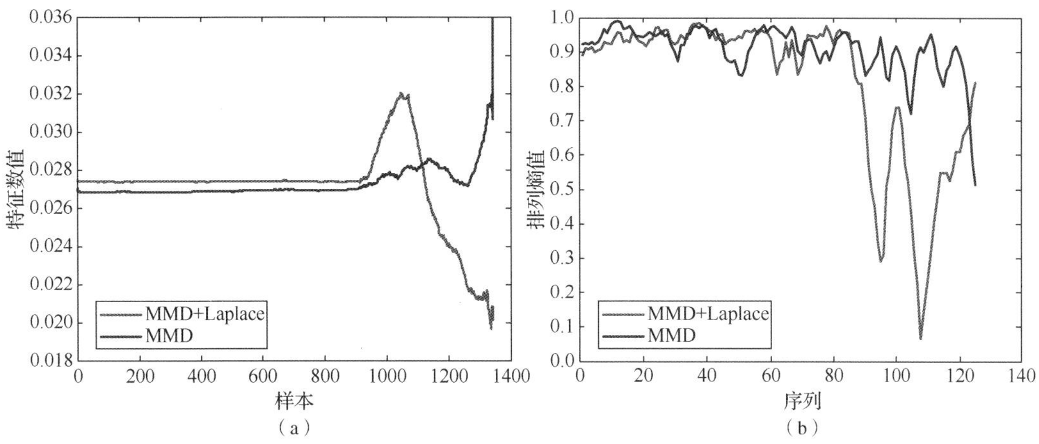

图 7-18　工况 2 下轴承 4 的特征走势及对应的排列熵

（a）特征走势；（b）排列熵

2. 时序异常检测结果

本节分别选择两个轴承作为目标检测轴承，剩余 14 个轴承用作离线训练，目标轴承所属工况即为目标域，另两个工况为源域。

（1）实验 1：Bearing1_5 为目标检测轴承

对工况 1 下轴承 5 的检测结果如图 7-19 所示［其中红线为图（a）确定的阈值（0.7199）］。可以看出，14 个离线训练轴承正常状态数据的排列熵值基本处于同一范围，这表明深度迁移学习有助于得到正常状态数据的公共特征表示。根据图 7-19（a）所示离线轴承正常状态数据的排列熵值，得到报警阈值为 0.7199，进而检测第 1090 个样本出现早期故障。这一结果与图 7-19（b）中特征走势的变动也是吻合的。

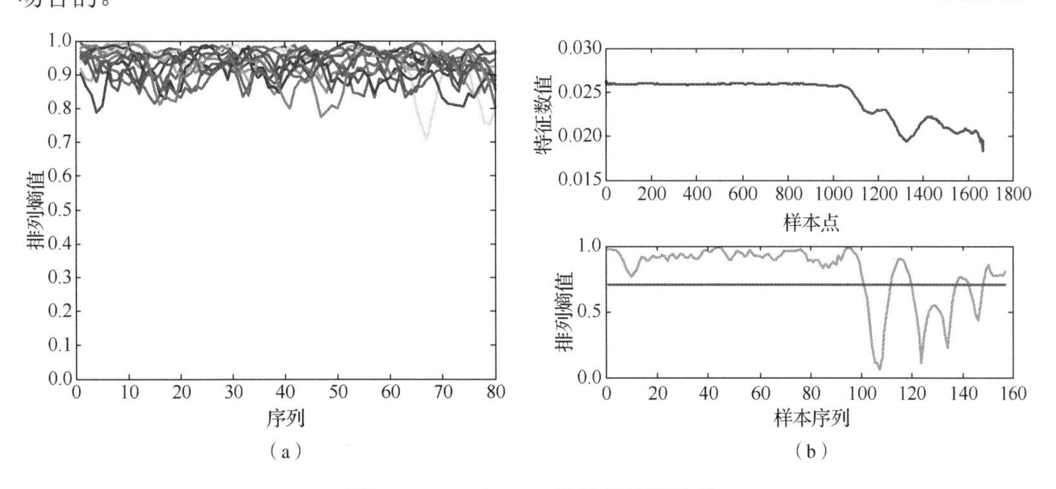

图 7-19　Bearing1_5 轴承的检测结果

（a）表示源域和目标域中 14 个离线轴承正常状态数据的排列熵；（b）表示目标轴承特征走势及对应的排列熵

（2）实验 2：Bcaring2_4 为目标检测轴承

对工况 2 下轴承 4 的检测结果如图 7-20 所示［其中红线为图（a）确定的阈值（0.6824）］。与图 7-19 相似，即使调整了源域和目标域的设定，本节方法依然可以得到 14 个离线训练轴承在较小范围内的排列熵值，这再次验证了深度迁移学习在提取公共特征方面的效果。根据图 7-20（a），得到报警阈值为 0.6824，第 980 个样本被检测为发生早期故障。

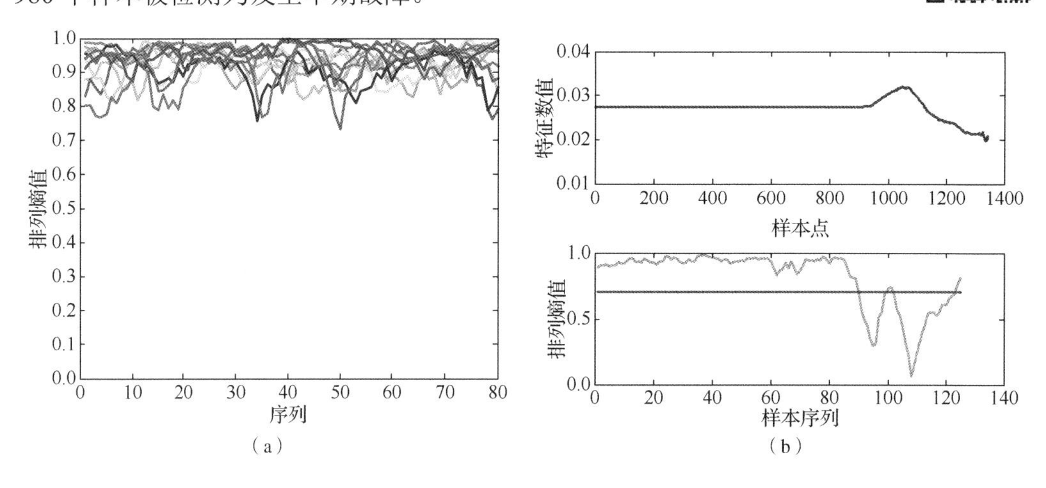

图 7-20　Bearing2_4 轴承的检测结果

（a）表示 14 个离线轴承正常状态数据的排列熵；（b）表示目标轴承特征走势及对应的排列熵

3. 对比实验结果

为了进一步验证所提方法的优势，表 7-3 给出了所提方法与 6 种代表性早期故障检测方法的对比结果。这 6 种方法既包括了两个最新的弱信号分析方法和两个代表性的异常检测算法，同时还包括了一种基于深度迁移学习的早期故障诊断方法和一种深度特征匹配的早期故障检测方法。其中 BEMD-AMMA、LOF、iForest 已在 6.1 节中介绍。出于完整性考虑，下面首先给出这 6 种方法的原理和实现细节。

表 7-3　早期故障检测方法的对比结果

检测方法	Bearing1_5		Bearing2_4	
	检测结果	误报警数	检测结果	误报警数
1）BEMD-AMMA	1110	0	无	0
2）LOF	1096	35	962	1
3）iForest	1250	10	960	13
4）SDFM[17]	1150	0	980	0
5）DAFD[18]	1210	0	1100	0
6）SRD[19]	1170	6	965	2
7）本节方法	1090	0	980	0

1）BEMD-AMMA：该方法利用弱信号分析来检测早期故障。该方法先用 BEMD

重构原始振动信号，再用自适应多尺度形态分析（adaptive multiscale morphology analysis，AMMA）对重构信号解调得到时域信号，经 FFT 得到频谱信号，通过观察故障特征频率来判断是否发生早期故障。

2）LOF：该方法是一种典型的基于距离的异常检测算法。在本次实验中，采用目标轴承初始阶段 500 个样本作为正常状态数据，计算每个样本的 LOF 值，并选择最大值作为异常检测的阈值，其中 K 值设为 10。采用多层自编码器提取特征，网络结构为[500,100,30]，即最终特征维度为 30。

3）iForest：该方法是一种基于数据切割的集成算法，通常被认为是具有代表性的异常检测算法。该方法基本思路是根据每个数据被分割开需要的次数来判断异常程度，次数越少则越可能是异常数据。树的数目设为 100，每棵树随机选择 256 个样本进行训练，采用多层自编码器提取特征，网络结构为[500,100,30]，即最终特征维度为 30。

4）SDFM：该方法即 6.2 节所述方法，是一种基于深度学习和异常序列匹配的早期故障检测算法。该方法通过滑动窗口的方式，对贯序采集的样本块采用深度自编码特提取特征，并根据匹配精度的变化确定故障发生位置。在本次实验中，采用自编码器的网络结构为[800,512,10]，输出维度为 10，滑动窗口大小设为 100。

5）DAFD：该方法是一种基于深度迁移学习的轴承故障诊断方法，通过在多层自编码器中添加 MMD 正则项，提高不同工况下故障数据的诊断准确度。该方法适合解决源域中正常状态样本和故障样本已知，目标域只知道正常状态样本的故障诊断问题。在本次实验中，利用源域数据和目标域初始阶段少量正常状态样本训练诊断模型，此后贯序输入目标轴承的 100 个样本识别是否发生故障。自编码器的网络结构为[500,100,50]。MMD 正则项参数设为 1，权重正则项参数设为 10。

6）SRD：该方法适合进行多工况下的故障检测，采用稀疏字典编码的方式，重构数据近似值与测量值的残差，并构建 K 近邻距离统计量实现检测。由于该方法流程已包含对多工况数据的混合建模，因此本实验中，直接将源域和目标域共 3 种工况的数据输入模型，得到置信水平为 95%的控制限，由此实现对目标轴承的早期故障检测。原始信号通过多层自编码器提取 30 维特征。

由于上述方法 2、方法 3、方法 5 和方法 6 是针对样本进行故障检测，在本次实验中将连续出现 3 个异常样本认为故障发生，在该样本前出现的异常点即为误报警。方法 1 和方法 4 分别采用信号分析和故障模式匹配的方式，首次出现异常即认定为故障，不存在误报警，对比结果分析如下。

1）BEMD-AMMA：在表 7-3 中，该方法对于 Bearings1_5 的检测结果为 1110，但对于 Bearings2_4 的检测结果不存在，故取最后一个样本为检测结果。出现该结果的原因有两个：①轴承故障频率的计算值与实际值存在一定的差别；②该方法本质上是一种去噪算法，若去噪效果不好则检测结果也会受影响，因此应用于在线检测时结果存在一定限制。

2）LOF：该方法的检测结果虽与本节方法基本一致，没有延后，但是误报警的情况却很严重。究其原因，异常检测结果受正常状态数据波动影响较大。图 7-21 所示为与本节方法的对比效果图（其中，本节方法横坐标为序列编号（即样本号除以 100），纵坐标大于 0 表示样本识别为正常样本，小于 0 表示识别为异常样本），可以看出，正常数据的轻微波动都会被 LOF 检测为异常而触发误报警，而本节方法采用异常序列（而非异常点）检测的策略，可以很好地解决该问题。

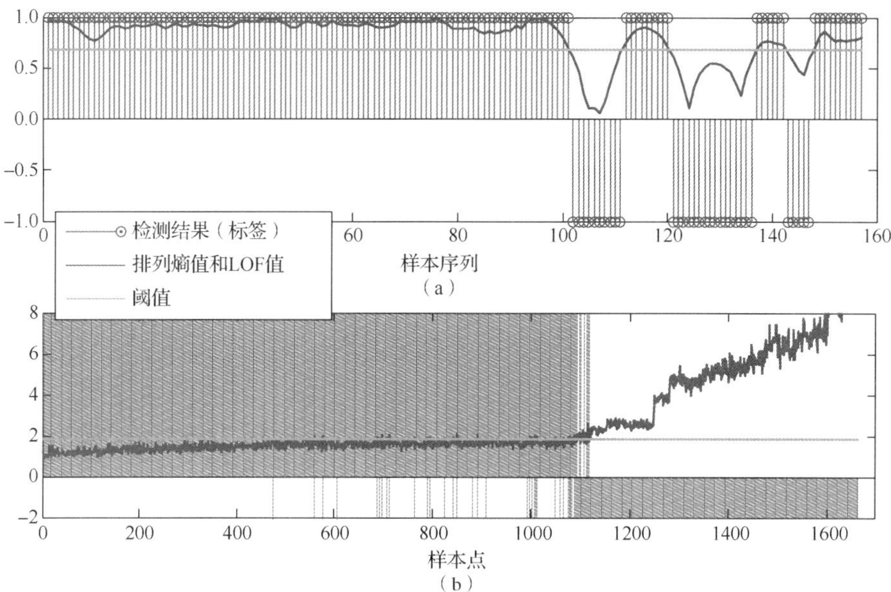

图 7-21　本节方法与 LOF 算法的检测结果对比效果图

（a）本节方法；（b）LOF 算法

3）iForest：由表 7-3 可以看到，该方法不仅检测结果略靠后，误报警也相对严重。这是因为对于在线检测问题，随着样本数的增多，iForest 切割次数随之增大，所以无法提供稳定的在线检测结果。由于 iForest 方法被认为不适合于高维数据，在本次实验中分别在 5～50 维特征上进行实验，发现检测结果区别不大，最终选择 30 维特征的结果进行对比。

4）SDFM：从表 7-3 可以看出，该方法检测结果较为理想，同时没有误报警，这验证了时序异常检测策略的有效性。但相比本节方法，在 Bearing1_5 的检测结果略有延迟。分析原因，这是因为该方法直接将所有离线训练轴承数据直接输入 DNN 提取特征，并未考虑数据分布不一致的问题。由此表明，对于分布存在差异的不同来源数据，直接输入深度学习模型存在一定限制，经过领域适配则有助于进一步提高深度特征的表示能力。

5）DAFD：该方法的诊断结果相对靠后，虽然该方法同样采用深度迁移学习技术，但其出发点是对正常状态与故障状态数据进行诊断，所采用的 MMD 距离也是对正常状态数据寻找公共特征子空间。如果数据区分度较大，该方法效果较好，但对于早期故障数据，故障发生界限并不明显，此时该方法无法有效地识别数据的缓慢变化。相反本节方法在深度迁移模型中构建拉普拉斯正则项，在寻找不同工况正常状态数据公共特征表示的同时，增大正常状态与早期故障状态特征的区分度，因此检测结果对于早期故障更为敏感。

6）SRD：该方法采用概率密度估计计算异常检测阈值，检测结果与置信区间的设定密切相关，置信区间增大，误报警数降低，但检测结果后移。该方法检测结果与其他对比方法结果相近，同时误报警数较低，尤其是与 DAFD 相比，其检测结果明显提前。这表明，该方法对多工况下的监测数据实现了有效融合，所采用的稀疏字典编码方式可以起到类似于迁移学习的效果。但与本节方法相比，其检测结果仍相对靠后，这是因为该方法并未采用序列检测的方式，也没有充分考虑增强早期故障特征区分度。

由上述结果可以看出，本节方法可有效适配多工况下的轴承监测数据，同时也利用拉普拉斯正则项生成更为敏感的早期故障特征，不仅有助于进行基于排列熵的时序异常检测，同时增强了检测模型的稳健性，降低误报警率。该方法模型简单、结果可靠，因此更适用于早期故障的在线检测。

7.3　本 章 小 结

深度迁移学习的引入，使得利用深度学习解决数据量不充足情况下的早期故障在线检测成为可能。通过引入同型号轴承在不同工况下的历史数据，减少离线数据与在线数据的分布差异，实现故障模式信息在数据之间的传送，从而提高在线检测的准确性和稳定性。本章所阐述的两种方法，分别从扩大并利用辅助数据和增强早期故障特征表示的角度构建异常检测模型，这为实际应用中的早期故障检测提供了解决方案。此外，时序信息的引入将有助于提高检测模型的稳定性，适合于在线检测。本章的两个方法形式完备、具有较好扩展性，因此可在它们的基础上，进一步引入时序深度学习模型，有针对性提取时序特征并进行异常序列检测，构建稳健的故障报警策略，提升在线检测效果。

参 考 文 献

[1] 庄福振, 中国科学院智能信息处理重点实验室. 迁移学习研究进展[J]. 软件学报, 2015, 26(1): 26-39.

[2] 刘建伟, 孙正康, 罗雄麟. 域自适应学习研究进展[J]. 自动化学报, 2014, 40(8): 1576-1600.

[3] 张雪松, 庄严, 闫飞, 等. 基于迁移学习的类别级物体识别与检测研究与进展[J]. 自动化学报，2019, 45(7): 1224-1243.

[4] SHEN S, SADOUGHI M, LI M, et al. Deep convolutional neural networks with ensemble learning and transfer learning for capacity estimation of lithium-ion batteries[J]. Applied Energy, 2020, 260(22): 114296.

[5] KHAN S, ISLAM N, JAN Z, et al. A novel deep learning based framework for the detection and classi_cation of breast cancer using transfer learning[J]. Pattern Recognition Letters, 2019, 125(1): 1-6.

[6] 雷亚国, 杨彬, 杜兆钧, 等. 大数据下机械装备故障的深度迁移诊断方法[J]. 机械工程学报, 2018, 55(7): 1-8.

[7] LU W, LIANG B, CHENG Y, et al. Deep model based domain adaptation for fault diagnosis[J]. IEEE Transactions on Industrial Electronics, 2017, 64(3): 2296-2305.

[8] WEN L, GAO L, LI X, et al. A new deep transfer learning based on sparse auto-encoder for fault diagnosis[J]. IEEE Transactions on Systems, Man, and Cybernetics: Systems, 2019, 49(1): 136-144.

[9] LIU R, YANG B, ZHANG X, et al. Time-frequency atoms-driven support vector machine method for bearings incipient fault diagnosis[J]. Mechanical Systems and Signal Processing, 2016, 75: 345-370.

[10] SHAO S, MCALEER S, YAN R, et al. Highly accurate machine fault diagnosis using deep transfer learning[J]. IEEE Transactions on Industrial Informatics, 2019, 15(4): 2446-2455.

[11] SIMONYAN K, ZISSERMAN A. Very deep convolutional networks for large-scale image recognition[C]// Computer Vision

and Pattern Recognition, 2014, 1: 1-14.
[12] TAX D, DUIN R. Support vector data description[J]. Machine Learning, 2004, 54(1): 45-66.
[13] GAO Z, LIN J, WANG X, et al. Bearing fault detection based on empirical wavelet transform and correlated kurtosis by acoustic emission[J]. Materials, 2017, 10(6): 571.
[14] CAI D, HE X, HU Y, et al. Learning a spatially smooth subspace for face recognition[C]//2007 IEEE Conference on Computer Vision and Pattern Recognition, Minneapolis, 2007: 1-7.
[15] YANG B, LEI Y, JIA F, et al. An intelligent fault diagnosis approach based on transfer learning from laboratory bearings to locomotive bearings[J]. Mechanical Systems and Signal Processing, 2019,122: 692-706.
[16] 冯辅周，饶国强，司爱威. 基于排列熵和神经网络的滚动轴承异常检测与诊断[J]. 噪声与振动控制, 2013, 33(3): 212-217.
[17] MAO W, CHEN J, LIANG X. A new online detection approach for rolling bearing incipient fault via self-adaptive deep feature matching[J]. IEEE Transactions on Instrumentation and Measurement, 2020, 69(2): 443-456.
[18] LU W, LIANG B, CHENG Y, et al. Deep model based domain adaptation for fault diagnosis[J]. IEEE Transactions on Industrial Electronics, 2017, 64(3): 2296-2305.
[19] 郭小萍，刘诗洋，李元. 基于稀疏残差距离的多工况过程故障检测方法研究[J].自动化学报, 2019, 45(3): 617-625.

第 8 章　深度学习与轴承剩余寿命预测

剩余可用寿命（remaining useful life，RUL）预测是轴承 PHM 领域的核心问题之一，也是预防性维护的关键工程环节。通常而言，轴承 RUL 预测由早期故障检测出发，即在出现初始故障状态后，预测退化过程的预期持续时间。从机器学习角度而言，RUL 预测与前面所讲的故障诊断和故障检测不同，RUL 预测本质是回归预测问题，而故障诊断与检测为分类和异常检测问题。对 RUL 预测模型的构建需要考虑的是故障退化特征与剩余寿命的映射关系。剩余寿命是连续值而非故障状态类型的离散值，对退化过程特征的提取和建模有其自身特点和挑战：①退化过程具有典型的时序性，退化序列本质上是时间序列，预测模型应充分考虑数据的时序信息；②故障退化特征具有单调性、趋势性等特点，而非故障诊断问题中强调的可分性；③建模为回归预测，输出值是连续的剩余时间，因此需要对已有轴承退化过程的时间进行准确度量。

传统的 RUL 预测通过引入各类统计特征和机器学习模型，取得了一定的研究结果（详见 1.4 节），但在解决上述 3 个挑战时仍存在一定不足。本章将从时序深度学习的角度解决轴承 RUL 预测问题，第 9 章将引入迁移学习策略解决跨工况 RUL 预测问题。具体而言，本章采用 LSTM 网络，详细讲解状态划分、剩余寿命归一化、时序预测模型构建等环节的实现，并给出退化过程的深度特征、预测效果等方面的结果。对比实验结果表明，利用深度学习的自适应特征表示能力和具有利用时序数据建模能力的 LSTM 网络，可有效提高轴承 RUL 预测的准确度和稳定性。

8.1　基于深度特征表示和长短时记忆网络的 RUL 预测

通过前面章节阐述的深度特征提取方法，验证了深度特征在故障诊断领域的良好效果，因此，同样可以利用深度学习技术来提升滚动轴承的 RUL 预测效果。然而，常见的深度学习方法未考虑轴承退化序列的时序性质，因此有必要对 RUL 预测的深度学习方法进行研究。本章通过引入 LSTM 网络作为时序信息分析和利用的载体，在深度特征表示的基础上，进一步提高模型对退化序列中时序信息的利用能力，提高滚动轴承的剩余寿命预测的准确度。该方法整体流程如图 8-1 所示。

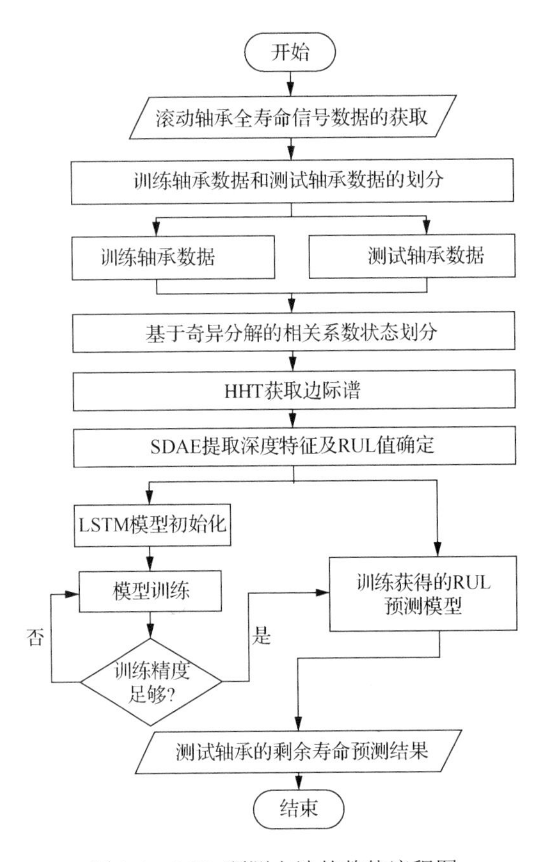

图 8-1　RUL 预测方法的整体流程图

8.1.1　轴承健康状态划分方法

建立 RUL 预测的关键是从已有的退化过程数据中提取有效的深度特征，因此，第一步是准确划分已有轴承数据的状态阶段。本节提出一种新的状态划分方法，该方法使用归一化奇异值相关系数的走势进行状态划分。基本思路如下：正常状态的样本之间，奇异值向量的相关性较高，而正常状态和故障样本之间，相关性则不足，反映在相关系数曲线上则是一条递减的曲线。由于奇异值具有良好的数值稳定性，当信号发生扰动时，奇异值的变化较小；当信号发生较大的变化时，奇异值的变化则较大，以此来避免局部噪声和细微信号变化对状态划分的影响，从而能够准确识别发生剧烈变化时的信号状态。基于这一思路，该方法将原始信号划分为多个子序列，对每一个子序列使用 Hankel（汉克尔）矩阵进行相空间重构[1]，利用 Hankel 矩阵的奇异值所构造的特征向量来表达轴承的运行状态。该方法具体步骤如下。

1）对子信号进行相空间重构，进行奇异值分解计算奇异值。

假设振动信号为 $\boldsymbol{x}=[x_1,x_2\cdots,x_N]$，采用 Hankel 矩阵对其进行相空间重构，得到的矩阵如下所示：

$$\boldsymbol{H}=\begin{bmatrix} x_1 & x_2 & \cdots & x_n \\ x_2 & x_3 & \cdots & x_{n+1} \\ \vdots & \vdots & & \vdots \\ x_m & x_{m+1} & \cdots & x_N \end{bmatrix} \tag{8-1}$$

对矩阵 $\boldsymbol{H}$ 进行奇异值分解，得到 $\boldsymbol{H}=\boldsymbol{U}_{m\times k}\boldsymbol{\Lambda}_{k\times k}\boldsymbol{V}_{k\times n}^{\mathrm{T}}$，其中 $\boldsymbol{U}$ 和 $\boldsymbol{V}$ 均为正交矩阵，$1<n<N$，$N=n+m-1$，$\boldsymbol{\Lambda}=\begin{bmatrix} S & 0 \\ 0 & 0 \end{bmatrix}$，$\boldsymbol{S}=\mathrm{diag}(\sigma_1,\sigma_2,\cdots,\sigma_q)$，$\sigma_1\geqslant\sigma_2\geqslant\cdots\geqslant\sigma_q\geqslant 0$ 为矩阵 $\boldsymbol{H}$ 的 q 个非零奇异值。奇异值矩阵分解结果如下所示：

$$\boldsymbol{M}=\begin{bmatrix} \sigma_1^1 & \sigma_1^2 & \cdots & \sigma_1^N \\ \sigma_2^1 & \sigma_2^2 & \cdots & \sigma_2^N \\ \vdots & \vdots & & \vdots \\ \sigma_q^1 & \sigma_q^2 & \cdots & \sigma_q^N \end{bmatrix} \tag{8-2}$$

式中，N 表示序列划分的段数；q 表示每一条序列的 Hankel 矩阵的奇异值个数。

2）对获取的奇异值矩阵进行归一化处理。

使用下式对奇异值序列进行归一化：

$$X_i=\frac{(V_{\max}-V_{\min})[x_i-\min(x)]}{\max(x)-\min(x)}+V_{\min} \tag{8-3}$$

式中，$V_{\max}$ 和 $V_{\min}$ 为归一化区间。因为相关系数位于区间[−1,1]，故本节选择该区间为归一化区间；$\boldsymbol{x}_i=[\sigma_i^1,\sigma_i^2,\cdots,\sigma_i^N]$，其中 $i=1,2,\cdots,q$。最终得到归一化矩阵。

3）对归一化的奇异值矩阵求解相关系数。

对于获取到的归一化奇异值矩阵，选择序列初始部分作为正常序列的基准值，并依次与每一段信号序列的奇异值计算相关系数，计算方法见下式：

$$\boldsymbol{R}_j=\frac{\sum_{i=1}^{q}\boldsymbol{x}_i\boldsymbol{y}_i}{\sqrt{\sum_{i=1}^{q}\boldsymbol{x}_i^2\sum_{i=1}^{q}\boldsymbol{y}_i^2}} \tag{8-4}$$

式中，$\boldsymbol{x}$、$\boldsymbol{y}$ 分别为奇异值向量，$j=1,2,\cdots,N$。根据提前设定的阈值，可将所得到的 $\boldsymbol{R}$ 向量划分为两种状态：平稳期和快速退化期。

8.1.2　轴承退化过程深度特征表示

为准确预测可用 RUL，需要进行有效的故障状态特征提取。因此，可利用深度学习，对上述得到的平稳期和快速退化期的数据构建分类模型。如果分类效果良好，则说明自动提取的特征可有效区分两种状态阶段，具有良好的表示能力。因此，可利用这些特征构建离线的时序回归预测模型，对目标轴承进行在线的 RUL 预测。

由于不同深度模型具有不同的特征提取能力，本节采用 3 种深度特征提取方法：SDAE、CNN 和 DBN，分别对快速退化期数据进行深度特征提取。其中，这 3 类模型的输入分别为轴承振动信号的 HHT 边际谱，输出为上述两种状态的类别标签。其中 CNN

和 DBN 原理参见 2.2 节，SDAE 在 2.2.3 节中所介绍的自编码器基础上，在输入数据中添加少许白噪声，以提高模型的泛化能力，具体实现此处不再赘述。

8.1.3 故障阈值与剩余寿命确定

在构建 RUL 预测模型时，需要明确不同特征对应的 RUL 值，作为模型的输出。一般认为，当轴承的故障产生早期故障时，才需要进行 RUL 预测。而在轴承正常运行的状态下，振动信号的整体状态没有较大变化，并不适合进行 RUL 预测。因此，本节采取快速退化期的部分进行 RUL 预测。

对于实验数据中 RUL 的确定，一般认为是当振动信号的振动幅度达到某一个阈值时，便认定部件已经完全损坏，其剩余寿命为 0，并以此向前推算前一段的 RUL。因此 RUL 的计算公式为

$$\text{RUL} = T_2 - T_1$$

式中，T_2 表示认为已经完全发生损坏的时刻；T_1 表示在损坏之前的各个采样时刻。

一般剩余寿命的终止条件设置为振动信号的幅值到达 $20g$。但是在实际的数据中，有些轴承的运行状态可能达不到 $20g$ 就已经停止运行。因此，为确定未达到故障阈值的轴承的 RUL，如果直接以现有的采样点末端作为 RUL 的终点，则其 RUL 的范围将明显失真，在进行轴承 RUL 预测建模时，其剩余寿命范围与其他轴承明显不一致，将造成较大误差。如果利用现有的样本预测接下来的走势，并计算其走势达到定义的 $20g$ 值时，利用获取到的 RUL 值进行训练。这一部分的 RUL 曲线与达到 $20g$ 的曲线在范围上保持一致，可以为 RUL 预测提供准确的信息，该思路如图 8-2 所示。

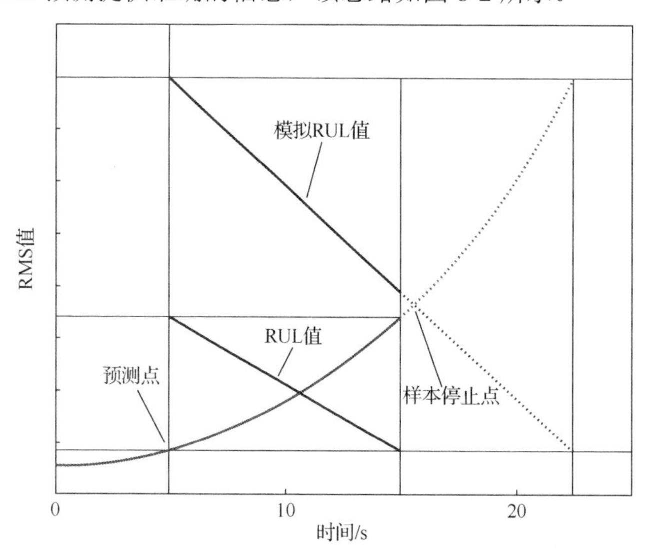

图 8-2　有限样本确定的 RUL 和模拟故障走势获得的 RUL

因此需要对未达到故障阈值的序列进行多项式拟合。需要注意的是，在此多项式拟合的阶数为 2 阶到 3 阶时，可以得到较准确的预测结果，这是因为 RUL 固有的走势是单调递增曲线，超过 3 阶之后拟合的曲线将变得复杂，反而无法有效反映其接下来的走势。

8.1.4　基于 LSTM 网络的预测模型

LSTM 网络[2]是一种具有记忆结构单元的网络模型，能够实现对短期和长期数据的保存和选择，也能够有效利用数据前后的时序信息，实现序列数据的有效预测。由于轴承的故障退化过程中，振动信号的振幅从整体来看是呈逐步上升的趋势，这种单调趋势也是时序性的一种表现，因此利用 LSTM 作为轴承的 RUL 预测模型，预测效果可优于普通的回归模型。

LSTM 的原理和网络结构已在 2.2.6 节所述，此处不再赘述。将已有轴承序列的深度特征序列作为输入，对应的 RUL 值作为输出，代入 LSTM 模型，训练 LSTM 模型。对于待预测的轴承序列，采用同样的特征表示提取深度特征，作为输入，预测对应的剩余寿命。整体流程图如图 8-3 所示。

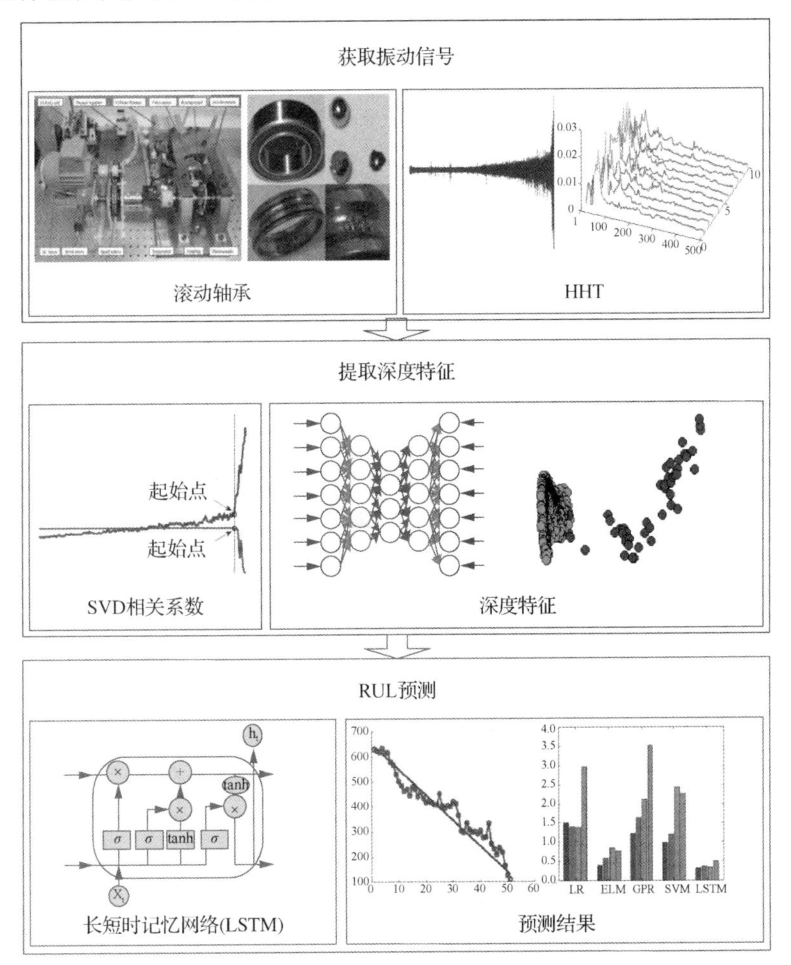

图 8-3　整体流程图

8.2 实 验 设 置

本节采用 IEEE PHM 2012 Challenge 数据集进行实验验证。该数据集提供滚动轴承从正常到故障的整个生命周期的实验数据。数据集介绍见 1.6 节。其中，工况 1 下的 7 个轴承的数据采样点在 871～2803 范围内，每个采样点包含 2560 个振动信号样本，从整体来看，单个轴承的采样样本在 2229760～7175680，数据量充分，通过时频域变换之后的数据会扩充更多。因此，这个规模的数据足以支撑深度学习模型的训练。在本节实验中，选择工况 1 下 7 个轴承的振动信号进行测试，这 7 个轴承均包含了从正常到故障退化过程的全部振动信号，但是，部分序列没有达到 20g 的故障阈值就停止了采样，因此在建模的时候需要提前确定轴承的最终停止状态。

8.2.1 信号预处理

本节验证 HHT 对原始振动信号的预处理效果。图 8-4 显示的是正常状态、早期振动信号和快速退化期的振动信号的对比。对比早期正常信号和晚期故障信号的频谱变化，可以观察到，晚期故障信号在高频部分产生明显的变化。这表明，HHT 对原始振动信号进行分析，通过信号的时频变换后能够更加表现出细致的信号变化趋势，从而有利于深度特征的提取。

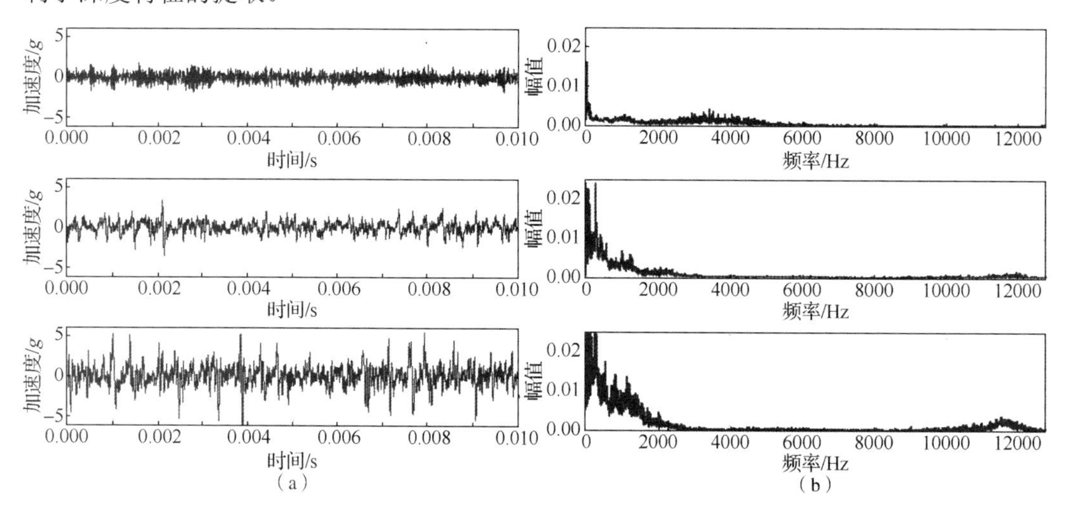

图 8-4　正常状态、早期振动信号和快速退化期故障信号的时域和频域 HHT 边际谱对比

(a) 时域；(b) HHT 边际谱

8.2.2 状态划分和深度特征表示

为了确定退化期范围和深度特征对应的状态标签，首先采用 8.1.1 节所述方法，使用归一化奇异值相关系数，对轴承运行序列进行状态划分。对工况 1 下轴承 1 的划分结果如图 8-5 所示，其中蓝色曲线表示平滑之后的 RMS 曲线，红色曲线表示归一化奇异

值相关系数。可以看到，当轴承处于正常运行状态时，相关系数曲线保持稳定，当轴承状态发生剧烈变化的时候，曲线值急速下降，由此可有效识别快速退化的起始部分。本节认定当相关系数值小于 0.95 时，此时位置为快速退化期的起始点。

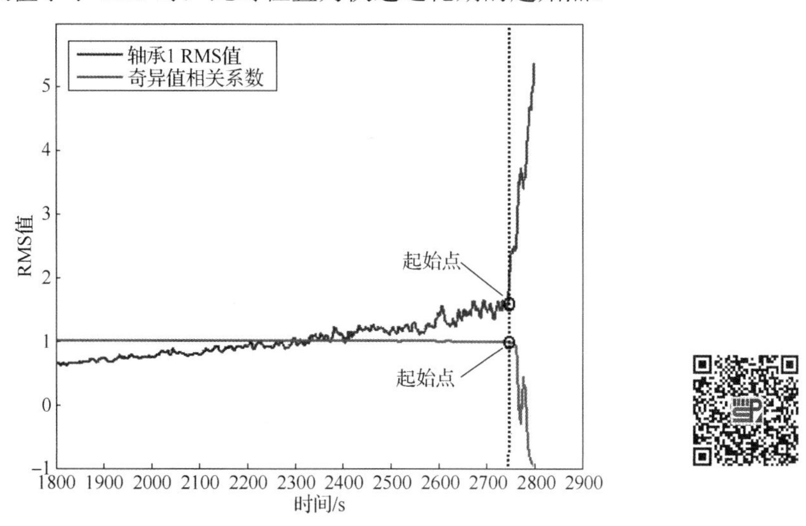

图 8-5　基于归一化奇异值相关系数的轴承 1 状态划分效果图

最终得到工况 1 下 7 个轴承的状态划分结果，各个时期的划分如下图 8-6 所示（其中，纵轴 0 以上的曲线为 RMS 趋势曲线，0 以下部分为状态划分结果）。

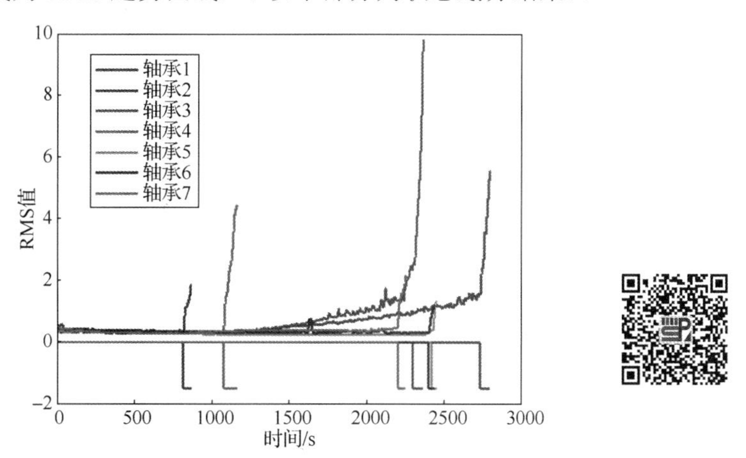

图 8-6　工况 1 下 7 个轴承状态划分示意图

将上述轴承 1～轴承 7 的状态划分结果作为分类标签，以各个轴承两种状态下的 HHT 边际谱作为输入，构建深度分类模型，进行深度特征提取。本次实验分别使用 SDAE、CNN 和 DBN 共 3 种深度学习方法进行实验。深度特征提取阶段使用的是 Python 开发环境和 Tensorflow 框架，开发环境为 W580I-G10 工作站，配置为 2 个 E5-2650 处理器、64GB 内存和英伟达特斯拉 K40M 显卡。

对于 SDAE 模型，设噪声水平为 0.01，进行重构优化，由于 SDAE 能够获取比普通编码器更为鲁棒的特征，因此有利于 RUL 预测的进行。编码器设置 4 个隐层，其节点数目依次为 2048、512、128、25。经过 100 次迭代，最终得到的训练损失为 0.006。把整体样本作为输入，最终获取到经过编码之后的深度特征。为了观察空间中的特征分布，使用 PCA 对获得的特征进行降维可视化，得到轴承 1 和轴承 2 的可视化特征，如图 8-7 所示（绿色点表示正常状态样本，红色点表示快速退化期的样本）。

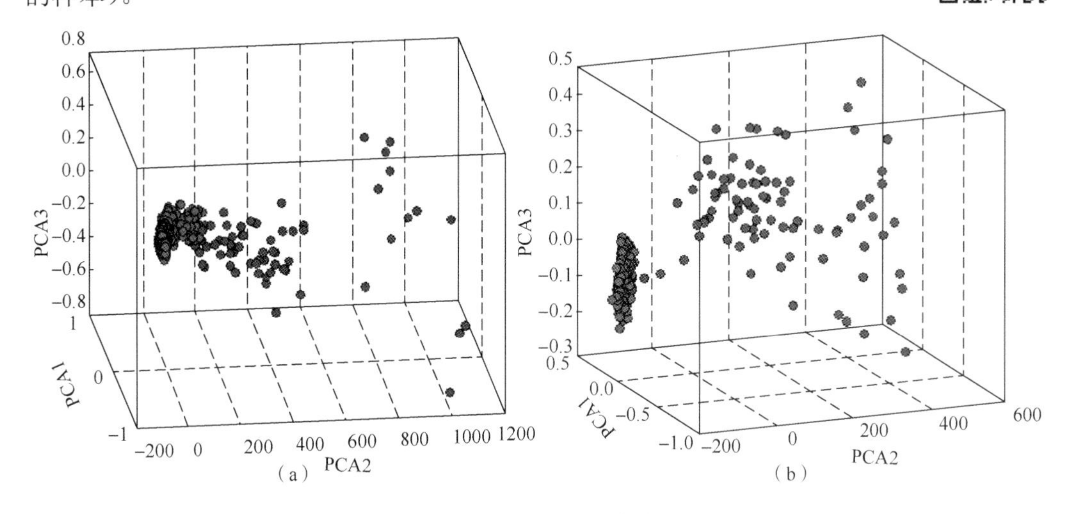

图 8-7　SDAE 获取到的深度特征分布

（a）轴承 1；（b）轴承 2

由图 8-7 可知，不同状态的样本点在特征空间实现了明显区分，一方面，这说明在故障诊断层面，SDAE 所得到的深度特征能够较好地识别出不同状态的轴承数据类别；另一方面，采用 HHT 边际谱作为深度模型输入，提取的深度特征具有较好的表示能力，相比直接从原始信号提取深度特征以及提取时频域等原始特征等方法，该特征对故障的退化趋势表示更为充分，更有利于对剩余寿命走势的建模。

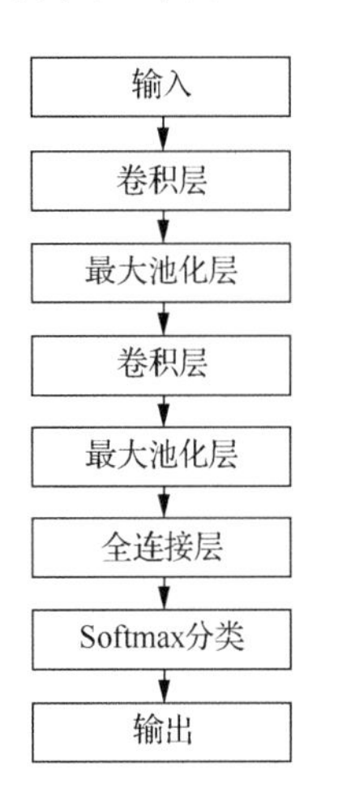

图 8-8　所使用的 CNN 结构示意图

所使用的 CNN 结构示意图如图 8-8 所示。其中，第一个卷积层的卷积核为 2*2，特征图为 64，第二个卷积层的卷积核为 2*2，特征图为 128，全连接层的维度设置为 25，最后一层使用 Softmax 进行分类。实验使用全部数据的 70%作为训练，30%做测试，最终得到样本的训练精度和测试精度分别为 100%和 99.52%。

获得训练好的模型之后，再把轴承 1～轴承 7 的样本数据输入进行测试，获取其全连接层特征，作为 RUL 预测的深度特征。与图 8-7 相同，对深度特征使用 PCA 降维，得到的可视化特征如图 8-9 所示（绿色点表示正常状态样本，红色点表示快速退化期的样本）。

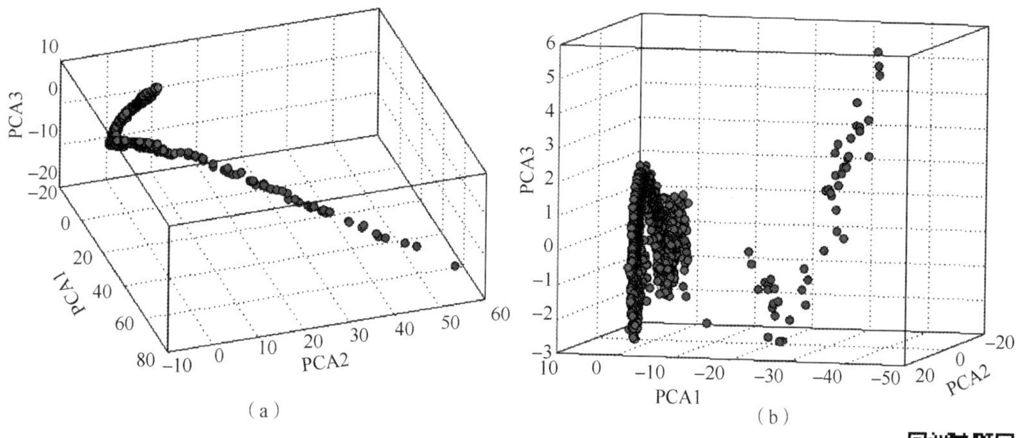

图 8-9　CNN 获取到的深度特征分布

（a）轴承 1；（b）轴承 7

所构建的 DBN 由多个 RBM 组成，本实验设置 RBM 个数为 2 个，隐藏层节点数依次为 2048、25，训练迭代次数为 5，迭代次数为 20。RBM 和 DBN 的学习率均为 0.1。每一次训练中，为了防止过拟合，随机丢弃 20%神经元。最终得到测试样本的分类精度为 99.25%。获得训练好的模型之后，把轴承 1～轴承 7 的样本数据输入，最终获得 DBN 提取的深度特征。对深度特征使用 PCA 进行降维，得到的可视化特征如图 8-10 所示（绿色点表示正常状态样本，红色点表示快速退化期的样本）。

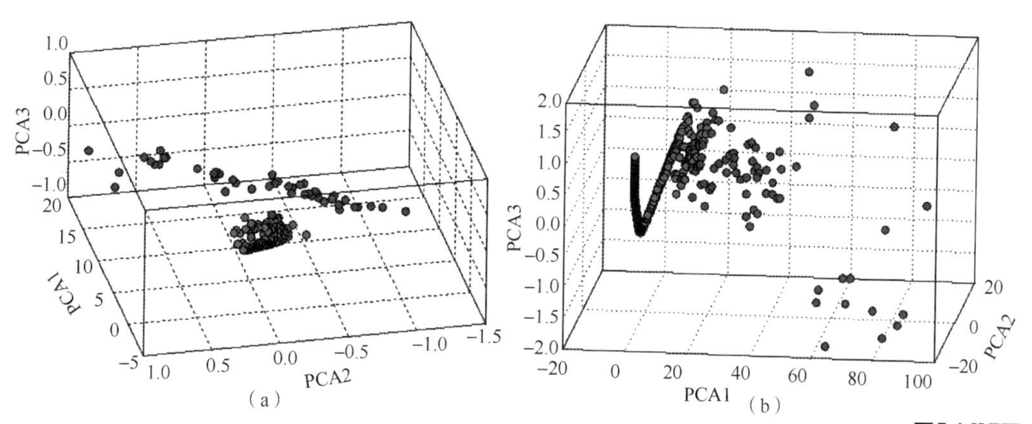

图 8-10　DBN 获取到的深度特征分布

（a）轴承 2；（b）轴承 3

限于篇幅，此处只给出了轴承 1、2、3、7 的特征分布图，其他轴承也具有类似的分布效果。可以看到，采用深度学习算法对 7 个轴承的正常状态与快速退化期状态进行分类建模，所得到的特征对多个轴承具有明显的可分性。因此，可以认为这些特征对这两种状态具有较好的表示能力，可以用来描述故障的退化趋势。

8.2.3 剩余寿命确定结果

工况 1 下的 7 个同型号轴承中，有 4 个轴承的数据未达到 20GB 的终止条件，因此为建立准确的 RUL 预测模型，需要对现有序列进行曲线拟合，预测其接下来的走势，从而确定完整的剩余寿命值。采用 8.1.3 节方法，对轴承 2、轴承 5、轴承 6 和轴承 7 的退化趋势进行拟合，结果如图 8-11 所示，其中，图 8-11（a）、（c）及（d）采用 3 阶拟合，图 8-11（b）采用 2 阶拟合。

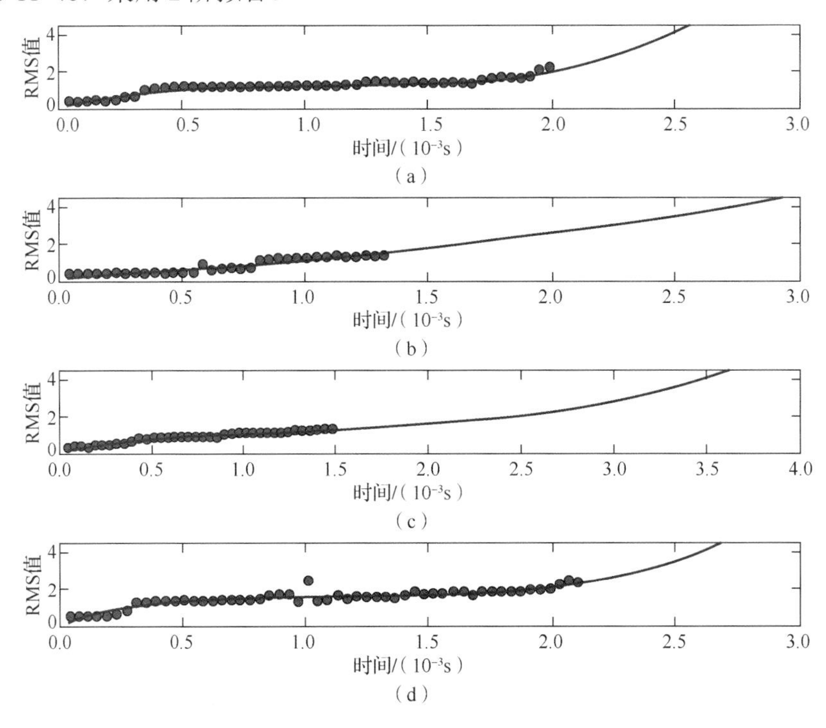

图 8-11　退化趋势拟合结果

（a）轴承 2；（b）轴承 5；（c）轴承 6；（d）轴承 7

最终，依托图 8-11 所示多项式拟合模型，预测得到各个轴承达到 20*g* 时的时间，从而得到估计的 RUL 值，作为 LSTM 模型的输出，同时将已经获得的深度特征作为 LSTM 的输入，构建基于 LSTM 的 RUL 预测模型。

为全面对比本节讲述方法的性能，本节设置了两类对比实验。首先，为验证 LSTM 对时序数据建模的效果，本次实验分别使用线性回归（linear regression，LR）[3]、高斯过程回归（Gaussian process regression、GPR）[4]，SVM[5]，ELM[6]4 种方法，采用 8.2.2 得到的深度特征，构建回归模型，并选择快速退化阶期数据进行剩余寿命预测。对于上述 4 种方法均进行模型选择，找到每一种方法的最优参数。SVM 使用 RBF 核函数，核参数 G 和正则化参数 C 通过网络搜索和交叉验证进行确定；ELM 使用 Sigmoid 激活函数，并且从 1~400 搜索效果最优的隐层神经元。GPR 的参数 l 和 σ_{f} 通过最大后验估计选择。其次，为验证深度特征的表示性能，本次实验引入表 3-1 中传统的 25 维时域和频域统计特征，分别使用上述 4 种浅层模型和 LSTM 进行对比实验。

8.3 实验结果

由于数据样本有限，在工况 1 下仅有 7 个轴承的全寿命数据，因此本节按照如下方法设置实验：依次挑选一个轴承作为目标对象，采用其他 6 个轴承数据作为训练集，利用构建得到的 LSTM 模型对目标对象进行 RUL 预测。实验中，LSTM 迭代次数设置为 1500，学习率设置为 0.005，时间步长设置为 5。由 8.1.2 节获取的 SDAE、CNN、DBN 的 3 种深度特征和 8.1.3 节确定的剩余寿命值，构建 LSTM 回归模型进行剩余寿命预测。部分剩余寿命回归结果如图 8-12～图 8-15 所示。

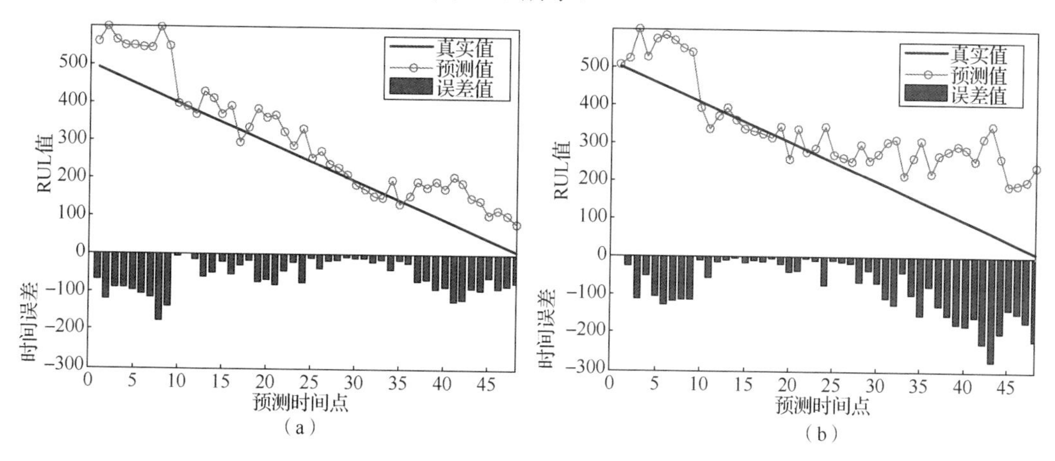

图 8-12　轴承 1 的剩余寿命预测结果

(a) SDAE 特征；(b) 普通时频域特征

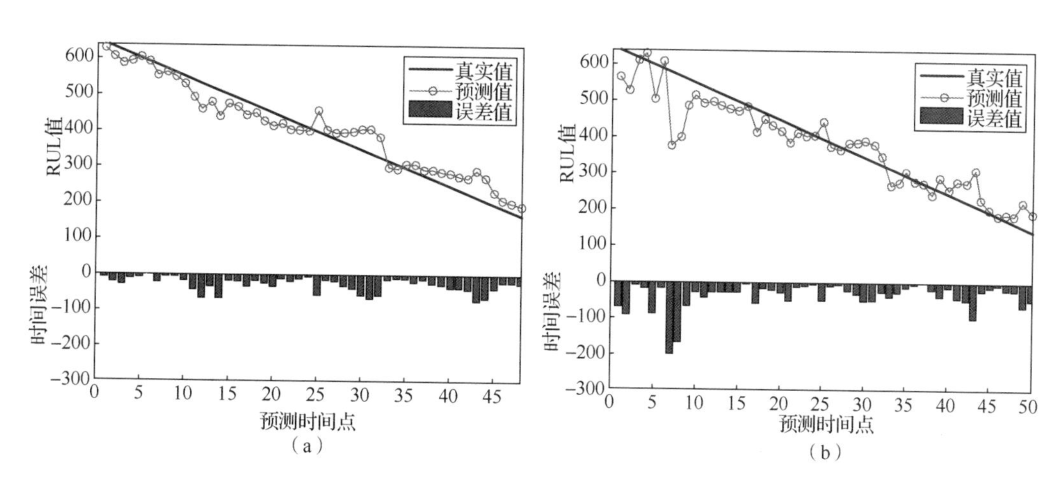

图 8-13　轴承 2 的剩余寿命预测结果

(a) SDAE 特征；(b) 普通时频域特征

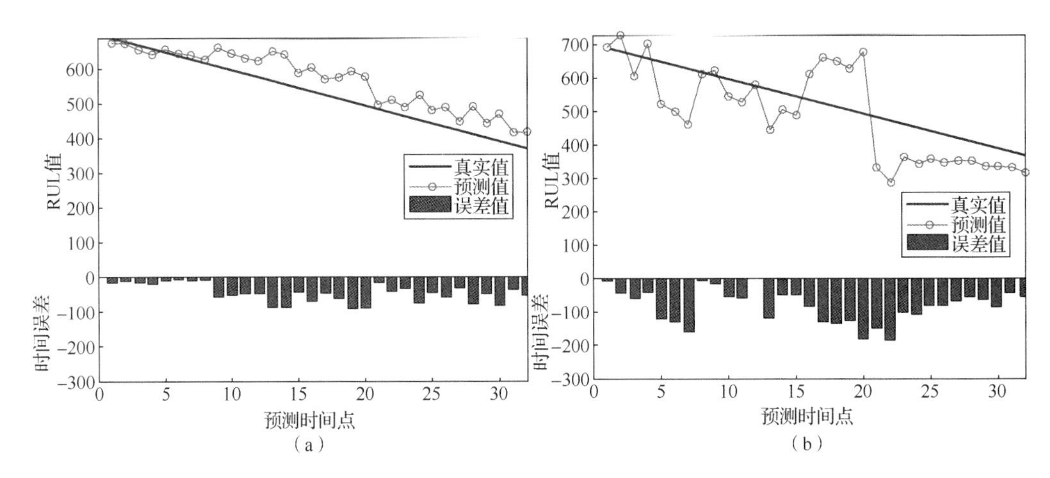

图 8-14　轴承 5 的剩余寿命预测结果

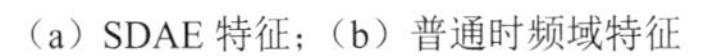
（a）SDAE 特征；（b）普通时频域特征

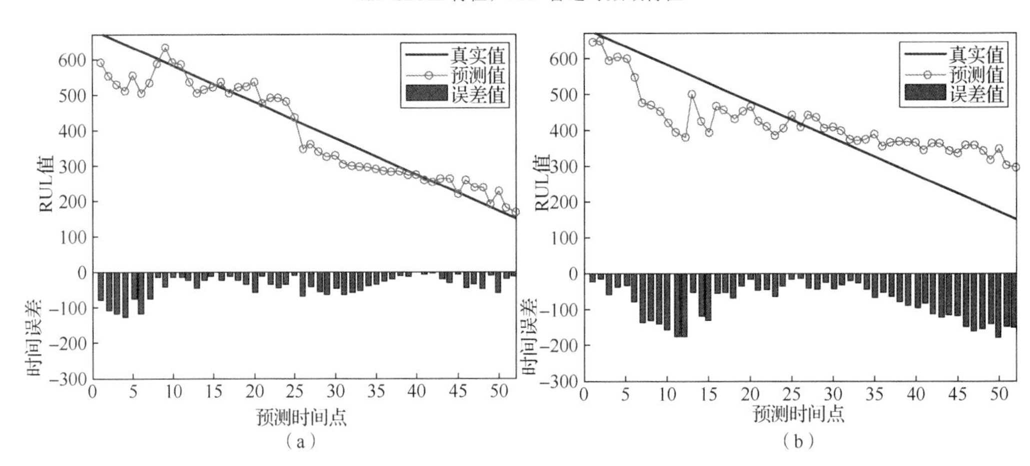

图 8-15　轴承 7 的剩余寿命预测结果

（a）SDAE 特征；（b）普通时频域特征

在图 8-12～图 8-15 中，柱状图为各个时间点的预测误差值。通过左右两幅的误差柱状图可以看出，SDAE 特征的误差整体上小于右侧的误差，说明 SDAE 提取的特征比其他两类深度模型更加具有表示能力，可提高 RUL 预测的准确度。对应的 3 种深度特征的均方根误差（root mean square error，RMSE）预测误差如表 8-1 所示。此处 RMSE 为 7 个轴承全部时间点的预测的平均值。

表 8-1　基于 LSTM 和不同特征提取方法的 RMSE 预测误差平均值

RMSE	轴承 1	轴承 2	轴承 3	轴承 4	轴承 5	轴承 6	轴承 7	平均
传统时频特征	114.16	55.03	124.75	147.43	97.34	110.03	95.32	106.29
DBN 特征	58.41	75.73	64.29	171.12	121.13	134.05	108.74	104.78
DSAE 特征	62.36	60.16	90.97	118.95	102.47	119.03	74.44	89.77
CNN 特征	71.88	36.09	101.78	134.43	51.67	98.39	50.50	77.82

从表 8-1 的数据可以看出，由于每一个轴承的退化过程不完全相同，退化趋势差异较大，因此预测的结果并不是非常稳定。在轴承 1 和轴承 3 中，3 种深度模型的预测误差均小于普通时频域误差的预测结果，但是在其他轴承的预测结果上，SDAE 或 DBN 特征下的 RUL 预测效果反而不如普通时频域特征，这表明在没有先验知识的情况下，传统的时频域统计特征更能反映故障的退化趋势。整体上来看，SDAE 特征下的预测效果均优于传统特征，但只在轴承 2、轴承 5、轴承 6、轴承 7 共 4 个轴承上具有明显的比较优势，而在轴承 1、轴承 3 上效果不如 DBN 和 SDAE，这表明自动编码更适合于表示轴承的故障特征。根据分析，这是由于 SDAE 在特征转换过程中采用的是无监督的方式。SDAE 和 DBN 尽管在某些轴承上的预测效果不佳，但在 7 个轴承上的平均误差仍明显优于传统特征，这充分验证了深度特征对于故障的表示能力。

此外，本次实验对不同回归模型的效果进行了对比，重点比较有时间记忆功能的 LSTM 和无时间记忆的回归算法的对比效果，对比算法包括 LR、ELM、GPR、SVM。由于 7 个轴承的数据较多，限于篇幅，此处仅列出各个轴承的 RMSE 平均值进行对比。由于 ELM 和 LSTM 均采用随机初始化的隐神经元，不可避免带有一定的随机性（该随机性将随着样本数的增多而下降），为了消除结果的随机性，本次实验在经过模型选择得到的最优模型基础上，重复迭代 40 次取平均值，最终对比结果如图 8-16 所示。

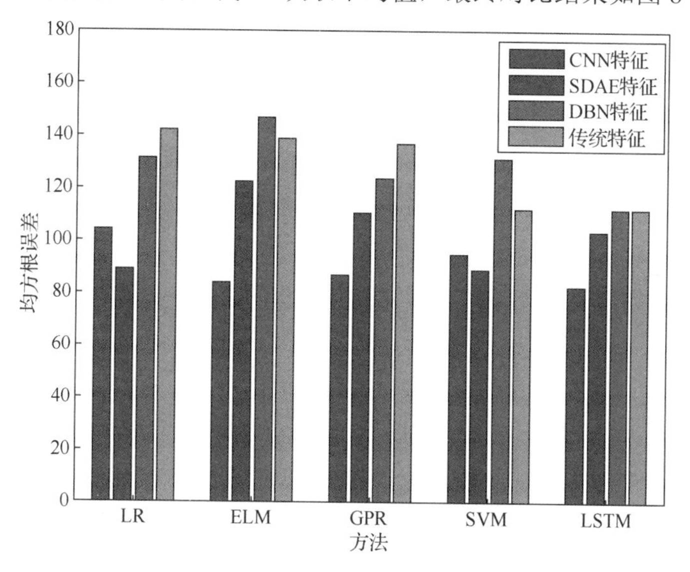

图 8-16　5 种不同方法的平均 RMSE 结果

所对应的具体数值列于表 8-2 所示。

表 8-2　浅层回归模型和 LSTM 的预测 RMSE 比较

方法	LR	ELM	GPR	SVM	LSTM
25-维传统时频特征	141.53	138.33	137.45	121.54	112.32
DBN 特征	131.62	146.48	123.69	131.84	111.75
SDAE 特征	89.47	123.05	110.89	87.86	102.77
CNN 特征	104.21	85.20	86.89	94.81	81.92

从上述实验结果可以看出，由于普通的回归模型不具有时序记忆的功能，在利用各类特征进行剩余寿命预测时，具有时间记忆功能的 LSTM 预测误差整体低于其他 4 种普通的回归模型，这验证了本章利用时序信息提高 RUL 预测效果的合理性。同时，在 SDAE 获得深度特征之上，LR 和 SVM 的误差均比 LSTM 更低。事实上，在实验过程中，LSTM 预测结果也存在着不稳定的现象，针对同一轴承，多次重复实验中存在预测精度波动较大的问题。究其根本原因，还是因为数据量较少。在本次实验中，采用 6 个轴承做离线训练，1 个轴承做在线预测，尽管这些轴承型号相同，但在同一工况下仍存在相差较大的退化趋势，同时数据量较少，因此在 LSTM 初始化网络权重时不可避免地产生随机性，导致预测精度出现波动。同时，对于 5 种回归预测方法而言，利用 CNN 和 SDAE 深度特征所获取的预测误差均比传统时频域特征的预测误差要低，这也验证了深度特征相比较于普通特征的故障表示能力。最后，采用 LSTM 对 SDAE 得到的深度特征进行 RUL 预测，得到了最低预测误差。

为进一步分析 LSTM 预测的随机性，计算 7 个轴承的平均绝对百分比误差（mean absolute percentage error，MAPE）。此处采用表 8-3 对应的原始实验结果，同样对 7 个轴承的 MAPE 取均值，最终对比效果如图 8-17 所示。

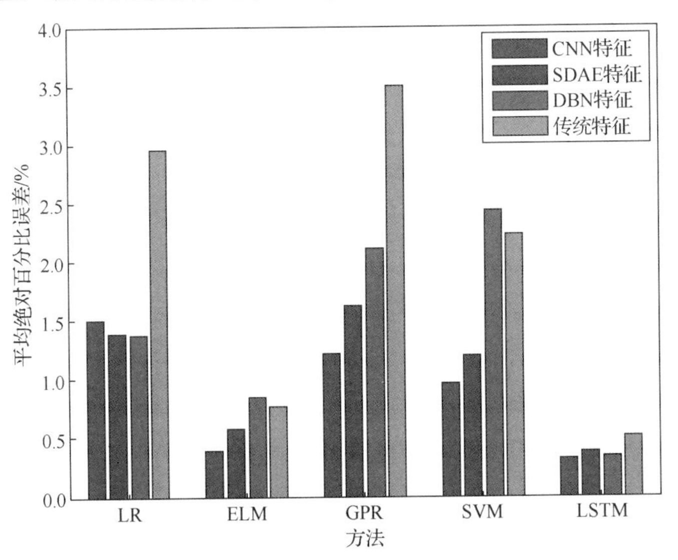

图 8-17　5 种回归方法的剩余寿命预测 MAPE 误差

从预测的实验结果中，在使用 LR、ELM、GPR 的误差结果中，利用深度特征预测的结果整体上的误差要小于利用普通特征预测的结果；而从整体回归预测模型上来看，LSTM 的整体预测误差也明显低于其他模型，这一结果进一步验证了采用 LSTM 和深度特征进行剩余寿命预测的有效性。同时，在表 8-2 结果中，LSTM 采用 SDAE 深度特征的 RMSE 要大于 LR 和 SVM，但在图 8-17 所示 MAPE 中，LSTM 对于 SDAE 深度特征的 MAPE 误差远低于其他 4 种回归模型。如表 8-3 所示，采用不同特征表示，LSTM 的 MAPE 误差也均远低于其他 4 种回归模型。由于 MAPE 是相对误差，该结果更能表现采用时序信息进行 RUL 预测的有效性。而根据分析，表 8-2 所示 LSTM 的 RMSE 并没有如此明显的对比效果，甚至采用 SDAE 深度特征的误差反而不如 LR 和 SVM，这是由于预测初期的数据尺度比中后期明显要大，因此，初期的预测结果即使稍有偏差，也造成 RMSE 大幅上升，即使相对误差并没有发生明显的改变。因此，采用相对误差来度量整体 RUL 预测效果更为可取，如表 8-4 所示。

表 8-3　4 种预测方法的 MAPE

方法	LR	ELM	GPR	SVM	LSTM
25-维传统时频特征	2.96	0.77	3.52	2.21	0.54
DBN 特征	1.38	0.85	2.12	2.44	0.35
SDAE 特征	1.39	0.58	1.64	1.20	0.37
CNN 特征	1.50	0.39	1.22	0.98	0.33

表 8-4　4 种预测方法的 MAPE 的标准差

方法	LR	ELM	GPR	SVM	LSTM
25-维传统时频特征	4.50	0.80	5.19	3.25	0.53
DBN 特征	1.87	0.90	2.82	3.34	0.20
SDAE 特征	2.05	0.53	2.54	1.72	0.28
CNN 特征	2.28	0.37	1.52	1.33	0.28

此外，为了验证本章方法在特征和预测方法层面的稳定性，此处重复实验 40 次，对于预测结果的 RMSE 和 MAPE 计算非参数检验中的秩和检验，当 p 值小于 0.05 时，认为两种方法效果有显著性差异。所取得的 p 值如表 8-5 和表 8-6 所示。

表 8-5　LSTM 和其他回归模型的 RMSE 秩和检验的 p 值

方法	LR	ELM	GPR	SVM
25-维传统时频特征	1.21×10^{-12}	3.02×10^{-11}	3.02×10^{-11}	1.21×10^{-12}
DBN 特征	1.21×10^{-12}	1.68×10^{-14}	1.21×10^{-12}	1.21×10^{-12}
SDAE 特征	1.21×10^{-12}	3.02×10^{-11}	1.21×10^{-12}	3.02×10^{-11}
CNN 特征	3.02×10^{-11}	1.21×10^{-12}	1.46×10^{-11}	1.21×10^{-12}

表 8-6　LSTM 和其他回归模型的 MAPE 秩和检验的 p 值

方法	LR	ELM	GPR	SVM
25-维传统时频特征	1.21×10^{-12}	3.02×10^{-11}	3.02×10^{-11}	2.05×10^{-5}
DBN 特征	1.21×10^{-12}	1.69×10^{-14}	1.21×10^{-12}	1.21×10^{-12}
SDAE 特征	1.21×10^{-12}	1.11×10^{-6}	1.21×10^{-12}	0.84
CNN 特征	8.48×10^{-9}	0.64	5.07×10^{-10}	3.36×10^{-11}

可以看出，在比较 LSTM 和其他回归方法预测所得的 RMSE 的秩和检验时，各个特征下 p 值均小于 0.05，因此，LSTM 在 RUL 预测绝对误差上的准确度相较于其他方法，效果有显著性提升。

在比较 LSTM 和其他回归方法预测所得的 MAPE 的秩和检验时，只有 SDAE+SVM 和 CNN+ELM 所得的 p 值大于 0.05，说明从相对误差来看，ELM 算法的随机性和 SDAE 特征说明作为分类的特征并不是十分稳定，显著性差异不足。其他特征的预测方法所获

得的 p 值也都小于 0.05，表明基于 LSTM 的预测方法在大多数情况下，预测结果的相对误差要显著性优于其他回归方法。

8.4 本章小结

在进行轴承 RUL 预测时，深度特征的表示能力与回归模型的预测能力同等重要。本章采用深度学习提取轴承退化特征，使用 LSTM 进行剩余寿命预测，利用深度学习的自适应特征表示能力和具有利用时序信号能力的 LSTM 回归模型，提高轴承的剩余寿命预测的准确度和稳定性。本章阐述内容表明，利用深度学习获取到的特征具有更加充分的故障表示能力，在预测中能够取得更好的效果；同时，在回归模型的使用上，相比于不具有时间记忆结构的回归模型，LSTM 能够有效利用轴承故障退化的时序信息，使得在相同特征表示能力下，LSTM 能够取得更好的效果。本章内容主要是典型深度学习技术在 RUL 预测的应用过程，在此基础上可以引入更有表示能力和时序建模能力的深度学习模型，提高不同应用场景下的 RUL 预测效果。

参考文献

[1] ZHAO X, YE B, CHEN T. Difference spectrum theory of singular value and its application to the fault diagnosis of headstock of lathe[J]. Journal of Mechanical Engineering, 2010, 46(1): 100-108.

[2] HOCHREITER S, SCHMIDHUBER J. Long short-term memory[J]. Neural Computation, 1997, 9(8): 1735-1780.

[3] YANG Y, SUN L, GUO C. Aero-material consumption prediction based on linear regression model[J]. Procedia Computer Science, 2018, 131: 825-831.

[4] HUANG G, ZHU Q, SIEW C. Extreme learningmachine: a new learning scheme of feedforward neural networks[C]//IEEE International Joint Conference on Neural Networks, Budapest, 2004, 2: 985-990.

[5] ZHANG Y, LIU D, YU J, et al. EMA remaining useful life prediction with weighted bagging GPR algorithm[J]. Microelectronics Reliability, 2017, 75: 253-263.

[6] VAPNIK V. An overview of statistical learning theory[J]. IEEE Transactions on Neural Networks, 1999, 10(5): 988-999.

第9章　迁移学习与跨工况剩余寿命预测

第8章说明了在轴承RUL预测中深度特征表示和时序回归模型的重要性。然而，随着在线状态监控和健康管理日益受到重视，在在线场景下直接进行RUL预测开始受到关注。这种情况下，离线工况和在线工况可能存在不一致现象，由此导致离线建模数据和在线预测数据的分布特性存在偏差。需要强调的是，机器学习理论有一个重要的理论假设前提：独立同分布（independent identical distribution，i.i.d.）条件。这一前提条件要求模型训练数据和测试数据的数据分布符合i.i.d.条件。但是，对于跨工况RUL预测问题，工况的差异导致数据分布特性不同，进而导致现有的基于 i.i.d.假设条件的机器学习算法在建模时性能显著下降。因此，有必要引入特定的机器学习理论和方法，解决跨工况RUL预测问题。

迁移学习是近年来机器学习领域研究的热点。迁移学习并不是特指某种具体的模型或算法，而是指运用已有的领域知识解决不同但相关领域问题的一类机器学习方法。与传统机器学习方法不同，迁移学习放宽了传统机器学习中的两个基本假设[1]：①训练数据和测试数据需满足独立同分布的条件；②必须有足够有效的训练数据才能学到一个好的分类模型。当面对只有少量有标签训练样本的场景时，迁移学习能有效传递源领域与目标领域之间的领域信息，克服因训练样本较少而导致的性能瓶颈。根据文献，目前迁移学习在 RUL 预测中的应用尚处于起步阶段。鉴于此，本章引入迁移学习中的领域适配方法，在深度特征表示的基础上，给出了基于传统迁移学习算法和深度迁移学习算法的两个解决方案，通过降低不同工况下轴承退化序列之间的数据分布差异，有效提高了目标轴承的RUL预测的准确度。

9.1　RUL迁移学习预测的问题描述

设在不同工况下对同一型号轴承进行重复实验，可得到不同工况下的监测数据集。设某一工况下监测数据为$\{x_i^s\}_{i=1}^{n_s}$，包含n_s个样本，样本x_i^s属于样本空间χ^s，数据生成服从边缘概率分布$P(\chi^s)$；另一工况下监测数据为$\{x_i^t\}_{i=1}^{n_t}$，包含n_t个样本，样本x_i^t属于样本空间χ^t，数据生成服从边缘概率分布$P(\chi^t)$。受测量环境多样、操作条件差异等复杂因素的影响，不同工况下采集的数据分布存在较大差异，从统计分析角度可认为$P(\chi^s)\neq P(\chi^t)$。

参考迁移学习的相关概念和术语[2]，不同工况之间的轴承RUL迁移学习预测问题应该满足以下条件。

1）不同工况下的同型号轴承从正常状态运行到故障状态过程中，退化趋势虽存在差异，但内在的退化机理应保持一致性。

2）源域D^s由某一工况下轴承的数据样本空间χ^s及其服从的数据分布$P(\chi^s)$组成，即$D^s=\{\chi^s,P(\chi^s)\}$，为目标轴承的RUL预测提供所需的退化机理。

3）目标域D^t由另一工况下轴承的数据样本空间χ^t及其服从的数据分布$P(\chi^t)$组成，即$D^t=\{\chi^t,P(\chi^t)\}$，目标域中采集的数据量通常较少，同时需要实现快速、准确的预测。

与故障诊断不同，RUL 预测问题本质为回归问题，即通过分析历史监测数据、预测剩余寿命的变化情况。通过源域监测数据进行训练，可以建立样本空间 χ^s 至剩余寿命标记空间 γ^s 的非线性映射关系 $f:\chi^s \mapsto \gamma^s$，即为轴承的 RUL 预测模型。由于目标域数据量通常较少，所建立的 RUL 预测模型 $f:\chi^t \mapsto \gamma^t$ 通常存在较大误差，本章旨在利用源域故障特征与剩余寿命值之间所反映的内在退化机理，协助提高目标域轴承的 RUL 预测效果。上述过程中，迁移学习的作用体现如下：①适配源域和目标域的监测数据分布，建立退化过程的公共特征表示；②借助源域中故障特征与剩余寿命之间的映射关系，促进目标域 RUL 预测模型的准确性和有效性。

9.2　基于深度特征表示和迁移学习的轴承剩余寿命预测方法

传统的 RUL 预测方法均假设存在大量轴承数据、故障信息丰富、轴承退化过程满足独立同分布条件等，然而在实际工程下，这种假设较难以满足。设备长期处于正常运行状态，故障状态下的数据较少，这种情况下，传统的 RUL 预测方法难以达到理想效果。本节引入迁移学习，利用不同工况下轴承数据，通过深度特征迁移，使不同工况下的特征分布尽可能相似，以此解决数据量不足的问题，提高轴承的 RUL 预测问题。基于深度特征表示和迁移学习的 RUL 预测流程图如图 9-1 所示。

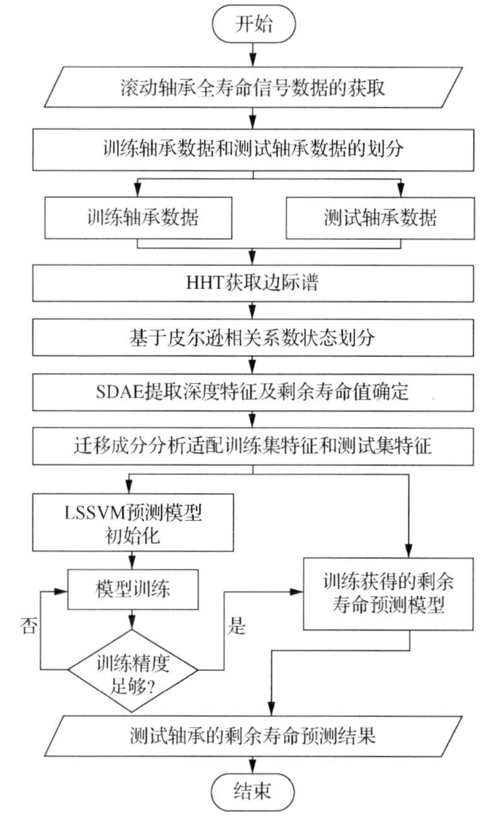

图 9-1　基于深度特征表示和迁移学习的 RUL 预测流程图

9.2.1　信号预处理和深度特征提取

对于获取到的轴承振动信号，常用的处理方法包括两种。第一，去除直流分量，防止频谱变换时对频谱造成干扰；第二，均值滤波，去除噪声，提高原始信号的信噪比。信号经过预处理之后，常用方法是时频分析法，通过频谱的变化反映其内在轴承状态的变化。由于 HHT 的瞬时频率定义为时间的函数，不同于傅里叶变换需要等待完整的振荡周期来定义局部频率值，HHT 获取的边际谱对信号的局部特征的反映更准确，比傅里叶变换更适用于非平稳信号的分析。由于轴承从正常到故障演变过程中的振动信号是非平稳的，本节使用 HHT 获取边际谱，作为深度学习特征提取的样本。

为准确预测可用剩余寿命，需要进行有效的故障状态特征的提取。因此，可利用深度学习，对获取的振动信号数据进行深度特征提取。通过收缩降噪自动编码器（contractive denoising autoencoder，CDAE）[3]对数据的处理和转换，提取到具有良好的表示能力和稳健性的深度特征。之后，再利用这些深度特征构建状态划分模型和离线回归预测模型，以实现对目标轴承进行在线的 RUL 预测的目标。

9.2.2　轴承退化状态划分方法

为准确划分状态阶段，本节提出一种新的状态划分方法，该方法使用皮尔逊相关系数的走势进行状态划分。基本思路如下：正常的采样之间，经过变换得到的深度特征之间的相关性较高，而正常和发生故障的采样之间，相关性则不足，反映在相关系数曲线上则是一条递减的曲线。由于经过映射后的深度特征去除了冗余信息和噪声，当信号发生状态变化的时候，不同状态之间的相关性发生变化，从而能够准确识别发生剧烈变化的时轴承的状态，该方法具体步骤如下。

1）信号经 HHT 处理后，DAE 提取深度特征。

原始数据表示为 $\boldsymbol{X}=[\boldsymbol{x}_1,\boldsymbol{x}_2,\cdots,\boldsymbol{x}_N]$，其中 $\boldsymbol{x}=[x_1,x_2,\cdots,x_M]^{\mathrm{T}}$，其中 N 表示样本的长度，M 表示每一个样本的采样的点数，经过降噪自编码器编码后，得到的特征可以表示为 $\boldsymbol{F}=[\boldsymbol{x}'_1,\boldsymbol{x}'_2,\cdots,\boldsymbol{x}'_N]$，其中 $\boldsymbol{x}'=[x'_1,x'_2,\cdots,x'_L]^{\mathrm{T}}$，$L$ 表示特征的维度。

2）对获取到的深度特征进行归一化处理。

为了准确计算相关系数，对特征矩阵的归一化处理必不可少。获取的深度特征使用如下式所示的方法对样本值进行归一化：

$$x_i=\frac{(V_{\max}-V_{\min})[x_i-\min(x)]}{\max(x)-\min(x)}+V_{\min} \tag{9-1}$$

式中，$V_{\max}$ 和 $V_{\min}$ 为目标归一化目标区间，由于归一化是每一列特征进行操作，因此通过变化之后得到的矩阵为 X_{norm}。

3）计算正常状态和全部状态的皮尔逊相关系数。

对于获取到的归一化特征矩阵，选择序列初始部分作为正常序列的基准值，并依次与每一样本的特征序列计算相关系数，计算方法为

$$r(\boldsymbol{x},\boldsymbol{y})=\frac{\sum_{i=1}^{M}(x_i-\overline{x})(y_i-\overline{y})}{\sqrt{\sum_{i=1}^{M}(x_i-\overline{x})^2\sum_{i=1}^{M}(y_i-\overline{y})^2}} \tag{9-2}$$

其中，x、y 分别为两个要做相关系数的特征值向量。通过依次变换 y 值所对应的样本，最终可以构造相关系数序列 $R=\left[r_{11},r_{12},\cdots,r_{1N}\right]$，通过预先设定的变化阈值，从而将 $\boldsymbol{R}$ 向量所对应的轴承状态划分为两种状态，即平稳期和快速退化期。

9.2.3 基于深度特征的迁移成分分析

迁移成分分析（transfer cornponent analysis，TCA）[4]是迁移学习的一种，其作用是最小化数据在投影空间的距离，实现二者分布的适配，达到同分布的要求，从而能够应用于其他的建模任务。在本节中，由于轴承全寿命数据少，分布不完全一致，利用 TCA 对获取的特征进行适配后，构建回归模型进行剩余寿命的预测。

假定源域数据 x_{src} 和目标域数据 x_{tar} 存在不一致的分布，二者经过函数 ϕ 投影到后，其平均差异表示为

$$\text{dist}(x_{\text{src}},x_{\text{tar}})=\left\|\frac{1}{n_1}\sum_{i=1}^{n_1}\phi(x_{\text{src}_i})-\frac{1}{n_2}\sum_{i=1}^{n_2}\phi(x_{\text{tar}_i})\right\|_{\mathcal{H}} \tag{9-3}$$

式（9-3）经过转换后构建矩阵 $\boldsymbol{K}=\begin{bmatrix}K_{\text{src,src}} & K_{\text{src,tar}}\\ K_{\text{tar,src}} & K_{\text{tar,tar}}\end{bmatrix}$，以及矩阵 $\boldsymbol{L}$，即

$$L_{ij}=\begin{cases}\dfrac{1}{n_1^2} & x_i,x_j\in x_{\text{src}}\\ \dfrac{1}{n_2^2} & x_i,x_j\in x_{\text{tar}}\\ -\dfrac{1}{n_1n_2} & \text{其他}\end{cases}$$

转换后的平均差异公式可以表示为

$$\text{trace}(\boldsymbol{KL})-\lambda\text{trace}(\boldsymbol{K}) \tag{9-4}$$

式中，trace(·)表示求矩阵的迹操作。通过对矩阵 $\boldsymbol{K}$ 进行另一种形式的表示为

$$\tilde{K}=(\boldsymbol{K}\boldsymbol{K}^{-1/2}\tilde{\boldsymbol{W}})(\tilde{\boldsymbol{W}}\boldsymbol{K}^{-1/2}\boldsymbol{K})=\boldsymbol{K}\boldsymbol{W}\boldsymbol{W}^{\text{T}}\boldsymbol{K} \tag{9-5}$$

最终将 TCA 的优化目标设置为

$$\begin{cases}\min\limits_{W}\ \text{tr}(\boldsymbol{W}^{\text{T}}\boldsymbol{KLW})+\mu\text{tr}(\boldsymbol{W}^{\text{T}}\boldsymbol{W})\\ \text{s.t.}\ \ \boldsymbol{W}^{\text{T}}\boldsymbol{KHKW}=\boldsymbol{I}_m\end{cases} \tag{9-6}$$

式中，μ 为正则化参数；$\boldsymbol{I}_m$ 为单位矩阵；$\boldsymbol{H}$ 为一个中心矩阵，表示为 $\boldsymbol{H}=\boldsymbol{I}_{n_1+n_2}-\dfrac{1}{n_1+n_2}\boldsymbol{I}\boldsymbol{I}^{\text{T}}$。通过优化算法计算上述目标函数，实现对输入的数据的迁移和

领域适配。

9.2.4　实验结果

本节选择第一个工况下的 7 个轴承获取到的振动信号，这 7 个轴承均包含了从正常到故障退化过程的全部振动信号。

首先，将轴承 1～轴承 7 的 HHT 边际谱作为深度学习算法的输入，使用 CDAE 对边际谱进行深度特征提取。

对于 CDAE 模型，设置加入的噪声水平为 0.0009，进行重构和计算，由于降噪自动编码器能够获取比普通编码器更为鲁棒的特征，因此有利于剩余寿命预测的进行。编码器的结构上，本节设置的隐节点数目为 50，利用随机梯度下降算法对数据进行迭代。本章的 batch-size（批量大小）和 epochs（训练轮数）分别设置为 100 和 10，最终得到的训练损失为 13.11。把整体样本作为输入，最终获取到经过编码之后的深度特征。为了观察空间中的特征分布，使用 PCA 对获得的特征进行降维可视化，得到轴承 1～轴承 7 的可视化特征，如图 9-2 所示（其中，绿色点表示平稳期样本，红色点表示快速衰退期的样本）。采用 9.2.2 节中的状态划分方法得到最终划分的结果。

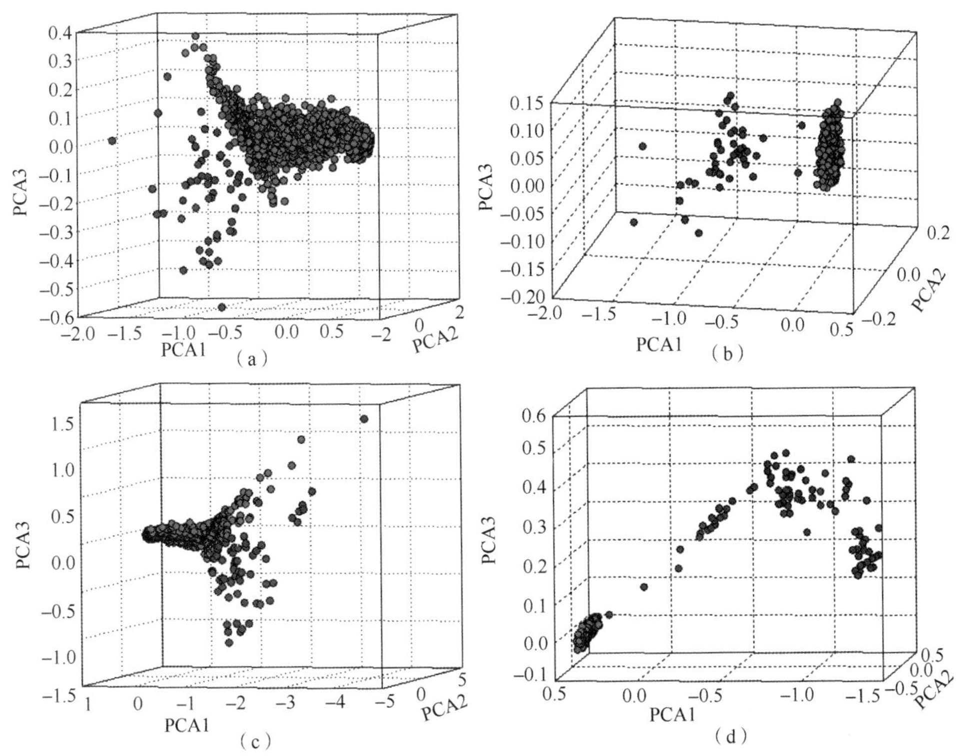

图 9-2　CDAE 深度特征分布图

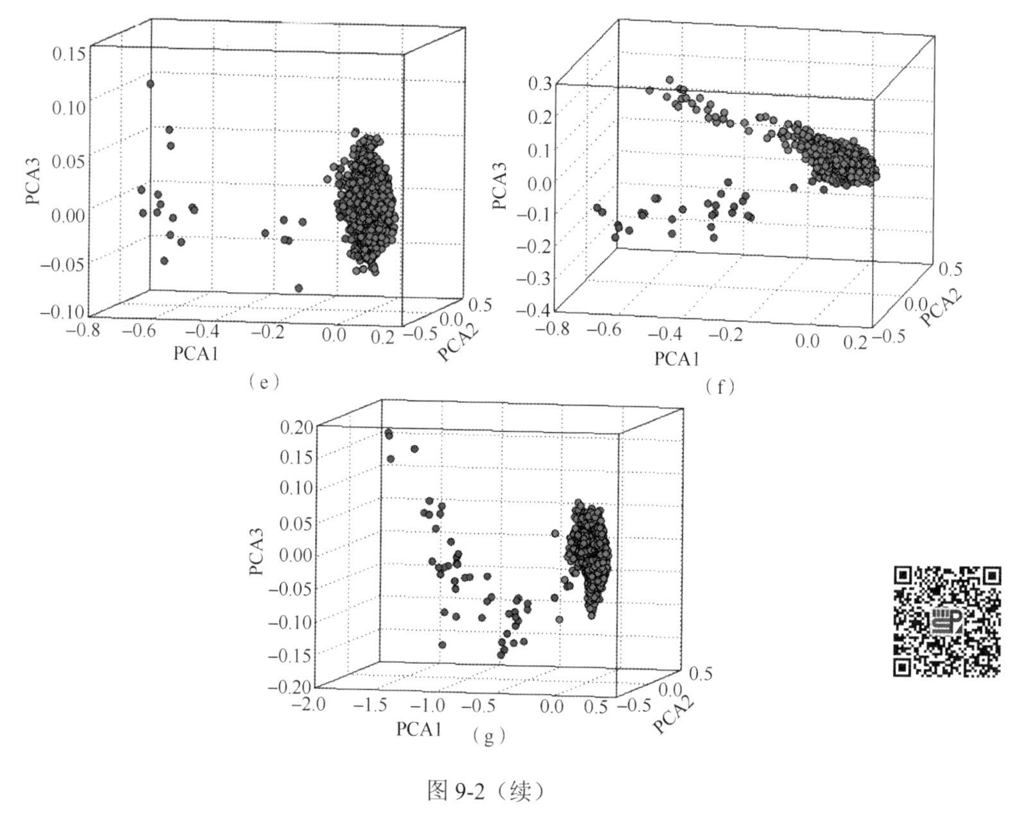

图 9-2（续）

（a）轴承 1；（b）轴承 2；（c）轴承 3；（d）轴承 4；
（e）轴承 5；（f）轴承 6；（g）轴承 7

由图 9-2 可知，通过状态划分之后的深度特征在特征空间实现了明显区分，一方面，这说明在故障诊断层面，CDAE 所得到的深度特征能够较好地识别出不同状态的轴承数据采样；另一方面，采用 HHT 边际谱作为深度模型输入，提取的深度特征具有较好的表示能力，该特征对故障的衰退趋势表示更为充分，从而有利于对剩余寿命走势的建模。

在确定轴承的快速退化期的起始点方面，首先采用 9.2.2 节所述状态划分方法，使用基于 CDAE 深度特征的皮尔逊相关系数，对轴承运行的进行状态划分。如图 9-3 所示，蓝色曲线表示平滑之后的轴承 1 的 RMS 曲线，红色曲线表示用于状态划分的相关系数，当轴承处于普通运行状态时，相关系数保持稳定；当轴承状态发生剧烈变化的时候，曲线值急速下降，能够很好地标识出发生快速退化的部分。本节认为，当相关系数值小于 0.95 时，认为此时的点为快速退化期的起始点。

最终得到工况 1 下的 7 个轴承的状态划分结果，各个时期的划分如表 9-1 所示。

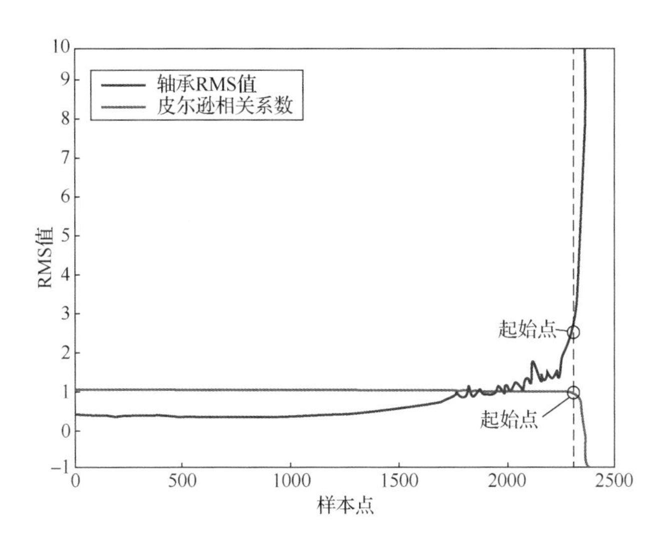

图 9-3　基于深度特征的皮尔逊相关系数的轴承状态划分效果图

表 9-1　轴承数据的状态划分结果（每 10s 一个采样点）

轴承序号	正常期	退化期
1	1～2745	2746～2803
2	1～821	822～871
3	1～2252	2253～2375
4	1～1078	1079～1428
5	1～2408	2409～2463
6	1～2411	2412～2448
7	1～2206	2207～2259

其次，不同样本的分布可以使用概率密度分布进行表示[4]。经过状态划分之后，对获取的深度特征进行 TCA。数据分布不完全一致，经过降噪自编码器所得到的深度特征同样存在这种问题，因此对于剩余寿命预测时划分的数据集进行 TCA，对各个轴承的快速退化期的数据进行适配。图 9-4 和图 9-5 分别表示轴承的统计特征分布和深度特征的概率分布。

从这些轴承的特征概率密度分布上来看，统计特征下的各个轴承的概率分布差异较大，经过深度学习提取的特征概率密度分布差异减小，但仍不完全一致。如果直接利用这些轴承的深度特征预测剩余寿命，数据分布不一致，则会导致最终的预测效果不佳。因此对这些轴承的深度特征进行适配，利用 TCA 对这些轴承的数据进行处理，最终得到的特征分布如图 9-6 所示。

由图 9-6 可以得出，经过迁移学习适配后的数据分布都较为接近，利用适配后的特征进行回归建模，能够避免数据分布差异造成的影响，从而提高最终的剩余寿命的预测效果。本节中所使用的 TCA 的参数通过具体实验优选而来，其中，本节使用 RBF 核进行映射，目标输出维度设置为 25，相关核参数通过网络搜索来确定，从而使该方法在本数据集上获取最优的迁移适配结果。

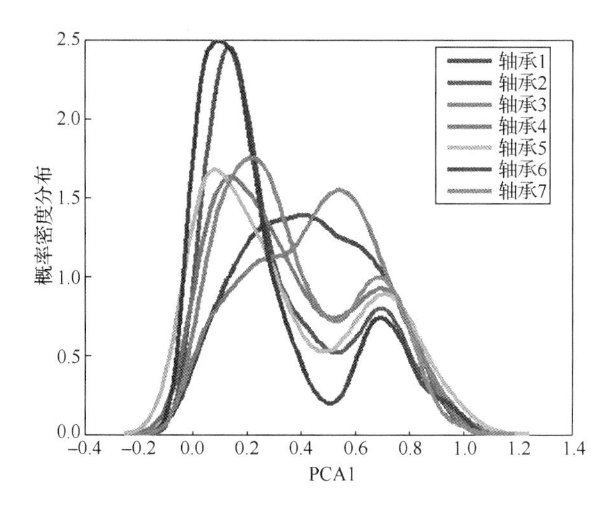

图 9-4　轴承 1 至轴承 7 的统计特征概率分布图

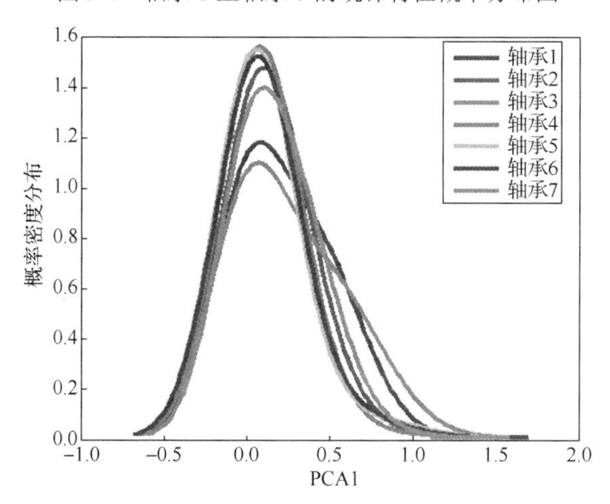

图 9-5　轴承 1 至轴承 7 的深度特征概率分布图

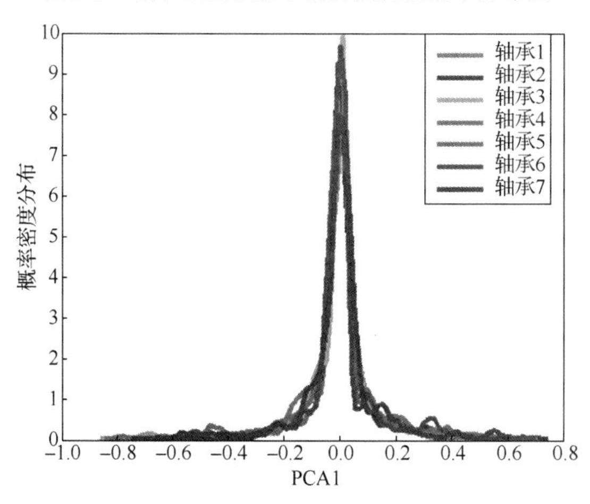

图 9-6　经过 TCA 后的 7 个轴承的特征分布

最后，我们分别构建 3 个实验：①验证传统统计特征和深度特征之间预测 RUL 的准确度；②验证迁移学习前后的特征的预测 RUL 的准确度；③深度特征和迁移学习结合后的整体对比。需要说明的是，3 个实验均对原始特征提取 20 次，分别验证多次实验下本节所使用的 RUL 预测结果的稳定程度。

（1）实验 1：不同特征下的 RUL 预测结果

由 8.1.3 节确定的剩余寿命值和 9.2.1 节获取的 CDAE 深度特征，构建回归模型进行剩余寿命预测。由于 7 个轴承的数据较多，限于篇幅，此处仅列部分轴承利用 GPR 进行剩余寿命预测的结果，如图 9-7～图 9-10 所示。

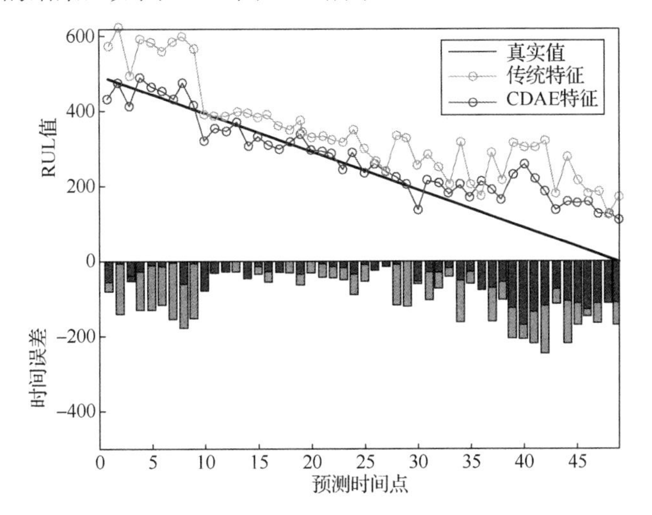

图 9-7　轴承 1 在 25 维统计特征下和 CDAE 特征下的 RUL 预测结果

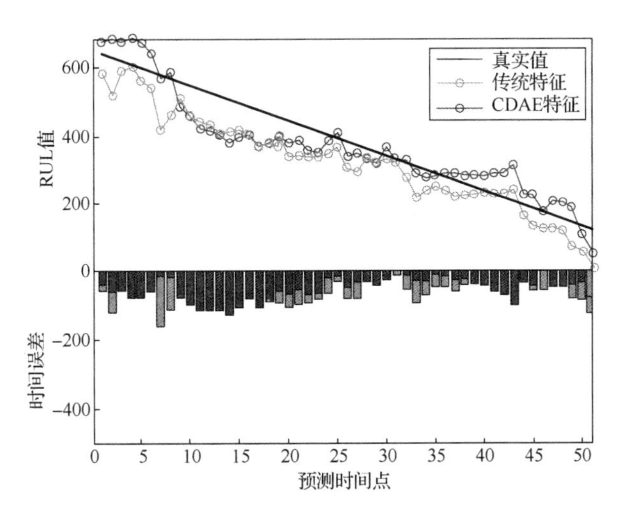

图 9-8　轴承 2 在 25 维统计特征下和 CDAE 特征下的 RUL 预测结果

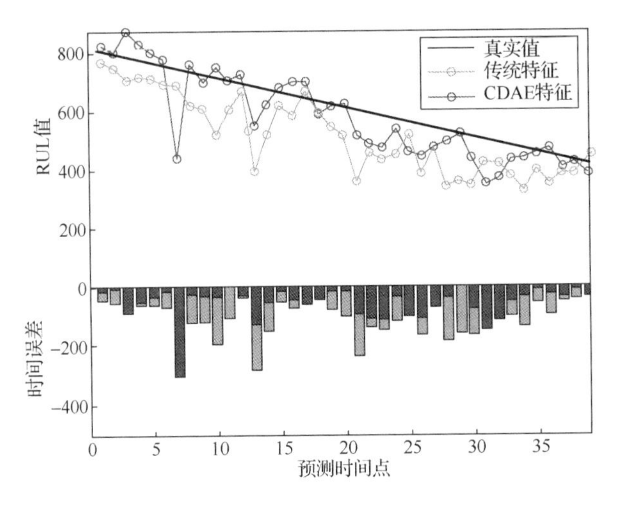

图 9-9　轴承 3 在 25 维统计特征下和 CDAE 特征下的 RUL 预测结果

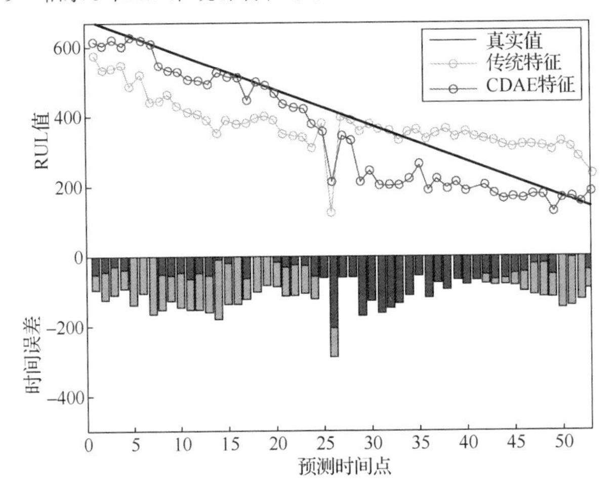

图 9-10　轴承 7 在 25 维统计特征下和 CDAE 特征下的 RUL 预测结果

在图 9-7～图 9-10 中，每个图中的黑色曲线表示实际真实的 RUL，绿色曲线和红色曲线分别表示传统统计特征和深度特征的 RUL 预测结果。对应颜色的柱状图为各个时间点的预测误差值。从每一幅图的误差柱状图可以看出，红色柱状图的误差从整体上来看要低于绿色柱状图，说明利用深度特征在进行 RUL 预测的时候，相比传统特征，深度特征的退化趋势表示能力更强，预测结果更加准确。

我们对各个回归模型分别建模，对 7 个轴承的预测结果取平均值，所获取的 RMSE 预测误差和 MAPE 相对误差如表 9-2 所示。

表 9-2　轴承在各个回归模型下的 RMSE 和 MAPE 比较

评价指标	特征	GPR	LIBSVM	LSR	LSSVM
RMSE	传统特征	85.49	81.54	103.76	88.76
	CDAE 特征	69.66	69.96	68.61	64.87
MAPE/%	传统特征	0.4027	0.5374	0.7886	0.6384
	CDAE 特征	0.2810	0.3904	0.3952	0.3402

从表 9-2 的数据对比我们可以看出，在对比 RMSE 和 MAPE 的数值上，利用 CDAE 建模的预测效果要优于传统特征建模的结果，这也说明了深度学习对于特征提取的完备性和有效性。验证了本节所使用的方法的优势。

（2）实验 2：迁移前后的 RUL 预测结果对比

为了验证迁移学习对于数据的特征分布具有适配的作用，本节设置第二个实验，对比特征经过迁移学习适配前后对实际 RUL 预测效果的提高。在此部分，本节利用 CDAE 获取的表示完毕的特征进行实验，图 9-4～图 9-6 显示了深度特征的概率分布，迁移前后的明显变化，下面将从预测模型的实际效果说明迁移学习在 RUL 预测问题的有效性。图 9-11～图 9-14 表示轴承 7 在四种预测方法的预测结果。

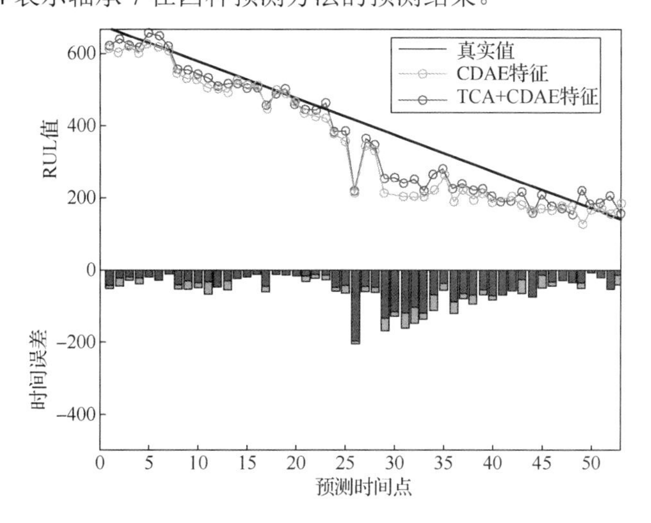

图 9-11　轴承 7 的迁移前后特征在 GPR 的 RUL 预测结果

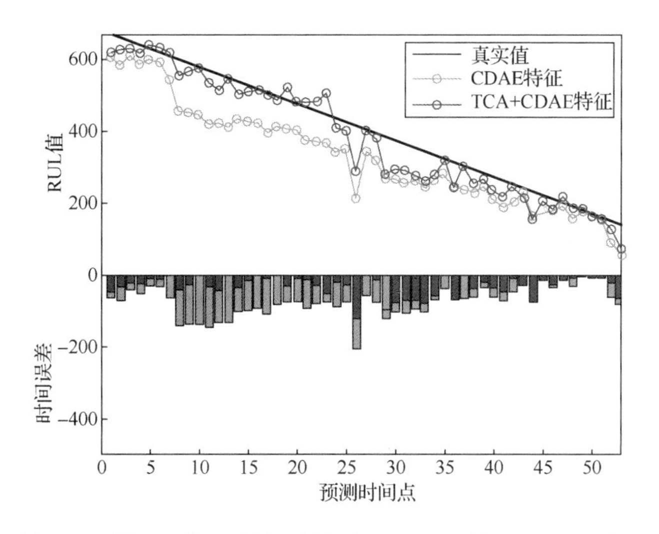

图 9-12　轴承 7 的迁移前后特征在 LIBSVM 的 RUL 预测结果

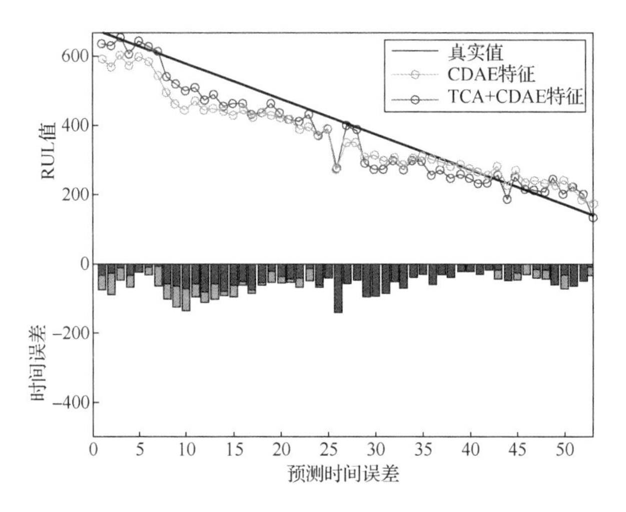

图 9-13　轴承 7 的迁移前后特征在 LSR 的 RUL 预测结果

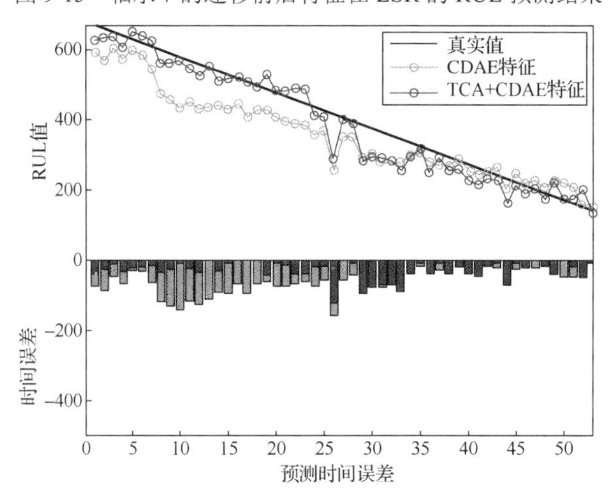

图 9-14　轴承 7 的迁移前后特征在 LSSVM 的 RUL 预测结果

在图 9-11～图 9-14 中，每个图中的黑色曲线表示实际真实的 RUL，绿色曲线和红色曲线分别表示迁移学习前后的深度特征的 RUL 预测结果。对应颜色的柱状图为各个时间点的预测误差值。从每一幅图的误差柱状图可以看出，红色柱状图的误差从整体上来看要低于绿色柱状图，说明经过特征的适配之后，在轴承 7 上的预测效果有了明显的提高。我们对各个回归模型分别建模，对 7 个轴承的预测结果取平均值，所获取的 RMSE 预测误差和 MAPE 相对误差如表 9-3 所示。

表 9-3　轴承在各个回归模型下的 RMSE 和 MAPE 比较

评价指标	特征	GPR	LIBSVM	LSR	LSSVM
RMSE	CDAE 特征	69.66	69.85	68.61	64.84
	TCA+CDAE 特征	61.49	73.46	62.74	66.60
MAPE/%	CDAE 特征	0.2810	0.3865	0.3952	0.3398
	TCA+CDAE 特征	0.2613	0.3491	0.2763	0.3085

从表 9-3 的数据对比我们可以看出，在对比 RMSE 的数值上，在 GPR 和 LSR 方法上，迁移适配后的效果要优于原始深度特征；但是在 LIBSVM 和 LSSVM 方法上，TCA 迁移后的预测效果反而降低，但降低的幅度整体有限，两种方法差距不大，我们认为在数据量较少的情况下，迁移的结果不易反映，同时存在负迁移的状况。但考虑 MAPE 的结果，利用 TCA 和 CDAE 特征建模的预测效果要优于原始深度特征的建模结果，在一定程度上说明 TCA 在部分轴承上的效果优异。

（3）实验 3：整体的对比实验

此外，本次实验分别对各个 RUL 预测回归模型的效果进行了对比，对比算法包括 LR、LIBSVM、GPR、LSSVM，对比特征包括 TCA 前后的统计特征和深度特征。由于 7 个轴承的数据较多，限于篇幅，此处仅列出各个轴承的 RMSE 和 MAPE 的平均值进行对比。最终对比结果如图 9-15 和图 9-16 所示，所对应的具体数值列于表 9-4 中。

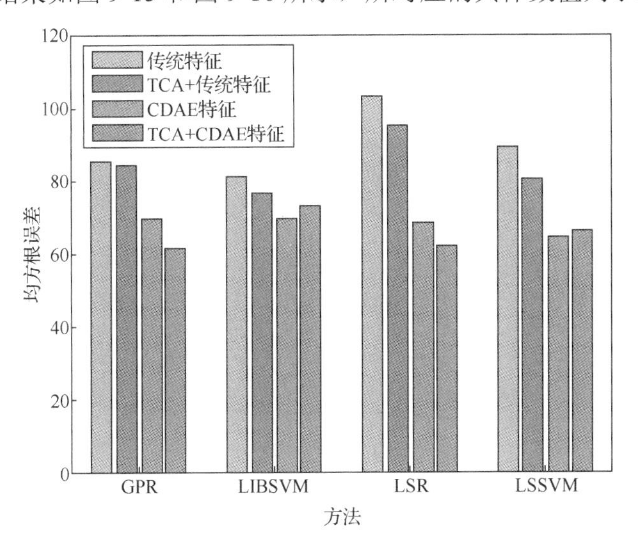

图 9-15　4 种回归方法的 RUL 预测的 RMSE 误差

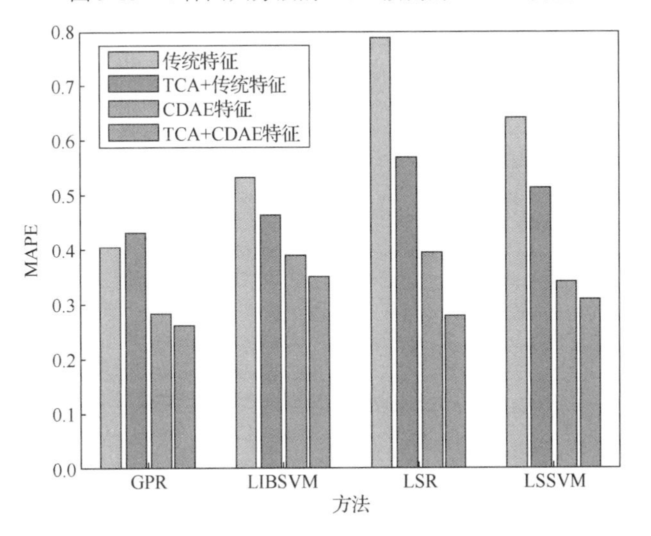

图 9-16　4 种回归方法的 RUL 预测的 MAPE 误差

表 9-4　轴承在各个回归模型下的 RMSE 和 MAPE 比较

评价指标	特征	GPR	LIBSVM	LSR	LSSVM
RMSE	传统特征	85.49	81.21	103.76	89.27
	TCA+传统特征	84.37	76.60	95.63	81.02
	CDAE 特征	69.66	70.11	68.61	64.74
	TCA+CDAE 特征	61.49	73.46	62.74	66.40
MAPE/%	传统特征	0.4027	0.5328	0.7886	0.6430
	TCA+传统特征	0.4327	0.4634	0.5687	0.5135
	CDAE 特征	0.2810	0.3923	0.3952	0.3399
	TCA+CDAE 特征	0.2613	0.3492	0.2763	0.3080

从上述实验结果中，从图 9-15 和图 9-16 迁移前后各个方法的 MAPE 和 RMSE 数值结果来看，迁移后的深度特征的表示能力更强，预测剩余寿命的效果更好，验证了本节利用迁移学习提高 RUL 预测效果的合理性。但我们也观察到，在迁移后的深度特征的各个方法的对比结果上，GPR 和 GPR 相较于 LIBSVM、LSSVM 的效果会更好，预测误差更低。这是因为数据量较少，数据分布不完全一致。在本次实验中，采用 6 个轴承做离线训练，1 个轴承做在线预测，尽管这些轴承型号相同，但在同一工况下仍存在相差较大的衰退趋势，同时数据量较少，经过迁移寻找到数据之间最大的相似度。由于轴承的退化的趋势为单调上升，符合线性模型的预测结果。最终，采用 GPR 对 TCA+CDAE 得到的深度特征进行 RUL 预测，得到了最低预测 RMSE 和 MAPE 误差。

此外，为了验证深度学习提取特征的稳定性和迁移前后特征的稳定性，本节重复实验 20 次，对每一次获得的 MAPE 计算其标准差，如表 9-5 所示。

表 9-5　轴承在各个回归模型下 MAPE 标准差

评价指标	特征	GPR	LIBSVM	LSR	LSSVM
MAPE/%	CDAE 特征	2.28×10^{-16}	8.28×10^{-12}	1.14×10^{-16}	5.22×10^{-9}
	TCA+CDAE 特征	0.0033	0.0083	0.0007	0.0027

从表 9-5 的 CDAE 特征标准差变化可以看出，CDAE 特征在重复提取的时候具有稳定性，因此使用 CDAE 作为深度学习提取特征的方法具有稳定性；从迁移适配之后的 MAPE 的标准差来看，标准差的最大的值仅为 0.0083，也是处于较小的水平，所以认为经过迁移适配之后的深度特征也具有稳定性。

同时，本节与经典的方法特征选择方法作比较，结果如图 9-17 所示。7 个轴承的 RMSE 和 MAPE 误差平均值如表 9-6 所示。

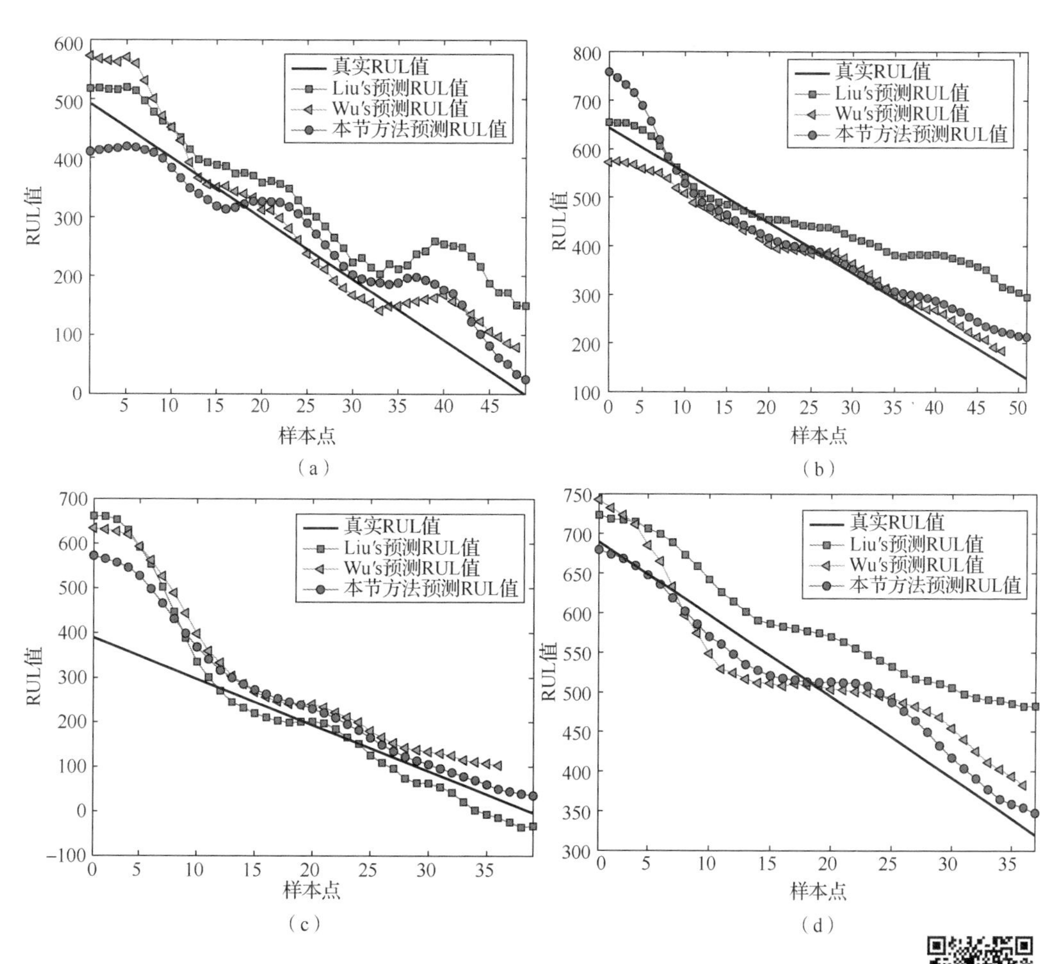

图 9-17　本节方法与两个对比方法在不同轴承上的 RUL 预测效果

(a) 轴承 1；(b) 轴承 2；(c) 轴承 4；(d) 轴承 6

表 9-6　7 个轴承的 RMSE 和 MAPE 平均值

评价指标	Ren 等[5]	Wu 等[6]	Liu 等[7]	本节方法
MAPE/%	0.5320	0.3158	0.3462	0.2399
RMSE	3430.30	73.5684	56.5464	50.0941

从图 9-18 可以看出，尽管 LSTM 和特征选择[6-7]可以取得较好的预测效果，但它们的效果仍逊色于本节所提方法。这是由于 Wu 等的方法没有包括特征选择或转换的步骤，而 Liu 等的方法所采用的是传统时频统计特征，表示能力仍偏弱。由图 9-18 结果可以看出，经过领域适配后的深度特征更适用于 RUL 预测问题。图 9-18 的对比效果与表 9-6 相似，本节方法均取得了最低的 MAPE 和 RMSE 值。需要强调的是，MAPE 指标可避免退化期起始和终止阶段数据尺度不均衡的影响，因此在 MAPE 指标上的对比结果更具有代表性。

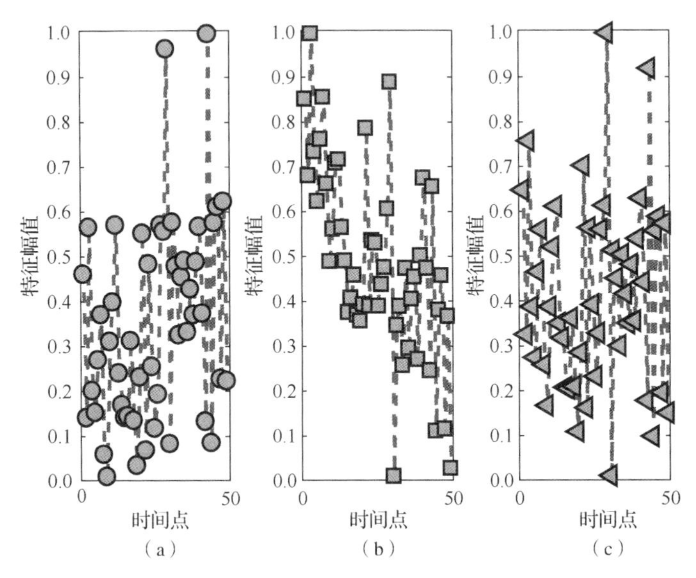

图 9-18　轴承 1 快速退化阶段任意选取的三维 CDAE 特征

(a) 特征 1；(b) 特征 2；(c) 特征 3

从图 9-19 可以明显看出，经过 TCA 迁移之后，轴承 1 的快速退化期特征出现了明显的单调性和规律性，更加适合于表现快速退化期时序数据特点；相反，传统 CDAE 特征杂乱无章。这也表明，经过领域之间的特征适配，迁移学习可以有效降低 RUL 预测中对于预测模型非线性映射能力的要求，即使线性回归算法也可以取得较好的预测效果。

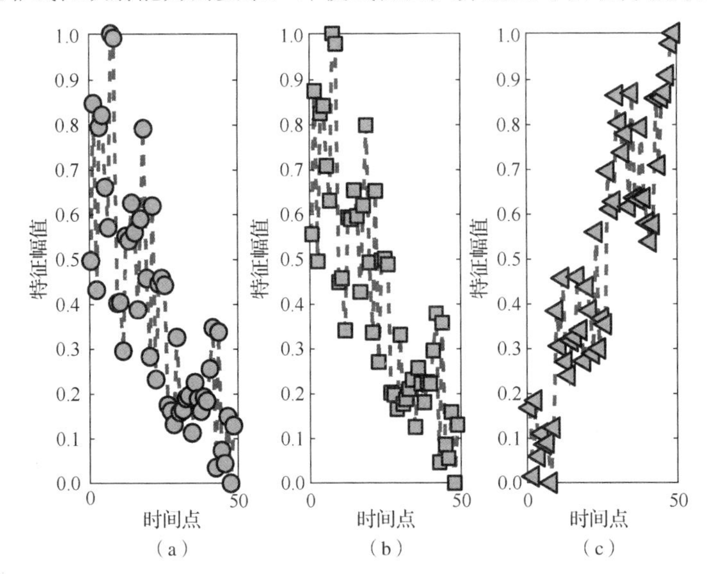

图 9-19　经过迁移之后的轴承 1 快速退化阶段任意选取的三维 TCA 特征

(a) 特征 1；(b) 特征 2；(c) 特征 3

因此，以上 3 个实验的综合的结果，本节认为，在预测轴承的剩余使用寿命实验中，使用迁移学习适配后的特征相比原始深度特征做预测建模的结果更有效，模型预测的效果提高显著。

9.3 基于深度时序特征迁移的轴承剩余寿命预测方法

由 9.1 节可以看出，RUL 预测的迁移学习对象是轴承的退化序列数据。由于退化过程具有明确的时序特性（可参考第 8 章内容），因此跨工况 RUL 预测的本质是时间序列的迁移学习问题。基于这一思路，本节提出了一种基于深度时序特征迁移的轴承剩余寿命预测方法。首先，提出一种深度时序特征融合的 HI 构建模型，利用时间卷积网络（temporal convolutional network，TCN）挖掘退化趋势的内在时序特征，得到源域多轴承的 HI；其次，提出一种最小化序列相似度的领域自适应算法，利用源域 HI 作为退化趋势元信息，选取目标域与源域之间的公共敏感特征；最后，采用 SVM 构建预测模型。

9.3.1 基于深度时序特征的健康指标构建

目前，HI 构建方法多采用对传统特征[8]和深度特征[9]降维的策略。考虑到轴承退化序列本质上是一种时间序列，对应的 HI 应具有良好的趋势性、单调性和故障敏感性，因此，在现有方法的基础上，本节引入时序特征提取能力更强的 TCN 构建 HI，简述如下：首先，对于源域多个轴承的退化序列，采用 TCN 提取各退化序列的深度时序特征；其次，对于所获取的 TCN 特征，采用 PCA 提取一维主成分，作为最终 HI。

TCN[10]于 2018 年首次提出，它是一种能够有效处理时间序列数据的网络结构。与现有的时序深度模型 LSTM、循环神经网络相比，TCN 通过使用残差层增强和膨胀因果卷积，具有更好的从原始振动信号自适应提取特征的能力，而与普通的 CNN 不同，TCN 的卷积具有因果关系，感受野灵活，适合于构建具有记忆能力的时序网络。此处介绍 TCN 的主要步骤。

TCN 主要包括 3 个模块：膨胀因果卷积、残差模块与 1 维全卷积网络（1D fully-convolutional network，1D FCN）。为了接受长距离的历史信息，TCN 采用膨胀因果卷积替代传统的因果卷积，即对一个一维序列输入 $x \in \mathbb{R}^n$ 和一个过滤器 $f:\{0,\cdots,k-1\} \to \mathbb{R}$，在元素 s 上采用如下膨胀卷积，则有 $F(\mathrm{s}) = (X *_d f)(\mathrm{s}) = \sum_{i=0}^{k-1} f(i) \cdot X_{s-d \cdot i}$，其中 d 是膨胀因子，k 是过滤器的大小。这样做保证了对于输出 t 时刻的数据 y_t，其输入只可能是 t 及 t 以前的时刻。其次，为了避免较深的网络结构引起的梯度消失问题，TCN 采用残差块结构代替层与层之间的简单连接，用以提高模型泛化能力，其函数表达式为 $o = \mathrm{Activation}(x + F(x))$。最后，TCN 利用 1D FCN 的结构，每一个隐层的输入输出的时间长度都相同，使得每个时间步的输入都有对应的输出。对于输入时间序列 $\{x_0, x_1, \cdots, x_T\}$，TCN 序列模型的训练目标就是找到一个时序网络模型 f，使实际输出与预期输出的损失最小化。

9.3.2 面向序列迁移的领域自适应

现有领域自适应算法多采用模型迁移和特征迁移的策略[1]。但是，对于不同工况下的 RUL 预测，不仅要提取域之间的公共特征表示，同时需要充分考虑退化序列前后数据之间的时序关系，所提取的公共特征应同样具有良好的趋势性、单调性等性质。基于这一思路，本节采用特征迁移的策略，将 7.3.1 节所构建的 HI 作为退化趋势的元信息，通过计算目标域中每一维深度特征与 HI 的序列相似度，提取走势与 HI 接近的特征作为公共特征，以此实现退化信息的迁移。具体而言，本节采用动态时间规整（dynamic time warping，DTW）距离[11]来度量序列相似度。与传统的欧式距离、模式距离、形状距离相比，DTW 距离使用动态规划思想，可以有效解决图形平移问题，适合度量不等长序列的形状相似性，因此适用于度量每一维深度特征与 HI 的相似度。具体算法如下：

算法 9-1　最小化序列相似度的领域自适应算法

输入：轴承的特征集 $\boldsymbol{F}=[F_1,F_2,\cdots,F_N]$，其中 $\boldsymbol{F}_i=[\boldsymbol{x}_1,\boldsymbol{x}_2,\cdots,\boldsymbol{x}_M]$，其中 $i=1,2,\cdots,N$ 表示目标域的轴承，N 表示目标域轴承的数量，M 表示所提取的特征维度，$\boldsymbol{x}_j$ 表示轴承从退化开始到结束的第 j 维特征，$j=1,2,\cdots,M$，源域数据所提取的 HI。

输出：公共敏感特征集 $\boldsymbol{F}=[F_1',F_2',\cdots,F_N']$。

步骤 1　计算特征矩阵 F_i 的每一维特征 $\boldsymbol{x}_j$ 和 HI 的 DTW 距离，获得第 i 个轴承与 HI 的相似度矩阵 $\boldsymbol{R}_i=[r_1,r_2,\cdots,r_M]^{\mathrm{T}}$。

步骤 2　对目标域所有轴承计算相似度矩阵，得到相似度矩阵 $\boldsymbol{R}=[R_1,R_2,\cdots,R_N]$。

步骤 3　构建一个权重矩阵 $\boldsymbol{W}=[w_1,w_2,\cdots,w_M]$，其中 w_j 表示每一维特征的权重系数，计算方法如下：$w_j=\sum_{i=1}^{N}M-\mathrm{Index}_i$。其中 Index_i 表示相似度向量 $\boldsymbol{R}_i$ 按照升序排列后的相似度矩阵，相似度越高，r_i 值越小，所对应的权重越高。

步骤 4　对权重矩阵进行降序排序，权值大的特征重要性相应的也大，由此选择得到各个特征的重要性排序。最终得到公共敏感特征集合 $\boldsymbol{F}=[F_1',F_2',\cdots,F_N']$。

9.3.3 基于迁移回归模型的轴承剩余寿命预测方法

本节以 9.3.2 节所得到的公共敏感特征为输入，以同一时刻点特征所对应的 RUL 值为输出，构建 SVM 回归预测模型。RUL 的计算公式为

$$\mathrm{RUL}=T_2-T_1$$

式中，T_2 为认为完全损坏的时刻；T_1 为损坏之前的各个采样时刻。此时 T_2 的计算采用文献[12]中的方法，对 RMS 值不足 20GB 的序列，依靠拟合和外推的方法确定完全损坏的时刻。

基于深度时序特征迁移的 RUL 预测流程图如图 9-20 所示。

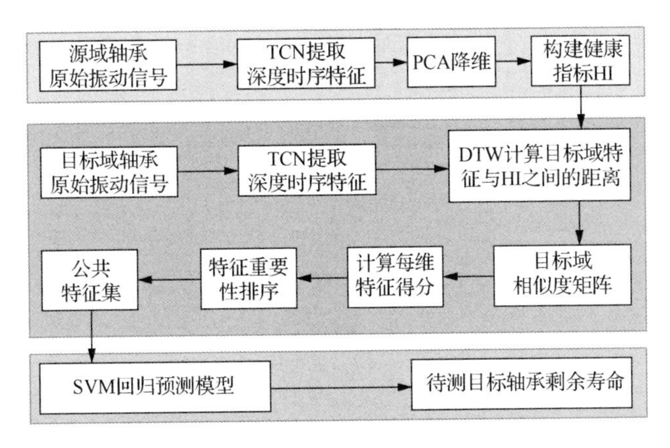

图 9-20　基于深度时序特征迁移的 RUL 预测流程图

9.3.4　实验结果

由于 RUL 预测主要是对早期故障出现后的退化过程进行预测，因此，本节参考文献[13]，选择工况 1 下 7 个轴承的最后 100 个样本作为源域，工况 2 下 7 个轴承的最后 100 个样本作为目标域，这 100 个样本均已涵盖少量正常状态和所有的退化阶段。首先，用 TCN 提取源域数据的 100 维时序特征。为进行直观展示，随机选择 2 维特征，如图 9-21 所示，可看到 TCN 特征随着轴承的退化过程表现出明显的趋势性。在此基础上，利用 PCA 将特征降至 1 维，构建源域 HI，如图 9-22 所示。可以看出，所得到的 HI 具有明显的趋势性和单调性，并且对早期故障呈现出较明显的变化，证明其具有良好的故障敏感性。

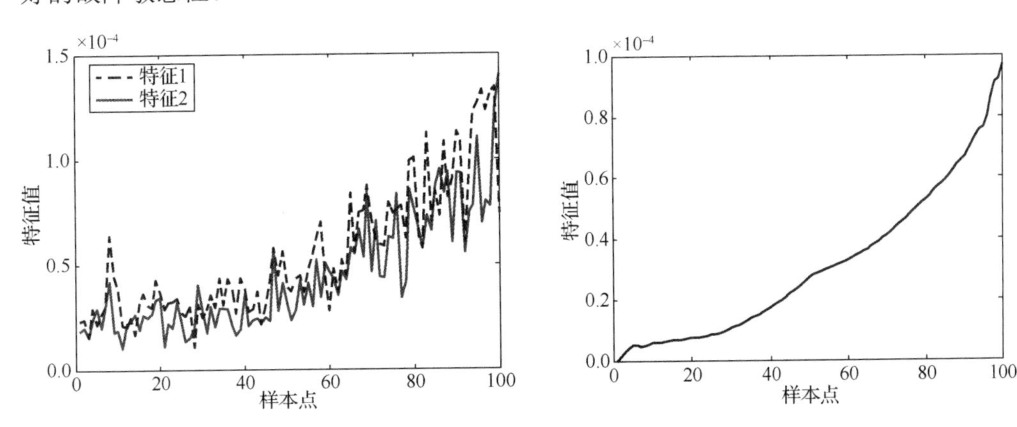

图 9-21　源域轴承 TCN 特征走势示意图　　图 9-22　源域轴承 HI，用移动平均法进行平滑处理

同时，本节方法和两种代表性的 HI 构建方法进行对比，如图 9-23 所示。其中，方法 1[9]采用 CNN 提取深度特征，并降维构建 HI，简称 HI-CNN。方法 2[8]通过小波包分解从原始监测信号中提取 RMS、FFT、小波包等传统特征，采用非线性流形降维算法 ISOMAP 进行降维，获得最终的 HI，简称 HI-ISOMAP。为直观对比，另外绘制了轴承退化序列的 RMS 值（图 9-23 中红色曲线）。可以看出，虽然 CNN 也可以提取深度特征，但在时序特性上表现较弱，趋势性表现不够明显。而方法 2 所采用传统特征，对早期故

障不够敏感。本节所提方法与 RMS 走势最为接近，在早期故障发生阶段也存在明显的跃升趋势，表明该方法对故障更敏感。

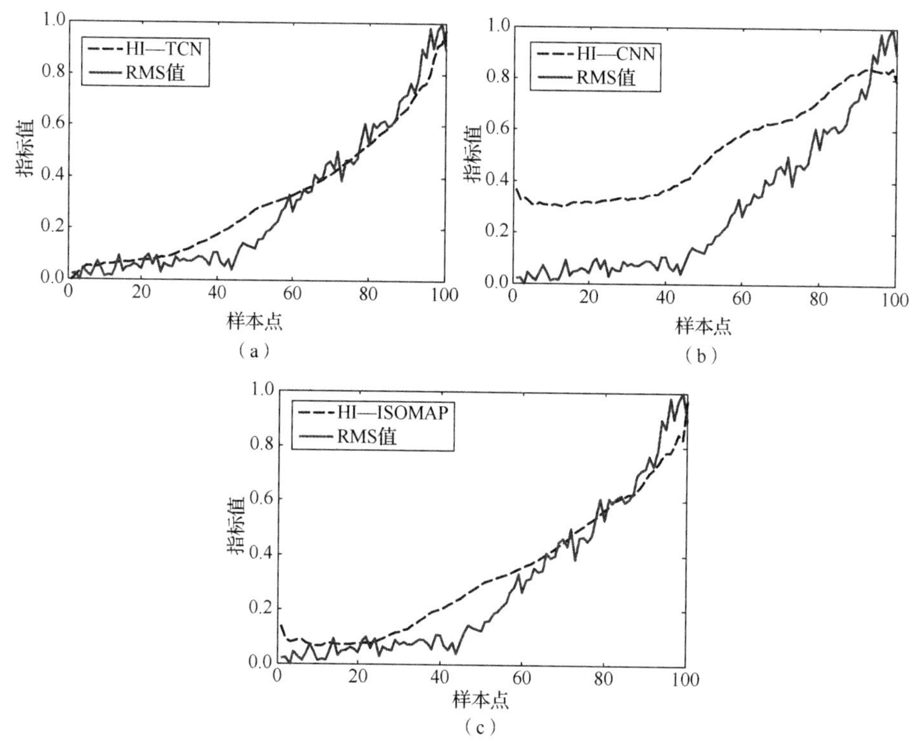

图 9-23　3 种 HI 构建方法对比效果图

(a) 本节方法；(b) CNN；(c) ISOMAP

为进一步对比效果，本节利用文献[14]所给出的 HI 评价指标 Corr、Mon、Cri，对图 9-23 所构建的 3 种 HI 进行计算，结果如表 9-7 所示，其中，$\mathrm{Corr}=\dfrac{\left|\sum_{t=1}^{T}(F_t-\tilde{F})(l_t-\tilde{l})\right|}{\sqrt{\sum_{t=1}^{T}(F_t-\tilde{F})^2(l_t-\tilde{l})^2}}$ 表示 HI 与时间的相关性，F_t 和 l_t 分别表示第 t 时刻样本的特征是和时间值；$\mathrm{Mon}=\left|\dfrac{\mathrm{d}F>0}{T-1}-\dfrac{\mathrm{d}F<0}{T-1}\right|$ 表示单调性，$\mathrm{d}F$ 代表特征序列的微分；Cri 指标是 Corr 和 Mon 的平均值，可作为综合性能指标。这 3 个指标的值越大，表明对应的性能越好。可以看到，本节所提方法在 Cri 上明显超过另两个方法，表现出最优性能。

表 9-7　3 种 HI 构建方法的评价指标得分

评价指标	Corr	Mon	Cri
HI-TCN	0.97	0.94	0.96
HI-CNN	0.98	0.74	0.86
HI-ISOMAP	0.98	0.87	0.92

用 9.3.2 节提出的序列领域自适应算法对目标域轴承特征进行选择，其特征重要性得分如图 9-24 所示。可以看出，部分特征重要性明显偏低，这意味着此类特征走势与 HI 偏差较大，不具有合理的时序特性。此时选取得分较高的特征建立预测模型，为了验证迁移学习的有效性，图 9-25 给出了迁移前后的概率密度函数。

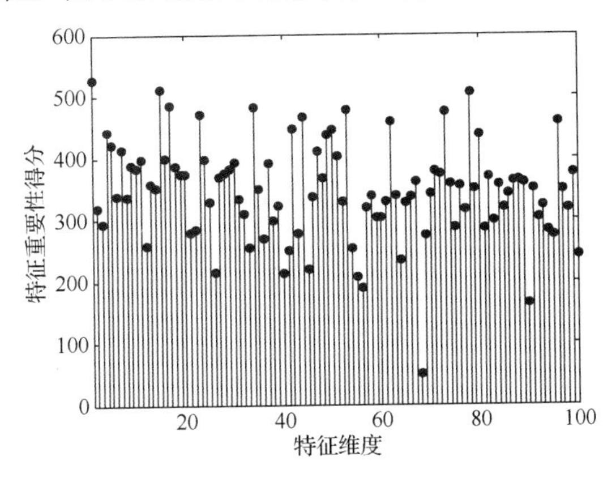

图 9-24　目标域特征重要性得分

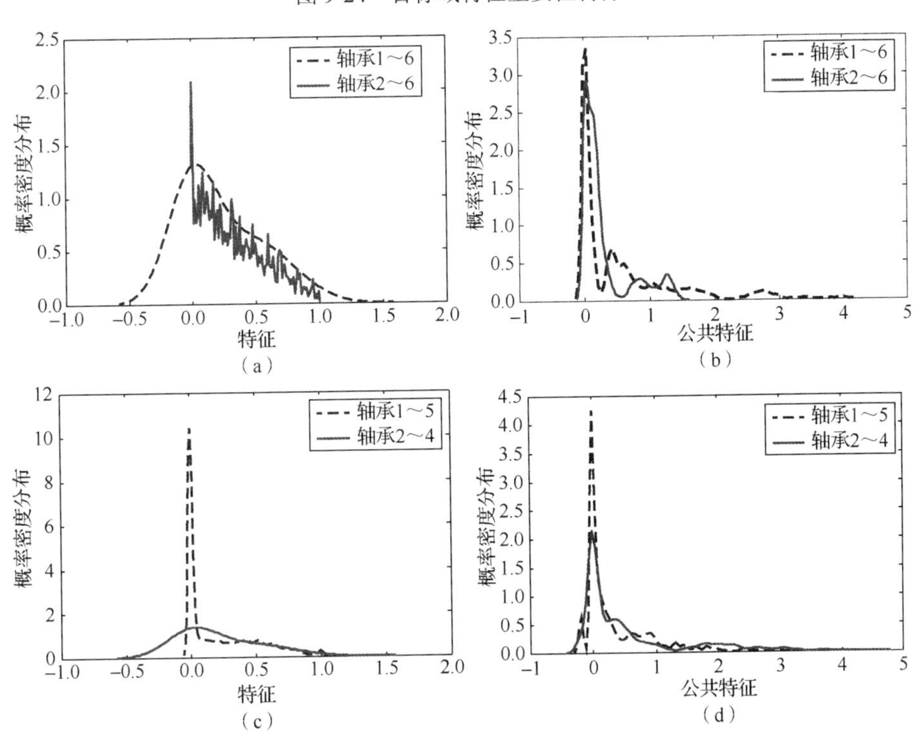

图 9-25　源域和目标域的概率密度分布

(a) 和 (b) 分别为轴承 1～6 和轴承 2～6 未采用迁移学习与采用算法 1 之后的概率密度函数；(c) 和 (d) 分别为轴承 1～5 和轴承 2～4 未采用迁移学习与采用算法 1 之后的概率密度函数

从图 9-25 可以看出，在迁移之前，源域和目标域的数据概率密度分布有较大差异，而运行算法 1 后，敏感特征的概率密度分布一致性有明显提高，这表明本节所提出的序列领域自适应算法能够有效获取公共敏感特征，有利于构建 RUL 预测模型。

限于篇幅，本节选择目标域中轴承 2 和轴承 4 作为待预测轴承，进行效果展示，如图 9-26 所示。其中，方块和圆圈针状图分别表示本节方法和未迁移方法在各个时间点的预测误差值。此处未迁移方法即直接用 TCN 提取工况 1 和工况 2 可用数据的特征、进而在待测目标轴承上进行预测。可以看出，在绝大多数时间点上，方块针状图显示的预测曲线更靠近真实的剩余时间斜线。方块针状图显示的误差整体上要低于圆圈针状图，说明采用算法 1 所示的序列领域自适应算法后，所提公共特征对退化趋势的表示能力更强，由此提高预测效果。图 9-26（a）中，本节方法曲线只在少数点上比未迁移方法差。

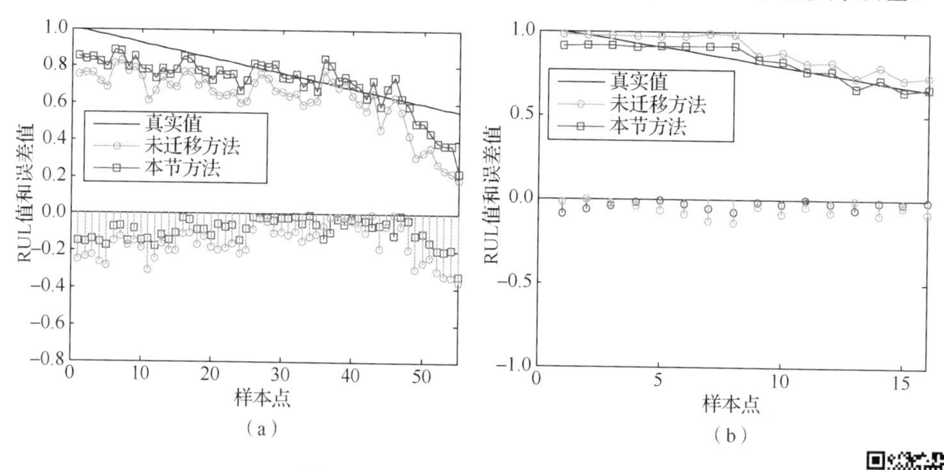

图 9-26　目标域 RUL 值预测结果

（a）工况 2 下轴承 2；（b）工况 2 下轴承 4

此外，为验证本节方法的整体性能，依次选择工况 2 下 7 个轴承作为待预测的目标轴承，分别采用本节方法和未迁移方法，所得到的 RMSE 和 MAPE 结果如表 9-8 所示。可以看到，在轴承 1 之外的 6 个轴承上，本节方法均取得了更低的预测误差，这表明本节方法可以从不同工况的数据中有效挖掘退化机理信息，从而提升数据量有限情况下的 RUL 预测效果。

表 9-8　目标域的 RUL 预测误差

编号	RMSE		MAPE	
	未迁移方法	本节方法	未迁移方法	本节方法
轴承 1	53.44	61.69	0.17	0.20
轴承 2	100.19	60.75	0.21	0.12
轴承 3	44.63	28.71	0.73	0.42
轴承 4	11.72	10.65	0.08	0.07
轴承 5	31.92	30.94	0.27	0.26
轴承 6	10.37	8.35	0.06	0.05
平均值	39.20	30.96	0.30	0.21

注：轴承 1～7 依次选为待预测的目标轴承，其余 6 个轴承作为目标域的可用数据进行领域自适应计算。

为了验证时序特性在序列迁移中的作用，本节和 4 种经典的领域自适应方法 SA[15]、GFK[16]、KMM[17]和 TCA[4]进行对比。为保持对比公正，仅将本节方法中的算法 1 替代为上述 4 种领域自适应算法，其余部分不变。与表 9-8 一致，此处采用目标域 7 个轴承的平均 RUL 预测误差，结果如图 9-27 所示。可以看到，无论是 RUL 预测的 RMSE 误差还是 MAPE 误差，本节方法均取得最小值，这表明相比于传统对序列数据直接寻找公共特征子空间的做法，在寻找公共特征时引入序列自身的时序特性，有助于提升序列迁移的效果，同时也可看到，对时序特征的迁移有助于降低 RUL 预测误差。

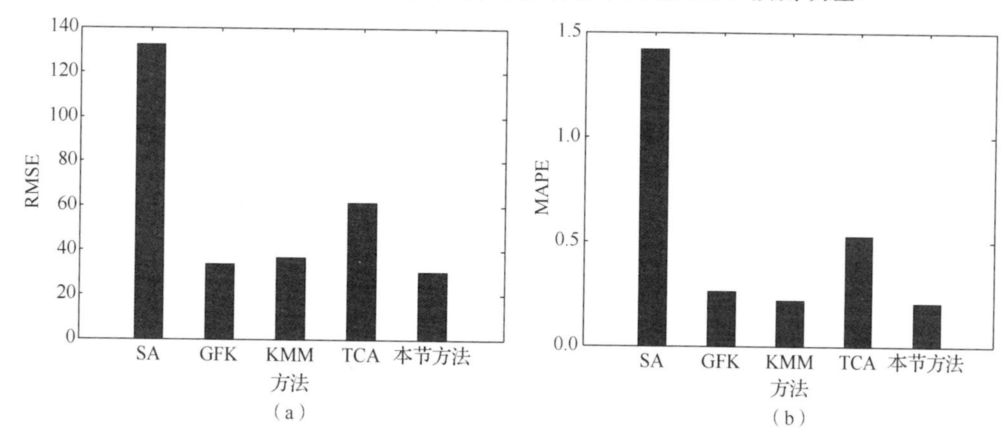

图 9-27　不同领域自适应算法的目标域 RUL 预测平均误差对比结果

(a) RMSE；(b) MAPE

最后，本节选择 4 种代表性的 RUL 预测方法进行实验对比，结果如表 9-9 所示。此处同样采用在目标域 7 个轴承上的平均 RUL 预测误差。这 4 种方法包括 1 种基于浅层模型的特征选择方法和 3 种深度学习方法，其中，Liu 等[7]使用故障特征选择和 SVM 构建预测模型；Mao 等[13]从迁移学习出发，利用深度特征和 TCA 进行 RUL 预测；Zhu 等[18]利用小波变换获取时频特征，然后通过多尺度 CNN 建立 RUL 预测模型；Deutsch 等[19]使用故障特征的时间序列作为 DBN 网络的输入，建立 RUL 预测模型。可以看出，本节方法在两种误差指标上均取得最小的预测误差，虽然 Mao[13]同样采用迁移学习方法，但本节方法仍在 MAPE 上取得了明显降低，这再次说明对轴承退化序列采用时序迁移学习的优势。

表 9-9　5 种方法的目标域 RUL 预测平均误差对比结果

方法	Liu 等的方法	Mao 等的方法	Zhu 等的方法	Deutsch 等的方法	本节方法
RMSE	34.50	31.03	39.50	43.92	30.96
MAPE	0.36	0.57	0.35	0.68	0.21

9.4　本 章 小 结

本章针对跨工况剩余寿命预测问题，提出利用迁移学习的策略进行深度特征适配，从而解决已有轴承数据量不足情况下 RUL 预测结果受限的问题。首先，提出了一种基于深度特征表示和迁移成分分析的轴承剩余寿命预测方法。这种方法结合了深度学习提取轴承退化特征和使用迁移学习方法对剩余寿命预测，利用深度学习的自适应特征表示能力获取有效特征和利用迁移学习适配样本之间分布的特性从而提高模型预测的准确度。其次，提出了一种基于深度时序特征迁移的 RUL 预测方法。通过引入同型号轴承在不同工况下的监测数据，该方法可有效解决已有轴承数据量不足情况下 RUL 预测结果受限的问题。利用深度时序特征构建的 HI 可有效描述退化趋势，同时具有良好的单调性和故障敏感性，而在退化序列数据的信息迁移中着重考虑序列的时序特性，可有效提高目标轴承的 RUL 预测效果。

参 考 文 献

[1] 庄福振, 罗平, 何清, 等. 迁移学习研究进展[J]. 软件学报, 2015, 26(01): 26-39.

[2] PAN S, YANG Q. A survey on transfer learning[J]. IEEE Transactions on Knowledge and Data Engineering, 2009, 22(10): 1345-1359.

[3] RIFAI S, VINCENT P, LLER X M, et al. Contractive auto-encoders: explicit invariance during feature extraction[C]// Proceedings of 28th International Conference on Machine Learning, Washington, DC, 2011.

[4] PAN S, TSANG I, KWOK J, et al. Domain adaptation via transfer component analysis[J]. IEEE Transactions on Neural Networks, 2011, 22(2): 199-210.

[5] REN L, SUN Y, WANG H, et al. Prediction of bearing remaining useful life with deep convolution neural network[J]. IEEE Access, 2018, 99: 13041-13049.

[6] WU Y, YUAN M, DONG S, et al. Remaining useful life estimation of engineered systems using vanilla LSTM neural networks[J]. Neurocomputing, 2018: 167-179.

[7] LIU Z, ZUO M, YONG Q. Remaining useful life prediction of rolling element bearings based on health state assessment[C]//Proceedings of the Institution of Mechanical Engineers, Part C: Journal of Mechanical Engineering Science, 2016,230(2): 314-330.

[8] BENKEDJOUH T, MEDJAHER K, ZERHOUNI N, et al. Remaining useful life estimation based on nonlinear feature reduction and support vector regression[J]. Engineering Applications of Artificial Intelligence, 2013, 26(7): 1751-1760.

[9] GUO L, LEI Y, LI N, et al. Machinery health indicator construction based on convolutional neural networks considering trend burr[J]. Neurocomputing, 2018, 292(31): 142-150.

[10] BAI S, KOLTUR J, KOLTUN V. An empirical evaluation of generic convolutional and recurrent networks for sequence modeling[J]. arXiv:1803.01271V2, 2018

[11] KEOGH E, PAZZAN M. Derivative dynamic time warping[C]//Siam International Conference on Data Mining, 2001: 1-11.

[12] MAO W, HE J, ZUO M. Predicting remaining useful life of rolling bearings based on deep feature representation and transfer learning[J]. IEEE Transactions on Instrumentation and Measurement, 2020, 69(4): 1594-1608.

[13] MAO W, HE J, TANG J, et al. Predicting remaining useful life of rolling bearings based on deep feature representation and long short-term memory neural network[J]. Advances in Mechanical Engineering, 2018,10(2): 1-18.

[14] GUO L, LI N, JIA F, et al. A recurrent neural network based health indicator for remaining useful life prediction of bearings[J]. Neurocomputing, 2017, 240: 98-109.

[15] FERNANDO B, HABRARD A, SEBBAN M, et al. Unsupervised visual domain adaptation using subspace alignment[C]//International Conference on Computer Vision, 2013: 2960-2967.

[16] GONG B, SHI Y, SHA F, et al. Geodesic flow kernel for unsupervised domain adaptation[C]//Computer Vision and Pattern Recognition, 2012: 2066-2073.

[17] HUANG J, SMOLA A, GRETTON A, et al.Correcting sample selection bias by unlabeled data[C]// International Conference on Neural Information Processing Systems, 2006: 601-608.

[18] ZHU J, CHEN N, PENG W, et al. Estimation of bearing remaining useful life based on multiscale convolutional neural network[J]. IEEE Transactions on Industrial Electronics, 2019,66(4): 3208-3216.

[19] DEUTSCH J, HE D. Using deep learning-based approach to predict remaining useful life of rotating components[J]. IEEE Transactions on Systems, Man, and Cybernetics: Systems, 2017,48(1): 11-20.